奔跑吧Linux内核 第2版

卷2：调试与案例分析

笨叔◎著

人民邮电出版社
北京

图书在版编目（CIP）数据

奔跑吧Linux内核. 卷2，调试与案例分析 / 笨叔著
. -- 2版. -- 北京 : 人民邮电出版社，2021.3（2024.5重印）
ISBN 978-7-115-55252-5

Ⅰ. ①奔… Ⅱ. ①笨… Ⅲ. ①Linux操作系统 Ⅳ.
①TP316.85

中国版本图书馆CIP数据核字(2020)第219677号

内 容 提 要

本书基于 Linux 5.0 内核的源代码讲述 Linux 内核的调试技巧和案例。本书共 6 章，主要内容包括并发与同步，中断管理，内核调试与性能优化，基于 x86_64 解决宕机难题，基于 ARM64 解决宕机难题，安全漏洞分析等。

本书适合从事 Linux 系统开发人员、嵌入式系统开发人员及 Android 开发人员阅读，也可供计算机相关专业的师生阅读。

◆ 著　　　笨　叔
责任编辑　谢晓芳
责任印制　王　郁　焦志炜

◆ 人民邮电出版社出版发行　　北京市丰台区成寿寺路 11 号
邮编　100164　　电子邮件　315@ptpress.com.cn
网址　https://www.ptpress.com.cn
北京盛通印刷股份有限公司印刷

◆ 开本：787×1092　1/16
印张：23.5　　　　2021 年 3 月第 2 版
字数：610 千字　　　　2024 年 5 月北京第 14次印刷

定价：109.90 元

读者服务热线：(010)81055410　印装质量热线：(010)81055316
反盗版热线：(010)81055315
广告经营许可证：京东市监广登字 20170147 号

第 2 版前言

2017 年本书第 1 版出版后得到了广大 Linux 开发人员和开源工程师的喜爱。2019 年 3 月 3 日，Linux 内核创始人 Linus Torvalds 在社区正式宣布了 Linux 5.0 内核的发布。Linus Torvalds 在邮件列表里提到 Linux 5.0 并不是一个大幅修改和具有很多新特性的版本。然而，因为 Linux 4.20 内核的次版本号太大了，所以才发布了 Linux 5.x 内核。但是 Linux 内核的开发速度并没有因此而变慢，依然每隔两个多月会发布一个新版本，新的版本支持更多的硬件和特性。从本书第 1 版采用的 Linux 4.0 内核到 Linux 5.0 内核经历了 20 个版本，Linux 5.0 内核中新增了很多特性并且很多内核的实现已经发生了很大的变化。

最近两年，我国操作系统和开源软件的研究氛围越来越浓厚，很多大公司开始基于 Linux 内核打造自己的操作系统，包括手机操作系统、服务器操作系统、IoT（物联网）嵌入式系统等。另外，我国很多公司开始探索使用 ARM64 架构来构建自己的硬件生态系统，包括手机芯片、服务器芯片等。因此，作者觉得很有必要基于 Linux 5.0 内核修订本书第 1 版。第 2 版的修订工作非常艰辛，工作量巨大，修订工作持续整整一年。作者对第 1 版进行了大幅度的修订，删除了部分过时的内容，新增了很多实用的内容。由于篇幅较长，因此本书第 2 版分成卷 1 和卷 2 两本书。

卷 1 重点介绍 ARM64 架构、Linux 内核的内存管理、进程管理等，卷 2 重点介绍调试技巧和案例分析，如 Linux 内核调试、性能优化、宕机难题的解决方案以及安全漏洞分析等内容。

第 2 版的新特性

第 2 版的新特性如下。

- 基于 Linux 5.0 和 ARM64/x86_64 架构。

第 2 版完全基于 Linux 5.0 内核来讲解。Linux 5.0 内核中，不少重要模块（如绿色调度器、自旋锁等）的实现相对于 Linux 4.0 已经发生了天翻地覆的变化。同时，Linux 5.0 内核中修复了 Linux 4.0 内核中的很多故障，比如 KSM 导致的虚拟机宕机故障等。由于 ARM64 架构和 x86_64 架构是目前主流的处理器架构，因此本书主要基于 ARM64/x86_64 架构来讲解 Linux 5.0 内核的实现。很多内核模块的实现与架构的相关性很低，因此本书也适合使用其他架构的读者阅读。在目前服务器领域，大部分厂商依然使用 x86_64 架构加上 Red Hat 或者 Ubuntu Linux 企业发行版的方案，因此卷 2 第 4 章会介绍 x86_64 架构服务器的宕机修复案例。

- 新增了实战案例分析。

第 2 版新增了很多实战案例，例如，卷 1 在内存管理方面新增了 4 个实战案例，这些案例都是从实际项目中提取出来的，对读者提升实战能力有非常大的帮助。另外，卷 2 还新增了解决宕机难题的实战案例。在实际项目中，我们常常会遇到系统宕机（如手机宕机、服务器宕机等），因此本书总结了多个宕机案例，利用 Kdump+Crash 工具来详细分析如何解决宕机难题。考虑到部分读者使用 ARM64 处理器做产品开发，部分读者在 x86_64 架构的服务器上做运维和性能调优等工作，因此本书分别介绍了针对这两个架构的处理器如何快速解决宕机问题。

2019 年出现的 CPU 熔断和 CPU“幽灵”漏洞牵动了全球开发人员的心，了解这两个漏洞对读者熟悉计算机架构和 Linux 内核的相关实现非常有帮助，因此，卷 2 的第 6 章会详细分析这两个漏洞的攻击原理和 Linux 内核修复方案。

- 新增了内核调试和优化技巧。

卷 2 新增了很多内核调试和优化技巧。Linux 内核通过 proc 和 sysfs 提供了很多有用的日志信息。在内存管理、调优过程中，可以通过内核提供的日志信息（如 meminfo、zone 等）快速了解和分析系统内存并进行内核调试与优化。卷 2 的第 3 章里新增了性能优化的内容，如使用 perf 工具以及 eBPF/BCC 来进行性能分析等。

- 新增了大量插图和表格。

在第 1 版出版后，部分读者反馈粘贴的代码太多。在第 2 版中，我们尽可能不粘贴代码或者只列出少量核心代码，这样可以用更多的篇幅来介绍新内容。为了分析 Linux 内核的原理，第 2 版比第 1 版新增了很多插图和表格。

- 新增了 ARM64 架构方面的内容。

卷 1 的第 1 章和第 2 章详细介绍了 ARM64 架构，这部分内容包括 ARM64 指令集、ARM64 寄存器、页表、内存管理、TLB、内存屏障等。

本书的新增内容

第 2 版中卷 2 新增的内容如下。

- perf、eBPF、BCC 工具，详见第 3 章。
- 使用 Kdump+Crash 来解决 x86_64 服务器宕机难题的方法，详见第 4 章。
- 使用 Kdump+Crash 来解决 ARM 宕机难题的方法，详见第 5 章。
- CPU 熔断和 CPU“幽灵”漏洞分析，详见第 6 章。

本书主要内容

本书主要介绍 Linux 内核中的并发和同步、中断管理、内核调试与性能优化、宕机难题的解决方案以及安全漏洞的攻击原理和修复方案等内容。本书的侧重点是实践以及案例分析。

本书共 6 章。每一章的主要内容如下。

第 1 章介绍并发与同步，包括原子操作、内存屏障、经典自旋锁、MCS 锁、排队自旋锁、信号量、互斥锁、读写锁、读写信号量、RCU 等。

第 2 章介绍中断管理，包括中断控制器、硬件中断号和 Linux 中断号的映射、注册中断、ARM64 底层中断处理、ARM64 高层中断处理、软中断、tasklet、工作队列等。

第 3 章介绍内核调试与性能优化，包括 ARM64 实验平台的打造、ftrace 工具、内存检测、死锁检测、内核调试方法、perf 工具、SystemTap 工具、eBPF 与 BCC 等内容。

第 4 章讲述 Kdump 工具、Crash 工具、crash 命令、死锁检查机制等，并展示 6 个基于 x86-64 的宕机案例。

第 5 章介绍 Kdump 实验环境的搭建，并展示 4 个基于 ARM64 的宕机案例。

第 6 章分析安全漏洞，包括侧信道攻击的原理、CPU 熔断漏洞、CPU“幽灵”漏洞的攻击原理和修复方案等内容。

由于作者知识水平有限，书中难免存在纰漏，敬请各位读者批评指正。作者的邮箱是runninglinuxkernel@126.com。也欢迎扫描下方的二维码，在微信公众号中提问和交流。

笨　叔

致　谢

在编写本书的过程中，我得到了众多 Linux 开发人员的热心帮助，其中王龙、彭东林、龙小昆、张毅峰、郑琦等审阅了大部分章节，提出了很多修改意见。另外，陈宝剑、周明朋、刘新朋、周明华、席贵峰、张文博、时洋、藏春鑫、艾强、胡茂留、郭述帆、陈启武、陈国龙、陈胡冠申、马福元、郭健、蔡琛、梅赵云、倪晓、刘新鹏、梁嘉荣、何花、陈渝、沈友进等审阅了部分章节，感谢这些人的热心帮助。

感谢西安邮电大学的陈莉君老师，她非常关注本书的修订工作，并且提供了很多的帮助。同时，感谢陈老师的几位研究生，他们利用寒假帮忙审阅全部书稿，提出了很多有建设性的修改意见。他们是戴君宜、梁金荣、贺东升、张孝家、白嘉庆、薛晓雯、马明慧以及崔鹏程。感谢南京大学的夏耐老师在教学方面提出的建议。

同时感谢人民邮电出版社的各位编辑的大力支持。最后感谢家人对我的支持和鼓励，虽然周末时间我都在忙于写作本书，但是他们总是给我无限的温暖。

如何阅读本书

为了帮助读者更好地阅读本书，我们针对本书做一些约定。

1. 内核版本

本书主要讲解 Linux 内核中核心模块的实现，因此以 Linux 5.0 内核为研究对象。读者可以从 Linux 内核官网上下载 Linux 5.0 内核的源代码。在 Linux 主机中通过如下命令来下载。

```
$ wget https://mirrors.edge.kernel.org/pub/linux/kernel/v5.x/linux-5.0.tar.xz

$ tar -Jxf linux-5.0.tar.xz
```

读者可以使用 Source Insight 或者 Vim 工具来阅读源代码。Source Insight 是收费软件，需自行购买授权。Vim 是开源软件，可以在 Linux 发行版中安装。关于如何使用 Vim 来阅读 Linux 内核源代码，请参考《奔跑吧 Linux 内核入门篇》。

2. 代码示例和讲解方式

为了避免篇幅过长、内容过多，本书尽量不展示源代码，只展示关键性代码片段，甚至不粘贴代码。我们根据不同情况采用如下两种方式来讲解代码。

1）不展示代码

本书讲解的绝大部分代码是 Linux 5.0 内核的源代码，因此我们根据源代码实际的行号来讲解。例如，对于__alloc_pages_nodemask()函数的实现，本书会采用如下方式来显示。

```
<mm/page_alloc.c>

struct page *
__alloc_pages_nodemask(gfp_tgfp_mask, unsigned int order, intpreferred_nid,nodemask_t
*nodemask)
```

“<mm/page_alloc.c>”表示该函数实现在 mm/page_alloc.c 文件中，接下来列出了该函数的定义。

对于这类代码，需要读者在计算机上打开源代码文件，如__alloc_pages_nodemask()函数定义在第 4516～4517 行（见图 0.1）。

```
4512 /*
4513  * This is the 'heart' of the zoned buddy allocator.
4514  */
4515 struct page *
4516 __alloc_pages_nodemask(gfp_t gfp_mask, unsigned int order, int preferred_nid,
4517                                                 nodemask_t *nodemask)
4518 {
4519         struct page *page;
4520         unsigned int alloc_flags = ALLOC_WMARK_LOW;
4521         gfp_t alloc_mask; /* The gfp_t that was actually used for allocation */
4522         struct alloc_context ac = { };
4523 
4524         /*
4525          * There are several places where we assume that the order value is sane
4526          * so bail out early if the request is out of bound.
4527          */
4528         if (unlikely(order >= MAX_ORDER)) {
4529                 WARN_ON_ONCE(!(gfp_mask & __GFP_NOWARN));
4530                 return NULL;
4531         }
4532 
```

▲图 0.1 __alloc_pages_nodemask()函数的源代码

这种不展示代码的讲解方式主要针对 Linux 内核的 C 代码。

2）展示关键代码

这种方式是指给出关键代码并且给出行号，行号从 1 开始，而非源代码中的实际行号。如本书在讲解 el2_setup 汇编函数时显示了代码的路径、关键代码以及行号。

```
<arch/arm64/kernel/head.S>

1     ENTRY(el2_setup)
2         msr    SPsel, #1
3         mrs    x0, CurrentEL
4         cmp    x0, #CurrentEL_EL2
5         b.eq    1f
6         mov_q    x0, (SCTLR_EL1_RES1 | ENDIAN_SET_EL1)
7         msr    sctlr_el1, x0
8         mov    w0, #BOOT_CPU_MODE_EL1
9         isb
10        ret
11
12      1: mov_q    x0, (SCTLR_EL2_RES1 | ENDIAN_SET_EL2)
13        msr    sctlr_el2, x0
14      ...
```

这种方式主要用于讲解汇编代码和一些不在 Linux 内核中的示例代码。

3. 实验平台

本书主要基于 ARM64 架构来讲解，但是会涉及 x86_64 架构方面的一部分内容，比如第 4 章讲解了企业服务器方面的宕机问题的解决方案，因为目前大部分企业服务器采用 x86_64 处理器和 CentOS。本书基于 QEMU 虚拟机与 Debian 根文件系统的实验平台讲述，它有如下新特性。

- 支持使用 GCC 的“O0”选项来编译内核。
- 支持 Linux 5.0 内核。
- 支持 Debian 根文件系统。
- 支持 ARM64 架构。
- 支持 x86_64 架构。
- 支持 Kdump 与 Crash 工具。

读者可以通过 https://benshushu.coding.net/public/runninglinuxkernle_5.0/runninglinuxkernel_5.0/git/files 或者 https:github.com/figozhang/runninglinuxkernel_5.0 下载本书配套的源代码。

本书推荐使用的实验环境如下。

- 主机硬件平台：Intel x86_64 处理器兼容主机。
- 主机操作系统：Ubuntu Linux 20.04。
- QEMU 版本：4.2.0。

4. 补丁说明

本书在讲解实际代码时会在脚注里列举一些关键的补丁，阅读这些补丁的代码有助于帮助读者理解 Linux 内核的源代码。建议读者下载官方 Linux 内核的代码。下载命令如下。

```
$ git clone https://git.kernel.org/pub/scm/linux/kernel/git/torvalds/linux.git
$ cd linux
$ git reset v5.0 --hard
```

列举的补丁格式如下。

```
Linux 5.0 patch, commit: 679db70,"arm64: entry: Place an SB sequence following an ERET
instruction".
```

上述代码表示该补丁是在 Linux 5.0 内核中加入的补丁，读者可以通过“git show 679db70”命令来查看该补丁，该补丁的标题是“arm64: entry: Place an SB sequence following an ERET instruction”。

5. 指令集的大小写

在 ARM 官方芯片手册里，指令使用大写形式；而在 Linux 内核源代码中，指令使用小写形式。在 GNU 汇编器中可以混用大小写，因此本书在描述汇编指令时不区分大小写字母。

服务与支持

本书由异步社区出品，社区（https://www.epubit.com/）为您提供后续服务。

提交勘误

作者和编辑尽最大努力来确保书中内容的准确性，但难免会存在疏漏。欢迎您将发现的问题反馈给我们，帮助我们提升图书的质量。

当您发现错误时，请登录异步社区，按书名搜索，进入本书页面，单击“提交勘误”，输入勘误信息，单击“提交”按钮即可（见下图）。本书的作者和编辑会对您提交的勘误进行审核，确认并接受后，您将获赠异步社区的 100 积分。积分可用于在异步社区兑换优惠券、样书或奖品。

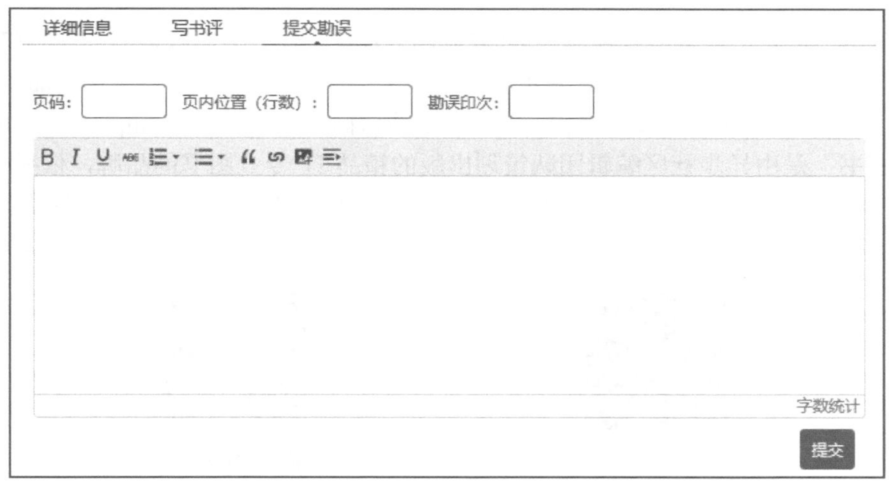

扫码关注本书

扫描下方二维码，您将会在异步社区微信服务号中看到本书信息及相关的服务提示。

与我们联系

我们的联系邮箱是 contact@epubit.com.cn。

如果您对本书有任何疑问或建议，请您发邮件给我们，并请在邮件标题中注明本书书名，以便我们更高效地做出反馈。

如果您有兴趣出版图书、录制教学视频，或者参与图书翻译、技术审校等工作，可以发邮件给我们；有意出版图书的作者也可以到异步社区在线投稿（直接访问 www.epubit.com/contribute 即可）。

如果您所在学校、培训机构或企业想批量购买本书或异步社区出版的其他图书，也可以发邮件给我们。

如果您在网上发现有针对异步社区出品图书的各种形式的盗版行为，包括对图书全部或部分内容的非授权传播，请您将怀疑有侵权行为的链接通过邮件发送给我们。您的这一举动是对作者权益的保护，也是我们持续为您提供有价值的内容的动力之源。

关于异步社区和异步图书

“异步社区”是人民邮电出版社旗下 IT 专业图书社区，致力于出版精品 IT 图书和相关学习产品，为作译者提供优质出版服务。异步社区创办于 2015 年 8 月，提供大量精品 IT 图书和电子书，以及高品质技术文章和视频课程。更多详情请访问异步社区官网 https://www.epubit.com。

“异步图书”是由异步社区编辑团队策划出版的精品 IT 专业图书的品牌，依托于人民邮电出版社近 30 年的计算机图书出版积累和专业编辑团队，相关图书在封面上印有异步图书的 LOGO。异步图书的出版领域包括软件开发、大数据、人工智能、测试、前端、网络技术等。

异步社区

微信服务号

目　录

第1章 并发与同步

本章高频面试题

1. 在ARM64处理器中，如何实现独占访问内存？
2. atomic_cmpxchg()和atomic_xchg()分别表示什么含义？
3. 在ARM64中，CAS指令包含了加载-获取和存储-释放指令，它们的作用是什么？
4. atomic_try_cmpxchg()函数和atomic_cmpxchg()函数有什么区别？
5. cmpxchg_acquire()函数、cmpxchg_release()函数、cmpxchg_relaxed()函数以及cmpxchg()函数的区别是什么？
6. 请举例说明内核使用内存屏障的场景。
7. smp_cond_load_relaxed()函数的作用和使用场景是什么？
8. smp_mb__before_atomic()函数和smp_mb__after_atomic()函数的作用和使用场景是什么？
9. 为什么自旋锁的临界区不能睡眠（不考虑RT-Linux的情况）？
10. Linux内核中经典自旋锁的实现有什么缺点？
11. 为什么自旋锁的临界区不允许发生抢占？
12. 基于排队的自旋锁机制是如何实现的？
13. 如果在spin_lock()和spin_unlock()的临界区中发生了中断，并且中断处理程序也恰巧修改了该临界区，那么会发生什么后果？该如何避免呢？
14. 排队自旋锁是如何实现MCS锁的？
15. 排队自旋锁把32位的变量划分成几个域，每个域的含义和作用是什么？
16. 假设CPU0先持有了自旋锁，接着CPU1、CPU2、CPU3都加入该锁的争用中，请阐述这几个CPU如何获取锁，并画出它们申请锁的流程图。
17. 与自旋锁相比，信号量有哪些特点？
18. 请简述信号量是如何实现的。
19. 乐观自旋等待的判断条件是什么？
20. 为什么在互斥锁争用中进入乐观自旋等待比睡眠等待模式要好？
21. 假设CPU0 ~ CPU3同时争用一个互斥锁，CPU0率先申请了互斥锁，然后CPU1也加入锁的申请。CPU1在持有锁期间会进入睡眠状态。然后CPU2和CPU3陆续加入该锁的争用中。请画出这几个CPU争用锁的时序图。
22. Linux内核已经实现了信号量机制，为何要单独设置一个互斥锁机制呢？

23. 请简述 MCS 锁机制的实现原理。

24. 在编写内核代码时，该如何选择信号量和互斥锁？

25. 什么时候使用读者锁？什么时候使用写者锁？怎么判断？

26. 读写信号量使用的自旋等待机制是如何实现的？

27. RCU 相比读写锁有哪些优势？

28. 请解释静止状态和宽限期。

29. 请简述 RCU 实现的基本原理。

30. 在大型系统中，经典 RCU 遇到了什么问题？Tree RCU 又是如何解决该问题的？

31. 在 RCU 实现中，为什么要使用 ULONG_CMP_GE()和 ULONG_CMP_LT()宏来比较两个数的大小，而不直接使用大于号或者小于号来比较？

32. 请简述一个宽限期的生命周期及其状态机的变化。

33. 请阐述原子操作、自旋锁、信号量、互斥锁以及 RCU 的特点和使用规则。

34. 在 KSM 中扫描某个 VMA 以寻找有效的匿名页面时，假设此 VMA 恰巧被其他 CPU 销毁了，会不会有问题呢？

35. 请简述 PG_locked 的常见使用方法。

36. 在 mm/rmap.c 文件中的 page_get_anon_vma()函数中，为什么要使用 rcu_read_lock()函数？什么时候注册 RCU 回调函数呢？

37. 在 mm/oom_kill.c 的 select_bad_process()函数中，为什么要使用 rcu_read_lock()函数？什么时候注册 RCU 回调函数呢？

编写内核代码或驱动代码时需要留意共享资源的保护，防止共享资源被并发访问。并发访问是指多个内核代码路径同时访问和操作数据，这可能发生相互覆盖共享数据的情况，造成被访问数据的不一致。内核代码路径可以是一个内核执行路径、中断处理程序或者内核线程等。并发访问可能会造成系统不稳定或产生错误，且很难跟踪和调试。

在早期不支持对称多处理器（Symmetric Multiprocessor，SMP）的 Linux 内核中，导致并发访问的因素是中断服务程序。只有中断发生时，或者内核代码路径显式地要求重新调度并且执行另外一个进程时，才可能发生并发访问。在支持 SMP 的 Linux 内核中，在不同 CPU 中并发执行的内核线程完全可能在同一时刻并发访问共享数据，并发访问随时都可能发生。特别是现在的 Linux 内核早已经支持内核抢占，调度器可以抢占正在执行的进程，重新调度其他进程。

在计算机术语中，临界区（critical region）是指访问和操作共享数据的代码段，其中的资源无法同时被多个执行线程访问，访问临界区的执行线程或代码路径称为并发源。为了避免并发访问临界区，开发者必须保证访问临界区的原子性，即在临界区内不能有多个并发源同时执行，整个临界区就像一个不可分割的整体。

在内核中产生并发访问的并发源主要有如下 4 种。

- 中断和异常：中断发生后，中断处理程序和被中断的进程之间可能产生并发访问。
- 软中断和 tasklet：软中断和 tasklet 随时可能会被调度、执行，从而打断当前正在执行的进程上下文。
- 内核抢占：调度器支持可抢占特性，会导致进程和进程之间的并发访问。
- 多处理器并发执行：多处理器可以同时执行多个进程。

上述情况需要针对单核和多核系统区别对待。对于单处理器系统，主要有如下并发源。

- 中断处理程序可以打断软中断和 tasklet 的执行。
- 软中断和 tasklet 之间不会并发执行，但是可以打断进程上下文的执行。
- 在支持抢占的内核中，进程上下文之间会产生并发。
- 在不支持抢占的内核中，进程上下文之间不会产生并发。

对于 SMP 系统，情况会更复杂。

- 同一类型的中断处理程序不会并发执行，但是不同类型的中断可能送达不同的 CPU，因此不同类型的中断处理程序可能会并发执行。
- 同一类型的软中断会在不同的 CPU 上并发执行。
- 同一类型的 tasklet 是串行执行的，不会在多个 CPU 上并发执行。
- 不同 CPU 上的进程上下文会并发执行。

如进程上下文在操作某个临界区中的资源时发生了中断，恰巧在对应中断处理程序中也访问了这个资源。如果不使用内核同步机制来保护，那么可能会发生并发访问的 bug。如果进程上下文正在访问和修改临界区中的资源时发生了抢占调度，可能会发生并发访问的 bug。如果在自旋锁的临界区中主动睡眠以让出 CPU，那这也可能是一个并发访问的 bug。如果两个 CPU 同时修改临界区中的一个资源，那这也可能是一个 bug。在实际项目中，真正困难的是如何发现内核代码存在并发访问的可能性并采取有效的保护措施。因此在编写代码时，应该考虑哪些资源位于临界区，应该采取哪些保护机制。如果在代码设计完成之后再回溯查找哪些资源需要保护，会非常困难。

在复杂的内核代码中找出需要保护的资源或数据是一件不容易的事情。任何可能被并发访问的数据都需要保护。那究竟什么样的数据需要保护呢？如果从多个内核代码路径可能访问某些数据，那就应该对这些数据加以保护。记住，**要保护资源或数据，而不是保护代码**。保护对象包括静态局部变量、全局变量、共享的数据结构、缓存、链表、红黑树等各种形式所隐含的数据。在实际内核代码和驱动的编写过程中，关于数据需要做如下一些思考。

- 除了从当前内核代码路径外，是否还可以从其他内核代码路径会访问这些数据？如从中断处理程序、工作线程（worker）处理程序、tasklet 处理程序、软中断处理程序等。
- 若从当前内核代码路径访问该数据时发生被抢占，被调度、执行的进程会不会访问该数据？
- 进程会不会进入睡眠状态以等待该数据？

Linux 内核提供了多种并发访问的保护机制，如原子操作、自旋锁、信号量、互斥锁、读写锁、RCU 等，本章将详细分析这些机制的实现。了解 Linux 内核中的各种保护机制只是第一步，重要的是要思考清楚哪些地方是临界区，该用什么机制来保护这些临界区。1.11 节将以内存管理为例来探讨锁的运用。

1.1 原子操作

1.1.1 原子操作

原子操作是指保证指令以原子的方式执行，执行过程不会被打断。在如下代码片段中，假设 thread_A_func 和 thread_B_func 都尝试进行 `i++`操作，请问 thread_A_func 和 thread_B_func 执行完后，`i` 的值是多少？

```
static int i =0;
```

```
//线程 A 函数
void thread_A_func()
{
     i++;
}

//线程 B 函数
void thread_B_func()
{
     i++;
}
```

有的读者可能认为是 2，但也可能不是 2，代码的执行过程如下。

```
     CPU0                          CPU1
-------------------------------------------------------------------
thread_A_func
  load i= 0
                              thread_B_func
                                  Load i=0
   i++
                                    i++
   store i (i=1)
                                store i (i=1)
```

从上面的代码执行过程来看，最终结果可能等于 1。因为变量 i 是临界区的一个，CPU0 和 CPU1 可能同时访问，发生并发访问。从 CPU 角度来看，变量 i 是一个静态全局变量，存储在数据段中，首先读取变量的值并存储到通用寄存器中，然后在通用寄存器里做 i++运算，最后把寄存器的数值写回变量 i 所在的内存中。在多处理器架构中，上述动作可能同时进行。如果 thread_B_func 在某个中断处理函数中执行，在单处理器架构上依然可能会发生并发访问。

针对上述例子，有的读者认为可以使用加锁的方式，如使用自旋锁来保证 i++操作的原子性，但是加锁操作会导致比较大的开销，用在这里有些浪费。Linux 内核提供了 atomic_t 类型的原子变量，它的实现依赖于不同的架构。atomic_t 类型的具体定义为如下。

```
<include/linux/types.h>

typedef struct {
    int counter;
} atomic_t;
```

atomic_t 类型的原子操作函数可以保证一个操作的原子性和完整性。在内核看来，原子操作函数就像一条汇编语句，保证了操作时不会被打断，如上述的 i++语句就可能被打断。要保证操作的完整性和原子性，通常需要“原子地”（不间断地）完成**“读-修改-回写”机制**，中间不能被打断。在下述过程中，如果其他 CPU 同时对该原子变量进行写操作，则会影响数据完整性。

（1）读取原子变量的值。

（2）修改原子变量的值。

（3）把新值写回内存中。

在读取原子变量的值、修改原子变量的值、把新值写入内存的过程中，处理器必须提供原子操作的汇编指令来完成上述操作，如 ARM64 处理器提供 cas 指令，x86 处理器提供 cmpxchg

指令。

Linux 内核提供了很多操作原子变量的函数。

1. 基本原子操作函数

Linux 内核提供最基本的原子操作函数包括 atomic_read()函数和 atomic_set()函数。

```
<include/asm-generic/atomic.h>

#define ATOMIC_INIT(i)   //原子变量初始化为 i
#define atomic_read(v)   //读取原子变量的值
#define atomic_set(v,i)  //设置变量 v 的值为 i
```

上述两个函数直接调用 READ_ONCE()宏或者 WRITE_ONCE()宏来实现，不包括“读-修改-回写”机制，直接使用上述函数容易引发并发访问。

2. 不带返回值的原子操作函数

不带返回值的原子操作函数如下。

- atomic_inc(v)：原子地给 v 加 1。
- atomic_dec(v)：原子地给 v 减 1。
- atomic_add(i,v)：原子地给 v 加 i。
- atomic_and(i,v)：原子地给 v 和 i 做“与”操作。
- atomic_or(i,v)：原子地给 v 和 i 做“或”操作。
- atomic_xor(i,v)：原子地给 v 和 i 做“异或”操作。

上述函数会实现“读-修改-回写”机制，可以避免多处理器并发访问同一个原子变量带来的并发问题。在不考虑具体架构优化问题的条件下，上述函数会调用指令 cmpxchg 来实现。以 atomic_{add,sub,inc,dec}()函数为例，它实现在 include/asm-generic/atomic.h 文件中。

```
<include/asm-generic/atomic.h>

#define ATOMIC_OP(op, c_op)                                     \
static inline void atomic_##op(int i, atomic_t *v)              \
{                                                    \
     int c, old;                                        \
                                                     \
     c = v->counter;                                      \
     while ((old = cmpxchg(&v->counter, c, c c_op i)) != c)     \
          c = old;                                     \
}
```

3. 带返回值的原子操作函数

Linux 内核提供了两类带返回值的原子操作函数，一类返回原子变量的新值，另一类返回原子变量的旧值。

返回原子变量新值的原子操作函数如下。

- atomic_add_return(int i, atomic_t *v)：原子地给 v 加 i 并且返回 v 的新值。

- atomic_sub_return(int i, atomic_t *v)：原子地给 v 减 i 并且返回 v 的新值。
- atomic_inc_return(v)：原子地给 v 加 1 并且返回 v 的新值。
- atomic_dec_return(v)：原子地给 v 减 1 并且返回 v 的新值。

返回原子变量旧值的原子操作函数如下。

- atomic_fetch_add(int i, atomic_t *v)：原子地给 v 加 i 并且返回 v 的旧值。
- atomic_fetch_sub(int i, atomic_t *v)：原子地给 v 减 i 并且返回 v 的旧值。
- atomic_fetch_and(int i, atomic_t *v)：原子地给 v 和 i 做与操作并且返回 v 的旧值。
- atomic_fetch_or(int i, atomic_t *v)：原子地给 v 和 i 做或操作并且返回 v 的旧值。
- atomic_fetch_xor(int i, atomic_t *v)：原子地给 v 和 i 做异或操作并且返回 v 的旧值。

上述两类原子操作函数都使用 cmpxchg 指令来实现“读-修改-回写”机制。

4. 原子交换函数

Linux 内核提供了一类原子交换函数。

- atomic_cmpxchg(ptr, old, new)：原子地比较 ptr 的值是否与 old 的值相等，若相等，则把 new 的值设置到 ptr 地址中，返回 old 的值。
- atomic_xchg(ptr, new)：原子地把 new 的值设置到 ptr 地址中并返回 ptr 的原值。
- atomic_try_cmpxchg(ptr, old, new)：与 atomic_cmpxchg()函数类似，但是返回值发生变化，返回一个 bool 值，以判断 cmpxchg()函数的返回值是否和 old 的值相等。

5. 处理引用计数的原子操作函数

Linux 内核提供了一组处理引用计数原子操作函数。

- atomic_add_unless(atomic_t *v, int a, int u)：比较 v 的值是否等于 u。
- atomic_inc_not_zero(v)：比较 v 的值是否等于 0。
- atomic_inc_and_test(v)：原子地给 v 加 1，然后判断 v 的新值是否等于 0。
- atomic_dec_and_test(v)：原子地给 v 减 1，然后判断 v 的新值是否等于 0。

上述原子操作函数在内核代码中很常见，特别是对一些引用计数进行操作，如 page 的 _refcount 和 _mapcount。

6. 内嵌内存屏障原语的原子操作函数

Linux 内核提供了一组内嵌内存屏障原语的原子操作函数。

- {}_relaxed：不内嵌内存屏障原语。
- {}_acquire：内置了加载-获取内存屏障原语。
- {}_release：内置了存储-释放内存屏障原语。

关于加载-获取内存屏障原语和存储-释放内存屏障原语，请参考卷 1。以 atomic_cmpxchg()函数为例，内嵌内存屏障原语的变体包括 atomic_cmpxchg_relaxed(v, old, new)、atomic_cmpxchg_acquire(v, old, new)、atomic_cmpxchg_release(v, old, new)。

1.1.2 atomic_add()函数分析

atomic_add()函数通过调用 cmpxchg()函数来实现“读-修改-回写”机制，保证原子变量的完整性。这个函数在不同架构中会有相应的特殊优化，如有些架构的处理器实现了特殊的原子操作指令。Linux 内核根据是否支持大系统扩展（LSE）有两种实现方式，一种是使用 ldxr 和

stxr 指令的组合，另外一种是使用原子加法指令 stadd。

我们先看使用 ldxr 和 stxr 指令实现的方式。

```
<arch/arm64/include/asm/atomic_ll_sc.h>
1    void atomic_op(int i, atomic_t *v)
2    {
3         unsigned long tmp;
4         int result;
5
6         asm volatile(
7         "    prfm pstl1strm, %2\n"
8         "1:  ldxr %w0, %2\n"
9         "    add  %w0, %w0, %w3\n"
10        "    stxr %w1, %w0, %2\n"
11        "    cbnz %w1, 1b"
12        : "=&r" (result), "=&r" (tmp), "+Q" (v->counter)
13        : "Ir" (i));
14   }
```

在第 6~13 行中，通过内嵌汇编的方式来实现 atomic_add 功能。

在第 7 行中，通过 prfm 指令提前预取 v->counter。

在第 8 行中，通过 ldxr 独占加载指令来加载 v->counter 的值到 result 变量中，该指令会标记 v->counter 的地址为独占。

在第 9 行中，通过 add 指令使 v->counter 的值加上变量 i 的值。

在第 10 行中，通过 stxr 独占存储指令来把最新的 v->counter 的值写入 v->counter 地址处。

在第 11 行中，判断 tmp 的值。如果 tmp 的值为 0，说明 stxr 指令存储成功；否则，存储失败。如果存储失败，那只能跳转到第 8 行重新使用 ldxr 指令。

在第 12 行中，有 3 个输出的变量，其中，变量 result 和 tmp 具有可写属性，v->counter 具有可读可写属性。

第 13 行表示输入，其中，变量 i 只有只读属性。

下面来看在支持 LSE 的情况下 atomic_add()函数是如何实现的。

```
<arch/arm64/include/asm/atomic_lse.h>

#define ATOMIC_OP(op, asm_op)                          \
static inline void atomic_##op(int i, atomic_t *v)        \
{                                                      \
   register int w0 asm ("w0") = i;                     \
   register atomic_t *x1 asm ("x1") = v;               \
                                                       \
   asm volatile(ARM64_LSE_ATOMIC_INSN(__LL_SC_ATOMIC(op),  \
"  " #asm_op "      %w[i], %[v]\n")                    \
   : [i] "+r" (w0), [v] "+Q" (v->counter)              \
   : "r" (x1)                                          \
   : __LL_SC_CLOBBERS);                                \
}

ATOMIC_OP(add, stadd)
```

在 ARMv8.1 指令集中增加了原子加法指令——stadd[①]。在 Linux 内核中使用 CONFIG_ARM64_

① 详见《ARM Architecture Reference Manual, for ARMv8-A architecture profile, v8.4》C6.2.235 节。

LSE_ATOMICS 宏来表示系统支持新增的指令。

在第 4 行中，把变量 i 存放到寄存器 w0 中。

在第 5 行中，把 atomic_t 指针 v 存放到寄存器 x1 中。

在第 8 行中，使用 STADD 指令来把变量 i 的值添加到 v->counter 中。

在第 9 行中，输出操作数列表，描述在指令中可以修改的 C 语言变量以及约束条件。其中，变量 w0 和 v->counter 都具有可读可写属性。

在第 10 行中，输入操作数列表，描述在指令中只能读取的 C 语言变量以及约束条件。其中，x1 指针不能被修改。

在第 11 行中，改变资源列表。即告诉编译器哪些资源已修改，需要更新。

在第 14 行中，使用 ATOMIC_OP()宏来实现 atomic_add()函数，其中第二个参数 stadd 是新增的指令。

1.1.3 比较并交换指令

比较并交换（Compare and Swap）指令在无锁实现中起到非常重要的作用。原子比较并交换指令的伪代码如下。

```
int compare_swap(int *ptr, int expected, int new)
{
      Int actual = *ptr;
      If (actual == expected) {
            *ptr = new;
      }
      Return actual;
}
```

比较并交换指令的基本思路是检查 ptr 指向的值与 expected 是否相等。若相等。则把 new 的值赋值给 ptr；否则，什么也不做。不管是否相等，最终都会返回 ptr 的旧值，让调用者来判断该比较和交换指令执行是否成功。

1. cas 指令

ARM64 处理器提供了比较并交换指令——cas 指令①。cas 指令根据不同的内存屏障属性分成 4 类，如表 1.1 所示。

- 隐含了加载-获取内存屏障原语。
- 隐含了存储-释放内存屏障原语。
- 同时隐含了加载-获取和存储-释放内存屏障原语。
- 不隐含内存屏障原语。

表 1.1 cas 指令

指令	访问类型	内存屏障原语
casab	8 位	加载-获取
casalb	8 位	加载-获取和存储-释放
casb	8 位	—
caslb	8 位	存储-释放
casah	16 位	加载-获取

① 详见《ARM Architecture Reference Manual, for ARMv8-A architecture profile, v8.4》C6.2.40 节。

续表

指令	访问类型	内存屏障原语
casalh	16 位	加载-获取和存储-释放
cash	16 位	—
caslh	16 位	存储-释放
casa	32 位或者 64 位	加载-获取
casal	32 位或者 64 位	加载-获取和存储-释放
cas	32 位或者 64 位	—
casl	32 位或者 64 位	存储-释放

2. cmpxchg()函数

Linux 内核中常见的比较并交换函数是 cmpxchg()。由于 Linux 内核最早是基于 x86 架构来实现的，x86 指令集中对应的指令是 CMPXCHG 指令，因此 Linux 内核保留了该名字作为函数名。

对于 ARM64 架构，cmpxchg()函数定义在 arch/arm64/include/asm/cmpxchg.h 头文件中。

```
<arch/arm64/include/asm/cmpxchg.h>

#define cmpxchg(...)      __cmpxchg_wrapper( _mb, __VA_ARGS__)
```

cmpxchg()函数会调用__cmpxchg_wrapper()宏，这里第一个参数_mb 表示同时需要加载-获取和存储-释放内存屏障原语。

__cmpxchg_wrapper()宏经过多次宏转换，它最终会调用__CMPXCHG_CASE()宏，实现在 arch/arm64/include/asm/atomic_lse.h 头文件中。下面以 64 位位宽为例。

```
<arch/arm64/include/asm/atomic_lse.h>

#define __CMPXCHG_CASE(w, sfx, name, sz, mb, cl...)           \
static inline u##sz __cmpxchg_case_##name##sz(volatile void *ptr,   \
                          u##sz old,     \
                          u##sz new)     \
{                                    \
     register unsigned long x0 asm ("x0") = (unsigned long)ptr;   \
     register u##sz x1 asm ("x1") = old;             \
     register u##sz x2 asm ("x2") = new;             \
                                   \
     asm volatile(ARM64_LSE_ATOMIC_INSN(            \
     /* LL/SC */                         \
     __LL_SC_CMPXCHG(name##sz)                  \
     __nops(2),                          \
                                            \
     "      mov      " #w "30, %" #w "[old]\n"    \
     "      cas" #mb #sfx "\t" #w "30, %" #w "[new], %[v]\n"   \
     "      mov      %" #w "[ret], " #w "30")          \
     : [ret] "+r" (x0), [v] "+Q" (*(unsigned long *)ptr)        \
     : [old] "r" (x1), [new] "r" (x2)                \
     : __LL_SC_CLOBBERS, ##cl);                  \
                                   \
     return x0;                          \
}
__CMPXCHG_CASE(x,   ,  mb_, 64, al, "memory")
```

__CMPXCHG_CASE()宏包含 6 个参数。

- w：表示位宽，支持 8 位、16 位、32 位以及 64 位。
- sfx：cas 指令的位宽后缀，8 位宽使用 b 后缀，16 位宽使用 h 后缀。
- name：表示内存屏障类型，如“acq_”表示支持加载-获取内存屏障原语，“rel_”表示支持存储-释放内存屏障原语，“mb_”表示同时支持加载-获取和存储-释放内存屏障原语。
- sz：位宽大小。
- mb：组成 cas 指令的内存屏障后缀，“a”表示加载-获取内存屏障原语，“l”表示存储-释放内存屏障原语，“al”表示同时支持加载-获取和存储-释放内存屏障原语。
- cl：内嵌汇编的损坏部。

上述宏最后会变成如下代码，函数变成__cmpxchg_case_mb_64()。

```
<__CMPXCHG_CASE 宏展开后的代码>

1 static inline u64 __cmpxchg_case_mb_64(volatile void *ptr,
2                                  u64 old,
3                                  u64 new)
4 {
5     register unsigned long x0 asm ("x0") = (unsigned long)ptr;
6     register u64 x1 asm ("x1") = old;
7     register u64 x2 asm ("x2") = new;
8 
9     asm volatile(ARM64_LSE_ATOMIC_INSN(
10    /* LL/SC */
11    __LL_SC_CMPXCHG(mb_64)
12    __nops(2),
13    /* LSE 原子操作 */
14    "     mov     x30, %x[old]\n"
15    "     casal   x30, %x[new], %[v]\n"
16    "     mov     %x[ret], x30")
17    : [ret] "+r" (x0), [v] "+Q" (*(unsigned long *)ptr)
18    : [old] "r" (x1), [new] "r" (x2)
19    : __LL_SC_CLOBBERS, "memory");
20
21    return x0;
22}
```

在第 5 行中，使用 x0 寄存器来存储 ptr 参数。

在第 6 行中，使用 x1 寄存器来存储 old 参数。

在第 7 行中，使用 x2 寄存器来存储 new 参数。

在第 9 行中，ARM64_LSE_ATOMIC_INSN()宏起到一个动态打补丁的作用。若系统配置了 ARM64_HAS_LSE_ATOMICS，则执行大系统扩展（Large System Extension，LSE）的代码。ARM64_HAS_LSE_ATOMICS 表示系统支持 LSE 原子操作的扩展指令，这是在 ARMv8.1 架构中实现的。本场景假设系统支持 LSE 特性，那么将执行第 13～16 行的汇编代码。

ARM64_LSE_ATOMIC_INSN()宏的代码实现如下，它利用 ALTERNATIVE 宏来做一个选择。如果系统定义了 ARM64_HAS_LSE_ATOMICS，那么将执行第 13～16 行的汇编代码；如果系统没有定义 ARM64_HAS_LSE_ATOMICS，那么将执行第 10～12 行的汇编代码。

```
<arch/arm64/include/asm/lse.h>

#define ARM64_LSE_ATOMIC_INSN(llsc, lse)                    \
ALTERNATIVE(llsc, lse, ARM64_HAS_LSE_ATOMICS)
```

在第 14 行中，把 old 参数加载到 x30 寄存器中。

在第 15 行中，使用 casal 指令来执行比较并交换操作。比较 ptr 的值是否与 x30 的值相等，若相等，则把 new 的值设置到 ptr 中。注意，这里 casal 指令隐含了加载-获取和存储-释放内存屏障原语。

在第 16 行中，通过 ret 参数返回 x30 寄存器的值。

除了 cmpxchg()函数，Linux 内核还实现了多个变体，如表 1.2 所示，这些函数在无锁机制的实现上起到了非常重要的作用。

表 1.2　cmpxchg()函数的变体

函数	描述
cmpxchg_acquire()	比较并交换操作，隐含了加载-获取内存屏障原语
cmpxchg_release()	比较并交换操作，隐含了存储-释放内存屏障原语
cmpxchg_relaxed()	比较并交换操作，不隐含任何内存屏障原语
cmpxchg()	比较并交换操作，隐含了加载-获取和存储-释放内存屏障原语

在互斥锁的实现中还广泛使用了 cmpxchg()函数的另一个变体——atomic_try_cmpxchg()函数。如果读者使用 cmpxchg()函数的语义去理解它，会得到错误的结论。atomic_try_cmpxchg()函数的实现如下。

```
#define __atomic_try_cmpxchg(type, _p, _po, _n)                    \
({                                                   \
        typeof(_po) __po = (_po);                               \
        typeof(*(_po)) __r, __o = *__po;                          \
        __r = atomic_cmpxchg##type((_p), __o, (_n));                     \
        if (unlikely(__r != __o))                               \
                *__po = __r;                               \
        likely(__r == __o);                               \
})

#define atomic_try_cmpxchg(_p, _po, _n) ss  __atomic_try_cmpxchg(, _p, _po, _n)
```

atomic_try_cmpxchg()函数的核心还是调用 cmpxchg()函数做比较并交换的操作，但是返回值发生了变化，它返回一个判断值（类似于 bool 值），即判断 cmpxchg()函数的返回值是否和第二个参数的值相等。

3. xchg()函数

除了 cmpxchg()函数，还广泛使用另一个交换函数——xchg(new, v)。它的实现机制是把 new 赋给原子变量 v，返回原子变量 v 的旧值。

1.2 内存屏障

卷 1 已经介绍过 ARM 架构中如下 3 条内存屏障指令。

- 数据存储屏障（Data Memory Barrier，DMB）指令。
- 数据同步屏障（Data Synchronization Barrier，DSB）指令。
- 指令同步屏障（Instruction Synchronization Barrier，ISB）指令。

1.2.1 经典内存屏障接口函数

下面介绍 Linux 内核中的内存屏障接口函数，如表 1.3 所示。

表 1.3 Linux 内核中的内存屏障接口函数

接口函数	描述
barrier()	编译优化屏障，阻止编译器为了性能优化而进行指令重排
mb()	内存屏障（包括读和写），用于 SMP 和 UP
rmb()	读内存屏障，用于 SMP 和 UP
wmb()	写内存屏障，用于 SMP 和 UP
smp_mb()	用于 SMP 的内存屏障。对于 UP 不存在内存一致性的问题（对汇编指令），在 UP 上就是一个优化屏障，确保汇编代码和 C 代码的内存一致性
smp_rmb()	用于 SMP 的读内存屏障
smp_wmb()	用于 SMP 的写内存屏障
smp_read_barrier_depends()	读依赖屏障
smp_mb__before_atomic/smp_mb__after_atomic	用于在原子操作中插入一个通用内存屏障

在 ARM64 Linux 内核中实现内存屏障函数的代码如下。

```
<arch/arm64/include/asm/barrier.h>

#define mb()      dsb(sy)
#define rmb()         dsb(ld)
#define wmb()         dsb(st)

#define dma_rmb(      dmb(oshld)
#define dma_wmb()     dmb(oshst)
```

在 Linux 内核中有很多使用内存屏障指令的例子，下面举两个例子。

例 1.1：在一个网卡驱动中发送数据包。把网络数据包写入缓冲区后，由 DMA 引擎负责发送，wmb()函数保证在 DMA 传输之前，数据被完全写入缓冲区中。

```
<drivers\net\ethernet\realtek\8139too.c>

static netdev_tx_t rtl8139_start_xmit (struct sk_buff *skb,
                                        struct net_device *dev)
{

     skb_copy_and_csum_dev(skb, tp->tx_buf[entry]);
     /*
      写入 TxStatus 以触发 DMA 传输，
      * 使用一条内存屏障指令以保证设备可以看到这些更新后的数据
      */
     wmb();
     RTL_W32_F (TxStatus0 + (entry * sizeof (u32)),
          tp->tx_flag | max(len, (unsigned int)ETH_ZLEN));
      ...
}
```

例 1.2：Linux 内核里面的睡眠和唤醒接口函数也运用了内存屏障指令，通常一个进程因为等待某些事件需要睡眠，如调用 wait_event()函数。睡眠者的代码片段如下。

```
for (;;) {
     set_current_state(TASK_UNINTERRUPTIBLE);
     if (event_indicated)
          break;
     schedule();
}
```

其中，set_current_state()函数在修改进程的状态时隐含插入了内存屏障函数 smp_mb()。

```
<include/linux/sched.h>

#define set_current_state(state_value)                    \
     smp_store_mb(current->state, (state_value))

<include/asm-generic/barrier.h>

#define smp_store_mb(var, value)  do { WRITE_ONCE(var, value); __smp_mb(); } while (0)
```

唤醒者通常会调用 wake_up()函数，它在修改 task 状态之前也隐含地插入内存屏障函数 smp_wmb()。

```
<wake_up()→autoremove_wake_function()→try_to_wake_up()>

static int
try_to_wake_up(struct task_struct *p, unsigned int state, int wake_flags)
{
     /*
      * 如果要唤醒一个等待 CONDITION 的线程，需要确保
      * CONDITION=1
      * p->state 之间的访问顺序不能改变

      */
     smp_wmb();

     /* 准备修改 p->state */
     ...
}
```

在 SMP 的情况下来观察睡眠者和唤醒者之间的关系如下。

```
         CPU 1                             CPU 2
=======================        ===============================
set_current_state();                  STORE event_indicate
                                        wake_up();
STORE current->state                  <write barrier>
<general barrier>                     STORE current->state
LOAD event_indicated
if (event_indicated)
          break;
```

- 睡眠者：CPU1 在更改当前进程 current->state 后，插入一条内存屏障指令，保证加载唤醒标记 load event_indicated 不会出现在修改 current->state 之前。
- 唤醒者：CPU2 在唤醒标记 store 操作和把进程状态修改成 RUNNING 的 store 操作之间插入写屏障，保证唤醒标记 event_indicated 的修改能被其他 CPU 看到。

1.2.2 内存屏障扩展接口函数

1. 自旋等待的接口函数

Linux 内核提供了一个自旋等待的接口函数，它在排队自旋锁机制的实现中广泛应用。smp_cond_load_relaxed()接口函数的定义如下。

```
<include/asm-generic/barrier.h>
```

```
#define smp_cond_load_relaxed(ptr, cond_expr) ({        \
    typeof(ptr) __PTR = (ptr);                          \
    typeof(*ptr) VAL;                                   \
    for (;;) {                                          \
        VAL = READ_ONCE(*__PTR);                        \
        if (cond_expr)                                  \
            break;                                      \
        cpu_relax();                                    \
    }                                                   \
    VAL;                                                \
})
```

该函数有两个参数，第一个参数 ptr 表示要加载的地址，第二个参数是判断条件，因此该函数会一直原子地加载并判断条件是否成立。

另外，该函数还有一个变体——smp_cond_load_acquire()。二者的区别是在 smp_cond_load_relaxed()函数执行完成之后插入一条加载-获取内存屏障指令，而 smp_cond_load_relaxed()函数没有隐含任何的内存屏障指令。

```
#define smp_cond_load_acquire(ptr, cond_expr) ({        \
    typeof(*ptr) _val;                                  \
    _val = smp_cond_load_relaxed(ptr, cond_expr);       \
    smp_acquire__after_ctrl_dep();                      \
    _val;                                               \
})
```

Linux 内核中的排队自旋锁机制会使用到 smp_cond_load_relaxed()函数。

2. 原子变量接口函数

Linux 内核提供了两个与原子变量相关的接口函数。

```
void smp_mb__before_atomic(void);
void smp_mb__after_atomic(void);
```

这两个接口函数用在没有返回值的原子操作函数中，如 atomic_add()函数、atomic_dec()函数等，特别适用引用计数递增或者递减的场景。通常原子操作函数是没有隐含内存屏障的。下面是一个使用 smp_mb__before_atomic()函数的例子。

```
obj->dead = 1;
smp_mb__before_atomic();
atomic_dec(&obj->ref_count);
```

smp_mb__before_atomic()函数用于保证所有的内存操作在递减 obj->ref_count 之前都已经完成，确保其他 CPU 观察到这些变化——在递减 obj->ref_count 之前已经把 obj->dead 设置为 1 了。

1.3 经典自旋锁

如果临界区中只有一个变量，那么原子变量可以解决问题，但是大多数情况下临界区有一个数据操作的集合。例如，先从一个数据结构中移出数据，对其进行数据解析，然后写回该数据结构或者其他数据结构中，类似于 read-modify-write 操作。另外一个常见的例子是临界区里有链表的相关操作。整个执行过程需要保证原子性，在数据更新完毕前，不能从其他内核代码路径访问和改写这些数据。这个过程使用原子变量不合适，需要使用锁机制来完成，自旋锁（spinlock）是 Linux 内核中最常见的锁机制。

自旋锁在同一时刻只能被一个内核代码路径持有。如果另外一个内核代码路径试图获取一个已经被持有的自旋锁，那么该内核代码路径需要一直忙等待，直到自旋锁持有者释放该锁。如果该锁没有被其他内核代码路径持有（或者称为锁争用），那么可以立即获得该锁。自旋锁的特性如下。

- 忙等待的锁机制。操作系统中锁的机制分为两类，一类是忙等待，另一类是睡眠等待。自旋锁属于前者，当无法获取自旋锁时会不断尝试，直到获取锁为止。
- 同一时刻只能有一个内核代码路径可以获得该锁。
- 要求自旋锁持有者尽快完成临界区的执行任务。如果临界区中的执行时间过长，在锁外面忙等待的 CPU 比较浪费，特别是自旋锁临界区里不能睡眠。
- 自旋锁可以在中断上下文中使用。

1.3.1 自旋锁的实现

先看 spinlock 数据结构的定义。

```
<include/linux/spinlock_types.h>

typedef struct spinlock {
     struct raw_spinlock rlock;
} spinlock_t;

typedef struct raw_spinlock {
     arch_spinlock_t raw_lock;
} raw_spinlock_t;

<早期Linux内核中的定义>

typedef struct {
     union {
          u32 slock;
          struct __raw_tickets {
               u16 owner;
               u16 next;
          } tickets;
     }s;
} arch_spinlock_t;
```

spinlock 数据结构的定义既考虑到了不同处理器架构的支持和实时性内核的要求，还定义了 raw_spinlock 和 arch_spinlock_t 数据结构，其中 arch_spinlock_t 数据结构和架构有关。在 Linux 2.6.25 内核之前，spinlock 数据结构就是一个简单的无符号类型变量。若 slock 值为 1，表示锁未被持有；若为 0，表示锁被持有。之前的自旋锁机制比较简洁，特别是在没有锁争用的情况下；但也存在很多问题，尤其是在很多 CPU 争用同一个自旋锁时，会导致严重的不公平性和性能下降。当该锁释放时，事实上，可能刚刚释放该锁的 CPU 马上又获得了该锁的使用权，或者在同一个 NUMA 节点上的 CPU 都可能抢先获取了该锁，而没有考虑那些已经在锁外面等待了很久的 CPU。因为刚刚释放锁的 CPU 的 L1 高速缓存中存储了该锁，它比别的 CPU 更快获取锁，这对于那些已经等待很久的 CPU 是不公平的。在 NUMA 处理器中，锁争用会严重影响系统的性能。测试表明，在一个双 CPU 插槽的 8 核处理器中，自旋锁争用情况愈发明显，有些线程甚至需要尝试 1000000 次才能获取锁。因此在 Linux 2.6.25 内核后，自旋锁实现了“基于排队的 FIFO”算法的自旋锁机制，本书中简称为排队自旋锁。

基于排队的自旋锁仍然使用原来的数据结构，但 slock 域被拆分成两个部分，如图 1.1 所示，owner 表示自旋锁持有者的牌号，next 表示外面排队的队列中末尾者的牌号。这类似于排队吃饭的场景，在用餐高峰时段，各大饭店人满为患，顾客来晚了都需要排队。为了简化模型，假设某个饭店只有一张饭桌，刚开市时，next 和 owner 都是 0。

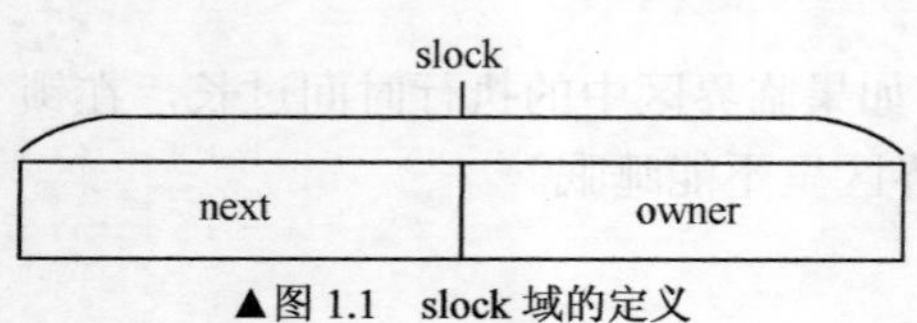

▲图 1.1　slock 域的定义

顾客 A 来时，因为 next 和 owner 都是 0，说明锁未被持有。此时因为饭店还没有顾客，所以顾客 A 的牌号是 0，直接进餐，这时 next++。

顾客 B 来时，因为 next 为 1，owner 为 0，说明锁被人持有；服务员给他 1 号牌，让他在饭店门口等待，next++。

顾客 C 来了，因为 next 为 2，owner 为 0，服务员给他 2 号牌，让他在饭店门口排队等待，next++。

这时顾客 A 吃完并买单了，owner++，owner 的值变为 1。服务员会让牌号和 owner 值相等的顾客就餐，顾客 B 的牌号是 1，所以现在请顾客 B 就餐。有新顾客来时 next++，服务员分配牌号；顾客结账时，owner++，服务员叫号，owner 值和牌号相等的顾客就餐。

自旋锁的原型定义在 include/linux/spinlock.h 头文件中。

```
<include/linux/spinlock.h>

static inline void spin_lock(spinlock_t *lock)
{
    raw_spin_lock(&lock->rlock);
}

static inline void __raw_spin_lock(raw_spinlock_t *lock)
{
    preempt_disable();
    spin_acquire(&lock->dep_map, 0, 0, _RET_IP_);
    LOCK_CONTENDED(lock, do_raw_spin_trylock, do_raw_spin_lock);
}
```

spin_lock()函数最终调用__raw_spin_lock()函数来实现。首先关闭内核抢占，这是自旋锁实现的关键点之一。那么为什么自旋锁临界区中不允许发生抢占呢？

如果自旋锁临界区中允许抢占，假设在临界区内发生中断，中断返回时会检查抢占调度，这里将有两个问题：一是抢占调度会导致持有锁的进程睡眠，这违背了自旋锁不能睡眠和快速执行完成的设计语义；二是抢占调度进程也可能会申请自旋锁，这样会导致发生死锁。关于中断返回时检查抢占调度的内容可以参考卷 1。

如果系统没有打开 CONFIG_LOCKDEP 和 CONFIG_LOCK_STAT 选项，spin_acquire()函数其实是一个空函数，并且 LOCK_CONTENDED()只是直接调用 do_raw_spin_lock()函数。

```
static inline void do_raw_spin_lock(raw_spinlock_t *lock) __acquires(lock)
{
      arch_spin_lock(&lock->raw_lock);
}
```

由于 Linux 5.0 内核里的 spin_lock 已经实现了排队的自旋锁机制，该机制的分析会在后面的章节里介绍。本章介绍 Linux 4.0 内核中 spin_lock 的实现。

下面来看 arch_spin_lock()函数的实现。

```
<linux4.0/arch/arm64/include/asm/spinlock.h>

static inline void arch_spin_lock(arch_spinlock_t *lock)
{
   unsigned int tmp;
   arch_spinlock_t lockval, newval;

   asm volatile(
   /* 自动实现下一次排队 */
  "prfm     pstl1strm, %3\n"
  "1:     ldaxr      %w0, %3\n"
  "add      %w1, %w0, %w5\n"
  "stxr      %w2, %w1, %3\n"
  "cbnz      %w2, 1b\n"
   /* 是否获得了锁 */
  "eor      %w1, %w0, %w0, ror #16\n"
  "cbz      %w1, 3f\n"
   /*
    * 若没有获得锁，自旋，
    * 发送本地事件，以避免在独占加载前忘记解锁
    */
  "sevl\n"
  "2:     wfe\n"
  "ldaxrh      %w2, %4\n"
  "eor      %w1, %w2, %w0, lsr #16\n"
  "cbnz      %w1, 2b\n"
   /* 获得锁，临界区从这里开始 */
  "3:"
   : "=&r" (lockval), "=&r" (newval), "=&r" (tmp), "+Q" (*lock)
   : "Q" (lock->owner), "I" (1 << TICKET_SHIFT)
   : "memory");
}
```

该函数只有一个参数 lock。

在第 3～4 行中，定义了 3 个临时变量——tmp、lockval 以及 newval。

在第 9 行中，通过 ldaxr 指令把参数 lock 的值加载到变量 lockval 中。

在第 10 行中，通过 add 指令把 lockval 的值增加 1 << TICKET_SHIFT（其中，TICKET_SHIFT 为 16），这相当于把 lockval 中的 next 域加 1，然后保存到 newval 变量中。

在第 11 行中，使用 stxr 指令把 newval 的值写入 lock 中。当 stxr 指令原子地存储完成时，tmp 的值为 0。

在第 12 行中，使用 cbnz 指令来判断 tmp 值是否为 0。若为零，则说明 stxz 指令执行完成；若不为 0，则跳转到标签 1 处。

在第 14 行中，%w0 表示临时变量 lockval 的值。这里使用 ror 把 lockval 值右移 16 位获得 owner 域，然后和 next 域进行"异或"。

在第 15 行中，cbz 指令用来判断%w1 的值是否为 0。若为 0，说明 ower 域和 next 域相等，即 owner 等于该 CPU 持有的牌号（lockval.next）时，该 CPU 成功获取了自旋锁，跳转到标签 3 处并返回。若不为 0，则调用 wfe 指令让 CPU 进入等待状态。

在第 21～24 行中，让 CPU 进入等待状态。当有其他 CPU 唤醒本 CPU 时，说明该自旋锁的 owner 域发生了变化，即该锁被释放。在第 23～24 行中，若新 owner 域的值和 next 域的值相等，即 owner 等于该 CPU 持有的牌号（lockval.next），说明该 CPU 成功获取了自旋锁。若不相等，只能继续跳转到标签 2 处让 CPU 进入等待状态。

接下来说明 ARM64 架构中的 wfe 指令。ARM 64 架构中的等待中断（Wait For Interrupt，WFI）和等待事件（Wait For Event，WFE）指令都可以让 ARM 核进入睡眠模式。WFI 直到有 WFI 唤醒事件发生才会唤醒 CPU，WFE 直到有 WFE 唤醒事件发生才会唤醒 CPU。这两类事件大致相同，唯一的不同在于 WFE 指令可以被其他 CPU 上的 SEV 指令唤醒，SEV 指令是用于修改 Event 寄存器的指令。

下面来看释放自旋锁的 arch_spin_unlock()函数的实现。

```
static inline void arch_spin_unlock(arch_spinlock_t *lock)
{
    asm volatile(
"   stlrh     %w1, %0\n"
    : "=Q" (lock->owner)
    : "r" (lock->owner + 1)
    : "memory");
}
```

arch_spin_unlock()函数实现比较简单，使用 stlrh 指令来让 lock->owner 域加 1。另外，使用 stlrh 指令来释放锁，并且让处理器的独占监视器（exclusives monitor）监测到锁临界区被清除，即处理器的全局监视器监测到部分内存区域从独占访问状态（exclusive access state）变成了开放访问状态（open access state），从而触发一个 WFE 唤醒事件。

1.3.2　自旋锁的变体

在编写驱动代码的过程中常常会遇到这样一个问题。假设某个驱动中有一个链表 a_driver_list，在驱动中很多操作都需要访问和更新该链表，如 open、ioctl 等，因此操作链表的地方就是一个临界区，需要自旋锁来保护。若在临界区中发生了外部硬件中断，系统暂停当前进程的执行转而处理该中断。假设中断处理程序恰巧也要操作该链表，链表的操作是一个临界区，所以在操作之前要调用 spin_lock()函数来对该链表进行保护。中断处理程序试图获取该自旋锁，但因为它已经被其他 CPU 持有了，于是中断处理程序进入忙等待状态或者 wfe 睡眠状态。在中断上下文中出现忙等待或者睡眠状态是致命的，中断处理程序要求“短”和“快”，自旋锁的持有者因为被中断打断而不能尽快释放锁，而中断处理程序一直在忙等待该锁，从而导致死锁的发生。Linux 内核的自旋锁的变体 spin_lock_irq()函数通过在获取自旋锁时关闭本地 CPU 中断，可以解决该问题。

```
<include/linux/spinlock.h>

static inline void spin_lock_irq(spinlock_t *lock)
{
      raw_spin_lock_irq(&lock->rlock);
}

static inline void __raw_spin_lock_irq(raw_spinlock_t *lock)
{
      local_irq_disable();
      preempt_disable();
      do_raw_spin_lock();
}
```

spin_lock_irq()函数的实现比 spin_lock()函数多了一个 local_irq_disable()函数。local_irg_disable()函数用于关闭本地处理器中断，这样在获取自旋锁时可以确保不会发生中断，从而避免发生死锁问题，即 spin_lock_irq()函数主要防止本地中断处理程序和自旋锁持有者之间产生锁的争用。可能有的读者会有疑问，既然关闭了本地 CPU 的中断，那么别的 CPU 依然可以响应外部中断，这会不会也可能导致死锁呢？自旋锁持有者在 CPU0 上，CPU1 响应了外部中断且中断处理程序同样试图去获取该锁，因为 CPU0 上的自旋锁持有者也在继续执行，所以它很快会离开临界区并释放锁，这样 CPU1 上的中断处理程序可以很快获得该锁。

在上述场景中，如果 CPU0 在临界区中发生了进程切换，会是什么情况？注意，进入自旋锁之前已经显式地调用 preempt_disable()函数关闭了抢占，因此内核不会主动发生抢占。但令人担心的是，驱动编写者主动调用睡眠函数，从而发生了调度。使用自旋锁的重要原则是**拥有自旋锁的临界区代码必须原子地执行，不能休眠和主动调度**。但在实际项目中，驱动代码编写者常常容易犯错误。如调用分配内存函数 kmalloc()时，可能因为系统空闲内存不足而进入睡眠模式，除非显式地使用 GFP_ATOMIC 分配掩码。

spin_lock_irqsave()函数会保存本地 CPU 当前的 irq 状态并且关闭本地 CPU 中断，然后获取自旋锁。local_irq_save()函数在关闭本地 CPU 中断前把 CPU 当前的中断状态保存到 flags 变量中。在调用 local_irq_restore()函数时把 flags 值恢复到相关寄存器中，如 ARM 的 CPSR，这样做的目的是防止破坏中断响应的状态。

自旋锁还有另外一个常用的变体——spin_lock_bh()函数，用于处理进程和延迟处理机制导致的并发访问的互斥问题。

1.3.3 spin_lock()和 raw_spin_lock()函数

若在一个项目中有的代码中使用 spin_lock()函数，而有的代码使用 raw_spin_lock()函数，并且 spin_lock()函数直接调用 raw_spin_lock()函数，这样可能会给读者造成困惑。

这要从 Linux 内核的实时补丁（RT-patch）说起。实时补丁旨在提升 Linux 内核的实时性，它允许在自旋锁的临界区内抢占锁，且在临界区内允许进程睡眠，这样会导致自旋锁语义被修改。当时内核中大约有 10 000 处使用了自旋锁，直接修改自旋锁的工作量巨大，但是可以修改那些真正不允许抢占和睡眠的地方，大概有 100 处，因此改为使用 raw_spin_lock()函数。spin_lock()和 raw_spin_lock()函数的区别如下。

在绝对不允许抢占和睡眠的临界区，应该使用 raw_spin_lock()函数，否则使用 spin_lock()。

因此对于没有更新实时补丁的 Linux 内核来说，spin_lock()函数可以直接调用 raw_spin_lock()，对于更新实时补丁的 Linux 内核来说，spin_lock()会变成可抢占和睡眠的锁，这一点需要特别注意。

1.4 MCS 锁

MCS 锁是自旋锁的一种优化方案，它是以两个发明者 Mellor-Crummey 和 Scott 的名字来命名的，论文"Algorithms for Scalable Synchronization on Shared-Memory Multiprocessor"发表在 1991 年的 *ACM Transactions on Computer Systems* 期刊上。自旋锁是 Linux 内核中使用最广泛的一种锁机制。长期以来，内核社区一直关注自旋锁的高效性和可扩展性。在 Linux 2.6.25 内核中，自旋锁已经采用排队自旋算法进行优化，以解决早期自旋锁争用的问题。但是在多处理器和 NUMA 系统中，排队自旋锁仍然存在一个比较严重的问题。假设在一个锁争用激烈的系统中，所有等待自旋锁的线程都在同一个共享变量上自旋，申请和释放锁都在同一个变量上修改，高速缓存一致性原理（如 MESI 协议）导致参与自旋的 CPU 中的高速缓存行变得无效。在锁争用的激烈过程中，可能导致严重的 CPU 高速缓存行颠簸现象（CPU cacheline bouncing），即多个 CPU 上的高速缓存行反复失效，大大降低系统整体性能。

MCS 算法可以解决自旋锁遇到的问题，显著缓解 CPU 高速缓存行颠簸问题。MCS 算法的核心思想是每个锁的申请者只在本地 CPU 的变量上自旋，而不是全局的变量上。虽然 MCS 算法的设计是针对自旋锁的，但是早期 MCS 算法的实现需要比较大的数据结构，而自旋锁常常嵌入系统中一些比较关键的数据结构中，如物理页面数据结构 page。这类数据结构对大小相当敏感，因此目前 MCS 算法只用在读写信号量和互斥锁的自旋等待机制中。Linux 内核版本的 MCS 锁最早是由社区专家 Waiman Long 在 Linux 3.10 内核中实现的，后来经过其他的社区专家的不断优化成为现在的 osq_lock，OSQ 锁是 MCS 锁机制的一个具体的实现。内核社区并没有放弃对自旋锁的持续优化，在 Linux 4.2 内核中引进了基于 MCS 算法的排队自旋锁（Queued Spinlock，Qspinlock）。

MCS 锁本质上是一种基于链表结构的自旋锁，OSQ 锁的实现需要两个数据结构。

```
<include/linux/osq_lock.h>

struct optimistic_spin_queue {
    atomic_t tail;
};

struct optimistic_spin_node {
    struct optimistic_spin_node *next, *prev;
    int locked;
    int cpu;
};
```

每个 MCS 锁有一个 optimistic_spin_queue 数据结构，该数据结构只有一个成员 tail，初始化为 0。optimistic_spin_node 数据结构表示本地 CPU 上的节点，它可以组织成一个双向链表，包含 next 和 prev 指针，locked 成员用于表示加锁状态，cpu 成员用于重新编码 CPU 编号，表示该节点在哪个 CPU 上。optimistic_spin_node 数据结构会定义成 per-CPU 变量，即每个 CPU 有一个节点结构。

```
<kernel/locking/osq_lock.c>

static DEFINE_PER_CPU_SHARED_ALIGNED(struct optimistic_spin_node, osq_node);
```

MCS 锁在 osq_lock_init()函数中初始化。如互斥锁会初始化为一个 MCS 锁，因为__mutex_init()函数会调用 osq_lock_init()函数。

```
<kernel/locking/mutex.c>

void
__mutex_init(struct mutex *lock, const char *name, struct lock_class_key *key)
{
...
#ifdef CONFIG_MUTEX_SPIN_ON_OWNER
     osq_lock_init(&lock->osq);
#endif
...
}

static inline void osq_lock_init(struct optimistic_spin_queue *lock)
{
     atomic_set(&lock->tail, 0);
}
```

1.4.1 快速申请通道

osq_lock()函数用于申请 MCS 锁。下面来看该函数如何进入快速申请通道。

```
<kernel/locking/osq_lock.c>

 bool osq_lock(struct optimistic_spin_queue *lock)
 {
    struct optimistic_spin_node *node = this_cpu_ptr(&osq_node);
    struct optimistic_spin_node *prev, *next;
    int curr = encode_cpu(smp_processor_id());
    int old;

    node->locked = 0;
    node->next = NULL;
    node->cpu = curr;

   old = atomic_xchg(&lock->tail, curr);
   if (old == OSQ_UNLOCKED_VAL)
```

```
    return true;
```

node 指向当前 CPU 的 optimistic_spin_node。

optimistic_spin_node 数据结构中 cpu 成员用于表示 CPU 编号，这里的编号方式和 CPU 编号方式不太一样，0 表示没有 CPU，1 表示 CPU0，以此类推，见 encode_cpu()函数。

接着，使用函数 atomic_xchg()交换全局 lock->tail 和当前 CPU 编号。如果 lock->tail 的旧值等于初始化值 OSQ_UNLOCKED_VAL（值为 0），说明还没有 CPU 持有锁，那么让 lock->tail 等于当前 CPU 编号，表示当前 CPU 成功持有锁，这是最快捷的方式。如果 lock->tail 的旧值不等于 OSQ_UNLOCKED_VAL，获取锁失败，那么将进入中速申请通道。

1.4.2　中速申请通道

下面看看如果没能成功获取锁的情况，即 lock->tail 的值指向其他 CPU 编号，说明有 CPU 已经持有该锁。

```
<osq_lock()>

    prev = decode_cpu(old);
    node->prev = prev;
    ACCESS_ONCE(prev->next) = node;
```

之前获取锁失败，变量 old 的值（lock->tail 的旧值）指向某个 CPU 编号，因此 decode_cpu()函数返回的是变量 old 指向的 CPU 所属的节点。

接着把 curr_node 插入 MCS 链表中，curr_node->prev 指向前继节点，而 prev_node->next 指向当前节点。

```
<osq_lock()>

    while (!ACCESS_ONCE(node->locked)) {
        /*
         *检查是否需要被调度
         */
        if (need_resched())
            goto unqueue;

        cpu_relax_lowlatency();
    }
    return true;
```

while 循环一直查询 curr_node->locked 是否变成了 1，因为 prev_node 释放锁时会把它的下一个节点中的 locked 成员设置为 1，然后才能成功释放锁。在理想情况下，若前继节点释放锁，那么当前进程也退出自旋，返回 true。

在自旋等待过程中，如果有更高优先级的进程抢占或者被调度器调度出去（见 need_resched()函数），那应该放弃自旋等待，退出 MCS 链表，跳转到 unqueue 标签，处理 MCS 链表删除节点的情况。unqueue 标签用于处理异常情况，正常情况是在 while 循环中等待锁，如图 1.2 所示。

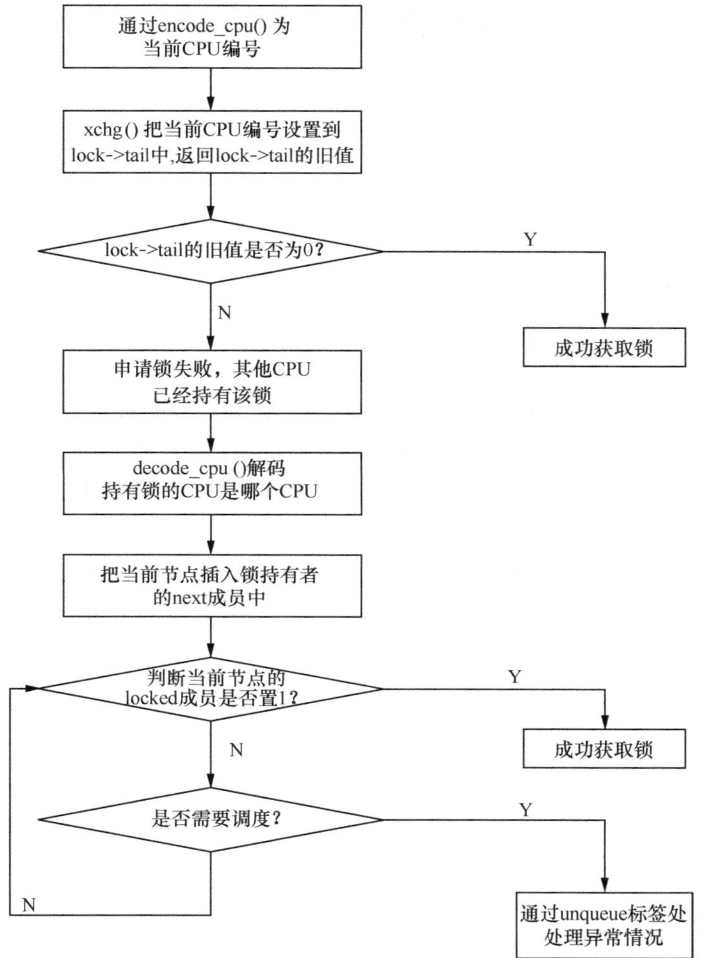

▲图 1.2　申请 MCS 锁的流程图

1.4.3　慢速申请通道

OSQ 锁的实现比较复杂的原因在于 OSQ 锁必须要处理 need_resched()函数的异常情况，否则可以很简洁。

unqueue 标签处实现删除链表等操作，这里仅使用了原子比较并交换指令，并没有使用其他的锁，这体现了无锁并发编程的精髓。

删除 MCS 链表节点分为如下 3 个步骤。

（1）解除前继节点（prev_node）的 next 指针的指向。

（2）解除当前节点（curr_node）的 next 指针的指向，并且找出后继节点（next_node）。

（3）让前继节点的 next 指针指向 next_node，next_node 的 prev 指针指向前继节点。

下面先看步骤（1）的实现。

```
<osq_lock()>

unqueue:
     for (;;) {
         if (prev->next == node &&
```

```
        cmpxchg(&prev->next, node, NULL) == node)
            break;

        if (smp_load_acquire(&node->locked))
            return true;

        cpu_relax();

        prev = READ_ONCE(node->prev);
    }
```

如果前继节点的 next 指针指向当前节点，说明其间链表还没有被修改，接着用 cmpxchg()函数原子地判断前继节点的 next 指针是否指向当前节点。如果指向，则把 prev->next 指向 NULL，并且判断返回的前继节点的 next 指针是否指向当前节点。如果上述条件都成立，就达到解除前继节点的 next 指针指向的目的了。

如果上述原子比较并交换指令判断失败，说明其间 MCS 链表被修改了。利用这个间隙，smp_load_acquire()宏会再一次判断当前节点是否持有了锁。smp_load_acquire()宏的定义如下。

```
<arch/arm/include/asm/barrier.h>

#define smp_load_acquire(p)                              \
({                                              \
    typeof(*p) ___p1 = ACCESS_ONCE(*p);                   \
    compiletime_assert_atomic_type(*p);                   \
    smp_mb();                                   \
    ___p1;                                      \
})
```

ACCESS_ONCE()宏使用 volatile 关键字强制重新加载 p 的值，smp_mb()函数保证内存屏障之前的读写指令都执行完毕。如果这时判断 curr_node 的 locked 为 1，说明当前节点持有了锁，返回 true。为什么当前节点莫名其妙地持有了锁呢？因为前继节点释放了锁并且把锁传递给当前节点。

如果前继节点的 next 指针不指向当前节点，就说明当前节点的前继节点发生了变化，这里重新加载新的前继节点，继续下一次循环。

接下来看步骤（2）的实现。

```
<osq_lock()>

    next = osq_wait_next(lock, node, prev);
    if (!next)
        return false;
```

步骤（1）处理前继节点的 next 指针指向问题，现在轮到处理当前节点的 next 指针指向问题，关键实现在 osq_wait_next()函数中。

```
<osq_lock()->osq_wait_next()>
```

```
0 static inline struct optimistic_spin_node *
1 osq_wait_next(struct optimistic_spin_queue *lock,
2        struct optimistic_spin_node *node,
3        struct optimistic_spin_node *prev)
4 {
5    struct optimistic_spin_node *next = NULL;
6    int curr = encode_cpu(smp_processor_id());
7    int old;
8 
9    old = prev ? prev->cpu : OSQ_UNLOCKED_VAL;
10 
11   for (;;) {
12        if (atomic_read(&lock->tail) == curr &&
13             atomic_cmpxchg(&lock->tail, curr, old) == curr) {
14              break;
15        }
16 
17        if (node->next) {
18              next = xchg(&node->next, NULL);
19              if (next)
20                   break;
21        }
22 
23        cpu_relax_lowlatency();
24   }
25 
26   return next;
27}
```

变量 curr 是指当前进程所在的 CPU 编号，变量 old 是指前继节点 prev_node 所在的 CPU 编号。如果前继节点为空，那么 old 值为 0。

在第 12～13 行中，判断当前节点是否为 MCS 链表中的最后一个节点。如果是，说明当前节点位于链表末尾，即没有后继节点，直接返回 next（即 NULL）。为什么通过原子地判断 lock->tail 值是否等于 curr 即可判断当前节点是否位于链表末尾呢？

如图 1.3 所示，如果当前节点位于 MCS 链表的末尾，curr 值和 lock->tail 值相等。如果其间有进程正在申请锁，那么 curr 值为 2，但是 lock->tail 值会变成其他值，因为在快速申请通道中使用 atomic_xchg()函数修改了 lock->tail 的值。当 CPU2 加入该锁的争用时，lock->tail=3。

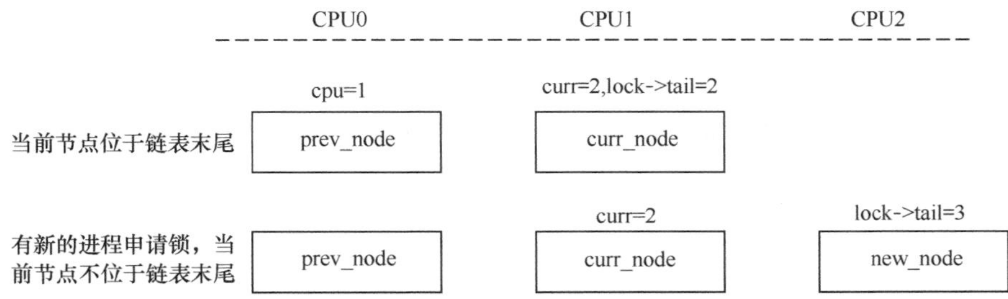

▲图 1.3　osq_wait_next()函数中判断当前节点是否在链表末尾的方法

在第 17～21 行中，如果当前节点有后继节点，那么把当前节点的 next 指针设置为 NULL，解除当前节点的 next 指针的指向，并且返回后继节点，这样就完成了步骤（2）的目标。第 23 行的 cpu_relax_lowlatency()函数在 ARM 中是一条 BARRIER 指令。

接下来看步骤（3）的实现。

```
<osq_lock()>

    WRITE_ONCE(next->prev, prev);
    WRITE_ONCE(prev->next, next);

    return false;
```

后继节点的 prev 指针指向前继节点，前继节点的 next 指针指向后继节点，这样就完成了当前节点脱离 MCS 链表的操作。最后返回 false，因为没有成功获取锁。

MCS 锁的架构，如图 1.4 所示。

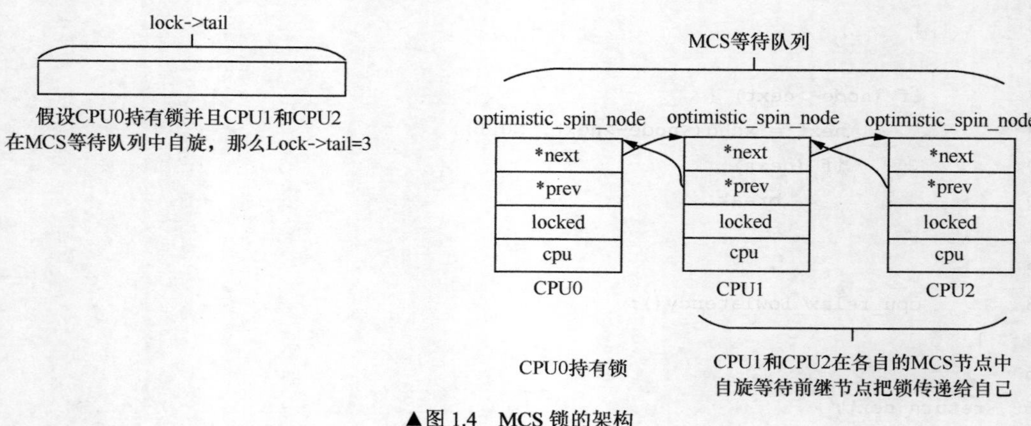

▲图 1.4 MCS 锁的架构

1.4.4 释放锁

接下来看 MCS 锁是如何释放锁的。

```
<kernel/locking/osq_lock.c>

void osq_unlock(struct optimistic_spin_queue *lock)
{
    struct optimistic_spin_node *node, *next;
    int curr = encode_cpu(smp_processor_id());
    /*
     * 快速通道
     */
    if (likely(atomic_cmpxchg_release(&lock->tail, curr,
                    OSQ_UNLOCKED_VAL) == curr))
        return;
    /*
     * 慢速通道
     */
    node = this_cpu_ptr(&osq_node);
```

```
        next = xchg(&node->next, NULL);
        if (next) {
            WRITE_ONCE(next->locked, 1);
            return;
        }
        next = osq_wait_next(lock, node, NULL);
        if (next)
            WRITE_ONCE(next->locked, 1);
}
```

如果 lock->tail 保存的 CPU 编号正好是当前进程的 CPU 编号，说明没有 CPU 来竞争该锁，那么直接把 lock->tail 设置为 0，释放锁，这是最理想的情况，代码中把此种情况描述为快速通道（fast path）。注意，此处依然要使用函数 atomic_cmpxchg()。

下面进入慢速通道，首先通过 xchg()函数使当前节点的指针（node->next）指向 NULL。如果当前节点有后继节点，并返回后继节点，那么把后继节点的 locked 成员设置为 1，相当于把锁传递给后继节点。这里相当于告诉后继节点锁已经传递给它了。

如果后继节点为空，说明在执行 osq_unlock()函数期间有成员擅自离队，那么只能调用 osq_wait_next()函数来确定或者等待确定的后继节点，也许当前节点就在链表末尾。当然，也会有“后继无人”的情况。

读者可以在阅读完 1.5 节之后再来细细体会 MCS 锁设计的精妙之处。

1.5 排队自旋锁

在 Linux 2.6.25 内核中，为了解决自旋锁在争用激烈场景下导致的性能低下问题，引入了基于排队的 FIFO 算法，但是该算法依然没能解决高速缓存行颠簸问题，学术界因此提出了 MCS 锁。MCS 锁机制会导致 spinlock 数据结构变大，在内核中很多数据结构内嵌了 spinlock 数据结构，这些数据结构对大小很敏感，这导致了 MCS 锁机制一直没能在 spinlock 数据结构上应用，只能屈就于互斥锁和读写信号量。但内核社区的专家 Waiman Long 和 Peter Zijlstra 并没有放弃对自旋锁的持续优化，他们在 Linux 4.2 内核中引进了排队自旋锁（Queued Spinlock，Qspinlock）机制。Waiman Long 在双 CPU 插槽的计算机上运行一些系统测试项目时发现，排队自旋锁机制比排队机制在性能方面提高了 20%，特别是在锁争用激烈的场景下，文件系统的测试性能会有 116%的提高。排队自旋锁机制非常适合 NUMA 架构的服务器，特别是有大量的 CPU 内核且锁争用激烈的场景。

q_spinlock 数据结构依然采用 spinlock 数据结构。

```
<include/asm-generic/qspinlock_types.h>

typedef struct qspinlock {
    union {
        atomic_t val;
        struct {
            u8      locked;
            u8      pending;
        };
        struct {
```

```
            u16     locked_pending;
            u16     tail;
        };
    };
} arch_spinlock_t;
```

qspinlock 数据结构把 val 字段分成多个域，如表 1.4 所示。

表 1.4　　qspinlock 中 val 字段的含义

位	描述
Bit[0:7]	locked 域，表示成功持有了锁
Bit[8]	pending 域，表示第一顺位继承者，自旋等待锁释放
Bit[9:15]	未使用
Bit[16:17]	tail_idx 域，用来获取 q_nodes，目前支持 4 种上下文的 mcs_nodes——进程上下文 task、软中断上下文 softirq、硬中断上下文 hardirq 和不可屏蔽中断上下文 nmi
Bit[18:31]	tail_cpu 域，用来标识等待队列末尾的 CPU

原来的 spinlock 数据结构中的 val 字段被分割成 locked、pending、tail_idx 和 tail_cpu 这 4 个域。Linux 内核使用一个 $\{x, y, z\}$ 三元组来表示锁的状态，其中 x 表示 tail，即 tail_cpu 和 tail_idx 域，y 表示 pending 域，z 表示 locked 域，如图 1.5 所示。

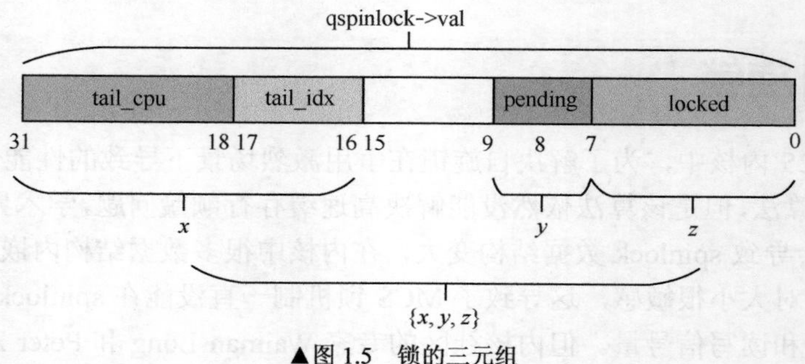

▲图 1.5　锁的三元组

另外，排队自旋锁还利用了 MCS 锁机制，每个 CPU 都定义一个 mcs_spinlock 数据结构。

```
<kernel/locking/mcs_spinlock.h>

struct mcs_spinlock {
    struct mcs_spinlock *next;
    int locked;
    int count;
};

<kernel/locking/qspinlock.c>

struct qnode {
    struct mcs_spinlock mcs;
};

static DEFINE_PER_CPU_ALIGNED(struct qnode, qnodes[4]);
```

这里为每个 CPU 都定义了 4 个 qnode，用于 4 个上下文，分别为 task、softirq、hardirq 和 nmi。但这里只是预先规划，实际代码暂时还没有用到 4 个 qnode。

1.5.1 快速申请通道

我们以一个实际场景来分析排队自旋锁的实现，假设 CPU0、CPU1、CPU2 以及 CPU3 争用一个自旋锁，它们都在进程上下文中争用该锁。

在初始状态，没有 CPU 获取该锁，那么锁的三元组的初始值为{0, 0, 0}，如图 1.6（a）所示。

这时，CPU0 的进程调用 queued_spin_lock()函数去申请该锁，因为没有其他 CPU 竞争，所以 CPU0 很快获取了锁，如图 1.6（b）所示。lock->val 中，locked=1，pending=0，tail=0，即三元组的值为{0, 0, 1}。

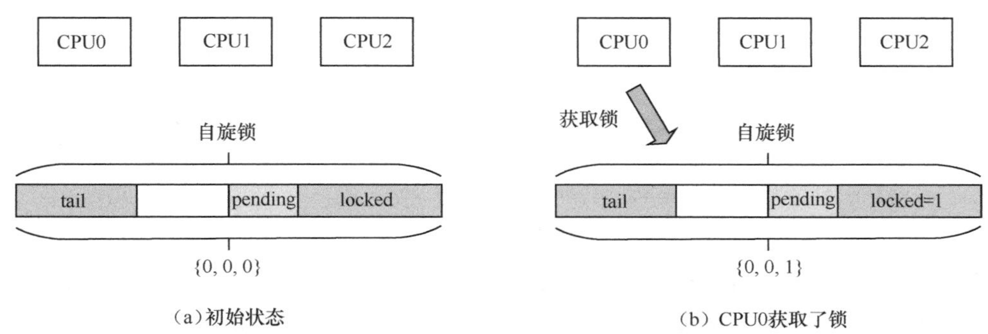

▲图 1.6 锁的初始状态

假设这时 CPU1 也尝试获取该锁，CPU1 上的进程调用 queued_spin_lock()函数申请该锁。queued_spin_lock()函数的主要代码如下。

```
<include/asm-generic/qspinlock.h>

static __always_inline void queued_spin_lock(struct qspinlock *lock)
{
    u32 val = 0;

    if (likely(atomic_try_cmpxchg_acquire(&lock->val, &val, _Q_LOCKED_VAL)))
        return;

    queued_spin_lock_slowpath(lock, val);
}
```

queued_spin_lock()函数会区分两种场景。

- 自旋锁没有被持有，即 lock->val 等于 0。atomic_try_cmpxchg_acquire()函数会返回 true，并且把 lock->val 设置为_Q_LOCKED_VAL，表示快速持有锁，这就是快速申请通道。
- 自旋锁已经被持有，即 lock->val 不等于 0。atomic_try_cmpxchg_acquire()函数会返回 false，并跳转到 queued_spin_lock_slowpath()函数的慢速通道中。

读者需要注意的是 atomic_try_cmpxchg_acquire()函数和 cmpxchg()函数的细微差别。atomic_try_cmpxchg_acquire()函数会调用 cmpxchg()函数来做比较并交换操作，比较 lock->val 和 val 的值是否相等。若相等，则设置 lock->val 的值为_Q_LOCKED_VAL，然后判断 cmpxchg()函数的

返回值是否和 val 相等。

1.5.2 中速申请通道

当快速申请通道无法获取锁时，进入中速申请通道，即 queued_spin_lock_slowpath()函数。这个场景下，CPU0 持有锁，CPU1 尝试获取锁。

```
<kernel/locking/qspinlock.c>
<queued_spin_lock()->queued_spin_lock_slowpath()>
void queued_spin_lock_slowpath(struct qspinlock *lock, u32 val)
{
    struct mcs_spinlock *prev, *next, *node;
    u32 old, tail;
    int idx;

    if (val == _Q_PENDING_VAL) {
        int cnt = _Q_PENDING_LOOPS;
        val = atomic_cond_read_relaxed(&lock->val,
                        (VAL != _Q_PENDING_VAL) || !cnt--);
```

首先，判断 val 的值是否设置了 pending 域。如果设置了 pending 域，说明此时处于一个临时状态，即锁持有者正在释放锁的过程中，这个过程会把锁传递给第一顺位继承者。此时，需要等待 pending 域释放。这里使用 atomic_cond_read_relaxed()函数来自旋等待。

```
<queued_spin_lock_slowpath()>

    /*
     * 如果我们发现了锁争用，那么跳转到 queue 标签处
     */
    if (val & ~_Q_LOCKED_MASK)
        goto queue;
```

然后，判断 pending 域和 tail 域是否有值，其中_Q_LOCKED_MASK 为 0xFF。如果有值，如 tail_cpu 域有值，即有 CPU 在等待队列中等候，说明已经有 CPU 在等待这个锁，那么只好跳转到 queue 标签处去排队。

```
<queued_spin_lock_slowpath()>

   /*
    * trylock || pending
    *
    * 0,0,* -> 0,1,* -> 0,0,1 pending, trylock
    */
   val = queued_fetch_set_pending_acquire(lock);
```

设置 pending 域。这里设置 pending 域的含义是表明 CPU1 为第一顺位继承者，那么自旋等待是最合适的。现在 lock->val 的状态变为 locked=1，pending=1，tail=0，如图 1.7（a）所示。注意，queued_fetch_set_pending_acquire()函数返回的是 lock->val 的旧值。

在本场景中，CPU1 会运行到这里并通过 queued_fetch_set_pending_acquire()函数来设置 pending 域。然而，若 CPU2 也加入该锁的争用，则在前面的判断中就发现锁的 pending 域被 CPU1 置 1 了，直接跳转到 queue 标签处，加入 MCS 队列中。

```
<queued_spin_lock_slowpath()>

    /*
     * 如果我们发现了锁的争用，那是一个并发的锁
     *
     */
    if (unlikely(val & ~_Q_LOCKED_MASK)) {
        if (!(val & _Q_PENDING_MASK))
            clear_pending(lock);

        goto queue;
    }
```

我们继续做一些检查，这里使用 lock->val 的旧值来判断 pending 域和 tail 域是否有值。如果有值，则说明已经有 CPU 在等待这个锁，那么只好跳转到 queue 标签处去排队。在之前已经判断了 pending 域和 tail 域，为什么这里还需要判断呢？什么场景下会运行到这里呢？这里有一个比较复杂并且特殊的场景需要考虑，详细分析请看 1.5.5 节。

```
<queued_spin_lock_slowpath()>

    /*
     * 自旋等待锁持有者释放锁
     *
     * 0,1,1 -> 0,1,0
     *
     */
    if (val & _Q_LOCKED_MASK)
        atomic_cond_read_acquire(&lock->val, !(VAL & _Q_LOCKED_MASK));
```

由于刚才不仅设置了 pending 域而且做了必要的检查，因此就自旋等待。atomic_cond_read_acquire()函数内置了自旋等待的机制，一直原子地加载和判断条件是否成立。这里判断条件为 val 字段的 locked 域是否为 0，也就是锁持有者是否释放了锁。当锁持有者释放锁时，lock->val 中的 locked 域会被清零，atomic_cond_read_acquire()函数会退出 for 循环。

```
<queued_spin_lock_slowpath()>

    /*
     * 成功持有锁，pending 域清零
     *
     * 0,1,0 -> 0,0,1
     */
    clear_pending_set_locked(lock);
    qstat_inc(qstat_lock_pending, true);
    return;
```

接下来，clear_pending_set_locked()函数把 pending 域的值清零并且设置 locked 域为 1，表示 CPU1 已经成功持有了该锁并返回，如图 1.7（b）所示。

```
static __always_inline void clear_pending_set_locked(struct qspinlock *lock)
{
    struct __qspinlock *l = (void *)lock;

    WRITE_ONCE(l->locked_pending, _Q_LOCKED_VAL);
}
```

上述内容是比较理想的状况，也就是中速获取锁的情况。

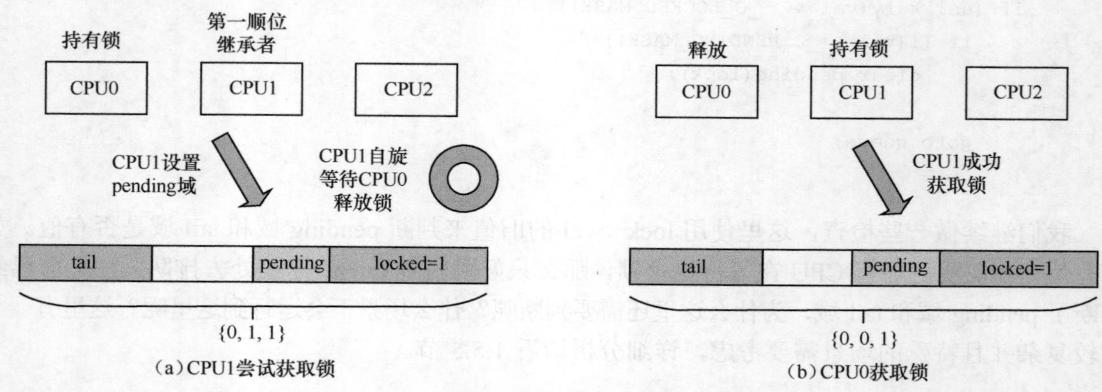

▲图 1.7　中速申请通道

1.5.3　慢速申请通道

慢速申请通道的场景是 CPU0 持有锁，CPU1 设置 pending 域并且在自旋等待，CPU2 也加入锁的争用行列。在此场景下，CPU2 会跳转到 queue 标签处。

```
<queued_spin_lock_slowpath()>

    /*
     * 如果我们发现了锁争用，那么跳转到 queue 标签处
     */
    if (val & ~_Q_LOCKED_MASK)
        goto queue;
```

接下来看 queue 的代码。

```
<queued_spin_lock_slowpath()>

queue:
    node = this_cpu_ptr(&qnodes[0].mcs);
    idx = node->count++;
    tail = encode_tail(smp_processor_id(), idx);

    node = grab_mcs_node(node, idx);

    node->locked = 0;
    node->next = NULL;
```

```
    if (queued_spin_trylock(lock))
        goto release;
```

前面提到排队自旋锁会利用 MCS 锁机制来进行排队。首先，获取当前 CPU 对应的 mcs_spinlock 节点，通常使用 mcs_spinlock[0]节点[①]。

encode_tail()函数把 lock->val 中的 tail 域再进行细分，其中 Bit[16: 17]存放 tail_idx，Bit[18: 31]存放 tail_cpu（CPU 编号）。encode_tail()函数的实现如下。

```
static inline __pure u32 encode_tail(int cpu, int idx)
{
    u32 tail;
    tail  = (cpu + 1) <<_Q_TAIL_CPU_OFFSET;
    tail |= idx <<_Q_TAIL_IDX_OFFSET;
    return tail;
}
```

假设 CPU0 持有锁，CPU1 为第一顺位继承者，CPU2 为当前锁申请者，那么 lock->val 中 locked=1，pending=1，tail_idx=0，tail_cpu=0。node->locked 设置为 0，表示当前 CPU2 的 mcs_spinlock 节点并没有持有锁。

queued_spin_trylock()函数表示尝试获取锁。这时可能访问高速缓存中 pre-cpu 的 mcs_spinlock 节点，因此可能在这个时间点成功获取锁。

```
<queued_spin_lock_slowpath()>

    old = xchg_tail(lock, tail);
    next = NULL;
```

xchg_tail()函数把新的 tail 值原子地设置到 lock->tail 中。新的 lock->val 中，locked=1，pending=1，tail_idx=0，tail_cpu=3。旧的 lock->val 中，locked=1，pending=1，tail_idx=0，tail_cpu=0，如图 1.8 所示。

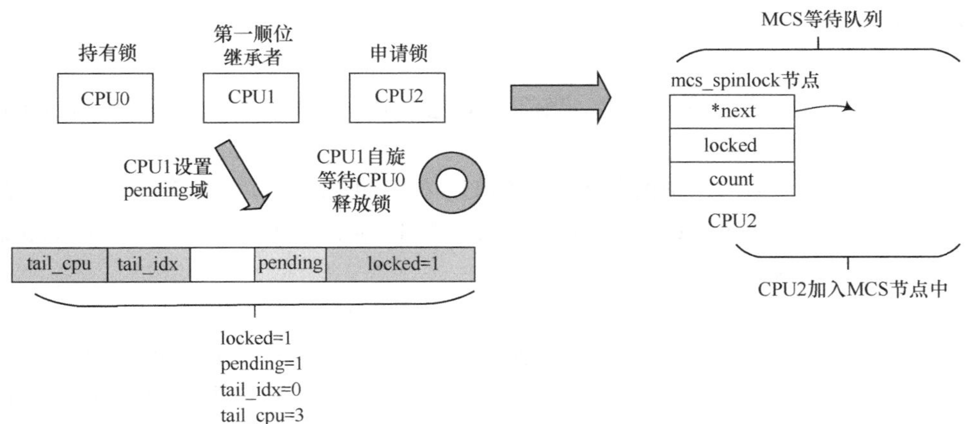

▲图 1.8 CPU2 加入锁的争用

① 假设进程 A 获取一个自旋锁时使用 mcs_spinlock[0]节点，在临界区中发生了中断，中断处理程序也申请了该自旋锁，那么会使用 mcs_spinlock[1]节点。

```
<queued_spin_lock_slowpath()>

        /*
         * 若有前继节点，那么挂入该链表后并等待，直到成为等待队列的链表头
         */
        if (old & _Q_TAIL_MASK) {
            prev = decode_tail(old);
            WRITE_ONCE(prev->next, node);
            arch_mcs_spin_lock_contended(&node->locked);

            next = READ_ONCE(node->next);
            if (next)
                prefetchw(next);
        }
```

前面已经把新 tail 域的值设置到 lock->val 变量中，变量 old 是交换之前的旧值。

如果旧的 lock->val 中的 tail 域有值，说明之前已经有别的 CPU 在 MCS 等待队列中。我们需要把自己的节点添加到 MCS 等待队列末尾，然后等待前继节点释放锁，并且把锁传递给自己，这是 MCS 算法的特点。

decode_tail()函数取出前继节点。

通过设置 prev->next 域中指针的指向来把当前节点加入 MCS 等待队列中。

在 arch_mcs_spin_lock_contended()函数中，当前节点会在自己的 MCS 节点中自旋并等待 node->locked 被设置为 1。注意，这是 MCS 算法的优点，每个等待的线程都在本地的 MCS 节点上自旋，而不是在全局的自旋锁中自旋，这样能够有效地缓解 CPU 高速缓存行颠簸现象。

arch_mcs_spin_lock_contended()函数的定义如下。

```
<kernel/locking/mcs_spinlock.h>

#define arch_mcs_spin_lock_contended(l)                     \
do {                                                    \
    smp_cond_load_acquire(l, VAL);                      \
} while (0)
#endif
```

当前继节点把锁传递给当前节点时，当前 CPU 会从睡眠状态唤醒，然后退出 arch_mcs_spin_lock_contended()函数中的 while 循环。

假设这时 CPU3 也加入该锁的争用中，CPU3 对应的 MCS 节点有前继节点，那么 CPU3 会在 MCS 节点中自旋，等待 node->locked 被设置为 1，如图 1.9 所示。4 个 CPU 的状态如下。

- CPU0：持有锁。
- CPU1：设置了 pending 域，自旋等待 CPU0 释放锁。
- CPU2：加入了 MCS 等待队列，自旋等待锁的 locked 域和 pending 域被清零。
- CPU3：加入了 MSC 等待队列，在自己的 MCS 节点中自旋等待 locked 域被置 1。

我们接着往下看代码。

```
<queued_spin_lock_slowpath()>

    val= atomic_cond_read_acquire(&lock->val, !(VAL & _Q_LOCKED_PENDING_MASK));
```

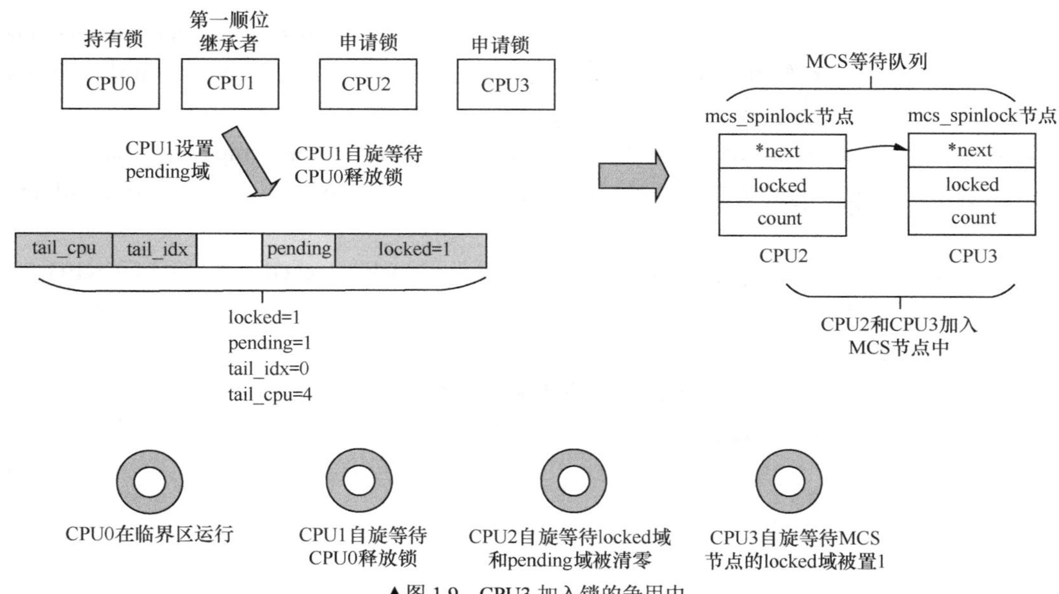

▲图 1.9　CPU3 加入锁的争用中

atomic_cond_read_acquire()函数读取 lock->val 的值。因为 CPU2 没有前继节点，所以它能直接调用 atomic_cond_read_acquire()函数来读取 lock->val 的值。若 CPU3 也直接读取 lock->val 的值，那么说明 CPU3 对应的 mcs_spinlock 节点已经在 MCS 等待队列头了，并且获取了 MCS 锁（node->locked），但获取了 MCS 锁不代表可以获取自旋锁。因此，还要等待锁持有者释放锁，即锁持有者把 lock->val 中的 locked 域和 pending 域清零。

```
<queued_spin_lock_slowpath()>

locked:
     if ((val & _Q_TAIL_MASK) == tail) {
          if (atomic_try_cmpxchg_relaxed(&lock->val, &val, _Q_LOCKED_VAL))
               goto release;
     }

     set_locked(lock);

     if (!next)
          next = smp_cond_load_relaxed(&node->next, (VAL));

     arch_mcs_spin_unlock_contended(&next->locked);

release:

     __this_cpu_dec(qnodes[0].mcs.count);
}
```

CPU2 运行到标签处 locked 处，说明 CPU0 已经释放了该锁，lock->val 中的 locked 域和 pending 域的值都被清零。

接下来，判断当前节点是否为 MCS 等待队列的唯一的节点。为什么当前 lock->tail 的值和当前 CPU 获取的 tail 值相等，即表示 MCS 等待队列中只有一个节点呢？

假设这时 CPU3 加入了该锁的争用中，那么 CPU3 在执行 queued_spin_lock_slowpath()函数时，在 tail 域中，tail_idx=0，tail_cpu=4，并且会把 tail 值原子地设置到 lock->val 中。这里判断出 lock->tail 和 CPU2 的 tail 值不一样，因为 CPU3 已加入 MCS 等待队列中。

既然 MCS 等待队列中已经没有其他等待者了，那么通过 atomic_cmpxchg_relaxed()函数来原子地比较并设置 lock->val 为 1。这种情况下，在 lock->val 中，locked=1，pending=0，tail_idx=0，tail_cpu=0。

如果 MCS 等待队列中还有其他等待者，那么直接设置 lock->locked 域为_Q_LOCKED_VAL，表示成功持有锁。这种情况下，在 lock->val 中，locked=1，pending=0，tail_idx=0，tail_cpu=3。

smp_cond_load_relaxed()函数处理后继节点被删除的情况。

arch_mcs_spin_unlock_contended()会把锁传递给后继节点。

最后，CPU2 成功获取自旋锁并释放 mcs_spinlock 节点，具体过程如图 1.10 所示。

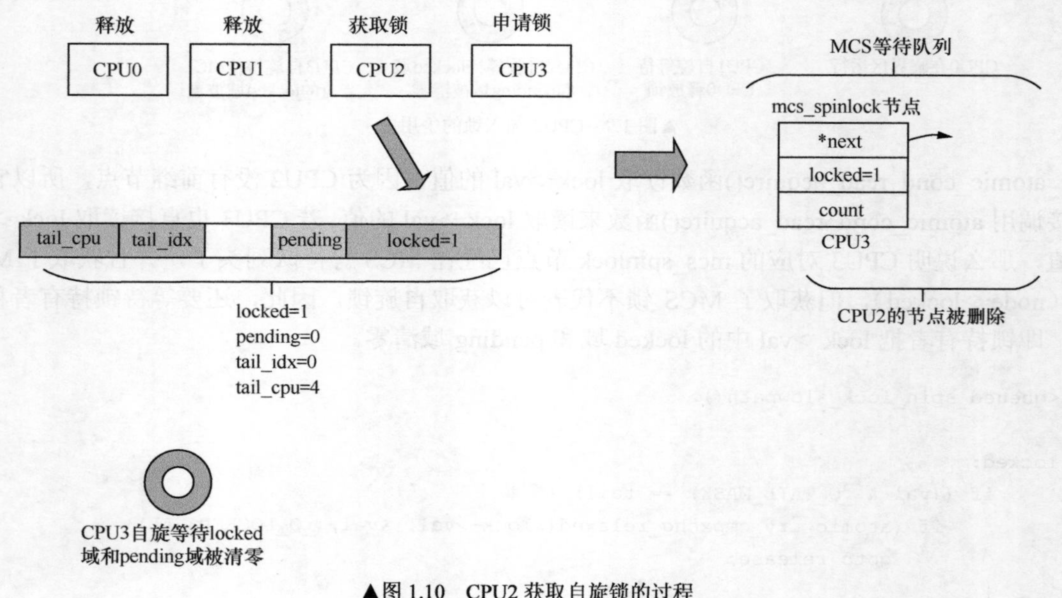

▲图 1.10　CPU2 获取自旋锁的过程

1.5.4　释放锁

要释放排队自旋锁，只要原子地把 lock->val 值减_Q_LOCKED_VAL 即可。注意，这时 lock 中的其他域（如 pending 域或者 tail_cpu 域）可能还有值。

```
static __always_inline void queued_spin_unlock(struct qspinlock *lock)
{
	(void)atomic_sub_return_release(_Q_LOCKED_VAL, &lock->val);
}
```

1.5.5　案例分析：为什么这里 pending 域要清零

在中速申请通道的代码里有如下代码清单，为了方便叙述将其分成代码段 A、B、C 和 D。

```
<kernel/locking/qspinlock.c>

void queued_spin_lock_slowpath(struct qspinlock *lock, u32 val)
```

```
{
    ...
    if (val & ~_Q_LOCKED_MASK)     //代码段A
        goto queue;

    val = queued_fetch_set_pending_acquire(lock);  //代码段B

    if (unlikely(val & ~_Q_LOCKED_MASK)) {        //代码段C
        if (!(val & _Q_PENDING_MASK))             //代码段D
            clear_pending(lock);
        goto queue;
    }
    ...
queue:
    ...
}
```

读者可能对上述代码逻辑有疑问。

- 在代码段 A 中，判断锁的 pending 域和 tail 域是否有值，如果有值说明锁已经被持有，则跳转到 queue 标签处中。这时锁的三元组的值为{0, 0, 1}。
- 在代码段 B 中，设置 pending 域为 1。这时锁的三元组的值为{0, 1, 1}，而 queued_fetch_set_pending_acquire()函数返回锁的旧值，即 val={0, 0, 1}。
- 在代码段 C 和代码段 D 中，当锁的旧值 val 中的 tail 域有值并且 pending 域为 0 时，调用 clear_pending()函数来清零 pending 域并且跳转到 queue 标签处。
- 既然在前面已跳转到 queue 标签处，那什么场景下会跳转到代码段 D 里的 clear_pending()函数呢？

这里有一个比较复杂且特殊的场景需要考虑。假设 CPU0～CPU3 同时争用这个自旋锁，如图 1.11 所示。

在 *T*0 时刻，CPU0 率先获取锁，此时锁的三元组的值为{0, 0, 1}。

在 *T*1 时刻，CPU3 来申请该锁，运行到代码段 A 时发现锁中的 pending 域和 tail 域都为 0。

在 *T*2 时刻，CPU3 发生中断，跳转到中断处理程序。

在 *T*3 时刻，CPU1 来申请该锁，运行到代码段 B 时，设置了该锁的 pending 域，CPU1 变成了第一顺位继承者。此时，锁的三元组的值为{0, 1, 1}，锁的旧值为{0, 0, 1}。

在 *T*4 时刻，CPU2 也来申请该锁，运行到代码段 A 时发现 pending 域置 1 了，因此跳转到 queue 标签处，加入 MCS 的等待队列。这时，锁的三元组的值为{3, 1, 1}。

在 *T*5 时刻，CPU1 在中速申请通道里自旋等待 CPU0 释放锁。

在 *T*6 时刻，CPU0 释放锁，即 locked 域清零，此时，锁的三元组的值{3, 1, 0}。

在 *T*7 时刻，CPU1 把 pending 域清零并且设置 locked 域，成功获取锁。此时，锁的三元组的值为{3, 0, 1}。

在 *T*8 时刻，CPU3 中断返回，继续运行申请锁的代码。

在 *T*9 时刻，CPU3 运行到代码段 B 处，设置 pending 域。此时，锁的三元组的值为{3, 1, 1}，锁的旧值为{3, 0, 1}。

在 *T*10 时刻，CPU3 运行到代码段 C 和代码段 D 处，发现此时的 val 满足判断条件，因此调用 clear_pending()函数来使 pending 域清零并且跳转到 queue 标签处。

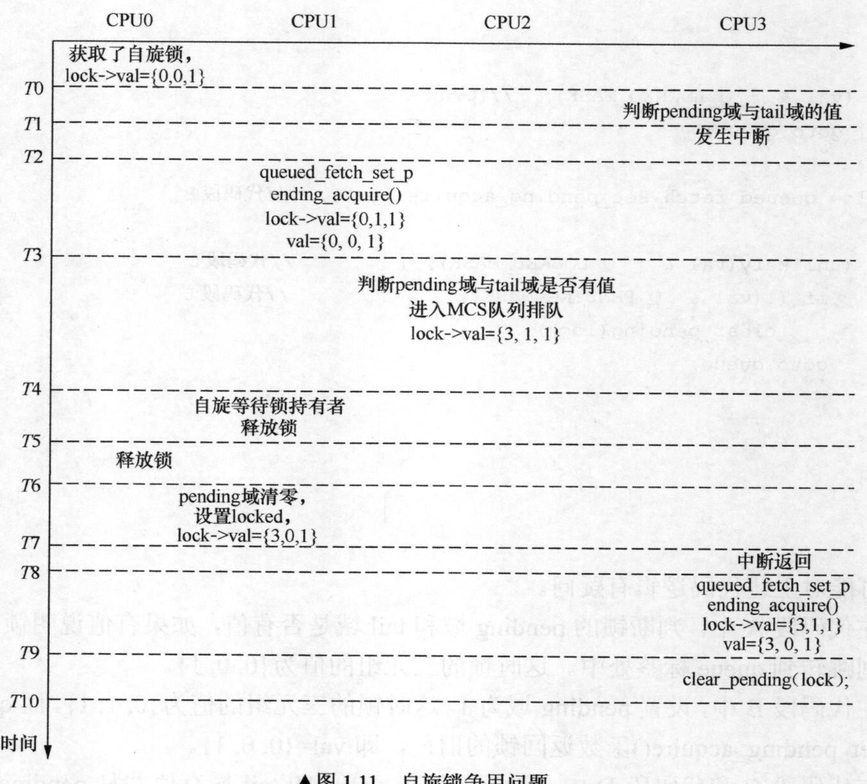

▲图 1.11　自旋锁争用问题

1.5.6　小结

综上所述，排队自旋锁实现的逻辑如图 1.12 所示，在本节描述的场景中，CPU0 是锁持有者，CPU1 为第一顺位继承者，CPU2 和 CPU3 也是锁的申请者，CPU2 和 CPU3 会在 MCS 等待队列中等待，而锁的三元组的值如图 1.12 所示。也许有读者会问：从宏观来看，系统中有成千上万个自旋锁，但是每个 CPU 只有唯一的 mcs_spinlock 节点，那么这些自旋锁怎么和这个唯一的 mcs_spinlock 节点①映射呢？其实从微观角度来看，同一时刻一个 CPU 只能持有一个自旋锁，其他 CPU 只是在自旋等待这个被持有的自旋锁，因此每个 CPU 上有一个 mcs_spinlock 节点就足够了。

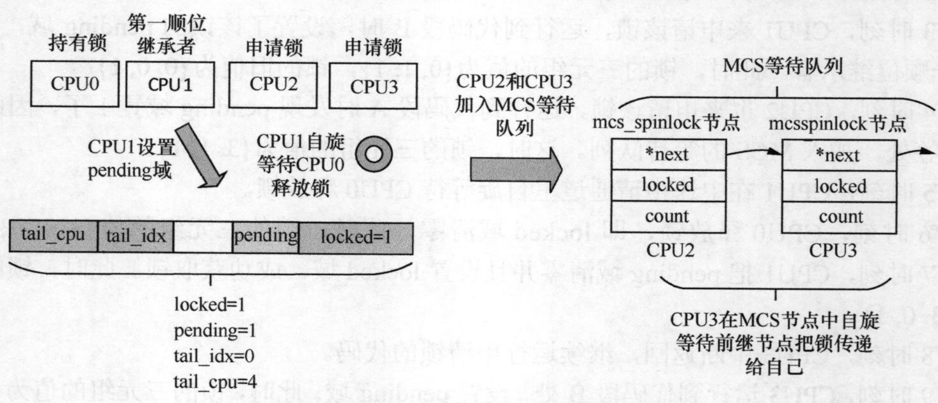

▲图 1.12　排队自旋锁实现的逻辑

① 代码提前规划定义了 4 个 mcs_spinlock 节点，用于不同的上下文——进程上下文 task、软中断上下文 softirq、硬中断上下文 hardirq 和不可屏蔽中断上下文 nmi。

排队自旋锁的特点如下。

- 集成 MCS 算法到自旋锁中，继承了 MCS 算法的所有优点，有效解决了 CPU 高速缓存行颠簸问题。
- 没有增加 spinlock 数据结构的大小，把 val 细分成多个域，完美实现了 MCS 算法。
- 从经典自旋锁到基于排队的自旋锁，再到现在的排队自旋锁，可以看到社区专家们对性能优化孜孜不倦的追求。
- 当只有两个 CPU 试图获取自旋锁时，使用 pending 域就可以完美解决问题，第 2 个 CPU 只需要设置 pending 域，然后自旋等待锁释放。当有第 3 个或者更多 CPU 来争用时，则需要使用额外的 MCS 节点。第 3 个 CPU 会自旋等待锁被释放，即 pending 域和 locked 域被清零，而第 4 个 CPU 和后面的 CPU 只能在 MCS 节点中自旋等待 locked 域被置 1，直到前继节点把 locked 控制器过继给自己才能有机会自旋等待自旋锁的释放，从而完美解决激烈锁争用带来的高速缓存行颠簸问题。

1.6 信号量

信号量（semaphore）是操作系统中最常用的同步原语之一。自旋锁是一种实现忙等待的锁，而信号量则允许进程进入睡眠状态。简单来说，信号量是一个计数器，它支持两个操作原语，即 P 和 V 操作。P 和 V 原指荷兰语中的两个单词，分别表示减少和增加，后来美国人把它改成 down 和 up，现在 Linux 内核中也叫这两个名字。

信号量中经典的例子莫过于生产者和消费者问题，它是操作系统发展历史上经典的进程同步问题，最早由 Dijkstra 提出。假设生产者生产商品，消费者购买商品，通常消费者需要到实体商店或者网上商城购买商品。用计算机来模拟这个场景，一个线程代表生产者，另外一个线程代表消费者，缓冲区代表商店。生产者生产的商品被放置到缓冲区中以供应给消费者线程消费，消费者线程从缓冲区中获取物品，然后释放缓冲区。若生产者线程生产商品时发现没有空闲缓冲区可用，那么生产者必须等待消费者线程释放出一个空闲缓冲区。若消费者线程购买商品时发现商店没货了，那么消费者必须等待，直到新的商品生产出来。如果采用自旋锁机制，那么当消费者发现商品没货时，他就搬个凳子坐在商店门口一直等送货员送货过来；如果采用信号量机制，那么商店服务员会记录消费者的电话，等到货了通知消费者来购买。显然，在现实生活中，如果是面包这类很快可以做好的商品，大家愿意在商店里等；如果是家电等商品，大家肯定不会在商店里等。

1.6.1 信号量简介

semaphore 数据结构的定义如下。

```
<include/linux/semaphore.h>

struct semaphore {
	raw_spinlock_t		lock;
	unsigned int		count;
	struct list_head	wait_list;
};
```

- lock 是自旋锁变量，用于保护 semaphore 数据结构里的 count 和 wait_list 成员。

- count 用于表示允许进入临界区的内核执行路径个数。
- wait_list 链表用于管理所有在该信号量上睡眠的进程，没有成功获取锁的进程会在这个链表上睡眠。

通常通过 sema_init()函数进行信号量的初始化，其中__SEMAPHORE_INITIALIZER()宏会完成对 semaphore 数据结构的填充，val 值通常设为 1。

```
<include/linux/semaphore.h>

static inline void sema_init(struct semaphore *sem, int val)
{
    static struct lock_class_key __key;
    *sem = (struct semaphore) __SEMAPHORE_INITIALIZER(*sem, val);
}

#define __SEMAPHORE_INITIALIZER(name, n)                    \
{                                                           \
    .lock       = __RAW_SPIN_LOCK_UNLOCKED((name).lock),    \
    .count      = n,                                        \
    .wait_list  = LIST_HEAD_INIT((name).wait_list),         \
}
```

下面来看 down()函数。down()函数有如下一些变体。其中 down()函数和 down_interruptible()函数的区别在于，down_interruptible()函数在争用信号量失败时进入可中断的睡眠状态，而 down()函数进入不可中断的睡眠状态。若 down_trylock()函数返回 0，表示成功获取锁；若返回 1，表示获取锁失败。

```
void down(struct semaphore *sem);
int down_interruptible(struct semaphore *sem);
int down_killable(struct semaphore *sem);
int down_trylock(struct semaphore *sem);
int down_timeout(struct semaphore *sem, long jiffies);
```

接下来看 down_interruptible()函数的实现。

```
<kernel/locking/semaphore.c>

int down_interruptible(struct semaphore *sem)
{
    unsigned long flags;
    int result = 0;

    raw_spin_lock_irqsave(&sem->lock, flags);
    if (likely(sem->count > 0))
            sem->count--;
    else
            result = __down_interruptible(sem);
    raw_spin_unlock_irqrestore(&sem->lock, flags);

    return result;
}
```

首先，第 6～9 行代码判断是否进入自旋锁的临界区。注意，后面的操作会临时打开自旋锁，若涉及对信号量中最重要的 count 的操作，需要自旋锁来保护，并且在某些中断处理函数中也可能会操作该信号量。由于需要关闭本地 CPU 中断，因此这里采用 raw_spin_lock_irqsave()函数。当成功进入自旋锁的临界区之后，首先判断 sem->count 是否大于 0。如果大于 0，则表明当前进程可以成功地获得信号量，并将 sem->count 值减 1，然后退出。如果 sem->count 小于或等于 0，表明当前进程无法获得该信号量，则调用__down_interruptible()函数来执行睡眠操作。

```
static noinline int __sched __down_interruptible(struct semaphore *sem)
{
    return __down_common(sem, TASK_INTERRUPTIBLE, MAX_SCHEDULE_TIMEOUT);
}
```

__down_interruptible()函数内部调用__down_common()函数来实现。state 参数为 TASK_INTERRUPTIBLE。timeout 参数为 MAX_SCHEDULE_TIMEOUT，是一个很大的 LONG_MAX 值。

```
<down_interruptible()->__down_interruptible()->__down_common()>

0 static inline int __sched __down_common(struct semaphore *sem, long state,
1 long timeout)
2 {
3    struct task_struct *task = current;
4    struct semaphore_waiter waiter;
5
6    list_add_tail(&waiter.list, &sem->wait_list);
7    waiter.task = task;
8    waiter.up = false;
9
10   for (;;) {
11         if (signal_pending_state(state, task))
12              goto interrupted;
13         if (unlikely(timeout <= 0))
14              goto timed_out;
15         __set_task_state(task, state);
16         raw_spin_unlock_irq(&sem->lock);
17         timeout = schedule_timeout(timeout);
18         raw_spin_lock_irq(&sem->lock);
19         if (waiter.up)
20              return 0;
21   }
22
23 timed_out:
24   list_del(&waiter.list);
25   return -ETIME;
26 interrupted:
27   list_del(&waiter.list);
28   return -EINTR;
29 }
```

在第 4 行中，semaphore_waiter 数据结构用于描述获取信号量失败的进程，每个进程会有一个 semaphore_waiter 数据结构，并且把当前进程放到信号量 sem 的成员变量 wait_list 链表中。接下来的 for 循环将当前进程的 task_struct 状态设置成 TASK_INTERRUPTIBLE，然后调用 schedule_timeout()函数主动让出 CPU，相当于当前进程睡眠。注意 schedule_timeout()函数的参数是 MAX_SCHEDULE_TIMEOUT，它并没有实际等待 MAX_SCHEDULE_TIMEOUT 的时间。当进程再次被调度回来执行时，schedule_timeout()函数返回并判断再次被调度的原因。当 waiter.up 为 true 时，说明睡眠在 wait_list 队列中的进程被该信号量的 UP 操作唤醒，进程可以获得该信号量。如果进程被其他 CPU 发送的信号（Signal）或者由于超时等而唤醒，则跳转到 timed_out 或 interrupted 标签处，并返回错误代码。

down_interruptible()函数中，在调用__down_interruptible()函数时加入 sem->lock 的自旋锁，这是自旋锁的一个临界区。前面提到，自旋锁临界区中绝对不能睡眠，难道这是例外？仔细阅读__down_common()函数，会发现 for 循环在调用 schedule_timeout()函数主动让出 CPU 时，先调用 raw_spin_unlock_irq()函数释放了该锁，即调用 schedule_timeout()函数时已经没有自旋锁了，可以让进程先睡眠，“醒来时”再补加一个锁，这是内核编程的常用技巧。

下面来看与 down()函数对应的 up()函数。

```
<kernel/locking/semaphore.c>

void up(struct semaphore *sem)
{
	unsigned long flags;

	raw_spin_lock_irqsave(&sem->lock, flags);
	if (likely(list_empty(&sem->wait_list)))
		sem->count++;
	else
		__up(sem);
	raw_spin_unlock_irqrestore(&sem->lock, flags);
}
```

如果信号量上的等待队列（sem->wait_list）为空，则说明没有进程在等待该信号量，直接把 sem->count 加 1 即可。如果不为空，则说明有进程在等待队列里睡眠，需要调用__up()函数唤醒它们。

```
static noinline void __sched __up(struct semaphore *sem)
{
	struct semaphore_waiter *waiter = list_first_entry(&sem->wait_list,
						struct semaphore_waiter, list);
	list_del(&waiter->list);
	waiter->up = true;
	wake_up_process(waiter->task);
}
```

首先来看 sem->wait_list 中第一个成员 waiter，这个等待队列是先进先出队列，在 down()函数中通过 list_add_tail()函数添加到等待队列尾部。把 waiter->up 设置为 true，把然后调用 wake_up_process()函数唤醒 waiter->task 进程。在 down()函数中，waiter->task 进程醒来后会判断 waiter->up 变量是否为 true，如果为 true，则直接返回 0，表示该进程成功获取信号量。

1.6.2 小结

信号量有一个有趣的特点，它可以同时允许任意数量的锁持有者。信号量初始化函数为sema_init(struct semaphore *sem, int count)，其中 count 的值可以大于或等于 1。当 count 大于 1时，表示允许在同一时刻至多有 count 个锁持有者，这种信号量叫作计数信号量（counting semaphore）；当 count 等于 1 时，同一时刻仅允许一个 CPU 持有锁，这种信号量叫作互斥信号量或者二进制信号量（binary semaphore）。在 Linux 内核中，大多使用 count 值为 1 的信号量。相比自旋锁，信号量是一个允许睡眠的锁。信号量适用于一些情况复杂、加锁时间比较长的应用场景，如内核与用户空间复杂的交互行为等。

1.7 互斥锁

在 Linux 内核中，除信号量以外，还有一个类似的实现叫作互斥锁（mutex）。信号量是在并行处理环境中对多个处理器访问某个公共资源进行保护的机制，互斥锁用于互斥操作。

信号量根据初始 count 的大小，可以分为计数信号量和互斥信号量。根据著名的洗手间理论，信号量相当于一个可以同时容纳 *N* 个人的洗手间，只要洗手间人不满，其他人就可以进去，如果人满了，其他人就要在外面等待。互斥锁类似于街边的移动洗手间，每次只能进去一个人，里面的人出来后才能让排队中的下一个人进去。既然互斥锁类似于 count 值等于 1 的信号量，为什么内核社区要重新开发互斥锁，而不是复用信号量的机制呢？

互斥锁最早是在 Linux 2.6.16 内核中由 Red Hat Enterprise Linux 的资深内核专家 Ingo Molnar 设计和实现的。信号量的 count 成员可以初始化为 1，并且 down()和 up()函数也可以实现类似于互斥锁的功能，那为什么要单独实现互斥锁机制呢？Ingo Molnar 认为，在设计之初，信号量在 Linux 内核中的实现没有任何问题，但是互斥锁相对于信号量要简单轻便一些。在锁争用激烈的测试场景下，互斥锁比信号量执行速度更快，可扩展性更好。另外，mutex 数据结构的定义比信号量小。这些都是在互斥锁设计之初 Ingo Molnar 提到的优点。互斥锁上的一些优化方案（如自旋等待）已经移植到了读写信号量中。

1.7.1 mutex 数据结构

下面来看 mutex 数据结构的定义。

```
<include/linux/mutex.h>

struct mutex {
     atomic_long_t           owner;
     spinlock_t           wait_lock;
#ifdef CONFIG_MUTEX_SPIN_ON_OWNER
     struct optimistic_spin_queue osq;
#endif
     struct list_head     wait_list;
};
```

- wait_lock：自旋锁，用于保护 wait_list 睡眠等待队列。
- wait_list：用于管理所有在互斥锁上睡眠的进程，没有成功获取锁的进程会在此链表上睡眠。

- owner：Linux 4.10 内核把原来的 count 成员和 owner 成员合并成一个。原来的 count 是一个原子值，1 表示锁没有被持有，0 表示锁被持有，负数表示锁被持有且有等待者在排队。现在新版本的 owner 中，0 表示锁没有未被持有，非零值则表示锁持有者的 task_struct 指针的值。另外，最低 3 位有特殊的含义。

```
#define MUTEX_FLAG_WAITERS      0x01
#define MUTEX_FLAG_HANDOFF      0x02
#define MUTEX_FLAG_PICKUP      0x04

#define MUTEX_FLAGS         0x07
```

- osq：用于实现 MCS 锁机制。
  - MUTEX_FLAG_WAITERS：表示互斥锁的等待队列里有等待者，解锁的时候必须唤醒这些等候的进程。
  - MUTEX_FLAG_HANDOFF：对互斥锁的等待队列中的第一个等待者会设置这个标志位，锁持有者在解锁的时候把锁直接传递给第一个等待者。
  - MUTEX_FLAG_PICKUP：表示锁的传递已经完成。

互斥锁实现了乐观自旋（optimistic spinning）等待机制。准确地说，互斥锁比读写信号量更早地实现了自旋等待机制。自旋等待机制的核心原理是当发现锁持有者正在临界区执行并且没有其他优先级高的进程要调度时，当前进程坚信锁持有者会很快离开临界区并释放锁，因此与其睡眠等待，不如乐观地自旋等待，以减少睡眠唤醒的开销。在实现自旋等待机制时，内核实现了一套 MCS 锁机制来保证只有一个等待者自旋等待锁持有者释放锁。

1.7.2　互斥锁的快速通道

互斥锁的初始化有两种方式，一种是静态使用 DEFINE_MUTEX()宏，另一种是在内核代码中动态使用 mutex_init()函数。

```
<include/linux/mutex.h>

#define DEFINE_MUTEX(mutexname) \
    struct mutex mutexname = __MUTEX_INITIALIZER(mutexname)

#define __MUTEX_INITIALIZER(lockname) \
        { .owner = ATOMIC_LONG_INIT(0) \
        , .wait_lock = __SPIN_LOCK_UNLOCKED(lockname.wait_lock) \
        , .wait_list = LIST_HEAD_INIT(lockname.wait_list)  }
```

下面来看 mutex_lock()函数是如何实现的。

```
<kernel/locking/mutex.c>

void __sched mutex_lock(struct mutex *lock)
{
    might_sleep();

    if (!__mutex_trylock_fast(lock))
```

```
        __mutex_lock_slowpath(lock);
}
```

__mutex_trylock_fast()函数判断是否可以快速获取锁。若不能通过快速通道获取锁，那么要进入慢速通道——mutex_lock_slowpath()。

```
<kernel/locking/mutex.c>

static __always_inline bool __mutex_trylock_fast(struct mutex *lock)
{
     unsigned long curr = (unsigned long)current;
     unsigned long zero = 0UL;

     if (atomic_long_try_cmpxchg_acquire(&lock->owner, &zero, curr))
         return true;

     return false;
}
```

__mutex_trylock_fast()函数实现的重点是 atomic_long_try_cmpxchg_acquire()函数。如果以 cmpxchg()函数的语义来理解，会得出错误的结论。比如，当 lock->owner 和 zero 相等时，说明 lock 这个锁没有被持有，那么可以成功获取锁，把当前进程的 task_struct->curr 的值赋给 lock->owner，然后函数返回 lock->owner 的旧值，也就是 0。这时 if 判断语句应该判断 atomic_long_try_cmpxchg_acquire ()函数是否返回 0 才对。但是在 Linux 5.0 内核的代码里和我们想的完全相反，那是怎么回事呢？

细心的读者可以通过翻阅 Linux 内核的 git 日志信息找到答案。在 Linux 4.18 内核中有一个优化的补丁。锁的子系统维护者 Peter Zijlstra 通过比较反汇编代码发现在 x86_64 架构下使用 try_cmpxchg()来代替 cmpxchg()函数可以少执行一次 test 指令。try_cmpxchg()的函数实现如下。

```
<include/linux/atomic.h>

#define __atomic_try_cmpxchg(type, _p, _po, _n)             \
({                                          \
     typeof(_po) __po = (_po);                    \
     typeof(*(_po)) __r, __o = *__po;                 \
     __r = atomic_cmpxchg##type((_p), __o, (_n));          \
     if (unlikely(__r != __o))                   \
          *__po = __r;                       \
     likely(__r == __o);                       \
})
```

try_cmpxchg()函数的核心还是调用 cmpxchg()函数，但是返回值发生了变化，它返回一个判布尔值，表示 cmpxchg()函数的返回值是否和第二个参数的值相等。

因此，当原子地判断出 lock->owner 字段为 0 时，说明锁没有被进程持有，那么可以进入快速通道以迅速获取锁，把当前进程的 task_struct 指针的值原子设置到 lock->owner 字段中。若 lock->owner 字段不为 0，则说明该锁已经被进程持有，那么要进入慢速通道——mutex_lock_slowpath()。

1.7.3　互斥锁的慢速通道

__mutex_lock_slowpath()函数调用__mutex_lock_common()函数来实现，它实现在 kernel/locking/mutex.c 文件中。

```
<kernel/locking/mutex.c>

static int
__mutex_lock_common(struct mutex *lock, long state,
            unsigned int subclass,
            struct lockdep_map *nest_lock, unsigned long ip,
            struct ww_acquire_ctx *ww_ctx, const bool use_ww_ctx)
```

__mutex_lock_common()函数中的主要操作如下。

在第 903 行中，mutex_waiter 数据结构用于描述一个申请互斥锁失败的等待者。

在第 924 行中，关闭内核抢占。

在第 927～935 行中，__mutex_trylock()函数尝试获取互斥锁。mutex_optimistic_spin()函数实现乐观自旋等待机制。稍后会详细分析 mutex_optimistic_spin()函数的实现。

在第 937 行中，申请 lock->wait_lock 自旋锁。

在第 941 行中，第二次尝试申请互斥锁。互斥锁的实现有一个特点——不断地尝试申请锁。

在第 954 行中，为描述每一个失败的锁申请申请者准备了一个数据结构，即 mutex_waiter。__mutex_add_waiter()函数把 waiter 添加到锁的等待队列里。

在第 972 行中，waiter 数据结构中的 task 成员指向当前进程的进程描述符。

在第 974 行中，设置当前进程的运行状态，这个 state 是传递进来的参数。使用 mutex_lock()接口函数时，state 为 TASK_UNINTERRUPTIBLE；使用 mutex_lock_interruptible()接口函数时，state 为 TASK_INTERRUPTIBLE。

在第 975～1025 行中，在这个 for 循环里，申请锁的进程会不断地尝试获取锁，然后不断让出 CPU 进入睡眠状态，然后不断被调度唤醒，直到能获取锁为止。具体步骤如下。

（1）尝试获取锁。

（2）释放 lock->wait_lock 自旋锁。

（3）schedule_preempt_disabled()函数的当前进程让出 CPU，进入睡眠状态。

（4）进程再次被调度运行，也就是进程被唤醒。

（5）判断当前进程是否在互斥锁的等待队列中排在第一位。如果排在第一位，主动给锁持有者设置一个标记位（MUTEX_FLAG_HANDOFF），让它在释放锁的时候把锁的控制权传递给当前进程。

（6）__mutex_trylock()函数再一次尝试获取锁。

（7）若当前进程在等待队列里是第一个进程，那么会调用 mutex_optimistic_spin()乐观自旋等待机制。

在第 1026 行中，成功获取锁。

在第 1027 行中，在 acquired 标签处，设置当前进程的进程状态为 TASK_RUNNING。

在第 1040 行中，mutex_remove_waiter()函数把 waiter 从等待队列中删除。

在第 1053 行中，释放 lock->wait_lock 自旋锁。

在第 1054 行中，打开内核抢占。

在第 1055 行中，成功返回。

从上述分析可以知道申请互斥锁的流程，如图 1.13 所示，其中最复杂和最有意思的地方就是乐观自旋等待机制。

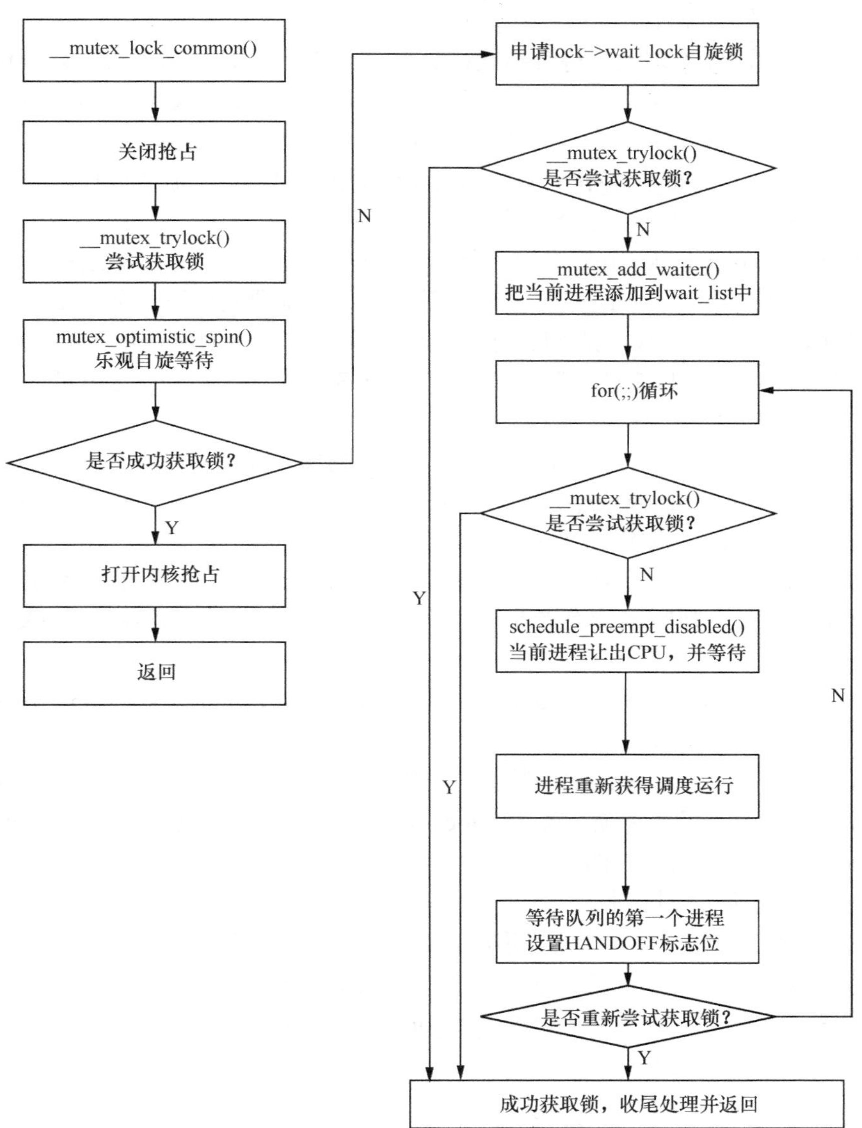

▲图 1.13 申请互斥锁的流程

1.7.4 乐观自旋等待机制

乐观自旋等待机制是互斥锁的一个新特性。乐观自旋等待机制其实就是判断锁持有者正在临界区执行时，可以断定锁持有者会很快退出临界区并且释放锁，与其进入睡眠队列，不如像自旋锁一样自旋等待，因为睡眠与唤醒的代价可能更高。乐观自旋等待机制主要实现在 mutex_optimistic_spin()函数中。

```
<kernel/locking/mutex.c>

static __always_inline bool
```

```
mutex_optimistic_spin(struct mutex *lock, struct ww_acquire_ctx *ww_ctx,
                const bool use_ww_ctx, struct mutex_waiter *waiter)
```

第 1 个参数 lock 是要申请的互斥锁，第 4 个参数 waiter 是等待者描述符。mutex_ optimistic_spin()函数中主要实现了如下操作。

在第 614～632 行中，处理当等待者描述符 waiter 为空时的情况。因为 mutex_optimistic_ spin()函数在__mutex_lock_common()函数里调用了两次，一次是在__mutex_lock_common()函数入口，另外一次是在 for 循环里（这时当前进程已经在互斥锁的等待队列里）。

在第 622 行中，mutex_can_spin_on_owner()函数用来判断是否需要进行乐观自旋等待。怎么判断呢？我们稍后会单独分析这个函数。

在第 630 行中，osq_lock()函数申请一个 MCS 锁。这里为了防止许多进程同时申请同一个互斥锁并且同时自旋的情况，凡是想乐观自旋等待的进程都要先申请一个 MCS 锁。在自旋锁还没有实现 MCS 算法之前，最早把 MCS 算法应用到 Linux 内核的就是互斥锁机制了。在 Linux 5.0 内核中，大部分架构的自旋锁机制已经实现了 MCS 算法，因此以后这里可以使用自旋锁来替代。

在第 634～656 行中，实现了一个 for 循环。其中的操作如下。

（1）__mutex_trylock_or_owner()函数尝试获取锁。通常情况下，锁持有者和当前进程（curr）不是同一个进程。在无法获取锁的情况下，会返回锁持有者的进程描述符 owner。

（2）mutex_spin_on_owner()函数一直自旋等待锁持有者尽快释放锁。该函数中也有一个 for 循环，一直在不断地判断锁持有者是否发生了变化，直到锁持有者释放了该锁才会退出 for 循环。

（3）若锁持有者发生了变化，那么说明锁持有者释放锁，mutex_spin_on_owner()函数返回 true。这时会执行第（1）步。

（4）__mutex_trylock_or_owner()函数会再一次尝试获取锁，这次的情况和第（1）步不一样了。这时，锁持有者已经释放了锁，也就是 lock->owner 字段为 0，那么很容易通过 CMPXCHG 指令来获取锁，并且把当前进程的进程描述符指针的值赋值给 lock->owner 字段。

完成一次乐观自旋等待机制。

乐观自旋等待机制如图 1.14 所示。乐观自旋等待机制涉及几个关键技术。一是如何判断当前进程是否应该进行乐观自旋等待。这是在 mutex_can_spin_on_owner()函数中实现的。二是如何判断锁持有者释放了锁。这是在 mutex_spin_on_owner()函数里实现的。

接下来，分析重要的函数。

1. mutex_can_spin_on_owner()函数

判断当前进程是否正在临界区执行的方法很简单。当进程持有互斥锁时，通过 lock->owner 可以获取 task_struct 数据结构。如果 task_struct->on_cpu 为 1，表示锁持有者正在执行，也就是正在临界区中执行。锁持有者释放该锁后，lock->owner 为 0。mutex_can_spin_on_owner()函数的代码片段如下。

```
static inline int mutex_can_spin_on_owner(struct mutex *lock)
{
    owner = __mutex_owner(lock);
    if (owner)
        retval = owner->on_cpu;
```

```
    return retval;
}
```

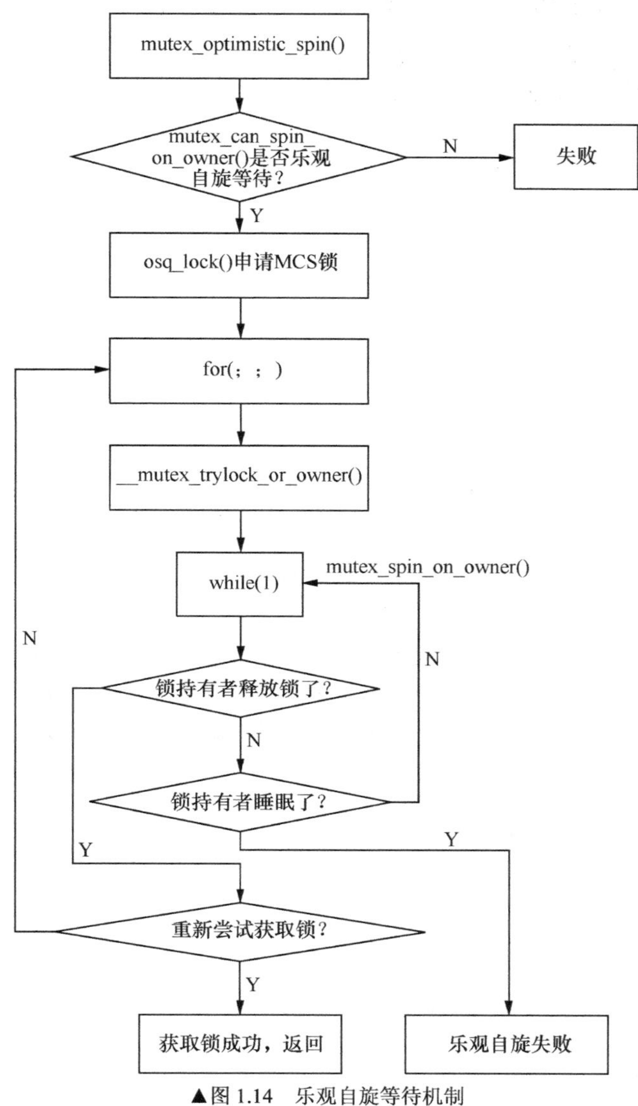

▲图 1.14 乐观自旋等待机制

该函数只需要返回 owner->on_cpu 即可，若返回值为 1，说明锁持有者正在临界区执行，当前进程适合进行乐观自旋等待。

2. __mutex_trylock_or_owner()函数

该函数主要尝试获取锁。这里需要考虑两种情况。第一种情况是锁持有者正在临界区执行，因此当前进程（curr）和 lock->owner 指向的进程描述符一定是不一样的。第二种情况是当锁持有者离开临界区并释放锁时，就可以通过 CMPXCHG 原子指令尝试获取锁。

3. mutex_spin_on_owner()函数

该函数的作用是一直判断锁持有者是否释放锁，判断条件为 lock->owner 指向的进程描述符是否发生了变化。该函数的代码片段如下。

```
static noinline
bool mutex_spin_on_owner(struct mutex *lock, struct task_struct *owner,
             struct ww_acquire_ctx *ww_ctx, struct mutex_waiter *waiter)
{
     bool ret = true;
     rcu_read_lock();
     while (__mutex_owner(lock) == owner) {
         barrier();
         if (!owner->on_cpu || need_resched()) {
              ret = false;
              break;
         }
         cpu_relax();
     }
     rcu_read_unlock();
     return ret;
}
```

有 3 种情况需要考虑退出该函数。

- 锁持有者释放锁（当__mutex_owner(lock) != owner）。这种情况是最理想的，也是乐观自旋等待机制最愿意看到的情况。在这种情况下，退出该函数并且调用__mutex_trylock_or_owner()函数尝试获取锁。
- 锁持有者没有释放锁，但是锁持有者在临界区执行时被调度出去了，也就是睡眠了，即 on_cpu=0。这种情况下应该主动退出乐观自旋等待机制，采用互斥锁经典睡眠等待机制。
- 当前进程需要被调度时，应该主动取消乐观自旋等待机制，采用互斥锁经典睡眠等待机制。

1.7.5　mutex_unlock()函数分析

下面来看 mutex_unlock()函数是如何解锁的。

```
<kernel/locking/mutex.c>

void __sched mutex_unlock(struct mutex *lock)
{
     if (__mutex_unlock_fast(lock))
         return;
     __mutex_unlock_slowpath(lock, _RET_IP_);
}
```

解锁与加锁一样有快速通道和慢速通道之分，解锁的快速通道是使用__mutex_unlock_fast()函数。

```
static bool __mutex_unlock_fast(struct mutex *lock)
{
     unsigned long curr = (unsigned long)current;

     if (atomic_long_cmpxchg_release(&lock->owner, curr, 0UL) == curr)
         return true;

     return false;
}
```

解锁依然使用 CMPXCHG 指令。当 lock->owner 的值和当前进程的描述符 curr 指针的值相等时，可以进行快速解锁。把 lock->owner 重新指定为 0，返回 lock->owner 的旧值。若 lock->owner 的旧值等于 curr，说明快速解锁成功；否则，只能使用函数__mutex_unlock_ slowpath()。

__mutex_unlock_slowpath()函数中的主要操作如下。

在第 1206 行中，atomic_long_read()函数原子地读取 lock->owner 值。

在第 1207～1228 行中，通过 for 循环处理解锁的问题。这里需要考虑 3 种情况。

（1）最理想的情况下，若互斥锁的等待队列里没有等待者，那直接解锁即可。

（2）若互斥锁的等待队列里有等待者，则需要唤醒等待队列中的进程。

（3）锁持有者被等待队列的第一个进程设置一个标志位（MUTEX_FLAG_HANDOFF），那么要求锁持有者优先把锁传递给第一个进程。注意，这种情形下，锁持有者不会先释放锁再给第一个进程加锁，而是通过 cmpxchg 指令把锁传递给第一个进程。

在第 1232～1242 行中，把等待队列中的第一个进程添加到唤醒队列里。

接下来，处理 MUTEX_FLAG_HANDOFF 的情况。

最后，唤醒进程。

1.7.6 案例分析

假设系统有 4 个 CPU（每个 CPU 一个线程）同时争用一个互斥锁，如图 1.15 所示。

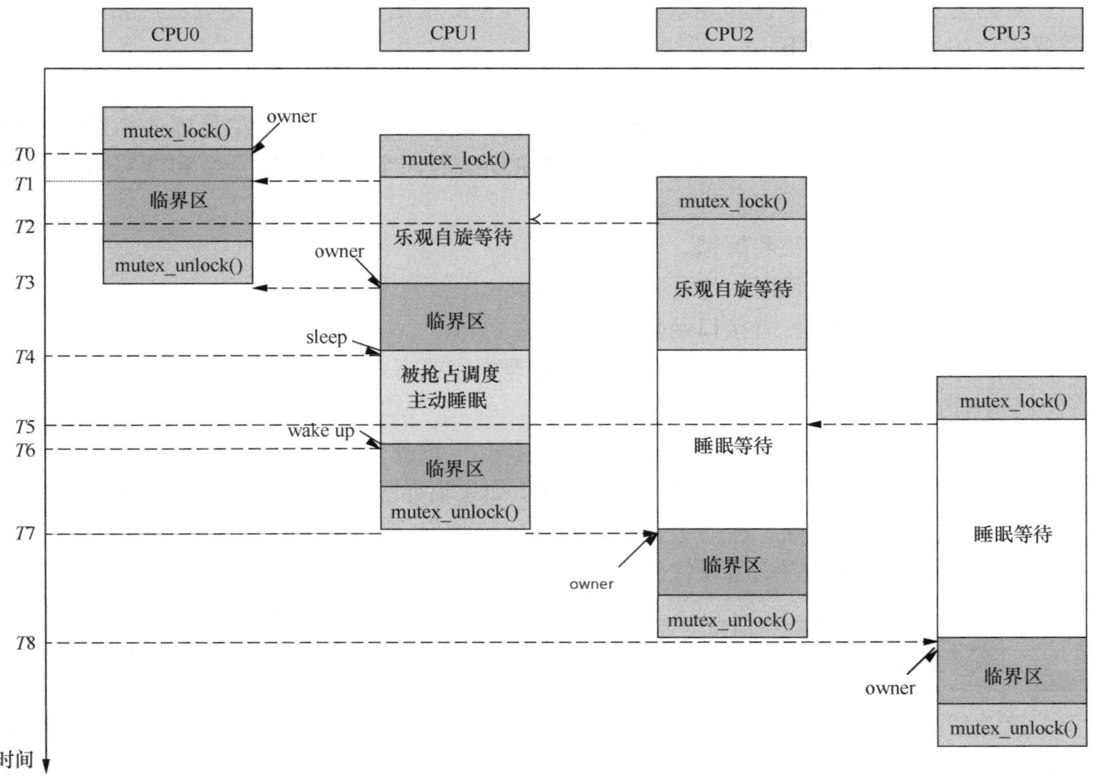

▲图 1.15　4 个 CPU 同时争用一个互斥锁

T0 时刻，CPU0 率先获取了互斥锁，进入临界区，CPU0 是锁的持有者。

T1 时刻，CPU1 也开始申请互斥锁，因为互斥锁已经被 CPU0 上的线程持有，CPU1 发现锁持有者（即 CPU0）正在临界区里执行，所以它采用乐观自旋等待机制。

*T*2 时刻，CPU2 也开始申请同一个锁，同理，CPU2 也采用乐观自旋等待机制。

*T*3 时刻，CPU0 退出临界区，释放了互斥锁。CPU1 察觉到锁持有者已经退出，很快申请到了锁，这时锁持有者变成了 CPU1，CPU1 进入了临界区。

*T*4 时刻，CPU1 在临界区里被抢占调度了或者自己主动睡眠了。若在采用乐观自旋等待机制时发现锁持有者没有在临界区里执行，那只好取消乐观自旋等待机制，进入睡眠模式。

*T*5 时刻，CPU3 也开始申请互斥锁，它发现锁持有者没有在临界区里执行，不能采用乐观自旋等待机制，只好进入睡眠模式。

*T*6 时刻，CPU1 的线程被唤醒，重新进入临界区。

*T*7 时刻，CPU1 退出临界区，释放了锁。这时，CPU2 也退出睡眠模式，获得了锁。

*T*8 时刻，CPU2 退出临界区，释放了锁。这时，CPU3 也退出睡眠模式，获得了锁。

1.7.7 小结

从互斥锁实现细节的分析可以知道，互斥锁比信号量的实现要高效很多。

- 互斥锁最先实现自旋等待机制。
- 互斥锁在睡眠之前尝试获取锁。
- 互斥锁通过实现 MCS 锁来避免多个 CPU 争用锁而导致 CPU 高速缓存行颠簸现象。

正是因为互斥锁的简洁性和高效性，所以互斥锁的使用场景比信号量要更严格，使用互斥锁需要注意的约束条件如下。

- 同一时刻只有一个线程可以持有互斥锁。
- 只有锁持有者可以解锁。不能在一个进程中持有互斥锁，而在另外一个进程中释放它。因此互斥锁不适合内核与用户空间复杂的同步场景，信号量和读写信号量比较适合。
- 不允许递归地加锁和解锁。
- 当进程持有互斥锁时，进程不可以退出。
- 互斥锁必须使用官方接口函数来初始化。
- 互斥锁可以睡眠，所以不允许在中断处理程序或者中断下半部（如 tasklet、定时器等）中使用。

在实际项目中，该如何选择自旋锁、信号量和互斥锁呢？

在中断上下文中可以毫不犹豫地使用自旋锁，如果临界区有睡眠、隐含睡眠的动作及内核接口函数，应避免选择自旋锁。在信号量和互斥锁中该如何选择呢？除非代码场景不符合上述互斥锁的约束中的某一条，否则可以优先使用互斥锁。

1.8 读写锁

上述介绍的信号量有一个明显的缺点——没有区分临界区的读写属性。读写锁通常允许多个线程并发地读访问临界区，但是写访问只限制于一个线程。读写锁能有效地提高并发性，在多处理器系统中允许有多个读者同时访问共享资源，但写者是排他性的，读写锁具有如下特性。

- 允许多个读者同时进入临界区，但同一时刻写者不能进入。
- 同一时刻只允许一个写者进入临界区。

- ❑ 读者和写者不能同时进入临界区。

读写锁有两种，分别是读者自旋锁类型和读者信号量。自旋锁类型的读写锁数据结构定义在 include/linux/rwlock_types.h 头文件中。

```
<include/linux/rwlock_types.h>

typedef struct {
    arch_rwlock_t raw_lock;
} rwlock_t;

<include/asm-generic/qrwlock_types.h>

typedef struct qrwlock {
     union {
         atomic_t cnts;
         struct {
             u8 wlocked;
             u8 __lstate[3];
         };
    };
    arch_spinlock_t       wait_lock;
} arch_rwlock_t;
```

常用的函数如下。

- ❑ rwlock_init()：初始化 rwlock。
- ❑ write_lock()：申请写者锁。
- ❑ write_unlock()：释放写者锁。
- ❑ read_lock()：申请读者锁。
- ❑ read_unlock()：释放读者锁。
- ❑ read_lock_irq()：关闭中断并且申请读者锁。
- ❑ write_lock_irq()：关闭中断并且申请写者锁。
- ❑ write_unlock_irq()：打开中断并且释放写者锁。

和自旋锁一样，读写锁有关闭中断和下半部的版本。自旋锁类型的读写锁实现比较简单，本章重点关注信号量类型读写锁的实现。

1.9 读写信号量

1.9.1 rw_semaphore 数据结构

rw_semaphore 数据结构的定义如下。

```
<include/linux/rwsem.h>

struct rw_semaphore {
     long count;
     struct list_head wait_list;
     raw_spinlock_t wait_lock;
```

```
#ifdef CONFIG_RWSEM_SPIN_ON_OWNER
    struct optimistic_spin_queue osq;
    struct task_struct *owner;
#endif
};
```

- count 用于表示读写信号量的计数。以前读写信号量的实现用 activity 来表示。若 activity 为 0，表示没有读者和写者；若 activity 为-1，表示有写者；若 activity 大于 0，表示有读者。现在 count 的计数方法已经发生了变化。
- wait_list 链表用于管理所有在该信号量上睡眠的进程，没有成功获取锁的进程会睡眠在这个链表上。
- wait_lock 是一个自旋锁变量，用于实现对 rw_semaphore 数据结构中 count 成员的原子操作和保护。
- osq：MCS 锁，参见 1.4 节。
- owner：当写者成功获取锁时，owner 指向锁持有者的 task_struct 数据结构。

count 成员的语义定义如下。

```
<include/asm-generic/rwsem.h>

#ifdef CONFIG_64BIT
# define RWSEM_ACTIVE_MASK       0xffffffffL
#else
# define RWSEM_ACTIVE_MASK       0x0000ffffL
#endif

#define RWSEM_UNLOCKED_VALUE        0x00000000L
#define RWSEM_ACTIVE_BIAS       0x00000001L
#define RWSEM_WAITING_BIAS      (-RWSEM_ACTIVE_MASK-1)
#define RWSEM_ACTIVE_READ_BIAS      RWSEM_ACTIVE_BIAS
#define RWSEM_ACTIVE_WRITE_BIAS     (RWSEM_WAITING_BIAS + RWSEM_ACTIVE_BIAS)
```

上述的宏定义看起来比较复杂，转换成十进制数会清晰一些，本章以 32 位处理器架构为例介绍读写信号量的实现，其实这和 64 位处理器的原理是一样的。

```
# define RWSEM_ACTIVE_MASK          (0xffff 或者 65535)
#define RWSEM_ACTIVE_BIAS           (1)
#define RWSEM_WAITING_BIAS          (0xffff 0000 或者 -65536)
#define RWSEM_ACTIVE_READ_BIAS      (1)
#define RWSEM_ACTIVE_WRITE_BIAS     (0xffff 0001 或者 -65535)
```

count 值和 activity 值一样，表示读者和写者的关系。

- 若 count 初始化为 0，表示没有读者也没有写者。
- 若 count 为正数，表示有 count 个读者。
- 当有写者申请锁时，count 值要加上 RWSEM_ACTIVE_WRITE_BIAS，count 变成 0xFFFF 0001 或-65535。
- 当有读者申请锁时，若 count 值要加上 RWSEM_ACTIVE_READ_BIAS，即 count 值要加 1。
- 当有多个写者申请锁时，判断 count 值是否等于 RWSEM_ACTIVE_WRITE_BIAS

（−65535），若不相等，说明已经有写者抢先持有锁，要自旋等待或者睡眠。

- 当读者申请锁时，若 count 值加上 RWSEM_ACTIVE_READ_BIAS（1）后还小于 0，说明已经有一个写者已经成功申请锁，只能等待写者释放锁。

把 count 值当作十六进制或者十进制数不是开发人员的原本设计意图，其实应该把 count 值分成两个字段：Bit[0:31]为低字段，表示正在持有锁的读者或者写者的个数；Bit[32:63]为高字段，通常为负数，表示有一个正在持有或者处于 pending 状态的写者，以及等待队列中有读写者在等待。因此 count 值可以看作一个二元数，含义如下。

- RWSEM_ACTIVE_READ_BIAS = 0x0000 0001 = [0, 1]，表示有一个读者。
- RWSEM_ACTIVE_WRITE_BIAS = 0xFFFF 0001 = [−1, 1]，表示当前只有一个活跃的写者。
- RWSEM_WAITING_BIAS = 0xFFFF 0000 = [−1, 0]，表示睡眠等待队列中有读写者在睡眠等待。

kernel/locking/rwsem-xadd.c 代码中有如下一段关于 count 值含义的比较全面的介绍。

- 0x0000 0000：初始化值，表示没有读者和写者。
- 0x0000 000*X*：表示有 *X* 个活跃的读者或者正在申请的读者，没有写者干扰。
- 0xFFFF 000*X*：或者表示可能有 *X* 个活跃读者，还有写者正在等待；或者表示有一个写者持有锁，还有多个读者正在等待。
- 0xFFFF 0001：或者表示当前只有一个活跃的写者；或者表示一个活跃或者申请中的读者，还有写者正在睡眠等待。
- 0xFFFF 0000：表示 WAITING_BIAS，有读者或者写者正在等待，但是它们都还没成功获取锁。

1.9.2　申请读者类型信号量

本章中把读者类型的信号量简称为读者锁。假设这样一个场景，在调用 down_read()函数申请读者锁之前，已经有一个写者持有该锁，下面来看 down_read()函数的实现。

```
<include/asm-generic/rwsem.h>
<down_read()->__down_read()>

static inline void __down_read(struct rw_semaphore *sem)
{
     if (unlikely(atomic_long_inc_return_acquire(&sem->count) <= 0))
          rwsem_down_read_failed(sem);
}
```

本场景中假设一个写者率先成功持有锁，那么 count 值被加上了 RWSEM_ACTIVE_WRITE_BIAS，即二元数[−1, 1]。

首先，如果 sem->count 原子地加 1 后大于 0，则成功地获取这个读者锁；否则，说明在这之前已经有一个写者持有该锁。count 值加 1 后变成−65534（二元数[−1, 2]），因此要跳转到 rwsem_down_read_failed()函数中处理获取读者锁失败的情况。

rwsem_down_read_failed()函数最终会调用__rwsem_down_read_failed_common()函数。

```
<kernel/locking/rwsem-xadd.c>
```

```
static inline struct rw_semaphore __sched *
__rwsem_down_read_failed_common(struct rw_semaphore *sem, int state)
```

该函数有两个参数。第一个参数 sem 是要申请的读写信号量，第二个参数 state 是进程状态，在本场景里，它为 TASK_UNINTERRUPTIBLE。该函数实现在 kernel/locking/rwsem-xadd.c 文件中，其中的主要操作如下。

在第 235 行中，adjustment 值初始化为−1。

在第 239～240 行中，rwsem_waiter 数据结构描述一个获取读写锁失败的“失意者”。当前情景下获取读者锁失败，因此 waiter.type 类型设置为 RWSEM_WAITING_FOR_READ，并且在第 256 行中把 waiter 添加到该锁等待队列的尾部。

在第 243 行中，如果该等待队列里没有进程，即 sem->wait_list 链表为空，adjustment 值要加上 RWSEM_WAITING_BIAS（即−65536 或者二元数[−1, 0]），为什么等待队列中的第一个进程要加上 RWSEM_WAITING_BIAS 呢？RWSEM_WAITING_BIAS 通常用于表示等待队列中还有正在排队的进程。持有锁和释放锁时对 count 的操作是成对出现的，当 count 值等于 RWSEM_WAITING_BIAS 时，表示当前已经没有活跃的锁，即没有进程持有锁，但有进程在等待队列中。假设等待队列为空，那么当前进程就是该等待队列上第一个进程，这里 count 值要加上 RWSEM_WAITING_BIAS（−65536 或者二元数[−1, 0]），表示等待队列中还有等待的进程。adjustment 值等于−65537。

在第 259 行中，count 值将变成 RWSEM_ACTIVE_WRITE_BIAS+ RWSEM_WAITING_BIAS。用十进制来表示就是−131071（sem->count+adjustment, −65534−65537）。

在第 267～269 行中，根据两种情况调用__rwsem_mark_wake()函数去唤醒等待队列中的进程。

- 当前没有活跃的锁但是等待队列中有进程在等待，即 count 等于 RWSEM_WAITING_BIAS。
- 当前没有活跃写者，并且当前进程为等待队列中的第一个进程。

假设在第 256 行之后持有写者锁的进程释放了锁，那么 sem->count 的值会变成多少呢？sem->count 的值将变成 RWSEM_WAITING_BIAS，第 267 行代码中的判断语句（count == RWSEM_WAITING_BIAS）恰巧可以捕捉到这个变化，调用__rwsem_mark_wake()函数去唤醒在等待队列中睡眠的进程。

刚才推导 count 值的变化情况的前提条件是当前进程为等待队列上第一个读者，若等待队列上已经有读者呢？大家可以自行推导。

在第 276～288 行中，当前进程会在 while 循环中让出 CPU，直到 waiter.task 被设置为 NULL。在__rwsem_mark_wake()函数中被唤醒的读者会设置 waiter.task 为空，因此被唤醒的读者就可以成功获取读者锁。

接下来看__rwsem_mark_wake()函数。

```
<kernel/locking/rwsem-xadd.c>

static void __rwsem_mark_wake(struct rw_semaphore *sem,
                enum rwsem_wake_type wake_type,
                struct wake_q_head *wake_q)
```

调用__rwsem_mark_wake()函数时传递的第二个参数是 RWSEM_WAKE_ANY。__rwsem_mark_wake()函数实现在 kernel/locking/rwsem-xadd.c 文件中，它的主要操作如下。

在第 138 行中，首先从 sem->wait_list 等待队列中取出第一个排队的 waiter，等待队列是先进先出队列。

在第 140～153 行中，如果第一个等待者是写者，那么直接唤醒它即可，因为只能一个写者独占临界区，这具有排他性。在本场景中，第一个等待者是读者类型的 RWSEM_WAITING_FOR_READ。

在第 160～184 行中，当前进程由于申请读者锁失败才进入了 rwsem_down_read_failed()函数，恰巧有一个写者释放了锁。这里有一个关键点，如果另外一个写者开始来申请锁，那么会比较麻烦，在代码中把这个写者称为“小偷”。

（1）atomic_long_fetch_add()函数先下手为强，假装先申请一个读者锁，oldcount 反映了 sem->count 的真实值。

（2）如果 sem->count 的真实值小于 RWSEM_WAITING_BIAS（−65536），说明在这个间隙中有一个“小偷”偷走了写者锁。因为在调用__rwsem_mark_wake()函数时，sem->count 的值为−65536，现在小于−65536，说明存在“小偷”。既然已经被写者抢先占有锁，那么无法再继续唤醒睡眠在等待队列中的读者。

在第 192～217 行中，遍历等待队列（sem->wait_list）中所有进程。

（1）如果等待队列中有读者也有写者，那么遇到写者就退出循环。

（2）统计排在等待队列最前面的读者个数 woken。

（3）wake_q_add()函数把这些读者添加到等待队列里。

（4）把这些唤醒者的 waiter->task 字段设置为 NULL。

全是读者或既有读者也有写者的情况下，等待队列如图 1.16 所示。如果读者 3 后面还有一个写者 1，那么只能唤醒读者 1～读者 3。

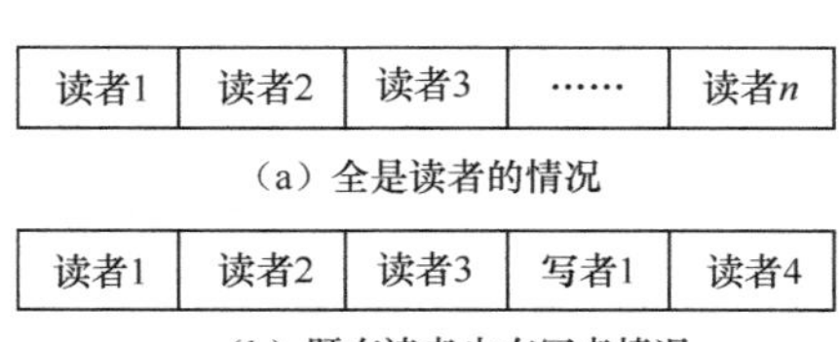

▲图 1.16　等待队列

综上所述，申请读者锁的流程如图 1.17 所示。

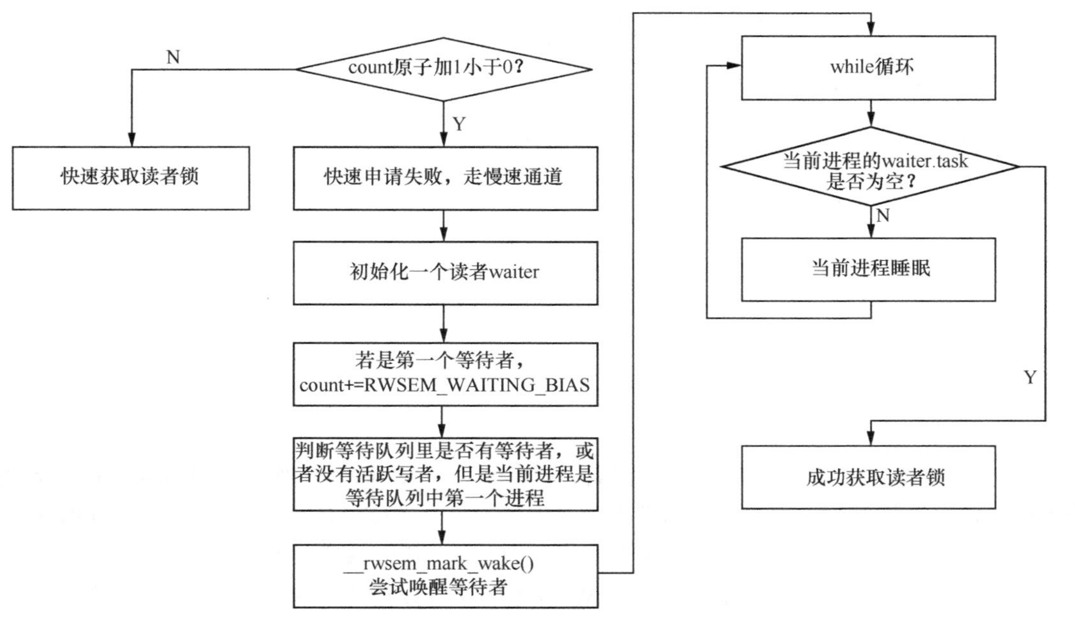

▲图 1.17　申请读者锁的流程

1.9.3 释放读者类型信号量

下面来看释放读者锁的情况。

```
<kernel/locking/rwsem.c>
<up_read()->__up_read()>
static inline void __up_read(struct rw_semaphore *sem)
{
     long tmp;

     tmp = atomic_long_dec_return_release &sem->count);
     if (unlikely(tmp < -1 && (tmp & RWSEM_ACTIVE_MASK) == 0))
          rwsem_wake(sem);
}
```

获取读者锁时 count 加 1，释放时自然就减 1，它们是成对出现的。如果整个过程没有写者来干扰，那么所有读者锁释放完毕后 count 值应该是 0。count 变成负数，说明其间有写者出现，并且“悄悄地”处于等待队列中。下面调用 rwsem_wake()函数以唤醒这些“不速之客”。

```
<kernel/locking/rwsem-xadd.c>

struct rw_semaphore *rwsem_wake(struct rw_semaphore *sem)
{
     if (!list_empty(&sem->wait_list))
          __rwsem_mark_wake(sem, RWSEM_WAKE_ANY, &wake_q);

     wake_up_q(&wake_q);
     return sem;
}
```

这里调用__rwsem_mark_wake()函数以唤醒等待队列中的写者。

1.9.4 申请写者类型信号量

写者通常调用 down_write()函数获取写者类型的信号量，本书简称写者锁。

```
<kernel/locking/rwsem.c>

void __sched down_write(struct rw_semaphore *sem)
{
     might_sleep();
     __down_write();
     rwsem_set_owner(sem);
}
```

down_write()函数在成功获取写者锁后会调用 rwsem_set_owner()函数，使 sem->owner 成员指向 task_struct 数据结构，这个特性需要在配置内核时打开 CONFIG_RWSEM_ SPIN_ON_OWNER 选项。假设进程 A 首先持有 sem 写者锁，进程 B 也想获取该锁，那么进程 B 理应在等待队列中等待，但是打开 RWSEM_SPIN_ON_OWNER 选项可以让进程 B 一直在门外自旋，等待进程 A 把锁释放，这样可以避免进程在等待队列中睡眠与唤醒等一系列开销。比较常见的例子是内存管理的数据结构 mm_struct，其中有一个全局的读/写锁 mmap_sem，它用于保护进程地址空间中的一个读写信号量，很多与内存相关的系统调用需要这个锁来保护，如 sys_mprotect、sys_madvise、sys_brk、sys_mmap 和缺页中断处理程序 do_page_fault 等。如果进程 A 有两个线程，线程 1 调用 mprotect 系统调用时，在内核空间通过 down_write()函数成功获取了 mm_struct->mmap_sem 写者锁，那么线程 2 调用 brk 系统调用时，也会调用 down_write()函数，尝试获取 mm_struct->mmap_sem 锁，由于线程 1 还没释放该锁，因此线程 2 会自旋等待。线程 2 坚信线程 1 会很快释放 mm_struct->mmap_sem 锁，线程 2 没必要先睡眠后被叫醒，因为这个过程存在一定的开销。该过程如图 1.18 所示。

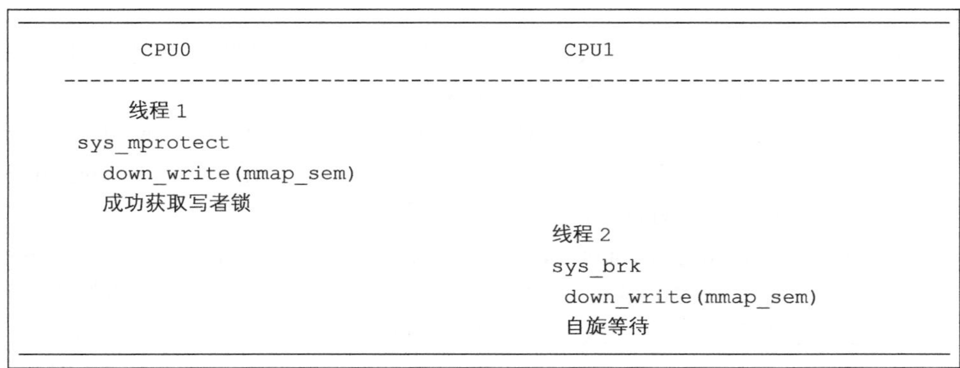

▲图 1.18　线程 2 先睡眠后被唤醒的过程

回到 down_write()函数。

```
<down_write()->__down_write()>

static inline void __down_write(struct rw_semaphore *sem)
{
     long tmp;

     tmp = atomic_long_add_return_acquire(RWSEM_ACTIVE_WRITE_BIAS,
                    &sem->count);
     if (unlikely(tmp != RWSEM_ACTIVE_WRITE_BIAS))
           rwsem_down_write_failed(sem);
}
```

首先 sem->count 要加上 RWSEM_ACTIVE_WRITE_BIAS（−65535）。以上述的线程 2 为例，增加完 RWSEM_ACTIVE_WRITE_BIAS 后，count 的值变为−101070，明显不符合成功获取写者锁的条件，跳转到 rwsem_down_write_failed()函数中继续处理。

```
<kernel/locking/rwsem-xadd.c>

static inline struct rw_semaphore *
__rwsem_down_write_failed_common(struct rw_semaphore *sem, int state)
```

该函数有两个参数，第一个参数 sem 是要申请的读/写信号量，第二个参数 state 是进程状态（在本场景里，它为 TASK_UNINTERRUPTIBLE）。该函数实现在 kernel/locking/rwsem-xadd.c 文件中，其中的主要操作如下。

在第 517 行中，rwsem_waiter 数据结构描述一个获取读写锁失败的“失意者”。当前情景下，获取写者锁失败，因此把 waiter.type 类型设置为 RWSEM_WAITING_FOR_WRITE，并且把 waiter

添加到该锁的等待队列的尾部。

在第 522 行中，因为 atomic_long_sub_return()函数没有成功获取锁，所以这里减小刚才增加的 RWSEM_ACTIVE_WRITE_BIAS 值。

在第 525 行中，rwsem_optimistic_spin()函数表示乐观自旋等待机制在读写信号量中的应用。rwsem_optimistic_spin()函数一直在门外自旋，有机会就获取锁。若成功获取锁，则直接返回。我们稍后会分析该函数。

在第 528 行中，假设没有成功获取锁，只能通过 down_write()函数走慢速通道。和 down_read()函数类似，都需要把当前进程放入信号量的等待队列中，此时 waiter 的类型是 RWSEM_WAITING_FOR_WRITE。

在第 544 行中，waiting 说明等待队列中有其他等待者。若等待队列为空，说明该 waiter 就是等待队列中第一个等待者，要加上 RWSEM_WAITING_BIAS。

在第 552 行中，如果 count 大于 RWSEM_WAITING_BIAS（−65536），说明现在没有活跃的写者锁，即写者已经释放了锁，但是有读者已经成功抢先获取锁，因此调用__rwsem_mark_wake()函数唤醒排在等待队列前面的读者锁。这个判断条件是怎么推导出来的呢？

如图 1.19 所示，系统初始化时 count=0，在 *T*0 时刻，写者 1 成功持有锁，count= −65535（加上 RWSEM_ACTIVE_WRITE_BIAS）。在 *T*1 时刻，读者 1 申请锁失败，它将被添加到等待队列中，由于它是等待队列中第一个成员，因此 count 要加上 RWSEM_WAITING_ BIAS，count= −65535−65536= −131071。在 *T*2 时刻，写者 2 申请锁，自旋失败。在 *T*3 时刻，写者 1 释放锁，count 变成−65536。在 *T*4 时刻，读者 2 抢先获取锁，count 要加上 RWSEM_ACTIVE_BIAS，count 变成−65535。在 *T*5 时刻，写者 2 运行到 rwsem_down_ write_failed()函数的第 23 行代码处，判断出 count 大于 RWSEM_WAITING_BIAS（−65536），并唤醒排在等待队列前面的读者，这是该判断条件的推导过程。

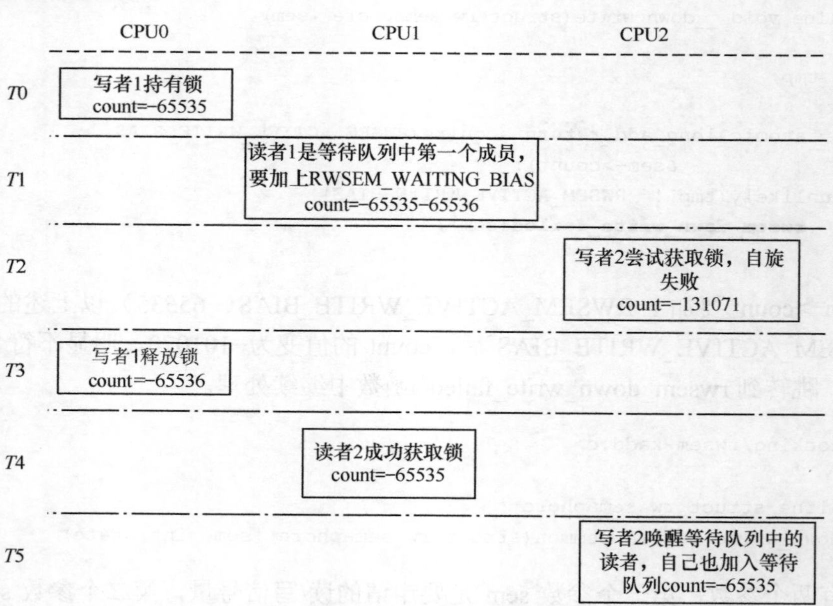

▲图 1.19　写者和读者争用锁

当前进程会调用 schedule()函数让出 CPU。当重新调度当前进程时，会判断读者是否释放了锁。如果所有的读者都释放了锁，那么 count 的值应该为 RWSEM_WAITING_BIAS（−65536），rwsem_try_write_lock()函数依此来判断并且尝试获取写者锁。

综上所述，申请写者锁的流程如图 1.20 所示。

1. rwsem_optimistic_spin()函数

乐观自旋等待机制不仅应用在互斥锁实现中，还应用在写者锁中。rwsem_optimistic_spin()函数实现在 kernel/locking/rwsem-xadd.c 文件中。

```
<kernel/locking/rwsem-xadd.c>

static bool rwsem_optimistic_spin(struct rw_semaphore *sem)
```

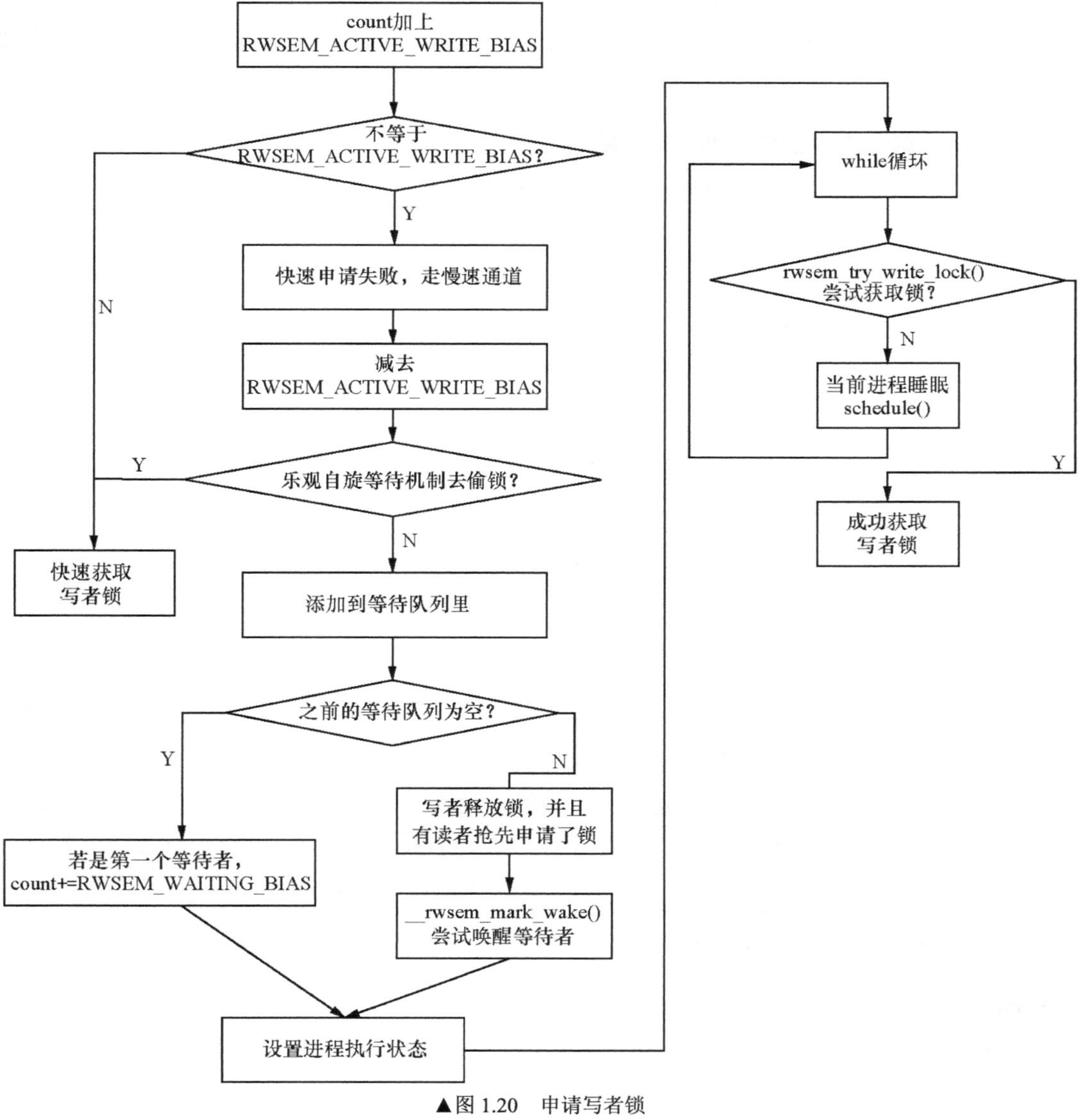

▲图 1.20　申请写者锁

rwsem_optimistic_spin()函数中的主要操作如下。

（1）preempt_disable()函数关闭抢占。

（2）rwsem_can_spin_on_owner()函数判断当前状态是否适合做乐观自旋等待。如果锁持有者是写者锁，并且锁持有者正在临界区里执行，那么此时是做乐观自旋等待的最佳时机。

（3）osq_lock()函数获取 OSQ 锁，这和互斥锁机制相同。

（4）while 循环实现一个自旋的动作。自旋的前提是另外一个写者锁抢先获取了锁（sem->owner 指向写者的 task_struct 数据结构），并且该写者线程正在临界区中执行，因此期待写者可以尽快释放锁，从而避免进程切换的开销。

rwsem_spin_on_owner()函数会一直等待写者释放锁，写者释放锁时会调用 rwsem_clear_owner()函数把 sem->owner 设置为 NULL。

- rwsem_try_write_lock_unqueued()函数尝试获取锁。如果成功获取锁，将退出 while 循环，并且返回 true。
- 一些条件下会退出乐观自旋机制，比如，若 owner 为空，说明锁持有者可能在持有锁和设置 onwer 期间发生了内核抢占。need_resched()函数说明当前进程有调度的需求。

2. rwsem_can_spin_on_owner()函数

rwsem_can_spin_on_owner()函数的主要代码片段如下。

```
<kernel/locking/rwsem-xadd.c>

static inline bool rwsem_can_spin_on_owner(struct rw_semaphore *sem)
{
	struct task_struct *owner;
	bool ret = true;

	owner = READ_ONCE(sem->owner);
	if (owner) {
		ret = is_rwsem_owner_spinnable(owner) &&
				owner_on_cpu(owner);
	}
	return ret;
}
```

这里能做乐观自旋等待的条件有两个。

- 锁持有者为写者。判断条件是 owner 域没有设置 RWSEM_ANONYMOUSLY_OWNED。
- 设置了 sem->owner 成员，这说明在之前一个线程持有写者锁，因此返回该线程的 on_cpu 值。如果 on_cpu 为 1，说明该线程正在临界区执行中，正是自旋等待的好时机。

3. is_rwsem_owner_spinnable()函数

is_rwsem_owner_spinnable()函数的主要代码片段如下。

```
<kernel/locking/rwsem.h>

static inline bool is_rwsem_owner_spinnable(struct task_struct *owner)
{
	return !((unsigned long)owner & RWSEM_ANONYMOUSLY_OWNED);
}
```

owner 字段的最低两位分别是 RWSEM_READER_OWNED 和 RWSEM_ANONYMOUSLY_

OWNED。其中 RWSEM_READER_OWNED 表示锁被读者类型的信号量持有。RWSEM_ANONYMOUSLY_ WNED 表示这个锁可能被匿名者持有。对于读者类型的信号量，当进程成功申请了这个锁时，我们会设置锁持有者的进程描述符到 owner 字段并且设置这两位。当我们释放这个读者类型的信号量时，我们会对 owner 字段进行清除，但是这两位不会清除。因此，对于一个已经释放的或者正在持有的读者类型的信号量，owner 字段的这两位都是已设置的。这样是做的目的是方便系统调试。

因此，当我们知道 owner 字段不为空并且没有设置 RWSEM_ANONYMOUSLY_OWNED 时，说明一个写者正在持有这个锁。

4. rwsem_spin_on_owner()函数

rwsem_spin_on_owner()函数的代码片段如下。

```
<kernel/locking/rwsem-xadd.c>

static noinline bool rwsem_spin_on_owner(struct rw_semaphore *sem)
```

rwsem_spin_on_owner()函数中的 while 循环一直在自旋等待，并且监控 sem->owner 值是否有修改。两种情况下会退出 while 循环：一是 sem->owner 值被修改，通常写者释放了锁；二是 need_resched()函数判断当前进程是否需要调度出去。如果当前进程有调度出去的需求，那么一直自旋等待会很浪费 CPU。另外，为了缩短系统的延时，会退出循环。owner_on_cpu()函数通过进程描述符的 on_cpu 字段来判断持有者是否正在执行，若持有者没有正在执行，也没有必要自旋等待了。

5. rwsem_try_write_lock_unqueued()函数

rwsem_try_write_lock_unqueued()函数是乐观自旋等待机制中最重要的一环，它不断尝试获取锁，该函数的代码片段如下。

```
<kernel/locking/rwsem-xadd.c>

static inline bool rwsem_try_write_lock_unqueued(struct rw_semaphore *sem)
{
	long old, count = atomic_long_read(&sem->count);

	while (true) {
		if (!(count == 0 || count == RWSEM_WAITING_BIAS))
			return false;

		old = atomic_long_cmpxchg_acquire(&sem->count, count,
					count + RWSEM_ACTIVE_WRITE_BIAS);
		if (old == count) {
			rwsem_set_owner(sem);
			return true;
		}

		count = old;
	}
}
```

如果写者释放了锁，那么该锁的 sem->count 的值应该是 0 或 RWSEM_WAITING_BIAS。然后使用 CMPXCHG 指令获取锁。为什么要使用 cmpxchg()函数获取锁，而不直接使用赋值的方式呢？这是因为在当前进程成功获取锁之前其他进程可能已获取了锁，好比"螳螂捕蝉，黄雀在后"。CMPXCHG 是原子操作的，如果 sem->count 的值和 count 值相等，说明其间没有"黄雀在后"，这才放心获取锁。

1.9.5　释放写者类型信号量

释放写者锁和释放读者锁类似。

```
<kernel/locking/rwsem.c>

void up_write(struct rw_semaphore *sem)
{
	rwsem_clear_owner(sem);
	__up_write(sem);
}
```

释放写者锁时有一个很重要的动作是调用 rwsem_clear_owner()函数清除 sem->owner，也就是使 owner 字段指向 NULL。

```
static inline void __up_write(struct rw_semaphore *sem)
{
	if (unlikely(atomic_long_sub_return(RWSEM_ACTIVE_WRITE_BIAS,
				(atomic_long_t *)&sem->count) < 0))
		rwsem_wake(sem);
}
```

释放锁需要 count 减去 RWSEM_ACTIVE_WRITE_BIAS，相当于在数值上加 65535。如果 count 值仍然是负数，说明等待队列里有进程在睡眠，那么调用 rwsem_wake()函数去唤醒它们。

1.9.6　小结

读写信号量在内核中应用广泛，特别是在内存管理中，除了前面介绍的 mm->mmap_sem 外，还有 RMAP 系统中的 anon_vma->rwsem、address_space 数据结构中的 i_mmap_rwsem 等。再次总结读写信号量的重要特性。

- down_read()：如果一个进程持有读者锁，那么允许继续申请多个读者锁，申请写者锁则要等待。
- down_write()：如果一个进程持有写者锁，那么第二个进程申请该写者锁要自旋等待，申请读者锁则要等待。
- up_write()/up_read()：如果等待队列中第一个成员是写者，那么唤醒该写者；否则，唤醒排在等待队列中最前面连续的几个读者。

1.10　RCU

RCU 的全称 Read-Copy-Update，它是 Linux 内核中一种重要的同步机制。Linux 内核中已经有了原子操作、自旋锁、读写自旋锁、读写信号量、互斥锁等锁机制，为什么要单独设计一个比它们复杂得多的新机制呢？回忆自旋锁、读写信号量和互斥锁的实现，它们都使用了原子操作指令，即原子地访问内存，多 CPU 争用共享的变量会让高速缓存一致性变得很糟，使得性能下降。以读写信号量为例，除了上述缺点外，读写信号量还有一个致命弱点，它允许多个读者同时存在，但是读者和写者不能同时存在。因此 RCU 机制要实现的目标是，读者线程没有同步开销，或者说同步开销变得很小，甚至可以忽略不计，不需要额外的锁，不需要使用原子操作指令和内存屏障指令，即可畅通无阻地访问；而把需要同步的任务交给写者线程，写者线程等待所有读者线程完成后才会把旧数据销毁。在 RCU 中，如果有多个写者同时存在，那么需要额外的保护机制。RCU 机制的原理可以概括为 RCU 记录了所有指向共享数据的指针的使用者，当要修改共享数据时，首先创建一个副本，在副本中修改。所有读者线程离开读者临界区之后，指针指向修改后的副本，并且删除旧数据。

RCU 的一个重要的应用场景是链表，链表可以有效地提高遍历读取数据的效率。读取链表成员数据时通常只需要 rcu_read_lock()函数，允许多个线程同时读取该链表，并且允许一个线程同时修改链表。那为什么这个过程能保证链表访问的正确性呢？

在读者遍历链表时，假设另外一个线程删除了一个节点。删除线程会把这个节点从链表中移出，但不会直接销毁它。RCU 会等到所有读线程读取完成后，才销毁这个节点。

RCU 提供的接口如下。

- rcu_read_lock()/ rcu_read_unlock()：组成一个 RCU 读者临界区。
- rcu_dereference()：用于获取被 RCU 保护的指针，读者线程要访问 RCU 保护的共享数据，需要使用该函数创建一个新指针，并且指向被 RCU 保护的指针。
- rcu_assign_pointer()：通常用于写者线程。在写者线程完成新数据的修改后，调用该接口可以让被 RCU 保护的指针指向新创建的数据，用 RCU 的术语是发布了更新后的数据。
- synchronize_rcu()：同步等待所有现存的读访问完成。
- call_rcu()：注册一个回调函数，当所有现存的读访问完成后，调用这个回调函数销毁旧数据。

1.10.1 关于 RCU 的一个简单例子

下面通过关于 RCU 的一个简单例子来理解上述接口的含义，该例子来源于内核源代码中的 Documents/RCU/whatisRCU.txt，并且省略了一些异常处理情况。

<关于 RCU 的一个简单例子>

```
#include <linux/kernel.h>
#include <linux/module.h>
#include <linux/init.h>
#include <linux/slab.h>
#include <linux/spinlock.h>
#include <linux/rcupdate.h>
#include <linux/kthread.h>
#include <linux/delay.h>

struct foo {
    int a;
    struct rcu_head rcu;
};
```

```
static struct foo *g_ptr;
static void myrcu_reader_thread(void *data) //读者线程
{
	struct foo *p = NULL;

	while (1) {
		msleep(200);
		rcu_read_lock();
		p = rcu_dereference(g_ptr);
		if (p)
			printk("%s: read a=%d\n", __func__, p->a);
		rcu_read_unlock();
	}
}

static void myrcu_del(struct rcu_head *rh)
{
	struct foo *p = container_of(rh, struct foo, rcu);
	printk("%s: a=%d\n", __func__, p->a);
	kfree(p);
}

static void myrcu_writer_thread(void *p) //写者线程
{
	struct foo *new;
	struct foo *old;
	int value = (unsigned long)p;

	while (1) {
		msleep(400);
		struct foo *new_ptr = kmalloc(sizeof (struct foo), GFP_KERNEL);
		old = g_ptr;
		printk("%s: write to new %d\n", __func__, value);
		*new_ptr = *old;
		new_ptr->a = value;
		rcu_assign_pointer(g_ptr, new_ptr);
		call_rcu(&old->rcu, myrcu_del);
		value++;
	}
}

static int __init my_test_init(void)
{
	struct task_struct *reader_thread;
	struct task_struct *writer_thread;
	int value = 5;
```

```

    printk("BEN: my module init\n");
    g_ptr = kzalloc(sizeof (struct foo), GFP_KERNEL);

    reader_thread = kthread_run(myrcu_reader_thread, NULL, "rcu_reader");
    writer_thread = kthread_run(myrcu_writer_thread, (void *)(unsigned long)value,
    "rcu_writer");

    return 0;
}
static void __exit my_test_exit(void)
{
    printk("goodbye\n");
    if (g_ptr)
        kfree(g_ptr);
}
MODULE_LICENSE("GPL");
module_init(my_test_init);
```

该例子的目的是通过 RCU 机制保护 my_test_init()函数分配的共享数据结构 g_ptr，并创建一个读者线程和一个写者线程来模拟同步场景。

对于 myrcu_reader_thread，注意以下几点。

- 通过 rcu_read_lock()函数和 rcu_read_unlock()函数来构建一个读者临界区。
- 调用 rcu_dereference()函数获取被保护数据的副本，即指针 p，这时 p 和 g_ptr 都指向旧的被保护数据。
- 读者线程每隔 200ms 读取一次被保护数据。

对于 myrcu_writer_thread，注意以下几点。

- 分配新的保护数据，并修改相应数据。
- rcu_assign_pointer()函数让 g_ptr 指向新数据。
- call_rcu()函数注册一个回调函数，确保所有对旧数据的引用都执行完成之后，才调用回调函数来删除旧数据（old_data）。
- 写者线程每隔 400ms 修改被保护数据。

上述过程如图 1.21 所示。

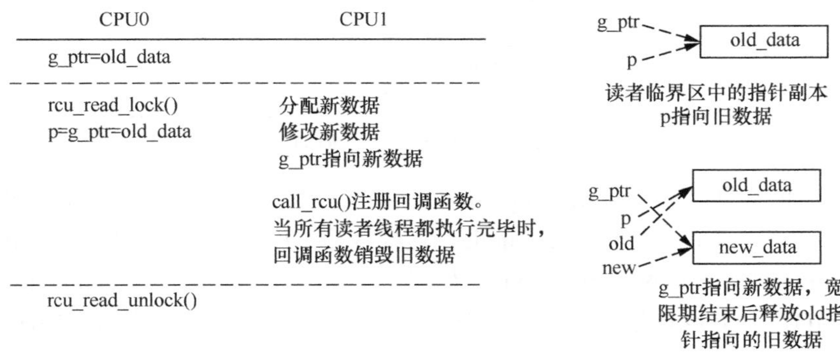

▲图 1.21　RCU 时序

在所有的读访问完成之后，内核可以释放旧数据，关于何时释放旧数据，内核提供了两个接口函数——synchronize_rcu()和 call_rcu()。

1.10.2　经典 RCU 和 Tree RCU

本节重点介绍经典 RCU 和 Tree RCU 的实现，可睡眠 RCU 和可抢占 RCU 留给读者自行学习。RCU 里有两个很重要的概念，分别是宽限期（Grace Period，GP）和静止状态（Quiescent State，QS）。

- ❑ 宽限期。GP 有生命周期，有开始和结束之分。从 GP 开始算起，如果所有处于读者临界区的 CPU 都离开了临界区，也就是都至少经历了一次 QS，那么认为一个 GP 可以结束了。GP 结束后，RCU 会调用注册的回调函数，如销毁旧数据等。
- ❑ 静止状态。在 RCU 设计中，如果一个 CPU 处于 RCU 读者临界区中，说明它的状态是活跃的；如果在时钟滴答中检测到该 CPU 处于用户模式或空闲状态，说明该 CPU 已经离开了读者临界区，那么它是 QS。在不支持抢占的 RCU 实现中，只要检测到 CPU 有上下文切换，就可以知道离开了读者临界区。

RCU 在开发 Linux 2.5 内核时已经被添加到 Linux 内核中，但是在 Linux 2.6.29 内核之前的 RCU 通常称为经典 RCU（Classic RCU）。经典 RCU 在大型系统中遇到了性能问题，后来在 Linux 2.6.29 内核中 IBM 的内核专家 Paul E. McKenney 提出了 Tree RCU 的实现，Tree RCU 也称为 Hierarchical RCU①。

经典 RCU 的实现在超级大系统中遇到了问题，特别是有些系统的 CPU 内核超过了 1024 个，甚至达到 4096 个。经典 RCU 在判断是否完成一次 GP 时采用全局的 cpumask 位图。如果每位表示一个 CPU，那么在 1024 个 CPU 内核的系统中，cpumask 位图就有 1024 位。每个 CPU 在 GP 开始时要设置位图中对应的位，GP 结束时要清除相应的位。全局的 cpumask 位图会导致很多 CPU 竞争使用，因此需要自旋锁来保护位图。这样导致锁争用变得很激烈，激烈程度随着 CPU 的个数线性递增。以 4 核 CPU 为例，经典 RCU 的实现如图 1.22 所示。

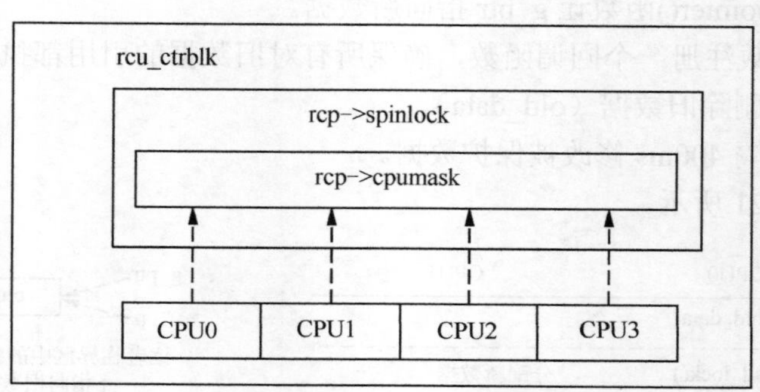

▲图 1.22　4 核 CPU 的经典 RCU 实现

而 Tree RCU 的实现巧妙地解决了 cpumask 位图竞争锁的问题。以上述的 4 核 CPU 为例，假设 Tree RCU 以两个 CPU 为 1 个 rcu_node，这样 4 个 CPU 被分配到两个 rcu_node 上，使用另外 1 个 rcu_node 来管理这两个 rcu_node。如图 1.23 所示，节点 1 管理 cpu0 和 cpu1，节点 2 管理 cpu2 和 cpu3，而节点 0 是根节点，管理节点 1 和节点 2。每个节点只需要两位的位图就可

① Linux-2.6.29 patch, commit 64db4cfff,“ "Tree RCU": scalable classic RCU implementation ”, by Paul E. McKenney.

以管理各自的CPU或者节点，每个节点都通过各自的自旋锁来保护相应的位图。

假设4个CPU都经历过一个QS，那么4个CPU首先在Level0的节点1和节点2上修改位图。对于节点1或者节点2来说，只有两个CPU竞争锁，这比经典RCU上的锁争用要减少一半。当Level0中节点1和节点2上的位图都被清除干净后，才会清除上一级节点的位图，并且只有最后清除节点的CPU才有机会尝试清除上一级节点的位图。因此对于节点0来说，还是两个CPU争用锁。整个过程中只有两个CPU争用一个锁。这类似于足球比赛，进入四强的4支球队被分成上下半区，每个半区有两支球队，只有半决赛获胜的球队才能进入决赛。

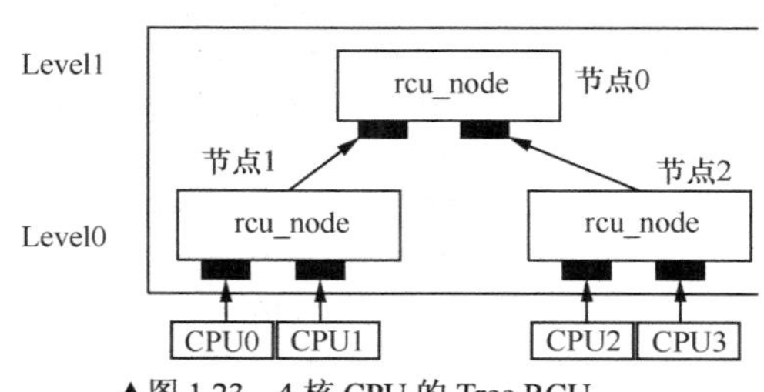

▲图1.23　4核CPU的Tree RCU

1.11 案例分析：内存管理中的锁

前面介绍了Linux内核中常用的锁机制，如原子操作、自旋锁、信号量、读写信号量、互斥锁以及RCU等。这些锁的机制都有自己的优势、劣势以及各自的应用范围。

Linux内核中锁机制的特点和使用规则如表1.5所示。

表1.5　Linux内核中锁机制的特点和使用规则

锁机制	特点	使用规则
原子操作	使用处理器的原子指令，开销小	临界区中的数据是变量、位等简单的数据结构
内存屏障	使用处理器内存屏障指令或GCC的屏障指令	读写指令时序的调整
自旋锁	自旋等待	中断上下文，短期持有锁，不可递归，临界区不可睡眠
信号量	可睡眠的锁	可长时间持有锁
读写信号量	可睡眠的锁，多个读者可以同时持有锁，同一时刻只能有一个写者，读者和写者不能同时存在	程序员界定出临界区后读/写属性才有用
互斥锁	可睡眠的互斥锁，比信号量快速和简洁，实现自旋等待机制	同一时刻只有一个线程可以持有互斥锁，由锁持有者负责解锁，即在同一个上下文中解锁，不能递归持有锁，不适合内核和用户空间复杂的同步场景
RCU	读者持有锁没有开销，多个读者和写者可以同时共存，写者必须等待所有读者离开临界区后才能销毁相关数据	受保护资源必须通过指针访问，如链表等

前面介绍内存管理时基本上忽略了锁的讨论，其实锁在内存管理中有着很重要的作用，下面以内存管理为例介绍锁的使用。在rmap.c文件的开始，列举了内存管理模块中锁的调用关系图。

```
<mm/rmap.c>

/*
 * Lock ordering in mm:
 *
 * inode->i_mutex  (while writing or truncating, not reading or faulting)
 *   mm->mmap_sem
```

```
 *     page->flags PG_locked (lock_page)
 *       mapping->i_mmap_rwsem
 *         anon_vma->rwsem
 *           mm->page_table_lock or pte_lock
 *             zone->lru_lock (in mark_page_accessed, isolate_lru_page)
 *             swap_lock (in swap_duplicate, swap_info_get)
 *               mmlist_lock (in mmput, drain_mmlist and others)
 *               mapping->private_lock (in __set_page_dirty_buffers)
 *               inode->i_lock (in set_page_dirty's __mark_inode_dirty)
 *               bdi.wb->list_lock (in set_page_dirty's __mark_inode_dirty)
 *                 sb_lock (within inode_lock in fs/fs-writeback.c)
 *                 mapping->tree_lock (widely used, in set_page_dirty,
 *                           in arch-dependent flush_dcache_mmap_lock,
 *                           within bdi.wb->list_lock in __sync_single_inode)
 *
 * anon_vma->rwsem,mapping->i_mutex    (memory_failure, collect_procs_anon)
 *   ->tasklist_lock
 *     pte map lock
 */
```

1.11.1　mm->mmap_sem

mmap_sem 是 mm_struct 数据结构中一个读写信号量成员，用于保护进程地址空间。在 brk、mmap、mprotect、mremap、msync 等系统调用中都采用 down_write(&mm->mmap_sem)来保护 VMA，防止多个进程同时修改进程地址空间。

下面举内存管理中 KSM 的一个例子。在内存管理中描述进程地址空间的数据结构是 VMA，新创建的 VMA 会加入红黑树中，进程在退出时，exit_mmap()函数或 unmmap()函数都可能会销毁 VMA，因此新建和销毁 VMA 是异步的。如图 1.24 所示，在 KSM 中，ksmd 内核线程会定期扫描进程中的 VMA，然后从 VMA 中找出可用的匿名页面。假设 CPU0 在扫描某个 VMA 时，另外一个进程在 CPU1 上恰巧释放了这个 VMA，那么 KSM 是否有问题，follow_page()函数会触发 oops 错误吗？

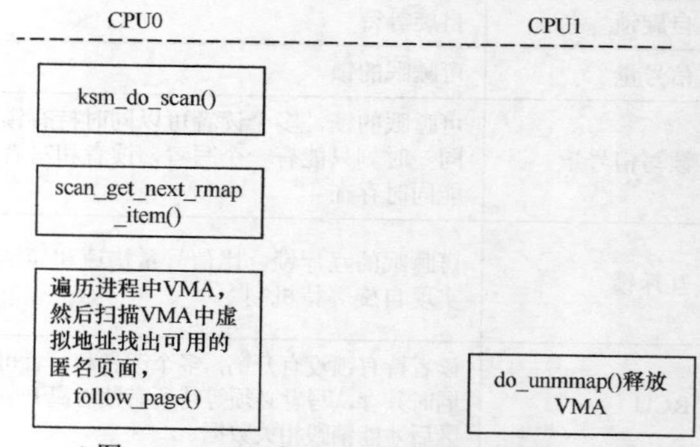

▲图 1.24　KSM 和 do_unmmap 对 VMA 的争用

事实上，Linux 内核运行得很好，并没有出现上述问题。原来每个进程的数据结构 mm_struct 中有一个读写锁 mmap_sem，这个锁对于进程本身来说相当于一个全局的读写锁，内核中通常利用该锁来保护进程地址空间。大家可以仔细阅读内核代码，凡是涉及 VMA 的扫描、插入、删除等操作，都会使用 mmap_sem 锁来进行保护。

回到刚才的例子，KSM 在扫描进程中的 VMA 时调用 down_read(&mm->mmap_sem)函数来申请读者锁以进行保护，为什么申请读者锁呢？因为 KSM 扫描进程中的 VMA 时不会修改 VMA 的内容，所以使用读者锁就足够了。另外，销毁 VMA 的函数都需要申请 down_write(&mm->mmap_sem)写者锁来保护，所以它们之间不会产生冲突。

如图 1.25 所示，在 *T*0 时刻，KSM 内核线程已经成功持有 mmap_sem 读者锁。在 *T*1 时刻，进程在 CPU1 上执行 do_unmmap()函数以销毁 KSM 正在操作的 VMA，它必须先申请 mmap_sem 写者锁，但由于 KSM 内核线程已经率先持有读者锁，因此执行 do_unmmap()函数的进程只能在队列中等待。

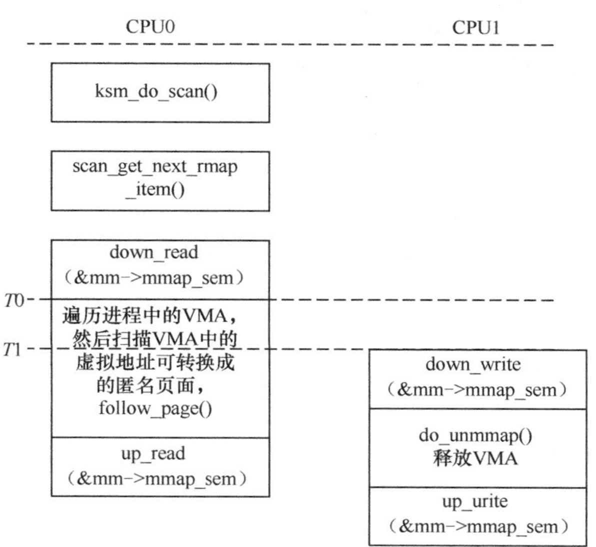

▲图 1.25　KSM 和 do_unmmap 之间的争用

那么何时该用读者锁，何时该用写者锁呢？这需要程序员来判断被保护的临界区的内容是只读的还是可写的，锁不能代替程序员考虑这些问题。

1.11.2　mm->page_table_lock

page_table_lock 是 mm_struct 数据结构中一个自旋锁类型的成员，主要用于保护进程的页表。在内存管理代码中，每当需要修改进程的页表时，都需要 page_table_lock 锁。以 do_anonymous_page()函数为例。

```
<mm/memory.c>

static vm_fault
do_anonymous_page(struct vm_fault*vmf)
 {
    spinlock_t *ptl;
    ...
    page_table = pte_offset_map_lock(mm, pmd, address, &ptl);
 setpte:
    set_pte_at(mm, address, page_table, entry);
    ...
unlock:
   pte_unmap_unlock(page_table, ptl);
   return 0;
}
```

在调用 set_pte_at()设置进程页表时，需要使用 pte_offset_map_lock()宏来获取 page_table_lock 自旋锁，防止其他 CPU 同时修改进程的页表。

```
<include/linux/mm.h>

#define pte_offset_map_lock(mm, pmd, address, ptlp)  \
({                                  \
    spinlock_t *__ptl = pte_lockptr(mm, pmd);  \
    pte_t *__pte = pte_offset_map(pmd, address);     \
    *(ptlp) = __ptl;                \
    spin_lock(__ptl);               \
    __pte;                          \
})
```

pte_offset_map_lock()宏最终仍然调用 pte_lockptr()函数来获取锁。

```
static inline spinlock_t *pte_lockptr(struct mm_struct *mm, pmd_t *pmd)
{
    return &mm->page_table_lock;
}
```

另外，如果定义了 USE_SPLIT_PTE_PTLOCKS 宏，那么 page 数据结构中也有一个类似的锁 ptl。宏的判断条件如下。

```
<include/linux/mm_types.h>

#define USE_SPLIT_PTE_PTLOCKS  (NR_CPUS >= CONFIG_SPLIT_PTLOCK_CPUS)
```

1.11.3　PG_Locked

page 数据结构中的 flags 成员是一些标志位的集合，其中 PG_locked 标志位用作页面锁。页面锁在卷 1 中已详细分析。常用的函数有 lock_page()和 trylock_page()，二者用于给某个页面加锁。此外，还可以让进程在该锁中等待，wait_on_page_locked()函数可以让进程等待该页面的锁释放。

1.11.4　anon_vma->rwsem

在 RMAP 系统中，anon_vma（AV）数据结构中维护了一棵红黑树，相应的 VMA 数据结构中维护了一个 anon_vma_chain（AVC）链表。AV 数据结构中定义了 rwsem 成员，该成员是一个读写信号量。既然是读写信号量，那么开发者就必须区分哪些临界区是只读的，哪些是可写的。

当父进程通过 fork 系统调用创建子进程时，子进程会复制父进程的 VMA 数据结构的内容作为自己的进程地址空间，并将父进程的 PTE 复制到子进程的页表中，使父进程和子进程共享页表。多个不同进程的 VMA 里的虚拟页面会同时映射到同一个物理页面，RMAP 系统会创建 AVC 链表来连接父、子进程的 VMA，子进程也会使用 AVC 作为连接 VMA 与 AV 的桥梁。建立连接桥梁的函数是 anon_vma_chain_link()，连接的动作会修改原来 AV 中红黑树的数据和 VMA 中的 AVC 链表，因此该过程是一个可写的临界区。

下面以 anon_vma_fork()函数为例。

```
<mm/rmap.c>

0 int anon_vma_fork(struct vm_area_struct *vma, struct vm_area_struct *pvma)
1 {
```

```
2    ...
3    vma->anon_vma = anon_vma;
4    anon_vma_lock_write(anon_vma);
5    anon_vma_chain_link(vma, avc, anon_vma);
6    anon_vma->parent->degree++;
7    anon_vma_unlock_write(anon_vma);
8    ...
9    return 0;
10}
```

在上述代码中，anon_vma 指子进程的 AV 数据结构，AVC 用于连接子进程的 VMA 和 AV，第 5 行代码中的 anon_vma_chain_link()函数使用 AVC 把 VMA 和 AV 连接到一起，并且把 AVC 加入子进程的 AV 中的红黑树中和子进程的 VMA 中的 AVC 链表。在这个过程中，其他进程可能会访问 AV 的红黑树或 AVC 链表，如内核线程 Kswapd 调用 rmap_walk_anon()函数时也恰巧访问 AV 的红黑树或 AVC，那么会导致链表和红黑树的访问冲突，因此这里需要添加一个写者信号量，见第 4 行代码中的 anon_vma_lock_write()函数。

下面来看读者的情况。RMAP 系统中一个很重要的功能是从 page 数据结构找出所有映射到该页的 VMA，这个过程需要遍历前面提到的 AV 中的红黑树和 VMA 中的 AVC 链表，这是一个只读的过程，因此需要一个读者信号量来保护遍历的过程。

```
<mm/rmap.c>

0 int try_to_unmap(struct page *page, enum ttu_flags flags)
1 {
2     int ret;
3     struct rmap_walk_control rwc = {
4         .rmap_one = try_to_unmap_one,
5         .arg = (void *)flags,
6         .done = page_not_mapped,
7         .anon_lock = page_lock_anon_vma_read,
8     };
9     ret = rmap_walk(page, &rwc);
10    return ret;
11 }
```

try_to_unmap()函数是遍历 RMAP 的一个例子，具体的遍历过程在 rmap_walk()函数中，其中 rmap_walk_control 数据结构中的 anon_lock()函数指针可以用来指定如何为 AV 申请读写锁。如第 7 行中，通过 page_lock_anon_vma_read()函数来实现，该函数的主要代码片段如下。

```
struct anon_vma *page_lock_anon_vma_read(struct page *page)
{
    struct anon_vma *anon_vma = NULL;
    struct anon_vma *root_anon_vma;
    unsigned long anon_mapping;

    rcu_read_lock();
```

```
7    anon_mapping = (unsigned long) ACCESS_ONCE(page->mapping);
8    if ((anon_mapping & PAGE_MAPPING_FLAGS) != PAGE_MAPPING_ANON)
9        goto out;
10
11   anon_vma = (struct anon_vma *) (anon_mapping - PAGE_MAPPING_ANON);
12   root_anon_vma = ACCESS_ONCE(anon_vma->root);
13   if (down_read_trylock(&root_anon_vma->rwsem)) {
14       ...
15       goto out;
16   }
17
18   ...
19   /* 如果锁定 anon_vma，就可以放心地休眠了 */
20   rcu_read_unlock();
21   anon_vma_lock_read(anon_vma);
22   return anon_vma;
23}
```

第 7～11 行中，从 page 数据结构中的 mapping 成员中获取 AV 指针，然后尝试获取 AV 中的读者锁。这里首先用 down_read_trylock()函数去尝试快速获取锁，如果失败，才会调用 anon_vma_lock_read()函数去睡眠等待锁。

1.11.5　zone->lru_lock

zone 数据结构中有一个自旋锁用于保护 zone 的 LRU 链表，以 shrink_active_list()函数为例。

```
<mm/vmscan.c>

static void shrink_active_list(unsigned long nr_to_scan,
                  struct lruvec *lruvec,
                  struct scan_control *sc,
                  enum lru_list lru)
{
  ...
  spin_lock_irq(&zone->lru_lock);

  nr_taken = isolate_lru_pages(nr_to_scan, lruvec, &l_hold,
                &nr_scanned, sc, isolate_mode, lru);
  spin_unlock_irq(&zone->lru_lock);
  ...
  /*
   * Move pages back to the lru list.
   */
  spin_lock_irq(&zone->lru_lock);
  __mod_zone_page_state(zone, NR_ISOLATED_ANON + file, -nr_taken);
  spin_unlock_irq(&zone->lru_lock);
```

```
    ...
}
```

1.11.6 RCU

在介绍 RCU 时提到，RCU 的优势是对于多个读者没有任何开销，所有的开销都在写者中，因此对于读者来说这相当于无锁（lockless）编程。内存管理中很多代码使用 RCU 来提高系统性能，特别是读者多于写者的场景。

下面以 RMAP 系统中的代码为例。

```
<mm/rmap.c>

0 struct anon_vma *page_get_anon_vma(struct page *page)
1 {
2     struct anon_vma *anon_vma = NULL;
3     unsigned long anon_mapping;
4
5     rcu_read_lock();
6     anon_mapping = (unsigned long) ACCESS_ONCE(page->mapping);
7     if ((anon_mapping & PAGE_MAPPING_FLAGS) != PAGE_MAPPING_ANON)
8           goto out;
9     if (!page_mapped(page))
10          goto out;
11
12    anon_vma = (struct anon_vma *) (anon_mapping - PAGE_MAPPING_ANON);
13    if (!atomic_inc_not_zero(&anon_vma->refcount)) {
14          anon_vma = NULL;
15          goto out;
16    }
17    if (!page_mapped(page)) {
18          rcu_read_unlock();
19          put_anon_vma(anon_vma);
20          return NULL;
21    }
22 out:
23    rcu_read_unlock();
24    return anon_vma;
25}
```

page_get_anon_vma()函数实现的功能比较简单，由 page 数据结构来获取对应的 AV 指针。第 5 行与第 23 行代码使用 rcu_read_lock()函数和 rcu_read_unlock()函数来构建一个 RCU 读者临界区，这里为什么要使用 RCU 读者锁呢？这段代码需要保护的对象是 AV 指针指向的数据结构，并且临界区内没有写入数据。如果线程正在此临界区执行时另一个线程把 AV 指向的数据删除了，那么会出现问题，因此需要一种同步的机制来做保护，这里使用 RCU 机制。

对应的写者又在哪里呢？这里的写者指异步删除 AV 的线程，删除匿名页面，如线程调用 do_unmmap 操作后最终会调用 unlink_anon_vmas()函数删除 AV。另外，页迁移时也会删除匿名页面，详见__unmap_and_move()函数。

函数调用路径为 unlink_anon_vmas()→put_anon_vma()→__put_anon_vma()→anon_vma_free()。依然没有看到 RCU 在何时注册了回调函数并删除被保护的对象。

在分配每个 AV 数据结构时，采用 kmem_cache_create()函数创建一个特殊的 slab 缓存对象。注意，创建的标志位中有 SLAB_DESTROY_BY_RCU。

```
void __init anon_vma_init(void)
{
    anon_vma_cachep = kmem_cache_create("anon_vma", sizeof(struct anon_vma),
            0, SLAB_DESTROY_BY_RCU|SLAB_PANIC, anon_vma_ctor);
    anon_vma_chain_cachep = KMEM_CACHE(anon_vma_chain, SLAB_PANIC);
}
```

SLAB_DESTROY_BY_RCU 是 slab 分配器中一个重要的分配标志位，它会延迟释放 slab 缓存对象所分配的页面，而不是延迟释放对象。所以如果使用 kmem_cache_free()函数释放了这个对象，那么对应的内存区域也就被释放了。这个标志位仅仅保证这个地址所在的内存是有效的，但是不能保证内存中的内容是开发者所需要的，因此需要额外的验证机制来保证对象的正确性。

```
<include/linux/slab.h>

rcu_read_lock()
 again:
 obj = lockless_lookup(key);  //通过 key 来查找对象
 if (obj) {
      if (!try_get_ref(obj))  //释放对象可能会出错
          goto again;

      if (obj->key != key) {  //验证可能不是想要的对象
          put_ref(obj);
          goto again;
      }
   }
rcu_read_unlock();
```

这个用法适用于通过地址间接地获取一个内核数据结构，并且不需要额外的锁保护，体现了无锁编程思想。我们可以先锁定这个数据结构，然后检查它是否还在一个给定的地址上，只要保证内存没有被重复使用即可。

回到 page_get_anon_vma()函数中，SLAB_DESTROY_BY_RCU 只保证 anon_vma_cachep 这个 slab 对象缓存所有的页面不会被释放，但是物理页面对应的 AV 对象可能已经被释放了，因此需要额外的判断。这里有两种情况：一是 AV 被释放，没有 PTE 引用该页，即 page_mapped()函数返回 false，所以代码中 page_mapped()函数可以避免这种情况；二是 AV 被其他的 AV 所替换，新的 AV 应该是旧 AV 的子集，因此返回一个子 AV 也是正确的。

另一个使用 RCU 的例子是链表，如 mm/vmalloc.c 中的 vmap_area 数据结构就内嵌了 rcu_head。

```
struct vmap_area {
	unsigned long va_start;
	unsigned long va_end;
	unsigned long flags;
	struct rb_node rb_node;
	struct list_head list;
	struct list_head purge_list;
	struct vm_struct *vm;
	struct rcu_head rcu_head;
};
```

这些 vmap_area 会被添加到 vmap_area_list 链表中。遍历链表的过程也构成了 RCU 读者临界区，因此下面的 get_vmalloc_info()函数使用 rcu_read_lock()函数保护链表。

```
<mm/vmalloc.c>

void get_vmalloc_info(struct vmalloc_info *vmi)
{
	...
	rcu_read_lock();
	if (list_empty(&vmap_area_list)) {
		vmi->largest_chunk = VMALLOC_TOTAL;
		goto out;
	}

	list_for_each_entry_rcu(va, &vmap_area_list, list) {
		...
	}

out:
	rcu_read_unlock();
}
```

删除 vmap_area_list 链表中成员的线程可以被视为写者，通过调用__free_vmap_area()函数来删除。

```
<mm/vmalloc.c>

static void __free_vmap_area(struct vmap_area *va)
{
	...
	list_del_rcu(&va->list);
	kfree_rcu(va, rcu_head);
}
```

通过 list_del_rcu()函数来删除链表中的成员，kfree_rcu()函数最终会调用__call_rcu()函数来注册回调函数，并且等待所有 CPU 都处于静止状态后才会真正删除这个成员。

类似的 RCU 链表在内存管理代码中有很多，如在 oom_kill.c 文件中常常会看到遍历系统所有进程时会使用 rcu_read_lock()函数来构建临界区。

```
<mm/oom_kill.c>

static struct task_struct *select_bad_process(unsigned int *ppoints,
        unsigned long totalpages, const nodemask_t *nodemask,
        bool force_kill)
{
    ...
    rcu_read_lock();
    for_each_process_thread(g, p) {
        ...
    }
    rcu_read_unlock();
    return chosen;
}
```

读者可以尝试研究、体会其中的奥秘。

1.11.7　RCU 停滞检测

在 RCU 中有一个 CPU 停滞检测机制，用来检测 RCU 在 GP 内是否长时间没有执行完。当 RCU 检测到此情况发生时会输出一些警告信息以及函数调用栈等信息，用来帮助开发者定位问题。以 1.10 节的 RCU 为例，通过以下代码在 myrcu_reader_thread1()函数的 RCU 读临界区中添加一个长时间等待函数 mdelay()。

```
static int myrcu_reader_thread1(void *data) //读者线程 1
{
    struct foo *p1 = NULL;

    while (1) {
        if(kthread_should_stop())
            break;
        msleep(10);
        rcu_read_lock();
        p1 = rcu_dereference(g_ptr);
        mdelay(100000000); //新增延迟
        rcu_read_unlock();
    }
    return 0;
}
```

下面是上述内核模块运行后得到的 RCU 警告信息。

```
<RCU 警告信息片段一>

[  398.315712] rcu: INFO: rcu_sched self-detected stall on CPU
```

```
[   398.316904] rcu:  0-....: (5173 ticks this GP) idle=d3e/1/0x4000000000000002
softirq=7673/7673 fqs=2247
[  398.317423] rcu:   (t=5250 jiffies g=20197 q=711)
```

rcu_sched 模块检测到本地 CPU 有发生停滞的情况。发生停滞的 CPU 是 CPU0。其中，“(5173 ticks this GP)”表示在当前的 GP 内已经持续了 5173 个时钟中断，说明当前的 GP 被长时间停滞了。有些情况下，如果显示“(3 GPs behind)”，则表示过去 3 个 GP 内没有和 RCU 核心进行交互。

idle 值表示 tick-idle 模块的信息。softirq 值表示 RCU 软中断处理的数量。

接下来，输出发生 RCU 停滞时的函数调用栈信息。

```
[  398.318138] Task dump for CPU 0:
[  398.318727] rcu_reader1     R  running task       0   885      2 0x0000002a
[  398.319615] Call trace:
//触发 RCU 停滞检查的路径
[  398.320620]  dump_backtrace+0x0/0x52c
[  398.321098]  show_stack+0x28/0x34
[  398.321355]  sched_show_task+0x6f8/0x734
[  398.321734]  dump_cpu_task+0x58/0x64
[  398.322033]  rcu_dump_cpu_stacks+0x330/0x414
[  398.322297]  print_cpu_stall+0x51c/0xaf8
[  398.322542]  check_cpu_stall+0x754/0x96c
[  398.322831]  rcu_pending+0x64/0x38c
[  398.323317]  rcu_check_callbacks+0x550/0x8e8
[  398.324392]  update_process_times+0x54/0x18c
[  398.324973]  tick_sched_timer+0xa8/0x10c
[  398.325688]  __hrtimer_run_queues+0xb0/0x128
[  398.325967]  hrtimer_interrupt+0x468/0x9dc
[  398.326658]  handle_percpu_devid_irq+0x4e8/0xa18
[  398.326969]  generic_handle_irq+0x50/0x60
[  398.327706]  __handle_domain_irq+0x184/0x238
[  398.328121]  gic_handle_irq+0x1e8/0x594
[  398.328331]  el1_irq+0xb0/0x140

//发生停滞的函数调用栈
[  398.328549]  arch_counter_get_cntvct+0x200/0x20c
[  398.328775]  __delay+0x94/0xf8
[  398.328952]  __const_udelay+0x48/0x54
[  398.330126]  myrcu_reader_thread1+0x160/0x1b8 [rcu_test]
[  398.330348]  kthread+0x3c4/0x3d0
[  398.330493]  ret_from_fork+0x10/0x18
```

读者需要从上述函数调用栈分析发生 RCU 停滞的原因。

发生 RCU 停滞的通常有如下几种情况。

在 RCU 读临界区里发生了死循环（CPU looping）。

- 在关中断下发生了死循环或者关中断的时间很长。

- ❑ 在关闭内核抢占情况下发生了死循环。
- ❑ 在中断下半部中发生死循环。
- ❑ 在非抢占内核中，在内核态里发生了死循环，并且死循环中没有调用 schedule()或者 cond_resched()等函数。
- ❑ 在实时 Linux 内核中，一个 CPU 密集型的实时进程的优先级比 RCU 的内核线程还高，有可能导致 RCU 的回调函数不能给执行。
- ❑ 在实时 Linux 内核中，一个 CPU 密集型的实时进程总是抢占正在 RCU 读临界区中的低优先级进程。
- ❑ 硬件故障。

第2章　中断管理

本章高频面试题

1. 发生硬件中断后，ARM64 处理器做了哪些事情？
2. 硬件中断号和 Linux 内核的 IRQ 号是如何映射的？
3. 一个硬件中断发生后，Linux 内核如何响应并处理该中断？
4. 为什么说中断上下文不能执行睡眠操作？
5. 软中断的回调函数执行过程中是否允许响应本地中断？
6. 同一类型的软中断是否允许多个 CPU 并行执行？
7. 软中断上下文包括哪几种情况？
8. 软中断上下文还是进程上下文的优先级高？为什么？
9. 是否允许同一个 tasklet 在多个 CPU 上并行执行？
10. 工作队列是运行在中断上下文，还是进程上下文？它回调函数允许睡眠吗？
11. 旧版本（Linux 2.6.25）的工作队列机制在实际应用中遇到了哪些问题和挑战？
12. CMWQ 机制如何动态管理工作线程池的线程呢？
13. 如果多个 work 挂入一个工作线程中执行，当某个 work 的回调函数执行了阻塞操作时，那么剩下的 work 该怎么办？
14. 什么是中断现场？中断现场中需要保存哪些内容？
15. 中断现场保存在什么地方？

除前面介绍的内存管理、进程管理、并发与同步之外，操作系统的另一个很重要的功能就是管理众多的外设，如键盘、鼠标、显示器、无线网卡、声卡等。处理器与外设的运算能力和处理速度通常不在一个数量级上。假设现在处理器需要获取一个键盘的事件，如果处理器发出一个请求信号之后一直在轮询（polling）键盘的响应，由于键盘响应速度比处理器慢得多并且等待用户输入，那么处理器是很浪费 CPU 资源的。与其这样，不如键盘有事件发生时发送一个信号给处理器，让处理器暂停当前的工作来处理这个响应，比处理器一直在轮询效率要高，这就是中断机制产生的背景。

凡事都不是绝对的，轮询机制也不完全比中断机制差。在网络吞吐量大的应用场景下，网卡驱动采用轮询机制比中断机制效率要高，如使用开源组件数据平面开发套件（Data Plane Development Kit，DPDK）。

本章介绍 ARM 架构下中断是如何管理的，Linux 内核的中断管理机制是如何设计与实现的，以及常用的下半部机制，如软中断、tasklet、工作队列等。

2.1 中断控制器

Linux 内核支持众多的处理器架构，因此从系统角度来看，Linux 内核的中断管理可以分成如下 4 层。

- 硬件层，如 CPU 和中断控制器的连接。
- 处理器架构管理层，如 CPU 中断异常处理。
- 中断控制器管理层，如 IRQ 号的映射。
- Linux 内核通用中断处理器层，如中断注册和中断处理。

不同的架构对中断控制器有着不同的设计理念，如 ARM 公司提供了一个通用中断控制器（Generic Interrupt Controller，GIC），x86 架构则采用高级可编程中断控制器（Advanced Programmable Interrupt Controller，APIC）。目前最新版的 GIC 技术规范是 version 3/4，version 2 通常在 ARM v7 架构处理器中使用，如 Cortex-A7 和 Cortex-A9 等，它最多可以支持 8 核；Version 3 和 version 4 则支持 ARM v8 架构，如 Cortex-A53 等。本节以 ARM Vexpress V2P-CAIS-CA7 平台[①]为例来介绍中断管理的实现，它支持 GIC Version 2（GIC-V2）。

2.1.1 中断状态和中断触发方式

下面介绍与中断相关的一些背景知识。

1. 中断状态

对于每一个中断来说，它支持的状态有不活跃状态、等待状态、活跃状态以及活跃并等待状态[②]。

- 不活跃（inactive）状态：中断处于无效状态。
- 等待（pending）状态：中断处于有效状态，但是等待 CPU 响应该中断。
- 活跃（active）状态：CPU 已经响应中断。
- 活跃并等待（active and pending）状态：CPU 正在响应中断，但是该中断源又发送中断过来。

2. 中断触发方式

外设中断可以支持两种中断触发方式。

- 边沿触发（edge-triggered）：当中断源产生一个上升沿或者下降沿时，触发一个中断。
- 电平触发（level-sensitive）：当中断信号线产生一个高电平或者低电平时，触发一个中断。

3. 硬件中断号

对于 GIC 来说，为每一个硬件中断源分配一个中断号，这就是硬件中断号。GIC 会为支持的中断类型分配中断号范围，如表 2.1 所示。

---

① ARM Vexpress V2P-CA15_CA7 平台详见《ARM CoreTile Express A15×2 A7×3 Technical Reference Manual》。
② 关于 GIC 的中断状态机可以阅读《Generic Interrupt Controller,Architecture Version,2.0》手册中 3.2.4 节的内容。

表 2.1 GIC 分配的中断号范围

中断类型	中断号范围
软件触发中断（SGI）	0～15
私有外设中断（PPI）	16～31
共享外设中断（SPI）	32～1019

读者可以查询每一款 SoC 的硬件设计文档，里面会有详细的硬件中断源的分配图。

2.1.2 ARM GIC-V2 中断控制器

1. GIC-V2 中断控制器概要

ARM Vexpress V2P-CA15_CA7 平台支持 Cortex- A15 和 Cortex-A7 两个 CPU 簇，中断控制器采用 GIC-400，支持 GIC-V2，如图 2.1 所示，GIC-V2 支持如下中断类型。

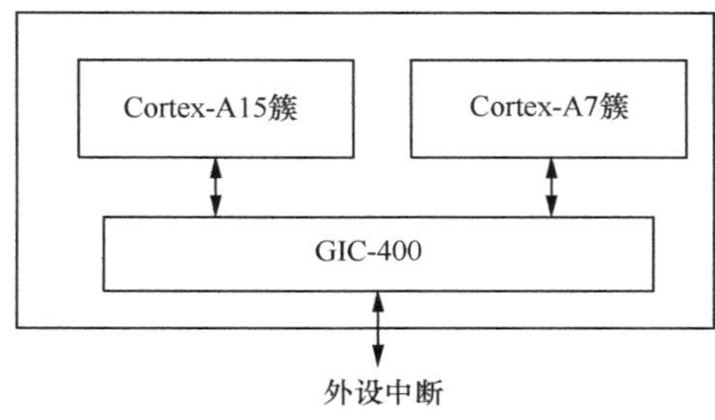

▲图 2.1 ARM Vexpress V2P-CA15_CA7 平台中断管理

- SGI 通常用于多核之间的通信。GIC-V2 最多支持 16 个 SGI，硬件中断号范围为 0～15。SGI 通常在 Linux 内核中被用作处理器之间的中断（Inter-Processor Interrupt，IPI），并会送达到系统指定的 CPU 上。
- PPI 是每个处理器内核私有的中断。GIC-V2 最多支持 16 个 PPI 中断，硬件中断号范围为 16～31。PPI 通常会送达到指定的 CPU 上，应用场景有 CPU 本地定时器（local timer）。
- SPI 是公用的外设中断。GIC-V2 最多可以支持 988 个外设中断，硬件中断号范围为 32～1019①。

SGI 和 PPI 是每个 CPU 私有的中断，而 SPI 是所有 CPU 内核共享的。

GIC 主要由两部分组成，分别是仲裁单元（distributor）和 CPU 接口模块。仲裁单元为每一个中断源维护一个状态机，支持的状态有 inactive、pending、active 和 active and pending②。

2. 中断流程

GIC 检测中断的流程如下。

（1）当 GIC 检测到一个中断发生时，会将该中断标记为 pending 状态。

（2）对于处于 pending 状态的中断，仲裁单元会确定目标 CPU，将中断请求发送到这个 CPU。

（3）对于每个 CPU，仲裁单元会从众多处于 pending 状态的中断中选择一个优先级最高的中断，发送到目标 CPU 的 CPU 接口模块上。

（4）CPU 接口模块会决定这个中断是否可以发送给 CPU。如果该中断的优先级满足要求，GIC 会发送一个中断请求信号给该 CPU。

（5）当一个 CPU 进入中断异常后，会读取 GICC_IAR 来响应该中断（一般由 Linux 内核的中断处理程序来读寄存器）。寄存器会返回硬件中断号（hardware interrupt ID），对于 SGI 来说，返回源 CPU 的 ID（source processor ID）。当 GIC 感知到软件读取了该寄存器后，又分为如下情况。

① GIC-400 只支持 480 个 SPI。
② 关于 GIC 的中断状态机可以阅读《Generic Interrupt Controller ,Architecture verision 2.0》手册中 3.2.4 节的内容。

- ❑ 如果该中断处于 pending 状态，那么状态将变成 active。
- ❑ 如果该中断又重新产生，那么 pending 将状态变成 active and pending 状态。
- ❑ 如果该中断处于 active 状态，将变成 active and pending 状态。

（6）当处理器完成中断服务，必须发送一个完成信号结束中断（End Of Interrupt，EOI）给 GIC。

GIC 支持中断优先级抢占功能。一个高优先级中断可以抢占一个处于 active 状态的低优先级中断，即 GIC 的仲裁单元会记录和比较出当前优先级最高的且处于 pending 状态的中断，然后抢占当前中断，并且发送这个最高优先级的中断请求给 CPU，CPU 应答了高优先级中断，暂停低优先级中断服务，转而去处理高优先级中断，上述内容是从 GIC 角度来分析的①。总之，GIC 的仲裁单元总会把 pending 状态中优先级最高的中断请求发送给 CPU。

图 2.2 所示为 GIC-400 芯片手册中的一个中断时序图，它能够帮助读者理解 GIC 的内部工作原理。

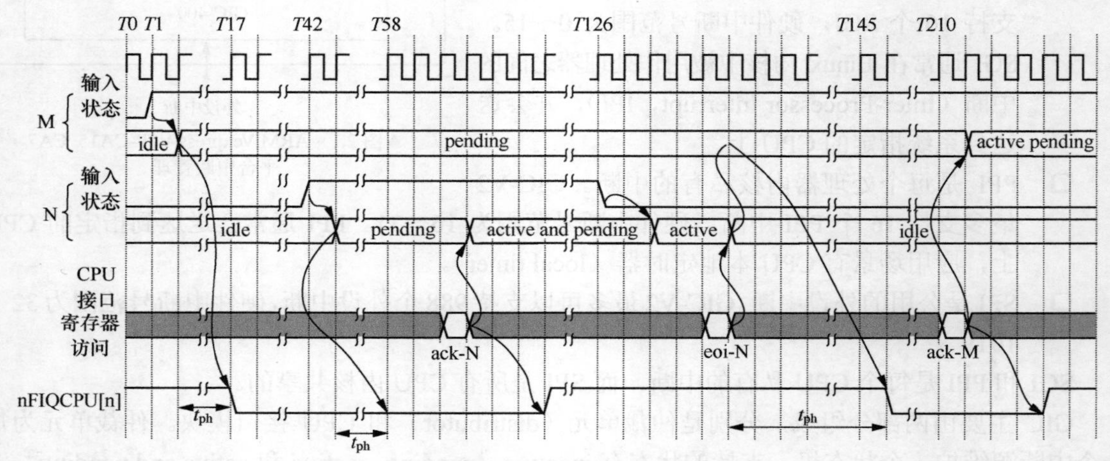

▲图 2.2　中断时序图②

假设中断 N 和 M 都是 SPI 类型的外设中断且通过快速中断请求（Fast Interrupt Request，FIR）来处理，高电平触发，N 的优先级比 M 高，它们的目标 CPU 相同。

- ❑ *T*1 时刻：GIC 的仲裁单元检测到中断 M 的电平变化。
- ❑ *T*2 时刻：仲裁单元设置中断 M 的状态为 pending。
- ❑ *T*17 时刻：CPU Interface 模块会拉低 nFIQCPU[*n*]信号。在中断 M 的状态变成 pending 后，大概在 15 个时钟周期后会拉低 nFIQCPU[*n*]信号来向 CPU 报告中断请求。仲裁单元需要这些时间来计算哪个是 pending 状态下优先级最高的中断。
- ❑ *T*42 时刻：仲裁单元检测到另外一个优先级更高的中断 N。
- ❑ *T*43 时刻：仲裁单元用中断 N 替换中断 M 为当前 pending 状态下优先级最高的中断，并设置中断 N 处于 pending 状态。
- ❑ *T*58 时刻：经过 t_{ph} 个时钟周期后，CPU 接口模块拉低 nFIQCPU[*n*]信号来通知 CPU。

① 从 Linux 内核角度来看，如果在低优先级的中断处理程序中发生了 GIC 抢占，虽然 GIC 会发送高优先级中断请求给 CPU，可是 CPU 处于关中断的状态，需要等到 CPU 开中断时才会响应该高优先级中断，后文中会有所介绍。

② 该图来自《CoreLink GIC-400 Generic Interrupt Controller Technical Reference Manual》。

nFIQCPU[*n*]信号在 *T*17 时已经被拉低。CPU 接口模块会更新 GICC_IAR 的中断 ID 域，该域的值变成中断 N 的硬件中断号。

- ❑ *T*61 时刻：CPU（Linux 内核的中断服务程序）读取 GICC_IAR，即软件响应了中断 N。这时仲裁单元把中断 N 的状态从 pending 变成 active and pending。
- ❑ *T*61～*T*131 时刻：Linux 内核处理中断 N 的中断服务程序。
  - ■ *T*64 时刻在中断 N 被 Linux 内核响应后的 3 个时钟周期内，CPU 接口模块完成对 nFIQCPU[*n*]信号的复位，即拉高 nFIQCPU[*n*]信号。
  - ■ *T*126 时刻外设也复位了中断 N。
  - ■ *T*128 时刻退出了中断 N 的 pending。
  - ■ *T*131 时刻处理器（Linux 内核中断服务程序）把中断 N 的硬件 ID 写入 GICC_EOIR 来完成中断 N 的全部处理过程。
- ❑ *T*146 时刻：在向 GICC_EOIR 写入中断 N 硬件 ID 后的 t_{ph} 个时钟周期后，仲裁单元会选择下一个最高优先级的中断，即中断 M，发送中断请求给 CPU 接口模块。CPU 接口模块拉低 nFIQCPU[*n*]信号来向 CPU 报告中断 M 的请求。
- ❑ *T*211 时刻：CPU（Linux 内核中断服务程序）读取 GICC_IAR 来响应该中断，仲裁单元设置中断 M 的状态为 active and pending。
- ❑ *T*214 时刻：在 CPU 响应中断后的 3 个时钟周期内，CPU 接口模块拉高 nFIQCPU[*n*]信号来完成复位动作。

更多关于 GIC 的介绍可以参考《ARM Generic Interrupt Controller Architecture Specification version 2》和《CoreLink GIC-400 Generic Interrupt Controller Technical Reference Manual》。

2.1.3 关于 ARM Vexpress V2P 开发板的例子

每一款 ARM SoC 在芯片设计阶段时，各种中断和外设的分配情况就要固定下来，因此对于底层开发者来说，需要查询 SoC 的芯片手册来确定外设的硬件中断号。本案例所用芯片是 ARM Vexpress V2P 开发板中的 Cortex-A15_A7 MPCore 测试芯片，该芯片支持 32 个内部中断和 160 个外部中断。

32 个内部中断用于连接 CPU 核和 GIC。

外部中断的概况如下。

- ❑ 30 个外部中断连接到主板的 IOFPGA。
- ❑ Cortex-A15 簇连接 8 个外部中断。
- ❑ Cortex-A7 簇连接 12 个外部中断。
- ❑ 芯片外部连接 21 个外设中断。
- ❑ 还有一些保留未使用的中断。

表 2.2 简单列举了 ARM Vexpress V2P-CA15_CA7 平台的中断分配，具体情况请看《ARM CoreTile Express A15×2 A7×3 Technical Reference Manual》。

表 2.2 ARM Vexpress V2P-CA15_CA7 平台的中断分配

GIC 中断号	主板中断序号	中断源	信号	描述
0～31		MPCore 簇		CPU 核和 GIC 的内部私有中断
32	0	IOFPGA	WDOG0INT	看门狗定时器
33	1	IOFPGA	SWINT	软件中断

续表

GIC 中断号	主板 中断序号	中断源	信号	描述
34	2	IOFPGA	TIM01INT	定时器 0/1 中断
35	3	IOFPGA	TIM23INT	定时器 2/3 中断
36	4	IOFPGA	RTCINTR	实时时钟中断
37	5	IOFPGA	UART0INTR	串口 0 中断
38	6	IOFPGA	UART1INTR	串口 1 中断
39	7	IOFPGA	UART2INTR	串口 2 中断
40	8	IOFPGA	UART3INTR	串口 3 中断
41～42	10	IOFPGA	MCI_INTR[1: 0]	多媒体卡中断[1:0]
47	15	IOFPGA	ETH_INTR	以太网中断

通过 QEMU 虚拟机运行该平台后，在/proc/interrupts 可以看到系统支持的外设中断信息。

```
$ qemu-system-arm -nographic -M vexpress-a15  -m 1024M -kernel arch/arm/boot/zImage -append "rdinit=/linuxrc console=ttyAMA0 loglevel=8" -dtb arch/arm/boot/dts/vexpress-v2p-ca15_a7.dtb
...
/ # cat /proc/interrupts
           CPU0
 18:    6205308       GIC  27  arch_timer
 20:          0      GIC  34  timer
 21:          0      GIC 127  vexpress-spc
 38:          0      GIC  47  eth0
 41:          0      GIC  41  mmci-pl18x (cmd)
 42:          0      GIC  42  mmci-pl18x (pio)
 43:          8      GIC  44  kmi-pl050
 44:        100      GIC  45  kmi-pl050
 45:         76      GIC  37  uart-pl011
 51:          0      GIC  36  rtc-pl031
IPI0:         0  CPU wakeup interrupts
IPI1:         0  Timer broadcast interrupts
IPI2:         0  Rescheduling interrupts
IPI3:         0  Function call interrupts
IPI4:         0  Single function call interrupts
IPI5:         0  CPU stop interrupts
IPI6:         0  IRQ work interrupts
IPI7:         0  completion interrupts
```

以串口 0 为例，设备名称为"uart-pl011"，该设备的硬件中断是 GIC-37，硬件中断号为 37，Linux 内核分配的 IRQ 号是 45，76 表示已经发生了 76 次中断。

2.1.4　关于 QEMU 虚拟机平台的例子

QEMU 除了支持多款的 ARM 硬件开发板外，还支持一款虚拟开发板——QEMU 虚拟机。

QEMU 虚拟机模拟的是一款通用的 ARM 开发板，包括内存布局、中断分配、CPU 配置、时钟配置等信息，这些信息目前都在 QEMU 的源代码中设置，具体文件在 hw/arm/virt.c。QEMU 虚拟机的中断分配如表 2.3 所示。

表 2.3　　QEMU 虚拟机的中断分配

GIC 中断号	主板 中断序号	信号	描述
0:31			CPU 核和 GIC 的内部私有中断
32	0		
33	1	VIRT_UART	串口
34	2	VIRT_RTC	RTC
35	3	VIRT_PCIE	PCIE
39	7	VIRT_GPIO	GPIO
40	8	VIRT_SECURE_UART	安全模式的串口
48	16	VIRT_MMIO	MMIO
80	48	VIRT_SMMU	SMMU
106	74	VIRT_PLATFROM_BUS	平台总线

运行 Linux 5.0 内核的 QEMU 虚拟机后，可以通过/proc/interrupt 来查看中断分配情况。

```
root@benshushu:~# cat /proc/interrupts
           CPU0
  3:      24588      GIC-0   27 Level      arch_timer
 35:          6      GIC-0   78 Edge       virtio0
 36:       2712      GIC-0   79 Edge       virtio1
 38:          0      GIC-0   34 Level      rtc-pl031
 39:         44      GIC-0   33 Level      uart-pl011
 40:          0      GIC-0   23 Level      arm-pmu
 42:          0        MSI 16384 Edge        virtio2-config
 43:          8        MSI 16385 Edge        virtio2-input.0
 44:          1        MSI 16386 Edge        virtio2-output.0
IPI0:         0        Rescheduling interrupts
IPI1:         0        Function call interrupts
IPI2:         0        CPU stop interrupts
IPI3:         0        CPU stop (for crash dump) interrupts
IPI4:         0        Timer broadcast interrupts
IPI5:         0        IRQ work interrupts
IPI6:         0        CPU wake-up interrupts
Err:          0
```

以串口 0 设备为例，设备名称为“uart-pl011”，该设备的硬件中断是 GIC-33，硬件中断号为 33，Linux 内核分配的 IRQ 号是 39，44 表示已经发生了 44 次中断。

2.2 硬件中断号和 Linux 中断号的映射

开发过 Linux 驱动的读者应该知道，注册中断接口函数 request_irq()、request_threaded_irq()

使用 Linux 内核软件中断号（俗称软件中断号或 IRQ 号），而不是硬件中断号。

```
<kenrel/irq/manage.c>

int request_threaded_irq(unsigned int irq, irq_handler_t handler,
            irq_handler_t thread_fn, unsigned long irqflags,
            const char *devname, void *dev_id)
```

其中，参数 irq 在 Linux 内核中称为 IRQ 号或中断线，这是一个 Linux 内核管理的虚拟中断号，并不是指硬件的中断号。内核中使用一个宏 NR_IRQS 表示系统支持中断数量的最大值，NR_IRQS 和平台相关，如 ARM Vexpress V2P-CA15_CA7 平台的定义。

```
<arch/arm/mach-versatile/include/mach/irqs.h>

#define IRQ_SIC_END              95
#define NR_IRQS                 (IRQ_GPIO3_END + 1)
```

此外，Linux 内核定义了一个位图来管理这些中断号。

```
<kernel/irq/internals.h>

#ifdef CONFIG_SPARSE_IRQ
# define IRQ_BITMAP_BITS        (NR_IRQS + 8196)
#else
# define IRQ_BITMAP_BITS        NR_IRQS
#endif

<kernel/irq/irqdesc.c>

static DECLARE_BITMAP(allocated_irqs, IRQ_BITMAP_BITS);
```

位图变量 allocated_irqs 分配 NR_IRQS 位（假设系统没设置 CONFIG_SPARSE_IRQ 选项），每位表示一个中断号。

另外，还有一个硬件中断号的概念，如 QEMU 虚拟机中的串口 0 设备，它的硬件中断号是 33。因为 GIC 把 0～31 的硬件中断号预留给了 SGI 和 PPI，所以外设中断号从 32 号开始计算。串口 0 在主板上的序号是 1，因此该设备的硬件中断号为 33。

接下来，以 QEMU 虚拟机的串口 0 为例，介绍硬件中断号是如何和 Linux 内核的 IRQ 号映射的。

ARM64 平台的设备描述基本上采用设备树（Device Tree）模式来描述硬件设备。QEMU 虚拟机的设备树的描述脚本并没有实现在内核代码中，而实现在 QEMU 代码里。因此，可以通过 DTC 命令反编译出设备树脚本（Device Tree Script，DTS）。

```
$ ./run_debian_arm64.sh run   //运行 QEMU 虚拟机

#在 QEMU 虚拟机里运行 dtc 命令来反编译设备树
root@benshushu:~# dtc -O dts -I dtb /sys/firmware/fdt
```

反编译 DTS 时，与串口中断相关的描述如下。

```
        pl011@9000000 {
                clock-names = "uartclk\0apb_pclk";
```

```
                    clocks = < 0x8000 0x8000 >;
interrupts = < 0x00 0x01 0x04 >;
                    reg = < 0x00 0x9000000 0x00 0x1000 >;
compatible = "arm,pl011\0arm,primecell";
            };
```

arm,pl011 和 arm,primecell 是该外设的兼容字符串，用于和驱动程序进行匹配工作。

interrupts 域描述相关的属性。这里分别使用 3 个属性来表示。

- 中断类型。对于 GIC，它主要分成两种类型的中断，分别如下。
  - GIC_SPI：共享外设中断。该值在设备树中用 0 来表示。
  - GIC_PPI：私有外设中断。该值在设备树中用 1 来表示。
- 中断 ID。
- 触发类型。

Linux 内核中支持多种触发类型，包括 IRQ_TYPE_EDGE_RISING、IRQ_TYPE_EDGE_FALLING 等，这些实现在 include/linux/irq.h 文件中。

```
<include/linux/irq.h>

enum {
     IRQ_TYPE_NONE            = 0x00000000,
     IRQ_TYPE_EDGE_RISING     = 0x00000001,
     IRQ_TYPE_EDGE_FALLING    = 0x00000002,
     IRQ_TYPE_EDGE_BOTH       = (IRQ_TYPE_EDGE_FALLING | IRQ_TYPE_EDGE_RISING),
     IRQ_TYPE_LEVEL_HIGH      = 0x00000004,
     IRQ_TYPE_LEVEL_LOW       = 0x00000008,
     IRQ_TYPE_LEVEL_MASK      = (IRQ_TYPE_LEVEL_LOW | IRQ_TYPE_LEVEL_HIGH),
     IRQ_TYPE_SENSE_MASK      = 0x0000000f,
     IRQ_TYPE_DEFAULT         = IRQ_TYPE_SENSE_MASK,
}
```

因此，通过上述分析就可以知道这个串口设备的中断属性了，它属于 GIC_SPI 类型，中断 ID 为 1，中断触发类型为高电平触发（IRQ_TYPE_LEVEL_HIGH）。

系统初始化时，do_initcalls()函数会调用系统中所有的 initcall 回调函数进行初始化，其中 of_platform_default_populate_init()函数定义为 arch_initcall_sync 类型的初始化函数。

```
<drivers/of/platform.c>

static int __init of_platform_default_populate_init(void)
{
     of_platform_default_populate(NULL, NULL, NULL);

     return 0;
}
arch_initcall_sync(of_platform_default_populate_init);
```

of_platform_default_populate ()函数会枚举并初始化“arm,amba-bus”和“simple-bus”上的设备，最终解析 DTS 中的相关信息，把相关信息添加到 device 数据结构中，向 Linux 内核注册一个新的外设。我们只关注中断相关信息的枚举过程。

```
<do_one_initcall()->of_platform_default_populate_init()->of_platform_default_populate(
)->of_platform_bus_create()->of_amba_device_create()>

static struct amba_device *of_amba_device_create(struct device_node *node,
                    onst char *bus_id,
                    void *platform_data,
                    struct device *parent) {

...
for (i = 0; i < AMBA_NR_IRQS; i++)
    dev->irq[i] = irq_of_parse_and_map(node, i);
...
}
```

上述代码会调用 irq_of_parse_and_map()函数解析 DTS，查找串口 0 的硬件中断号，返回 Linux 内核的 IRQ 号，并保存到 amba_device 数据结构的 irq[]数组中。串口驱动程序在 pl011_probe()函数中直接从 dev->irq[0]中获取 IRQ 号。

```
<drivers/tty/serial/amba-pl011.c>

static int pl011_probe(struct amba_device *dev, const struct amba_id *id)
{
    ...
    uap->port.irq = dev->irq[0];
    ...
}
```

接下来探讨硬件中断号是如何映射到 Linux 内核的 IRQ 号的。开发过 ARM7/ARM9 的 SoC 的读者应该知道，那时的 SoC 内部中断管理比较简单，通常有一个全局的中断状态寄存器，每位管理一个外设中断，直接映射硬件中断号到 Linux 内核的 IRQ 号即可。随着芯片技术的发展，通常一个 SoC 内部有多个中断控制器，并且每个中断控制器管理的中断源的数量变得越来越多，如包含一个传统的中断控制器（如 GIC），另外还有一个 GPIO 类型的中断控制器。在一些复杂的 SoC 中，多个中断控制器还可以级联成一个树状结构。面对如此复杂的硬件，原来 Linux 内核的中断管理机制"捉襟见肘"，因此 Linux 3.1 引入了 irq_domain 的管理框架①。irq_domain 框架可以支持多个中断控制器，并且完美地支持设备树机制，解决硬件中断号映射到 Linux 内核的 IRQ 号的问题。

一个中断控制器用一个 irq_domain 数据结构来抽象描述，irq_domain 数据结构的定义如下。

```
<include/linux/irqdomain.h>

struct irq_domain {
    struct list_head link;
    const char *name;
```

① Linux 3.1 patch, commit 08a543ad, "irq: add irq_domain translation infrastructure", by Grant Likely.

```
    const struct irq_domain_ops *ops;
    void *host_data;
    unsigned int flags;

    struct irq_domain_chip_generic *gc;

    irq_hw_number_t hwirq_max;
    unsigned int revmap_direct_max_irq;
    unsigned int revmap_size;
    struct radix_tree_root revmap_tree;
    unsigned int linear_revmap[];
};
```

- link：用于将 irq_domain 连接到全局链表 irq_domain_list 中。
- name：irq_domain 的名称。
- ops：irq_domain 映射操作使用的方法集合。
- hwirq_max：该 irq_domain 支持中断数量的最大值。
- revmap_size：线性映射的大小。
- revmap_tree：基数树映射的根节点。
- linear_revmap：线性映射用到的查找表。

GIC 在初始化解析 DTS 信息中定义了几个 GIC，每个 GIC 注册一个 irq_domain 数据结构。中断控制器的驱动代码在 drivers/irqchip 目录下，其中，irq-gic.c 文件是符合 GIC-V2 的驱动，irq-gic-v3.c 文件是符合 GIC-V3 的驱动代码。在 QEMU 虚拟机上可以支持 GIC-V2 和 GIC-V3。

```
<反编译出来的 DTS 文件>

        intc@8000000 {
                phandle = < 0x8001 >;
                reg = < 0x00 0x8000000 0x00 0x10000 0x00 0x8010000 0x00 0x10000 >;
                compatible = "arm,cortex-a15-gic";
                ranges;
                #size-cells = < 0x02 >;
                #address-cells = < 0x02 >;
                interrupt-controller;
                #interrupt-cells = < 0x03 >;

                v2m@8020000 {
                        phandle = < 0x8002 >;
                        reg = < 0x00 0x8020000 0x00 0x1000 >;
                        msi-controller;
                        compatible = "arm,gic-v2m-frame";
                };
        };
```

系统初始化时会查找 DTS 中定义的中断控制器，定义 interrupt-controller 属性的设备表示一个中断控制器，如 GIC 的标识符是 arm,cortex-a15-gic 或 arm,cortex-a9-gic。

```
<drivers/irqchip/irq-gic.c>

IRQCHIP_DECLARE(cortex_a15_gic, "arm,cortex-a15-gic", gic_of_init);

<gic_of_init()->__gic_init_bases()->gic_init_bases()>

static int gic_init_bases(struct gic_chip_data *gic, int irq_start,
                struct fwnode_handle *handle)
{

    gic_irqs = readl_relaxed(gic_data_dist_base(gic) + GIC_DIST_CTR) & 0x1f;
    gic_irqs = (gic_irqs + 1) * 32;
    if (gic_irqs > 1020)
        gic_irqs = 1020;
    gic->gic_irqs = gic_irqs;

    if (handle) {
        gic->domain = irq_domain_create_linear(handle, gic_irqs,
                        &gic_irq_domain_hierarchy_ops,
                              gic);
    } else {

    }
    ...
}
```

首先，计算 GIC 最多支持的中断源的个数，GIC-V2 规定最多支持 1020 个中断源。在 SoC 设计阶段就确定 ARM SoC 可以支持多少个中断源了，如 ARM Vexpress V2P-CA15_CA7 平台支持 160 个中断源。然后，调用 irq_domain_create_linear()函数注册一个 irq_domain 数据结构。

```
<kernel\irq\irqdomain.c>
<gic_init_bases()->irq_domain_create_linear()->__irq_domain_add()>

struct irq_domain *__irq_domain_add(struct fwnode_handle *fwnode,
                    int size,
                    irq_hw_number_t hwirq_max, int direct_max,
                    const struct irq_domain_ops *ops,
                    void *host_data)
```

irq_domain_create_linear()函数内部调用__irq_domain_add()函数来初始化一个 irq_domain 数据结构。注意，domain 中除指向的 irq_domain 数据结构外，还多了 sizeof(unsigned int) * size 大小的内存空间，用于 linear_revmap[]成员。最后，irq_domain 数据结构加入全局的链表 irq_domain_list 中。

回到系统枚举阶段的中断号映射过程，在 of_amba_device_create ()函数中，irq_of_parse_and_map()函数负责把硬件中断号映射到 Linux 内核的 IRQ 号，该函数的定义如下。

```
<do_one_initcall()->of_platform_default_populate_init()->of_platform_populate()->of_pl
atform_bus_create()->of_amba_device_create()->irq_of_parse_and_map()>

unsigned int irq_of_parse_and_map(struct device_node *dev, int index)
{
```

```
    of_irq_parse_one(dev, index, &oirq);
    return irq_create_of_mapping(&oirq);
}
```

of_irq_parse_one()函数主要用于解析 DTS 文件中设备定义的属性，如 reg、interrupts 等，最后把 DTS 中的 interrupts 的值存放在 oirq->args[ ]数组中。

```
struct of_phandle_args {
    struct device_node *np;
    int args_count;
    uint32_t args[16];
};
```

例如，串口 0 的 DTS 中定义 interrupts 为**< 0x00 0x01 0x04 >**，因此 oirq->args[0]的值为 0，表示 GIC_SPI 外设中断；oirq->args[1]的值为 1，表示硬件中断号为 1；oirq->args[2]的值为 4，表示中断触发类型为 IRQ_TYPE_LEVEL_HIGH。

irq_create_of_mapping()函数的代码片段如下。

```
<kernel\irq\irqdomain.c>
<of_amba_device_create()->irq_of_parse_and_map()->irq_create_of_mapping()>

unsigned int irq_create_of_mapping(struct of_phandle_args *irq_data)
{
    return irq_create_fwspec_mapping(&fwspec);
}
```

irq_create_fwspec_mapping()函数实现的主要操作如下。

第 752～758 行中，查找外设所属的中断控制器的 irq_domain。每个 irq_domain 都定义了大量与映射相关的方法集合，GIC-V2 定义的方法集合如下。

```
<drivers/irqchip/irq-gic.c>

static const struct irq_domain_ops gic_irq_domain_hierarchy_ops = {
    .translate = gic_irq_domain_translate,
    .alloc = gic_irq_domain_alloc,
    .free = irq_domain_free_irqs_top,
};
```

其中，translate 是指翻译或者转换，通过设备树节点和 DTS 中的中断信息解码出硬件的中断号与中断触发类型，这些中断信息包括 DTS 中描述的外设的 interrupts 域等。

在第 766 行中，调用 GIC-V2 中的 translate 方法进行硬件中断号的转换。对于 GIC-V2 来说，因为第 0～31 号硬件中断是预留给 SGI 和 PPI 使用的，外设中断不能使用这些中断号，所以 gic_irq_domain_translate()函数会把外设硬件中断号加上 32。对于串口 0 设备来说，它的硬件中断号应该是 32+ 1 = 33。hwirq 存储着这个硬件中断号，type 存储该外设的中断类型。

在第 780 行中，如果这个硬件中断号已经映射过了，那么 irq_find_mapping()函数可以找到映射后的软件中断号，在此情景下，该硬件中断号还没有映射。

在第 809 行中，irq_domain_alloc_irqs()函数是映射的核心函数，内部调用__irq_domain_alloc_irqs()函数来实现。

__irq_domain_alloc_irqs()函数也实现在 irqdomain.c 文件中。

```
<kernel\irq\irqdomain.c>
<irq_create_of_mapping()->irq_domain_alloc_irqs()->__irq_domain_alloc_irqs()>

int __irq_domain_alloc_irqs(struct irq_domain *domain, int irq_base,
            unsigned int nr_irqs, int node, void *arg,
            bool realloc, const struct irq_affinity_desc *affinity)
```

在__irq_domain_alloc_irqs()函数中，从第 1302 行代码开始，irq_domain_alloc_descs()函数要从 allocated_irqs 位图中查找第一个空闲的位，最终调用__irq_alloc_descs()函数。

```
<kernel\irq\irqdomain.c>

int
__irq_alloc_descs(int irq, unsigned int from, unsigned int cnt, int node,
        struct module *owner, const struct irq_affinity_desc *affinity)
{
    mutex_lock(&sparse_irq_lock);

    start = bitmap_find_next_zero_area(allocated_irqs, IRQ_BITMAP_BITS,
                    from, cnt, 0);

    ret = alloc_descs(start, cnt, node, affinity, owner);
    return ret;
}
```

bitmap_find_next_zero_area()函数在 allocated_irqs 位图中查找第一个包含连续 cnt 个 0 的位区域。bitmap_set()函数设置这些位，表示这些位已经被占用。

alloc_descs()函数用于分配 irq_desc 数据结构，该数据结构用于描述中断描述符，后文会详细介绍。内核中以两种方式来存储 irq_desc 数据结构：一种方式是基数树，若内核配置了 CONFIG_SPARSE_IRQ 选项，那么会采用这种方式存储这些数据结构；另一种方式是采用数组，这是内核在早期采用的方式，即定义一个全局的数组，每个中断对应一个 irq_desc。下面以数组的方式举例。

```
<kernel/irq/irqdesc.c>

struct irq_desc irq_desc[NR_IRQS] __cacheline_aligned_in_smp = {
    [0 ... NR_IRQS-1] = {
        .handle_irq     = handle_bad_irq,
        .depth          = 1,
        .lock           = __RAW_SPIN_LOCK_UNLOCKED(irq_desc->lock),
    }
};
```

irq_desc[]数组定义了 NR_IRQS 个中断描述符，数组下标表示 IRQ 号，通过 IRQ 号可以找到相应的中断描述符。irq_desc 数据结构定义了很多有用的成员，先来看和映射相关的。

```
<include/linux/irqdesc.h>
struct irq_desc {
    struct irq_data          irq_data;
    const char               *name;
    irq_flow_handler_t       handle_irq;
    ...
}
```

```
<include/linux/irq.h>
struct irq_data {
     unsigned int             irq;
     unsigned long             hwirq;
     struct irq_chip             *chip;
     struct irq_domain        *domain;
     ...
};
```

irq_desc 数据结构内置了 irq_data 数据结构，irq_data 数据结构中的成员 irq 指软件中断号，hwirq 指硬件中断号。如果把这两个成员填写完成，即完成了硬件中断号到软件中断号的映射。

irq_domain_alloc_descs()函数返回 allocated_irqs 位图中第一个空闲的位，这是软件中断号。

回到__irq_domain_alloc_irqs()函数。第 1318 行中，irq_domain_alloc_irqs_hierarchy()函数调用 gic_irq_domain_alloc()回调函数进行硬件中断号和软件中断号的映射。

```
<driver/irqchip/irq-gic.c>
<irq_create_of_mapping()->irq_domain_alloc_irqs()->__irq_domain_alloc_irqs()->irq_doma
in_alloc_irqs_hierarchy()->gic_irq_domain_alloc()>

static int gic_irq_domain_alloc(struct irq_domain *domain, unsigned int virq,unsigned
int nr_irqs, void *arg)
{
    gic_irq_domain_translate(domain, fwspec, &hwirq, &type);

    for (i = 0; i < nr_irqs; i++)
        ret = gic_irq_domain_map(domain, virq + i, hwirq + i);

    return 0;
}
```

gic_irq_domain_translate()函数已在前面介绍过，最后解析出硬件中断号并存放在 hwirq 中。gic_irq_domain_map()函数做映射工作。

```
<driver/irqchip/irq-gic.c>

static int gic_irq_domain_map(struct irq_domain *d, unsigned int irq,
                 irq_hw_number_t hw)
{
     struct gic_chip_data *gic = d->host_data;

     if (hw < 32) {
         irq_set_percpu_devid(irq);
         irq_domain_set_info(d, irq, hw, &gic->chip, d->host_data,
                   handle_percpu_devid_irq, NULL, NULL);
         irq_set_status_flags(irq, IRQ_NOAUTOEN);
     } else {
         irq_domain_set_info(d, irq, hw, &gic->chip, d->host_data,
                       handle_fasteoi_irq, NULL, NULL);
          irq_set_probe(irq);
          irqd_set_single_target(irq_desc_get_irq_data(irq_to_desc(irq)));
     }
```

```
    return 0;
}
```

参数 hw 指硬件中断号，小于 32 的中断号是处理系统预留给 SGI 和 PPI 类型的，剩余的留给 SPI 类型的外设中断。irq_domain_set_info()函数会设置一些很重要的参数到中断描述符中。

```
void irq_domain_set_info(struct irq_domain *domain, unsigned int virq,
             irq_hw_number_t hwirq, struct irq_chip *chip,
             void *chip_data, irq_flow_handler_t handler,
             void *handler_data, const char *handler_name)
{
    irq_domain_set_hwirq_and_chip(domain, virq, hwirq, chip, chip_data);
    __irq_set_handler(virq, handler, 0, handler_name);
    irq_set_handler_data(virq, handler_data);
}
```

先看 irq_domain_set_hwirq_and_chip()函数。

```
int irq_domain_set_hwirq_and_chip(struct irq_domain *domain, unsigned int virq,
                irq_hw_number_t hwirq, struct irq_chip *chip,
                void *chip_data)
{
    struct irq_data *irq_data = irq_domain_get_irq_data(domain, virq);

    irq_data->hwirq = hwirq;
    irq_data->chip = chip ? chip : &no_irq_chip;
    irq_data->chip_data = chip_data;

    return 0;
}
```

通过 IRQ 号获取 irq_data 数据结构，并把硬件中断号 hwirq 设置到 irq_data 数据结构中的 hwirq 成员中，就完成了硬件中断号到软件中断号的映射。参数 chip 指硬件中断控制器的 irq_chip 中定义的与中断控制器底层操作相关的方法集合。

```
<include/linux/irq.h>

struct irq_chip {
    const char  *name;
    unsigned int (*irq_startup)(struct irq_data *data);
    void        (*irq_shutdown)(struct irq_data *data);
    void        (*irq_enable)(struct irq_data *data);
    void        (*irq_disable)(struct irq_data *data);

    void        (*irq_ack)(struct irq_data *data);
    void        (*irq_mask)(struct irq_data *data);
    void        (*irq_mask_ack)(struct irq_data *data);
    void        (*irq_unmask)(struct irq_data *data);
    void        (*irq_eoi)(struct irq_data *data);
    int         (*irq_set_affinity)(struct irq_data *data, const struct cpumask*dest, bool force);
    int         (*irq_retrigger)(struct irq_data *data);
    int         (*irq_set_type)(struct irq_data *data, unsigned int flow_type);
```

```
    int       (*irq_set_wake)(struct irq_data *data, unsigned int on);
    void      (*irq_bus_lock)(struct irq_data *data);
    void      (*irq_bus_sync_unlock)(struct irq_data *data);
    void      (*irq_cpu_online)(struct irq_data *data);
    void      (*irq_cpu_offline)(struct irq_data *data);
    void      (*irq_suspend)(struct irq_data *data);
    void      (*irq_resume)(struct irq_data *data);
    void      (*irq_pm_shutdown)(struct irq_data *data);
    void      (*irq_calc_mask)(struct irq_data *data);
    void      (*irq_print_chip)(struct irq_data *data, struct seq_file *p);
    int       (*irq_request_resources)(struct irq_data *data);
    void      (*irq_release_resources)(struct irq_data *data);
    void      (*irq_compose_msi_msg)(struct irq_data *data, struct msi_msg *msg);
void          (*irq_write_msi_msg)(struct irq_data *data, struct msi_msg *msg);
    unsigned long      flags;
};
```

其中，比较常用的方法如下。

- irq_startup()：初始化一个中断。
- irq_shutdown()：结束一个中断。
- irq_enable()：使能一个中断。
- irq_disable()：关闭一个中断。
- irq_ack()：应答一个中断。
- irq_mask()：屏蔽一个中断源。
- irq_mask_ack()：应答并屏蔽该中断源。
- irq_unmask()：解除一个中断源的屏蔽操作。
- irq_eoi()：发送 EOI 信号给中断控制器，表示硬件中断处理已经完成。
- irq_set_affinity()：绑定一个中断到某个 CPU 上。
- irq_retrigger()：重新发送中断到 CPU 上。
- irq_set_type()：设置中断触发类型。
- irq_set_wake()：使能/关闭该中断在电源管理中的唤醒功能。
- irq_bus_lock()：函数指针，用于实现保护访问慢速设备的锁。

并不是每个中断控制器都需要实现 irq_chip 中定义的所有的方法集合。对于 GIC-V2 中断控制器来说，实现的方法集合如下。

```
<drivers/irqchip/irq-gic.c>

static const struct irq_chip gic_chip = {
    .irq_mask           = gic_mask_irq,
    .irq_unmask         = gic_unmask_irq,
    .irq_eoi            = gic_eoi_irq,
    .irq_set_type            = gic_set_type,
    .irq_get_irqchip_state   = gic_irq_get_irqchip_state,
    .irq_set_irqchip_state   = gic_irq_set_irqchip_state,
    .flags                   = IRQCHIP_SET_TYPE_MASKED |
                  IRQCHIP_SKIP_SET_WAKE |
                  IRQCHIP_MASK_ON_SUSPEND,
};
```

回到 irq_domain_set_info()函数，其中__irq_set_handler()是用于设置中断描述符 desc->handle_irq 的回调函数，对于 SPI 类型的外设中断来说，回调函数是 handle_fasteoi_irq()。

硬件中断号和软件中断号的映射过程如图 2.3 所示。

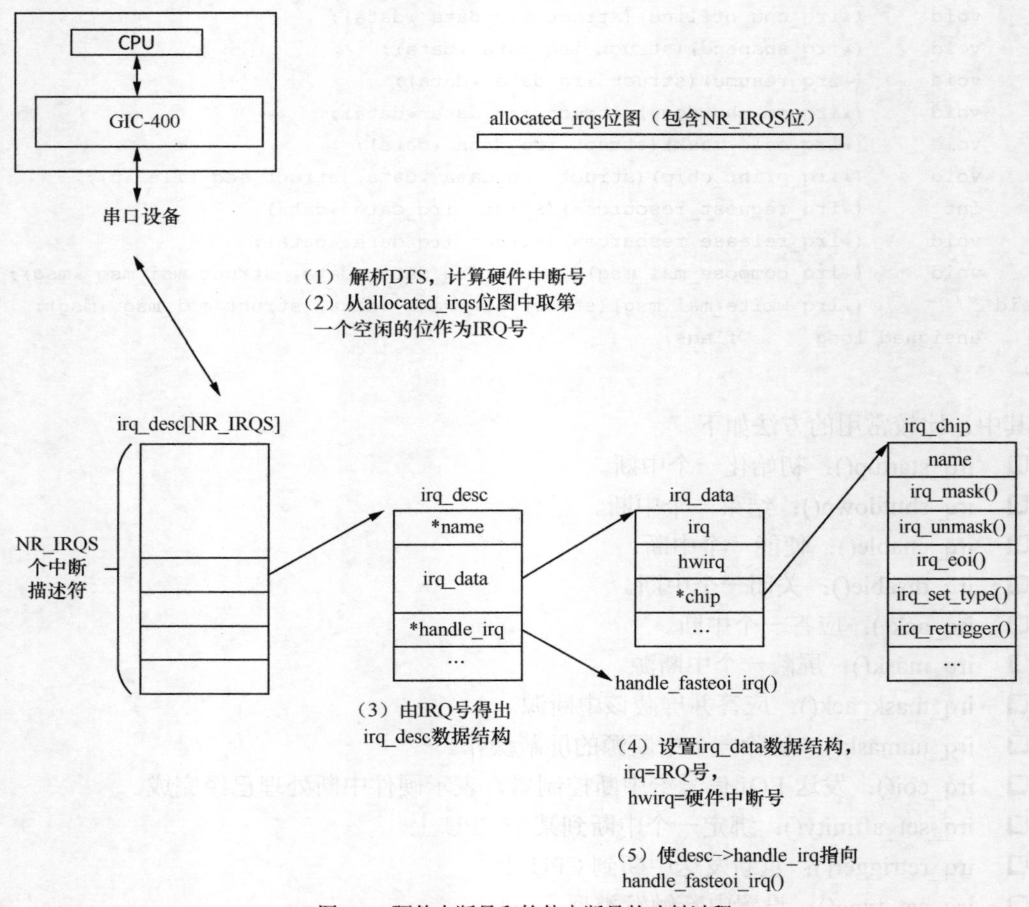

▲图 2.3　硬件中断号和软件中断号的映射过程

2.3 注册中断

当一个外设中断发生后，内核会执行一个函数来响应该中断，这个函数通常称为中断处理程序（interrupt handler）或中断服务例程。中断处理程序是内核用于响应中断的[①]，并且运行在中断上下文中（和进程上下文不同）。中断处理程序最基本的工作是通知硬件设备中断已经被接收，不同的硬件设备的中断处理程序是不同的，有的常常需要做很多的处理工作，这也是 Linux 内核把中断处理程序分成上半部和下半部的原因。中断处理程序要求快速完成并且退出中断，但是如果中断处理程序需要完成的任务比较繁重，这两个需求就会有冲突，因此上下半部机制就诞生了。

在编写外设驱动时通常需要注册中断，注册中断的接口函数如下。

```
<include/linux/interrupt.h>
```

① 中断处理程序包括硬件中断处理程序及其下半部处理机制，包括中断线程化、软中断、tasklet 以及工作队列等，这里特指硬件中断处理程序。

```
static inline int
request_irq(unsigned int irq, irq_handler_t handler, unsigned long flags,
        const char *name, void *dev)
```

request_irq()函数是比较旧的接口函数，在 Linux 2.6.30 内核中新增了线程化的中断注册函数 request_threaded_irq()[①]。中断线程化是实时 Linux 项目开发的一个新特性，目的是降低中断处理对系统实时延迟的影响。Linux 内核已经把中断处理分成了上半部和下半部，为什么还需要引入中断线程化机制呢？

在 Linux 内核里，中断具有最高的优先级，只要有中断发生，内核会暂停手头的工作，转向中断处理，等到所有等待的中断和软中断处理完毕后才会执行进程调度，因此这个过程会导致实时任务得不到及时处理。中断上下文总是抢占进程上下文，中断上下文不仅包括中断处理程序，还包括 Softirq、tasklet 等，中断上下文成了优化 Linux 实时性的最大挑战之一。假设一个高优先级任务和一个中断同时触发，那么内核首先执行中断处理程序，中断处理程序完成之后可能触发软中断，也可能有一些 tasklet 要执行或有新的中断发生，这样高优先级任务的延迟变得不可预测。中断线程化的目的是把中断处理中一些繁重的任务作为内核线程来运行，实时进程可以比中断线程有更高的优先级。这样高优先级的实时进程可以得到优先处理，实时进程的延迟粒度小得多。当然，并不是所有的中断都可以线程化，如时钟中断。

request_threaded_irq()的定义如下。

```
<include/linux/interrupt.h>

int request_threaded_irq(unsigned int irq, irq_handler_t handler,
            irq_handler_t thread_fn, unsigned long irqflags,
            const char *devname, void *dev_id)
```

- irq：IRQ 号，注意，这里使用的是软件中断号，而不是硬件中断号。
- handler：指主处理程序，有点类似于旧版本接口函数 request_irq()的中断处理程序。中断发生时会优先执行主处理程序。如果主处理程序为 NULL 且 thread_fn 不为 NULL，那么会执行系统默认的主处理程序——irq_default_primary_handler()函数。
- thread_fn：中断线程化的处理程序。如果 thread_fn 不为 NULL，那么会创建一个内核线程。primary handler 和 thread_fn 不能同时为 NULL。
- irqflags：中断标志位，常用的中断标志位如表 2.4 所示。
- devname：中断名称。
- dev_id：传递给中断处理程序的参数。

表 2.4　　常用的中断标志位

中断标志位	描述
IRQF_TRIGGER_*	中断触发的类型，有上升沿触发、下降沿触发、高电平触发以及低电平触发
IRQF_SHARED	多个设备共享一个中断号。需要外设硬件支持，因为在中断处理程序中查询哪个外设发生了中断，会给中断处理带来一定的延迟，不推荐使用[②]
IRQF_PROBE_SHARED	中断处理程序允许出现共享中断不匹配的情况
IRQF_TIMER	标记一个时钟中断
IRQF_PERCPU	属于特定某个 CPU 的中断

① Linux 2.6.30 patch, commit 3aa551c9b, “genirq: add threaded interrupt handler support”, by Thomas Gleixner.

② 如果中断控制器可以支持足够多的中断源，那么不推荐使用共享中断。共享中断需要一些额外开销，如发生中断时需要遍历 irqaction 链表，然后 irqaction 的主处理程序需要判断是否属于自己的中断。大部分的 ARM SoC 能提供足够多的中断源。

续表

中断标志位	描述
IRQF_NOBALANCING	禁止多 CPU 之间的中断均衡
IRQF_IRQPOLL	中断被用作轮询
IRQF_ONESHOT	表示一次性触发的中断，不能嵌套 （1）在硬件中断处理完成之后才能打开中断 （2）在中断线程化中保持中断关闭状态，直到该中断源上所有的 thread_fn 完成之后才能打开中断 （3）如果执行 request_threaded_irq()时主处理程序为 NULL 且中断控制器不支持硬件 ONESHOT 功能，那应该显式地设置该标志位
IRQF_NO_SUSPEND	在系统睡眠过程中不要关闭该中断
IRQF_FORCE_RESUME	在系统唤醒过程中必须强制打开该中断
IRQF_NO_THREAD	表示该中断不会被线程化

上述前缀为 IRQF_的中断标志位用于申请中断时描述该中断的特性。而下面前缀为 IRQS_的中断标志位位于 irq_desc 数据结构的 istate 成员中，在 irq_desc 数据结构中定义在 core_internal_state__do_not_mess_with_it 成员中，通过一个宏把它改名成 istate。

```
<kernel/irq/internals.h>

enum {
	IRQS_AUTODETECT		= 0x00000001,
	IRQS_SPURIOUS_DISABLED	= 0x00000002,
	IRQS_POLL_INPROGRESS	= 0x00000008,
	IRQS_ONESHOT		= 0x00000020,
	IRQS_REPLAY		= 0x00000040,
	IRQS_WAITING		= 0x00000080,
	IRQS_PENDING		= 0x00000200,
	IRQS_SUSPENDED		= 0x00000800,
	IRQS_TIMINGS		= 0x00001000,
};
```

- IRQS_AUTODETECT：表示某个 irq_desc 处于自动侦测状态。
- IRQS_SPURIOUS_DISABLED：表示某个 irq_desc 被视为“伪中断”并被禁用。
- IRQS_POLL_INPROGRESS：表示某个 irq_desc 正轮询调用 action。
- IRQS_ONESHOT：表示只执行一次。
- IRQS_REPLAY：重新发一次中断。
- IRQS_WAITING：表示某个 irq_desc 处于等待状态。
- IRQS_PENDING：表示该中断被挂起。
- IRQS_SUSPENDED：表示该中断被暂停。

本节中常用的两个标志位是 IRQS_ONESHOT 和 IRQS_PENDING。

IRQS_ONESHOT 标志位是在注册中断函数__setup_irq()时由中断标志位 IRQF_ONESHOT 转换过来的。在中断线程化程序执行完成后需要特别慎重，参照 irq_finalize_oneshot()函数。

IRQS_PENDING 标志位在 handle_fasteoi_irq()函数中，若没有指定硬件中断处理程序，或者 irq_data->state_use_accessors 中设置了 IRQD_IRQ_DISABLED 标志位，说明该中断被禁用了，

需要挂起该中断。

irq_data 数据结构中的 state_use_accessors 成员也有一组中断标志位，以 IRQD_开头，通常用于描述底层中断的状态，常用的状态如下。

```
<include/linux/irq.h>

enum {
   IRQD_TRIGGER_MASK          = 0xf,
   IRQD_IRQ_DISABLED          = (1 << 16),
   IRQD_IRQ_INPROGRESS        = (1 << 18),
     ...
};
```

- IRQD_TRIGGER_MASK：表示中断触发的类型，如上升沿触发或者下降沿触发等。
- IRQD_IRQ_DISABLED：表示该中断处于关闭状态。
- IRQD_IRQ_INPROGRESS：表示该中断正在处理中。

另外，irqaction 数据结构是每个中断 irqaction 的描述符。

```
<include/linux/interrupt.h>

struct irqaction {
     irq_handler_t       handler;
     void             *dev_id;
     struct irqaction    *next;
     irq_handler_t       thread_fn;
     struct task_struct *thread;
     unsigned int        irq;
     unsigned int        flags;
     unsigned long       thread_flags;
     unsigned long       thread_mask;
     const char          *name;
     } ____cacheline_internodealigned_in_smp;
```

- handler：主处理程序的指针。
- thread_fn：中断线程处理程序的函数指针。
- dev_id：传递给中断处理程序的参数。
- next：指向下一个中断 irqaction 的描述符。
- thread：中断线程的 task_struct 数据结构。
- irq：软件中断号。
- flags：注册中断时用的中断标志位，以 IRQF_开头。
- thread_flags：与中断线程相关的标志位。
- thread_mask：用于跟踪中断线程活动的位图。
- name：注册中断的名称。

下面从 request_threaded_irq()函数来看注册中断的实现。

```
<kernel/irq/manage.c>

int request_threaded_irq(unsigned int irq, irq_handler_t handler,
              irq_handler_t thread_fn, unsigned long irqflags,
              const char *devname, void *dev_id)
```

request_threaded_irq()函数中实现的主要操作如下。

在第 1821～1824 行中，完成一个例行的检查，对于那些共享中断的设备来说，这里强制要求传递一个参数 dev_id。如果没有额外参数，中断处理程序无法识别究竟是哪个外设产生的中断，通常根据 dev_id 查询设备寄存器来确定是哪个共享外设的中断。

在第 1826 行中，通过 IRQ 号获取 irq_desc。

在第 1830～1832 行中，irq_settings_can_request()函数判断是否设置了_IRQ_NOREQUEST 标志位，它是系统预留的，外设不可以使用这些中断描述符。另外，设置了 IRQ_PER_CPU_DEVID 标志位的中断描述符预留给 IRQF_PERCPU 类型的中断，因此应该使用 request_percpu_irq()函数注册中断。

在第 1834～1838 行中，主处理程序和 thread_fn 不能同时为 NULL。当主处理程序为 NULL 时使用默认的处理程序，irq_default_primary_handler()函数直接返回 IRQ_WAKE_THREAD，表示要唤醒中断线程。

在第 1840 行中，分配一个 irqaction 数据结构，填充相应的成员。

在第 1850 行中，调用__setup_irq()函数继续注册中断。我们稍后详细分析该函数。

在第 1883 行中，返回 retval。

1. __setup_irq()函数

下面来看__setup_irq()函数的实现。

```
<kernel/irq/manage.c>

static int
__setup_irq(unsigned int irq, struct irq_desc *desc,
            struct irqaction *new)
```

__setup_irq()函数中实现的主要操作如下。

在第 1197 行中，如果 desc->irq_data.chip 指向 no_irq_chip，说明还没有正确初始化中断控制器。对于 GIC-V2 中断控制器来说，它在 gic_irq_domain_alloc()函数中就指定 chip 指针指向该中断控制器的 irq_chip *gic_chip 数据结构。

在第 1215～1233 行中，处理中断是否嵌套的情况。对于设置了_IRQ_NESTED_THREAD 嵌套类型的中断描述符，驱动程序注册中断时应该指定中断线程化处理程序 thread_fn。嵌套类型的中断没有主处理程序，但是这里使 handler 指向 irq_nested_primary_ handler()函数，该函数会输出一句日志“Primary handler called for nested irq”。第 1228 行中，irq_settings_can_thread()函数判断该中断是否可以线程化。如果该中断没有设置_IRQ_NOTHREAD 标志，那么说明可以被中断线程化，因此调用 irq_setup_forced_threading()函数。我们稍后会分析 irq_setup_forced_threading()函数。

在第 1240～1249 行中，对于没有嵌套的线程化中断则创建一个内核线程，这里调用 setup_irq_thread()函数来创建。我们稍后会详细分析 setup_irq_thread()函数。

在第 1260 行中，IRQCHIP_ONESHOT_SAFE 标志位表示该中断控制器不支持嵌套，即只支持 CNESHOT，如基于 MSI 的中断。因此 flags 可以删掉驱动注册的 IRQF_ONESHOT 标志位。

在第 1296 行中，old_ptr 是一个二级指针，指向 desc->action 指针本身的地址，old 指向 desc->action 指向的链表。对于共享中断，多个中断 action 描述符通过 irqaction 中的 next 成员连接成一个链表。若 old 不为空，说明之前已经有中断添加到中断描述符 irq_desc 中，换句话说，这是一个共享的中断。

在第 1330～1339 行中，遍历到这个链表末尾，这时 old_ptr 指向链表最后一个元素的 next 指针本身的地址。shared 变量表示这是一个共享中断。irqaction 数据结构中也有一个 thread_mask 位图成员，在共享中断中每一个 action 由一位来表示。

在第 1348～1379 行中，对于 IRQF_ONESHOT 类型的中断来说，需要一个位图来管理所有的共享中断。当所有的共享中断的线程都执行完毕并且 desc->threads_active 等于 0 后，才能算中断处理完成，该中断才可以执行 unmask 操作来解除中断源的屏蔽操作。变量 thread_mask 中每一位表示一个共享中断的中断 action 描述符。当然，也有 IRQF_ONESHOT 类型的中断只有一个 irqaction 的情况。

在第 1379～1400 行中，对于不是 IRQF_ONESHOT 类型的中断且中断注册时没有指定主处理程序的中断来说，默认会使用 irq_default_primary_handler()函数，该函数直接返回 IRQ_WAKE_THREAD，让内核去唤醒中断线程。在一些电平触发的中断中可能存在问题，因为主处理程序仅唤醒中断线程，但中断还处于使能状态，即电平没有改变，如高电平还是高电平，所以导致中断一直触发，引发中断风暴。通常情况下，主处理程序会做清中断的动作。因此对于电平触发的中断（IRQF_TRIGGER_HIGH 和 IRQF_TRIGGER_LOW），驱动开发者必须设置主处理程序，否则这里会报错。有一种特殊情况——中断控制器本身支持 ONESHOT 功能，irq_chip 数据结构的 flags 成员会设置 IRQCHIP_ONESHOT_SAFE 标志位。

这里要提醒驱动开发者，在使用 request_threaded_irq()函数注册线程化中断时，如果没有指定主处理程序，并且中断控制器不支持硬件 ONESHOT 功能，那么必须显式地指定 IRQF_ONESHOT 标志位；否则，内核会报错①。

在第 1402～1461 行中，处理不是共享中断的情况。设置中断类型，清除 IRQD_IRQ_INPROGRESS 标志位等。

在第 1471 行中，对于共享中断，old_ptr 指向 irqaction 链表末尾最后一个元素的 next 指针本身的地址；对于非共享中断，old_ptr 指向 desc->action 指针本身的地址。因此，这里把新的中断 action 描述符 new 添加到中断描述符 desc 的链表中。

在第 1498 行中，如果该中断被线程化，就唤醒该内核线程。注意，这里，每个中断会启动一个线程，而不是每个 CPU 内核会启动一个线程。

注册中断的流程如图 2.4 所示。

使用 request_threaded_irq()函数来注册中断需要注意的地方如下。

- 使用 IRQ 号，而不是硬件中断号。IRQ 号是映射过的软件中断号。
- 主处理程序和 threaded_fn 不能同时为 NULL。
- 当主处理程序为 NULL 且硬件中断控制器不支持硬件 ONESHOT 功能时，应该显式地设置 IRQF_ONESHOT 标志位来确保不会产生中断风暴。
- 若启用了中断线程化，那么 primary handler 应该返回 IRQ_WAKE_THREAD 来唤醒中断线程。

① Linux 3.5 patch, commit 1c6c69525b, “genirq: Reject bogus threaded irq requests”, by Thomas Gleixner.

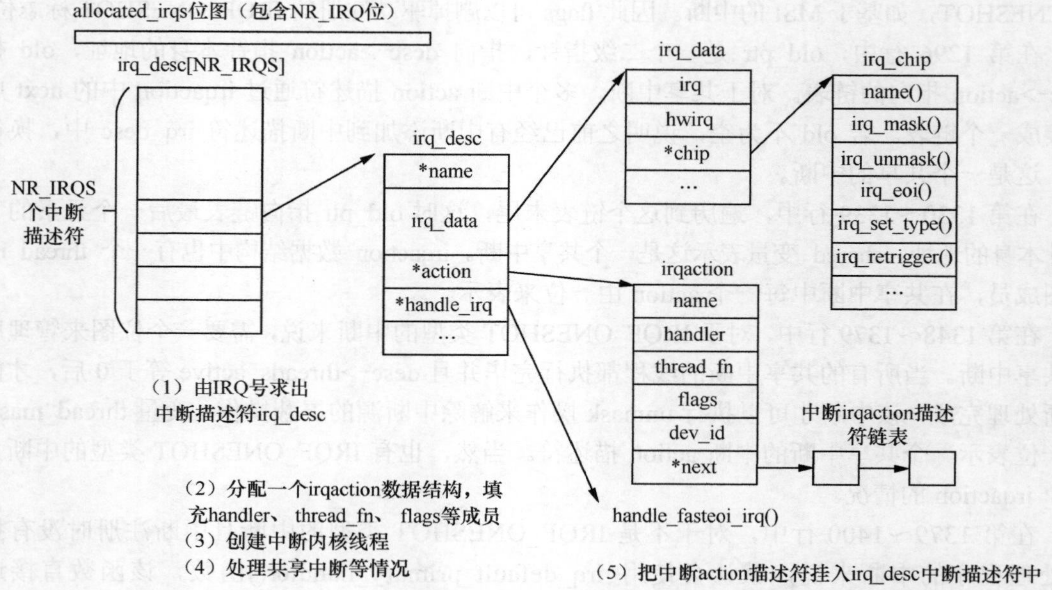

▲图 2.4　注册中断的流程

2. irq_setup_forced_threading()函数

irq_setup_forced_threading()实现在 manage.c 中。

```
<kernel/irq/manage.c>

static int irq_setup_forced_threading(struct irqaction *new)
```

当系统配置了 CONFIG_IRQ_FORCED_THREADING 选项且内核启动参数包含 threadirqs 时，全局变量 force_irqthreads 会为 true，表示系统支持强制中断线程化。如果向注册的中断传入 IRQF_NO_THREAD | IRQF_PERCPU | IRQF_ONESHOT 参数，也不符合中断线程化要求。IRQF_PERCPU 是一些特殊的中断，不是一般意义上的外设中断，不适合强制中断线程化。

强制中断线程化是一个过渡方案，目前还有很多的驱动使用旧版本的注册中断接口函数 request_irq()，这些驱动的中断处理通常采用上下半部的方式。

在第 1089 行中，上半部通常是在关中断的状态下运行的，中断不会嵌套，因此这里也设置 IRQF_ONESHOT 类型，保证所有线程化后的 thread_fn 都运行完成后才打开中断源，稍后在中断线程化部分会详细介绍。

对于那些注册中断时没有指定 thread_fn 的中断，强制中断线程化会把原来主处理程序处理的函数放到中断线程中运行，原来的主处理程序只运行默认的 irq_default_primary_handler，并且设置 IRQTF_FORCED_THREAD 标志位，表明该中断已经被强制中断线程化。

3. setup_irq_thread()函数

setup_irq_thread()函数也实现在 manage.c 中。

```
<kernel/irq/manage.c>

static int
setup_irq_thread(struct irqaction *new, unsigned int irq, bool secondary)
```

setup_irq_thread()函数用来创建一个实时线程，调度策略为 SCHED_FIFO，优先级是 50。该中断线程以 irq、中断号和中断名称联合命名。get_task_struct()函数增加该线程的 task_struct->usage 计数，确保即使该内核线程异常退出也不会释放 task_struct，防止中断线程化的处理程序访问了空指针。

2.4 ARM64 底层中断处理

当外设有事情需要报告 SoC 时，它会通过和 SoC 连接的中断引脚发送中断信号。根据中断信号类型，发送不同的波形，如上升沿触发、高电平触发等。SoC 内部的中断控制器会感知到中断信号，中断控制器里的仲裁单元（distributor）会在众多 CPU 内核中选择一个，并把该中断分发给 CPU 内核。GIC 和 CPU 内核之间通过 nIRQ 信号线来通知 CPU。

ARM64 的处理器支持多个异常等级（exception level），其中 EL0 是用户模式，EL1 是内核模式，也称为特权模式；EL2 是虚拟化监管模式，EL3 则是安全世界的模式。在 ARMv8 架构下，异常分为异步异常和同步异常，其中 Linux 内核中的异常属于同步异常，而 IRQ 和 FIQ 都属于异步异常。

当一个中断发生时，CPU 内核感知到异常发生，硬件会自动做如下一些事情[①]。

- ❑ 处理器的状态保存在对应的异常等级的 SPSR_EL*x* 中。
- ❑ 返回地址保存在对应的异常等级的 ELR_EL*x* 中。
- ❑ PSTATE 寄存器里的 DAIF 域都设置为 1，相当于把调试异常、系统错误（SError）、IRQ 以及 FIQ 都关闭了。PSTATE 寄存器是 ARM v8 里新增的寄存器。
- ❑ 如果是同步异常，那么究竟什么原因导致的呢？具体要看 ESR_EL*x*。
- ❑ 设置栈指针，指向对应异常等级里的栈。
- ❑ 迁移处理器等级到对应的异常等级，然后跳转到异常向量表里执行。

上述是 ARM 处理器检测到 IRQ 后自动做的事情，软件需要做的事情从中断向量表开始。

2.4.1 异常向量表

ARMv7 架构的异常向量表比较简单，每个表项是 4 字节，每个表项里存放了一条跳转指令。但是 ARMv8 的异常向量表发生了变化，每一个表项是 128 字节，这样可以存放 32 条指令。注意，ARMv8 指令集支持 64 位指令集，但是每一条指令的位宽是 32 位，而不是 64 位。ARMv8 架构的异常向量表如表 2.5 所示。

表 2.5 ARMv8 架构的异常向量表

地址（基地址为 VBAR_EL*n*）	异常类型	描述
+ 0x000	同步	使用 SP0 寄存器的当前异常等级
+ 0x080	IRQ/vIRQ	
+ 0x100	FIQ/vFIQ	
+ 0x180	SError/vSError	
+0x200	同步	使用 SPx 寄存器的当前异常等级
+0x280	IRQ/vIRQ	
+0x300	FIQ/vFIQ	
+0x380	SError/vSError	

① 见《ARM Architecture Reference Manual, ARMv8, for ARMv8-A architecture profile》 v8.4 版本的 D.1.10 节。

续表

地址（基地址为 VBAR_EL*n*）	异常类型	描述
+0x400	同步	在 AArch64 执行环境下的低异常等级
+0x480	IRQ/vIRQ	
+0x500	FIQ/vFIQ	
+0x580	SError/vSError	
+0x600	同步	在 AArch32 执行环境下的低异常等级
+0x680	IRQ/vIRQ	
+0x700	FIQ/vFIQ	
+0x780	SError/vSError	

在表 2.5 中，异常向量表存放的基地址可以通过向量基址寄存器（Vector Base Address Register，VBAR）来设置。VBAR 是异常向量表的基地址寄存器。

当前异常等级指的是系统中当前最高等级的异常等级。假设当前系统只运行 Linux 内核并且不包含虚拟化和安全特性，那么当前系统最高异常等级就是 EL1，运行 Linux 内核的内核态程序，而低一级的 EL0 下则运行用户态程序。

- 使用 SP0 寄存器的当前异常等级：表示当前系统运行在 EL1 时使用 EL0 的栈指针（SP），这是一种异常错误的类型。
- 使用 SPx 寄存器的当前异常等级：表示当前系统运行在 EL1 时使用 EL1 的 SP，这说明系统在内核态发生了异常，这是很常见的场景。
- 在 AArch64 执行环境下的低异常等级：表示当前系统运行在 EL0 并且执行 ARM64 指令集的程序时发生了异常。
- 在 AArch32 执行环境下的低异常等级：表示当前系统运行在 EL0 并且执行 ARM32 指令集的程序时发生了异常。

Linux 5.0 内核中关于异常向量表的描述在 arch/arm64/kernel/entry.S 汇编文件中。

```
<arch/arm64/kernel/entry.S>

/*
 * 异常向量表
 */
	.pushsection ".entry.text", "ax"

	.align	11
ENTRY(vectors)
	#具备 SP0 类型的异常向量表描述的当前 EL
	kernel_ventry	1, sync_invalid		// EL1t 模式下的同步异常
	kernel_ventry	1, irq_invalid		// EL1t 模式下的 IRQ
	kernel_ventry	1, fiq_invalid		// EL1t 模式下的 FIQ
	kernel_ventry	1, error_invalid	// EL1t 模式下的系统错误

	#具备 SPx 类型的异常向量表的描述的当前 EL
	kernel_ventry	1, sync			// EL1h 模式下的同步异常
	kernel_ventry	1, irq			// EL1h 模式下的 IRQ
	kernel_ventry	1, fiq_invalid		// EL1h 模式下的 FIQ
	kernel_ventry	1, error		// EL1h 模式下的系统错误

	#使用 AArch64 类型的异常向量表的低 EL
```

```
    kernel_ventry     0, sync                        // 处于 64 位 EL0 下的同步异常
    kernel_ventry     0, irq                         // 处于 64 位的 EL0 下的 IRQ
    kernel_ventry     0, fiq_invalid                 // 处于 64 位的 EL0 下的 FIQ
    kernel_ventry     0, error                       // 处于 64 位的 EL0 下的系统错误

    # 使用 AArch32 类型的异常向量表的低 EL
    kernel_ventry     0, sync_compat, 32             // 处于 32 位的 EL0 下的同步异常
    kernel_ventry     0, irq_compat, 32              // 处于 32 位的 EL0 下的 IRQ
    kernel_ventry     0, fiq_invalid_compat, 32      // 处于 32 位的 EL0 的 FIQ
    kernel_ventry     0, error_compat, 32            // 处于 32 位的 EL0 下的系统错误
END(vectors)
```

上述异常向量表的定义和表 2.5 是一致的。其中，kernel_ventry 是一个宏，它实现在同一个文件中，简化后的代码片段如下。

```
<arch/arm64/kernel/entry.S>

    .macro kernel_ventry, el, label, regsize = 64
    .align 7
    sub  sp, sp, #S_FRAME_SIZE
    b    el\()\el\()_\label
    .endm
```

其中 align 是一条伪指令，align 7 表示按照 2^7 字节（即 128 字节）来对齐。

sub 指令用于让 sp 减去一个 S_FRAME_SIZE，其中 S_FRAME_SIZE 称为寄存器框架大小，也就是 pt_regs 数据结构的大小。

```
<arch/arm64/kernel/asm-offsets.c>

DEFINE(S_FRAME_SIZE,         sizeof(struct pt_regs));
```

b 指令的语句比较有意思，这里出现了两个“el”和 3 个“\”。其中，第一个“el”表示 el 字符，第一个“\()”在汇编宏实现中可以用来表示宏参数的结束字符，第二个“\el”表示宏的参数 el，第二个“\()”也用来表示结束字符，最后的“\label”表示宏的参数 label。以发生在 EL1 的 IRQ 为例，这条语句变成了“b el1_irq”。

在 GNU 汇编的宏实现中，“\()”是有妙用的，如以下汇编语句所示。

```
    .macro opcode base length
       \base.\length
    .endm
```

当使用 opcode store l 来调用该宏时，它并不会产生 store.l 指令，因为编译器不知道如何解析参数 base，它不知道 base 参数的结束字符在哪里。这时，可以使用“\()”来告诉汇编器 base 参数的结束字符在哪里。

```
.macro opcode base length
        \base\().\length
.endm
```

2.4.2 IRQ 处理

对于 IRQ，通常有以下两种场景。

- IRQ 发生在内核模式，也就是 CPU 正在 EL1 下执行时发生了外设中断。
- IRQ 发生在用户模式，也就是 CPU 正在 EL0 下执行时发生了外设中断。

我们以第一种情况来分析 Linux 内核代码的实现。

当 IRQ 发生在内核态时，CPU 会根据异常向量表跳转到对应表项中，它对应的表项为 kernel_ventry 1, irq，然后跳转到 el1_irq 标签中。

```
<arch/arm64/kernel/entry.S>

.align    6
el1_irq:
    kernel_entry 1
    enable_da_f

    irq_handler

#ifdef CONFIG_PREEMPT
    ldr      x24, [tsk, #TSK_TI_PREEMPT]
    cbnz      x24, 1f
    bl       el1_preempt
1:
#endif
    kernel_exit 1
ENDPROC(el1_irq)
```

el1_irq 是处理中断的核心模块。

- kernel_entry 是一个宏，用来保存中断上下文。我们稍后会详细分析这段汇编代码。
- enable_da_f 也是一个宏，通过 msr 指令来把 PSTATE 寄存器的调试异常（D 域）以及 SError 中断（A 域）和 FIQ（F 域）的掩码位清零，也就是打开这些异常和中断功能。但是 IRQ 还是关闭的，因为我们现在正在处理 IRQ，打开 IRQ 会带来复杂的中断嵌套问题，目前 Linux 内核不支持中断嵌套。
- irq_handler 同样是一个宏，处理 irq。
- 如果系统支持内核抢占，那么在 irq 处理完成之后会检查当前进程的 task_thread_ info 中的 preempt_count 字段。当 preempt_count 为 0 时，表示当前进程可以被安全抢占，跳转到 el1_preempt 标签处。
- kernel_exit 宏和 kernel_entry 宏是成对出现的，用来恢复中断上下文。

2.4.3 栈框

Linux 内核中定义了一个 pt_regs 数据结构来描述内核栈上寄存器的排列信息。

```
<arch/arm64/include/asm/ptrace.h>

struct pt_regs {
    union {
        struct user_pt_regs user_regs;
        struct {
            u64 regs[31];
            u64 sp;
            u64 pc;
```

```
                u64 pstate;
            };
        };
        u64 orig_x0;

        u32 unused2;
        s32 syscallno;

        u64 orig_addr_limit;
        u64 unused;
        u64 stackframe[2];
};
```

pt_regs 数据结构（见图 2.5）定义了 34 个寄存器，分别代表 x0～x30、SP 寄存器、PC 寄存器以及 PSTATE 寄存器。另外，还包含 orig_x0、syscallno 以及 stackframe 等信息。

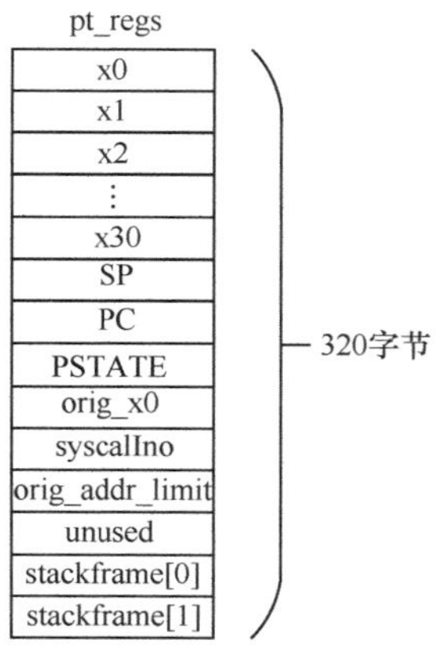

▲图 2.5　pt_regs 数据结构

Linux 内核定义了很多宏来访问 pt_regs 数据结构对应的栈框，这些宏实现在 arch/arm64/kernel/asm-offsets.c 文件中。

```
<arch/arm64/kernel/asm-offsets.c>

  DEFINE(S_LR,                offsetof(struct pt_regs, regs[30]));
  DEFINE(S_SP,                offsetof(struct pt_regs, sp));
  DEFINE(S_PSTATE,            offsetof(struct pt_regs, pstate));
  DEFINE(S_PC,                offsetof(struct pt_regs, pc));
  DEFINE(S_STACKFRAME,        offsetof(struct pt_regs, stackframe));
  DEFINE(S_FRAME_SIZE,        sizeof(struct pt_regs));
```

- S_LR：pt_regs 数据结构中 regs[30]字段的偏移量。
- S_SP：pt_regs 数据结构中 sp 字段的偏移量。
- S_PSTATE：pt_regs 数据结构中 pstate 字段的偏移量。
- S_PC：pt_regs 数据结构中 pc 字段的偏移量。
- S_STACKFRAME：pt_regs 数据结构中 stackframe 字段的偏移量。
- S_FRAME_SIZE：栈框的大小。

在编译时会把上述 asm_offset.c 文件编译成 asm-offsets.s 文件，很多汇编代码会直接使用这些宏，如 S_FRAME_SIZE 宏。

2.4.4 保存中断上下文

kernel_entry 宏用来保存中断上下文。该宏有一个参数。若该参数为 1，表示用来保存发生在 EL1 的异常现场；若为 0，表示用来保存发生在 EL0 的异常现场。

```
<arch/arm64/kernel/entry.S>

 .macro  kernel_entry, el, regsize = 64
 stp  x0, x1, [sp, #16 * 0]
 stp  x2, x3, [sp, #16 * 1]
 stp  x4, x5, [sp, #16 * 2]
 stp  x6, x7, [sp, #16 * 3]
 stp  x8, x9, [sp, #16 * 4]
 stp  x10, x11, [sp, #16 * 5]
 stp  x12, x13, [sp, #16 * 6]
 stp  x14, x15, [sp, #16 * 7]
 stp  x16, x17, [sp, #16 * 8]
 stp  x18, x19, [sp, #16 * 9]
 stp  x20, x21, [sp, #16 * 10]
 stp  x22, x23, [sp, #16 * 11]
 stp  x24, x25, [sp, #16 * 12]
 stp  x26, x27, [sp, #16 * 13]
 stp  x28, x29, [sp, #16 * 14]

 .if  \el == 0
 clear_gp_regs
 mrs  x21, sp_el0
 ldr_this_cpu    tsk, __entry_task, x20
 ldr  x19, [tsk, #TSK_TI_FLAGS]
 disable_step_tsk x19, x20

 apply_ssbd 1, x22, x23

 .else
 add   x21, sp, #S_FRAME_SIZE
 get_thread_info tsk
 ldr    x20, [tsk, #TSK_TI_ADDR_LIMIT]
 str    x20, [sp, #S_ORIG_ADDR_LIMIT]
 mov    x20, #USER_DS
 str    x20, [tsk, #TSK_TI_ADDR_LIMIT]
 .endif /* \el == 0 */
 mrs    x22, elr_el1
 mrs    x23, spsr_el1
 stp    lr, x21, [sp, #S_LR]

 .if \el == 0
 stp    xzr, xzr, [sp, #S_STACKFRAME]
```

```
.else
stp   x29, x22, [sp, #S_STACKFRAME]
.endif
add   x29, sp, #S_STACKFRAME

stp   x22, x23, [sp, #S_PC]

.if   \el == 0
msr   sp_el0, tsk
.endif

.endm
```

首先，保存 x0～x29 寄存器的值到栈中。注意，在之前的异常向量表中已经把 SP 指向了栈框的底部，也就是通过 sub 指令来让 SP 指向栈框的底部。因此在栈框的底部存放了 x0 寄存器的值，接着往上存放了 x1 寄存器的值，以此类推。

然后，处理发生现场在 EL1 或者 EL0 的场景。

当异常发生在 EL0 时，执行以下操作。

（1）调用 clear_gp_regs 宏来清除 x0～x29 寄存器的值。

（2）保存 SP_EL0 的值到 x21 寄存器中。

（3）ldr_this_cpu 是一个宏，实现在 arch/arm64/include/asm/assembler.h 头文件中。该宏有 3 个参数，其中参数 1 是 task_struct 数据结构，参数 2 是一个 task_struct 的 Per-CPU 变量，用来获取当前 CPU 的当前进程的数据结构 task_struct，参数 3 是一个临时使用的通用寄存器。

（4）把 thread_info.flags 的值加载到 x19 寄存器中，其中 TSK_TI_FLAGS 是 thread_info.flags 在 task_struct 数据结构中的偏移量。

（5）disable_step_tsk 是一个宏，实现在 arch/arm64/include/asm/assembler.h 头文件中，如果进程允许单步调试，那么关闭 MDSCR_EL1 中的软件单步控制功能。

当异常发生在 EL1 时，执行以下操作。

（1）x21 寄存器指向这个栈最开始的地方。

（2）get_thread_info 宏实现在 arch/arm64/include/asm/assembler.h 头文件中，通过 sp_el0 寄存器来获取 task_struct 数据结构中的指针。

（3）获取 thread_info.addr_limit 的值，然后设置在栈框的 orig_addr_limit 位置上。

（4）设置 USER_DS 到 task_struct 的 thread_info.addr_limit。

接下来，把 ELR_EL1 的值保存到 x22 寄存器中。

接下来，把 SPSR_EL1 的值保存到 x23 寄存器中。

接下来，把 LR 和 x21 寄存器保存到栈框的 regs[30]的位置上。

如果异常发生在 EL0，那么把栈框的 stackframe[ ]字段清零。如果异常发生在 EL1，那么把栈框的 stackframe[ ]字段填入 x29 和 x22 寄存器中。

接下来，x29 寄存器指向栈框的 stackframe 的位置。

接下来，把 ELR_EL1 的值保存到栈框的 PC 寄存器，把 SPSR_EL1 的值保存到 PSTATE 寄存器。

当异常发生在 EL0 时，把当前进程的 task_struct 指针保存到 SP_EL0 寄存器里。

保存中断上下文的过程如图 2.6 所示。

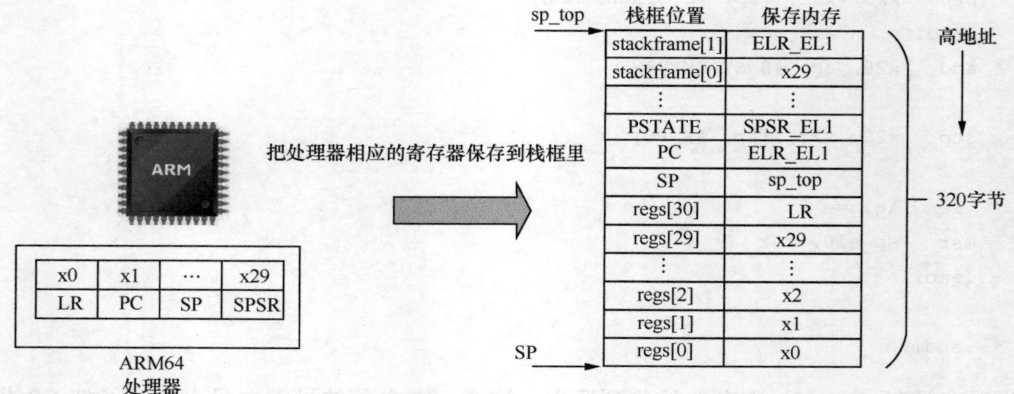

▲图 2.6　保存中断上下文

2.4.5　恢复中断上下文

kernel_exit 宏是用来恢复中断上下文的。该宏有一个参数。若该参数为 1，表示发生异常的现场是在 EL1；若为 0，表示异常发生在 EL0。kernel_exit 宏与 kernel_entry 宏配对使用。

```
<arch/arm64/kernel/entry.S>

 .macro  kernel_exit, el
 .if  \el != 0
 disable_daif

 /* 还原该任务的原始 addr_limit. */
 ldr  x20, [sp, #S_ORIG_ADDR_LIMIT]
 str  x20, [tsk, #TSK_TI_ADDR_LIMIT]
 .endif

 ldp  x21, x22, [sp, #S_PC]

 .if \el == 0
 ldr  x23, [sp, #S_SP]
 msr  sp_el0, x23
 tst  x22, #PSR_MODE32_BIT
 b.eq    3f
3:
 apply_ssbd 0, x0, x1
 .endif

 msr  elr_el1, x21
 msr  spsr_el1, x22
 ldp  x0, x1, [sp, #16 * 0]
 ldp  x2, x3, [sp, #16 * 1]
 ldp  x4, x5, [sp, #16 * 2]
 ldp  x6, x7, [sp, #16 * 3]
```

```
ldp  x8, x9, [sp, #16 * 4]
ldp  x10, x11, [sp, #16 * 5]
ldp  x12, x13, [sp, #16 * 6]
ldp  x14, x15, [sp, #16 * 7]
ldp  x16, x17, [sp, #16 * 8]
ldp  x18, x19, [sp, #16 * 9]
ldp  x20, x21, [sp, #16 * 10]
ldp  x22, x23, [sp, #16 * 11]
ldp  x24, x25, [sp, #16 * 12]
ldp  x26, x27, [sp, #16 * 13]
ldp  x28, x29, [sp, #16 * 14]
ldr  lr, [sp, #S_LR]
add  sp, sp, #S_FRAME_SIZE

eret
.endm
```

kernel_exit 宏实现的主要操作如下。

当异常发生在 EL1 时，恢复 task_struct 中的 thread_info.addr_limit 值。然后，从栈框的 S_PC 位置加载 ELR 和 SPSR 的值到 x21 和 x22 寄存器中。

如果异常发生在 EL0，执行以下操作。

（1）从栈框中的 S_SP 位置加载栈框的最高地址（sp_top）到 x23 寄存器，然后设置到 SP_EL0 寄存器中。

（2）处理当前进程是 32 位的应用程序的情况。

接下来，把刚才从栈框中读取的 ELR 值恢复到 ARM64 处理器的 ELR_EL1 中。

接下来，把刚才从栈框中读取的 SPSR 值恢复到 ARM64 处理器的 SPSR_EL1 中。

接下来，从栈框中依次恢复 x0～x29 值到 ARM64 寄存器对应的寄存器里。

接下来，恢复 LR 的地址。

接下来，设置 SP 指向栈框的最高地址处。

最后，通过 ERET 指令从异常现场返回。ERET 指令会使用 ELR_EL*x* 和 SPSR_EL*x* 的值来恢复现场。

恢复中断上下文的过程如图 2.7 所示。

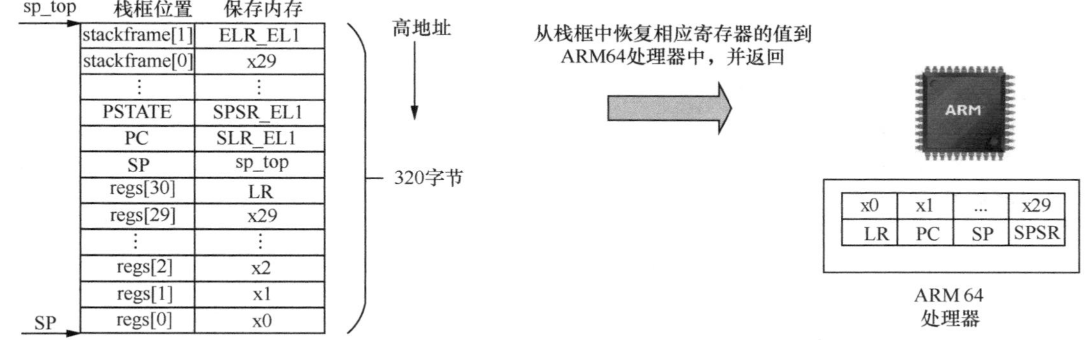

▲图 2.7　恢复中断上下文

在整个 IRQ 处理过程中是关闭中断的吗？为什么在代码里没有看到关闭 IRQ 呢？

当有中断发生时，ARM64 处理器会自动把处理器状态 PSTATE 保存到 SPSR_ELx 里。另外，ARM64 处理器会自动设置 PSTATE 寄存器里的 DAIF 域为 1，相当于把调试异常、系统错误（SError）、IRQ 以及 FIQ 都关闭了。

当中断处理完成后使用 ERET 指令来恢复中断现场，把之前保存的 SPSR_ELx 的值恢复到 PSTATE 寄存器里，相当于打开了 IRQ。

2.5 ARM64 高层中断处理

2.5.1 汇编跳转

前一节介绍的是中断发生后，ARM64 处理器内部响应该中断，以及软件做的中断现场保护工作，接下来开始介绍实际的中断处理。

```
<arch/arm64/kernel/entry.S>

    .macro  irq_handler
    ldr_l   x1, handle_arch_irq
    mov     x0, sp
    irq_stack_entry
    blr     x1
    irq_stack_exit
    .endm

    .text
```

irq_handler 宏的主要目的是调用 handle_arch_irq 函数。在调用之前，需要调用 irq_stack_entry 宏来设置栈地址。

```
<arch/arm64/kernel/entry.S>

 .macro  irq_stack_entry
 mov  x19, sp

 /*
  * 比较 sp 和 task_struct 指向的栈地址
  * 如果最高的位相等（~(THREAD_SIZE - 1)），说明它们位于同一个栈
  * 需要切换到 irq 栈
  */
 ldr  x25, [tsk, TSK_STACK]
 eor  x25, x25, x19
 and  x25, x25, #~(THREAD_SIZE - 1)
 cbnz x25, 9998f

 ldr_this_cpu x25, irq_stack_ptr, x26
 mov  x26, #IRQ_STACK_SIZE
 add  x26, x25, x26

 /* 切换到 irq 栈 */
```

```
mov  sp, x26
9998:
 .endm
```

irq_stack_entry 宏中的主要操作如下。

（1）保存 SP 到通用寄存器 x19 中。

（2）比较 SP 和 task_struct 指向的栈地址，如果最高的位相等（~(THREAD_SIZE−1)），说明它们在同一个栈中，需要切换到 irq 栈。

（3）irq_stack_ptr 是一个 Per-CPU 变量。每个 CPU 有一个 irq_stack，它的大小是 THREAD_SIZE。在 arch/arm64/kernel/irq.c 文件中定义和初始化 irq_stack。另外，使 SP 指向这个 Per-CPU 变量的中断栈。

注意，中断发生时，中断上下文保存在中断进程的内核栈里。然后，在 irq_stack_entry 宏里切换到中断栈。当中断处理完成后，irq_stack_exit 宏把中断栈切换回中断进程的内核栈，然后恢复中断上下文，并退出中断。

```
<arch/arm64/kernel/irq.c>

DEFINE_PER_CPU(unsigned long *, irq_stack_ptr);
DEFINE_PER_CPU_ALIGNED(unsigned long [IRQ_STACK_SIZE/sizeof(long)], irq_stack);

static void init_irq_stacks(void)
{
     int cpu;

     for_each_possible_cpu(cpu)
         per_cpu(irq_stack_ptr, cpu) = per_cpu(irq_stack, cpu);
}
```

2.5.2 handle_arch_irq 处理

对于 ARM SoC 来说，每一款 SoC 的芯片设计都不一样，采用的中断控制器以及中断控制器的连接方式也不同，有的 SoC 可能采用 GIC-V2 中断控制器，有的则可能采用 GIC-V3 中断控制器，也有厂商采用自己设计的中断控制器。

以 GIC-V2 中断控制器为例，在 GIC-V2 驱动初始化时使 handle_arch_irq 指向 gic_handle_irq() 函数。

```
<drivers/irqchip/irq-gic.c>

static int __init __gic_init_bases(struct gic_chip_data *gic,
                  int irq_start,
                  struct fwnode_handle *handle)
{
     ...
     if (gic_nr == 0) {
           set_handle_irq(gic_handle_irq);
     }
     ...
}

<kernel/irq/handle.c>

int __init set_handle_irq(void (*handle_irq)(struct pt_regs *))
{
```

```
    handle_arch_irq = handle_irq;
    return 0;
}
```

对于 ARM SoC 来说，通常通过 nIRQ 信号线连接到 CPU 内核，因此 CPU 需要判断从哪一个硬件中断发过来的中断请求。gic_handle_irq()函数是针对 GIC-V2 中断控制器的中断处理程序，用于硬件中断号的读取和继续处理中断。

```
<irq_handle->handle_arch_irq->gic_handle_irq()>

static void gic_handle_irq(struct pt_regs *regs)
{
    void __iomem *cpu_base = gic_data_cpu_base(gic);

    do {
        irqstat = readl_relaxed(cpu_base + GIC_CPU_INTACK);
        irqnr = irqstat & GICC_IAR_INT_ID_MASK;

        if (likely(irqnr > 15 && irqnr < 1020)) {
            if (static_branch_likely(&supports_deactivate_key))
                writel_relaxed(irqstat, cpu_base + GIC_CPU_EOI);
            isb();
            handle_domain_irq(gic->domain, irqnr, regs);
            continue;
        }
        if (irqnr < 16) {
            writel_relaxed(irqstat, cpu_base + GIC_CPU_EOI);
            if (static_branch_likely(&supports_deactivate_key))
                writel_relaxed(irqstat, cpu_base + GIC_CPU_DEACTIVATE);
#ifdef CONFIG_SMP
            smp_rmb();
            handle_IPI(irqnr, regs);
#endif
            continue;
        }
        break;
    } while (1);
}
```

CPU 通过读取 GIC-V2 中断控制器的 GICC_IAR 中的 Interrupt ID 域（Bit [9:0]），可以知道当前发生中断的是哪个硬件中断号，这起到了应答该中断的作用。如果硬件中断号介于 16～1019，说明这是一个外设中断（SPI 或 PPI 类型中断）；如果硬件中断号介于 0～15，说明这是一个 SGI 类型的中断。

本章重点介绍外设中断。接下来看 handle_domain_irq()分支，handle_domain_irq()函数内部调用__handle_ domain_irq()函数。

```
<irq_handle-> gic_handle_irq()->handle_domain_irq()>

int __handle_domain_irq(struct irq_domain *domain, unsigned int hwirq,
            bool lookup, struct pt_regs *regs)
{
    unsigned int irq = hwirq;

    irq_enter();
```

```
    if (lookup)
        irq = irq_find_mapping(domain, hwirq);

    generic_handle_irq(irq);

    irq_exit();
    return ret;
}
```

irq_enter()函数显式地告诉 Linux 内核现在要进入中断上下文了。

```
<include/linux/hardirq.h>

#define __irq_enter()                   \
    do {                        \
        preempt_count_add(HARDIRQ_OFFSET); \
    } while (0)
```

__irq_enter 宏通过 preempt_count_add()函数增加当前进程的 thread_info 中 preempt_count 成员里 HARDIRQ 域的值。preempt_count 成员的结构如图 2.8 所示。

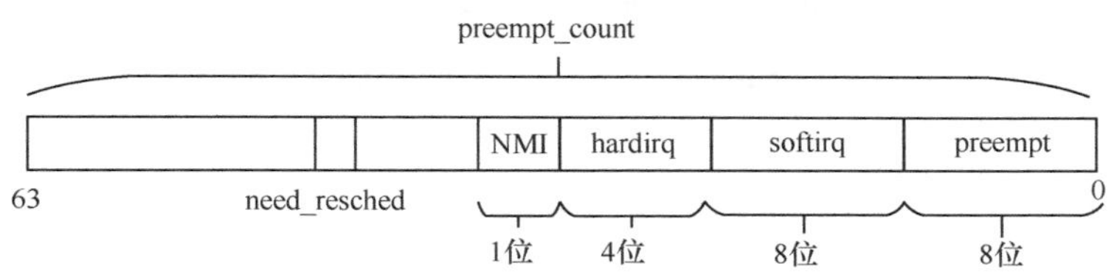

▲图 2.8 preempt_count 成员的结构

内核还提供了几个宏来帮助判断当前系统的状态。其中，in_irq()宏判断当前是否正处于硬件中断处理过程中，in_softirq()宏判断当前是否处于软中断处理过程中，in_interrupt()宏判断当前是否处于中断上下文中。中断上下文包括硬件中断处理过程、软中断处理过程和 NMI 中断处理过程。在内核代码中经常需要判断当前状态是否处于进程上下文中，也就是希望确保当前不在任何中断上下文中，这种情况很常见，因为代码需要做一些睡眠之类的事情。若 in_interrupt()宏返回 false，则此时内核处于进程上下文中；否则，处于中断上下文中。

```
<include/linux/preempt.h>

#define hardirq_count() (preempt_count() & HARDIRQ_MASK)
#define softirq_count() (preempt_count() & SOFTIRQ_MASK)
#define irq_count()     (preempt_count() & (HARDIRQ_MASK | SOFTIRQ_MASK \
                 | NMI_MASK))

#define in_irq()        (hardirq_count())
#define in_softirq()        (softirq_count())
#define in_interrupt()          (irq_count())
```

回到__handle_domain_irq()函数中，irq_find_mapping()函数通过硬件中断号 hwirq 查找 IRQ 号，该中断号在注册中断时已经映射过。最后，跳转到 generic_handle_irq()函数继续处理中断。

irq_enter()函数会显式地通过增加 preempt_count 中 HARDIRQ 域的计数来通知 Linux 内核

现在处于硬件中断处理过程中。在硬件中断处理完成时，irq_exit()函数将配对地递减 preempt_count 中 HARDIRQ 域的计数，以告诉 Linux 内核已经完成了硬件中断处理过程。接着要通过 local_softirq_pending()判断是否有等待的软中断需要处理。关于软中断的处理方式，请参见 2.6.1 节。

irq_exit()函数的实现方式如下。

```
<kernel/softirq.c>

void irq_exit(void)
{
    ...
    preempt_count_sub(HARDIRQ_OFFSET);
    if (!in_interrupt() && local_softirq_pending())
        invoke_softirq();

    ...
}
```

1. handle_fasteoi_irq()函数

接下来看 generic_handle_irq()函数，内部通过 generic_handle_irq()函数来调用 desc-> handle_irq 指向的回调函数。对于 GIC 的 SPI 类型中断来说，调用 handle_fasteoi_irq()函数。

```
<irq_handle→gic_handle_irq()→handle_domain_irq()→generic_handle_irq()→handle_fasteoi
_irq()>

void handle_fasteoi_irq(struct irq_desc *desc)
{
    struct irq_chip *chip = desc->irq_data.chip;

    if (unlikely(!desc->action || irqd_irq_disabled(&desc->irq_data))) {
        desc->istate |= IRQS_PENDING;
        mask_irq(desc);
        goto out;
    }
    if (desc->istate & IRQS_ONESHOT)
        mask_irq(desc);

    handle_irq_event(desc);
    return;
}
```

如果该中断没有指定 action 描述符或该中断关闭了 IRQD_IRQ_DISABLED，那么设置该中断状态为 IRQS_PENDING，然后调用中断控制器中的 irq_chip 中的 irq_mask()回调函数屏蔽该中断。

如果该中断类型是 IRQS_ONESHOT，即不支持中断嵌套，则调用 mask_irq()函数来屏蔽该中断源。

handle_irq_event()函数是中断处理的核心函数。

当中断处理完成之后，需要调用中断控制器的 irq_chip 数据结构里的 irq_eoi ()回调函数发送一个 EOI 信号，通知中断控制器中断已经处理完毕。此外，还需要判断是否调用 unmask_irq()

函数操作解除对该中断源的屏蔽，见 cond_unmask_eoi_irq()函数。

```
<handle_fasteoi_irq()->handle_irq_event()>

irqreturn_t handle_irq_event(struct irq_desc *desc)
{
	irqreturn_t ret;

	desc->istate &= ~IRQS_PENDING;
	irqd_set(&desc->irq_data, IRQD_IRQ_INPROGRESS);

	ret = handle_irq_event_percpu(desc);

	irqd_clear(&desc->irq_data, IRQD_IRQ_INPROGRESS);
	return ret;
}
```

handle_irq_event()函数真正开始处理硬件中断。首先把 pending 标志位清零，然后设置 IRQD_IRQ_INPROGRESS 标志位，表示现在正在处理硬件中断。

```
<handle_fasteoi_irq()->handle_irq_event()->handle_irq_event_percpu()->__handle_irq_eve
nt_percpu()>

irqreturn_t __handle_irq_event_percpu(struct irq_desc *desc, unsigned int *flags)
{
	 for_each_action_of_desc(desc, action) {
		res = action->handler(irq, action->dev_id);
		    local_irq_disable();

		switch (res) {
		case IRQ_WAKE_THREAD:
		    __irq_wake_thread(desc, action);
		case IRQ_HANDLED:
		    *flags |= action->flags;
		    break;
		}
	}
	return retval;
}
```

for 循环用于遍历中断描述符中的 action 链表，依次执行回调函数 action->handler。如果返回值为 IRQ_WAKE_THREAD，说明需要唤醒中断的内核线程；如果返回值为 IRQ_HANDLED，说明该 action 的中断处理程序已经处理完毕。之前提到，系统有一个默认的主处理程序 irq_default_primary_handler()，它什么都没做，只是返回 IRQ_WAKE_THREAD，其目的是在这里唤醒中断的内核线程。

2.__irq_wake_thread()函数

__irq_wake_thread()函数除唤醒中断的内核线程外，还隐藏着一些玄机。

```
<kernel/irq/handle.c>
<__handle_irq_event_percpu()->__irq_wake_thread()>

void __irq_wake_thread(struct irq_desc *desc, struct irqaction *action)
```

__irq_wake_thread()函数中实现的主要操作如下。

在第 73 行中，因为硬件中断处理程序返回 IRQ_WAKE_THREAD，说明需要唤醒该中断对应的中断线程，所以设置 action->flags 标志位为 IRQTF_RUNTHREAD。若已经置位，表示中断线程已经被唤醒了，__irq_wake_thread()函数直接返回。

在第 121 行代码之前，源文件里有一大段的注释，我们没有把全部注释都展示出来。这是体现了 Linux 内核编程中无锁编程思想的又一个例子。这里有两个内核代码路径可能同时会修改 threads_oneshot 变量，一个是硬件中断处理[①]，另一个是中断线程。irq_desc 数据结构中的 threads_oneshot 和 threads_active 其实都是为了处理 ONESHOT 类型的中断，在中断线程化中，IRQF_ONESHOT 标志位保证中断线程处理的过程中不会有中断嵌套。其中，threads_oneshot 成员是一个位图，每位代表正在处理的共享 ONESHOT 类型中断的中断线程；threads_active 成员表示正在运行的中断线程个数。另外，irqaction 数据结构中也有一个 thread_mask 位图成员，在共享中断中，每一个 action 由一位来表示。因此第 121 行代码中，设置该中断 action 在 desc->threads_oneshot 位图中相应的位，表示该中断线程将要被唤醒。

在第 132 行中，增加 desc->threads_active 计数。

在第 134 行中，最后 wake_up_process()函数唤醒该 action 对应的中断线程。

3. irq_thread()函数

中断线程被唤醒后，我们来看中断线程的执行函数 irq_thread()。

```
<kernel/irq/manager.c>
<handle_irq_event_percpu()→__irq_wake_thread()→唤醒中断线程>

static int irq_thread(void *data)
{
	while (!irq_wait_for_interrupt(action)) {
		action_ret = handler_fn(desc, action);
		wake_threads_waitq(desc);
	}
	task_work_cancel(current, irq_thread_dtor);
	return 0;
}
```

irq_thread()函数中实现的主要操作如下。

在第 1015～1019 行中，设置 handler_fn()回调函数。

在第 1026 行中，用 irq_wait_for_interrupt()函数判断 action->thread_flags 有没有设置 IRQTF_RUNTHREAD 标志位。如果没有设置，那么将会在这里等待。之前的__irq_wake_thread()函数要唤醒中断线程时，会设置 action->thread_flags 的 IRQTF_RUNTHREAD 标志位。

```
static int irq_wait_for_interrupt(struct irqaction *action)
{
	for (;;) {
		set_current_state(TASK_INTERRUPTIBLE);

		if (kthread_should_stop()) {
			if (test_and_clear_bit(IRQTF_RUNTHREAD,
```

① 这里是指 handle_fasteoi_irq()→handle_irq_event()→handle_irq_event_percpu()→__irq_wake_thread()处理硬件中断的过程。

```
                &action->thread_flags)) {
            __set_current_state(TASK_RUNNING);
            return 0;
        }
        __set_current_state(TASK_RUNNING);
        return -1;
    }

    if (test_and_clear_bit(IRQTF_RUNTHREAD,
            &action->thread_flags)) {
        __set_current_state(TASK_RUNNING);
        return 0;
    }
    schedule();//换出 CPU，睡眠等待
    }
}
```

在第 1031 行中，调用 irq_thread_fn()函数执行注册中断时的 thread_fn()函数。

在第 1035 行中，调用 wake_threads_waitq()函数。

```
static void wake_threads_waitq(struct irq_desc *desc)
{
    if (atomic_dec_and_test(&desc->threads_active))
        wake_up(&desc->wait_for_threads);
}
```

每次执行完 action 的 thread_fn()函数，会递减 desc->threads_active，该计数值表示被唤醒的中断线程个数。当这些中断线程都执行完毕时，才能唤醒在 desc->wait_for_threads 中睡眠的进程。有哪些进程会睡眠在此呢？

```
void synchronize_irq(unsigned int irq)
{
    struct irq_desc *desc = irq_to_desc(irq);

    if (desc) {
        __synchronize_hardirq(desc);

        wait_event(desc->wait_for_threads,
            !atomic_read(&desc->threads_active));
    }
}
```

disable_irq()函数会调用 synchronize_irq()函数等待所有被唤醒的中断线程执行完毕，然后才会真正地关闭中断。

4. irq_thread_fn()函数

irq_thread_fn()函数实现在 manager.c 中。

```
<kernel/irq/manager.c>
<handle_irq_event_percpu()->__irq_wake_thread()->唤醒中断线程->irq_thread_fn()>

static irqreturn_t irq_thread_fn(struct irq_desc *desc,
        struct irqaction *action)
```

```
{
    irqreturn_t ret;

    ret = action->thread_fn(action->irq, action->dev_id);
    irq_finalize_oneshot(desc, action);
    return ret;
}
```

在中断线程中，终于看到了调用 thread_fn()函数。从 request_threaded_irq()函数调用一直跟踪到此很不容易。

thread_fn()函数执行完成后，调用 irq_finalize_oneshot()函数。

5. irq_finalize_oneshot()函数

irq_finalize_oneshot()函数也实现在 manager.c 中。

```
<kernel/irq/manager.c>

static void irq_finalize_oneshot(struct irq_desc *desc,
                    struct irqaction *action)
```

对于不是 IRQS_ONESHOT 类型的中断处理要简单很多，直接退出该函数即可。然而，对于 IRQS_ONESHOT 类型的中断要注意，在语义上，必须保证所有的 thread_fn 执行完成才能重新打开中断源（unmask 操作）。在__irq_wake_thread()函数中，硬件中断处理程序 handle_irq_event()和中断线程之间可能会同时修改一些临界区数据，因此要格外小心处理。

在第 848～853 行中，必须等待硬件中断处理程序清除 IRQD_IRQ_INPROGRESS 标志位，因为该标志位表示硬件中断处理程序正在处理硬件中断，直到硬件中断处理完毕才会清除该标志，见 handle_irq_event()函数的 irqd_clear 动作。假设硬件中断处理程序运行在 CPU0 上，中断线程运行在 CPU1 上，中断线程比硬件中断处理程序的处理速度要快。如果 CPU1 接下来调用 unmask_threaded_irq()函数去销毁该中断源的屏蔽操作，那么该中断源可能马上就引发中断了，但是硬件中断的主处理程序还没执行完，导致中断嵌套，违背了 ONESHOT 的语义。

另外，之前在__irq_wake_thread()函数中讨论的无锁编程的流程如下。

```
      CPU0                                                    CPU1
----------------------------------------------------------------------
硬件中断处理 handle_irq_event():                              中断线程

  spin_lock(desc->lock);
  desc->state |= IRQS_INPROGRESS;
  spin_unlock(desc->lock);

  设置 IRQTF_RUNTHREAD
  desc->threads_oneshot |= mask;

  唤醒中断线程

  spin_lock(desc->lock);
  desc->state &= ~IRQS_INPROGRESS;
  spin_unlock(desc->lock);

                                              如果 IRQTF_RUNTHREAD 置位
```

```
                        清除 IRQTF_RUNTHREAD
                        运行 thread_fn()
                    否则，等待

                    again:
                    spin_lock(desc->lock);
                    判断 IRQS_INPROGRESS
                        如果没清除
                            则 CPU 一直等待

                if (如果清除了 IRQTF_RUNTHREAD))
                    desc->threads_oneshot &= ~mask;
                    spin_unlock(desc->lock);
```

两个内核代码路径（硬件中断上下文和中断线程）可能同时修改 desc->threads_oneshot 变量。首先，同一个中断源的硬件中断上下文不可能同时在两个 CPU 上运行，否则会出现严重的问题。对于中断线程，IRQTF_RUNTHREAD 标志位和 IRQS_INPROGRESS 标志位的巧妙运用都保证了中断线程的串行化运行，因此这里可以保证临界区的正确访问。

在第 865 行中，当该中断源的所有 action 都执行完毕时，desc->threads_oneshot 应为 0，这时可以销毁该中断源的中断屏蔽，从而使能该中断源。

2.5.3 小结

要完整地理解中断管理，要了解如下几个方面。

- 现代 SoC 中复杂的中断管理器，如 GIC-V2 或 GIC-V3 中断控制器。读者可以阅读中断控制器的相关芯片手册，详细了解中断类型、中断优先级，以及中断是如何管理的。
- 硬件中断号和 Linux 内核 IRQ 号的映射关系。为了建立映射关系，需要用到数据结构，如 allocated_irq 位图、irq_desc[]数组、irq_domain。
- Linux 内核为了管理中断采用的数据结构（如中断描述符 irq_desc、irqaction、irq_data、irq_chip、irq_domain）之间的关系。
- 不同的中断类型的处理方法。如 IRQF_ONESHOT 类型、IRQF_SHARED 类型等的处理方式不同。代码中有很多为了处理 IRQF_ONESHOT 类型中断而用到的变量，如 threads_oneshot、threads_active 和 thread_mask 等。
- ARM 处理器对中断的响应。如 IRQ 模式下处理器做的事情，软件需要的事情，保存中断现场需要做的事情等。
- 中断上下文。
- 中断线程化执行。

读者可能依然迷惑，何为中断上下文？为什么中断上下文中不能调用含有睡眠的函数？

如果 CPU 响应一个外设中断并正在执行中断服务程序，那么内核处于中断上下文（interrupt context）中。在 ARM64 处理器中，当中断或者异常发生时，ARM64 处理器会自动地保存中断点的 PSTATE 寄存器的内容到 SPSR_EL*x* 寄存器，保存 LR 的内容到 ELR_EL*x* 中，并且关闭本地中断（包括 PSTATE 寄存器中的调试异常、系统异常、IRQ、FIQ），然后跳转到对应的异常向量表中。在异常向量表中，会使 SP 指向栈帧的底部。然后 Linux 内核会保存中断现场到栈帧中。因此我们认为，ARM64 处理器和 Linux 内核合作完成了中断上下文的保存。中断上下文在中断发生后必须把处理器的状态保存下来，等完成中断处理后，再恢复到处理器中，完成中断上下文恢复工作。

中断现场保存在中断的进程的内核栈中，那为什么中断上下文不能睡眠呢？睡眠就是调用 schedule()函数让当前进程让出 CPU，调度器选择另一个进程继续执行，这个过程涉及进程栈空间的切换，如使用 switch_to()函数。

不能睡眠的原因如下。

- 中断处理程序处于关闭中断的状态。以 ARM64 处理器为例，当有异常（中断）发生时，ARM64 处理器会自动把本地 CPU 的中断关闭，然后跳转到异常向量表中。当中断处理完成之后，调用 eret 指令从中断现场返回时会自动地打开本地 CPU 的中断。
- 如果在中断上下文（如时钟节拍处理函数）中调用 schedule()，调度器选择运行 next 进程，next 进程从 switch_to()函数开始返回，最后从 el1_irq 或者 el0_irq 汇编函数中返回中断现场。中断返回时会打开本地 CPU 的中断，在下面的第一个场景中，在串口驱动的中断处理函数中添加 schedule()。
- 所有进程的切换点在 switch_to()函数里，所有即将运行的进程都会从 switch_to()函数开始，沿着之前保存的栈帧一直返回，最终从中断现场返回，并从中断现场开始执行 next 进程。注意，有读者认为，如果在关闭中断的情况下调用 schedule()，CPU 会选择 next 进程来运行。如果 next 进程一直占用 CPU 或者不主动打开中断，那么系统的时钟中断将被迫停止工作。造成的后果就是这个 CPU 不能调度进程了，永远运行 next 进程。其实，这个说法是不正确的。另外，next 进程会执行 finish_task_switch()函数来帮助 prev 进程收拾现场，包括调用 raw_spin_unlock_irq()来释放锁和打开本地中断。
- 未完成的中断处理可能成为“亡命之徒”，因为 GIC 一直在等待一个 EIO 信号。只有当该进程再次被调度时，才有机会处理未完成的中断，但也有可能再也等不到了。
- 由于 Linux 5.0 内核在中断处理时启用了中断栈，这个中断栈是 Per-CPU 变量，因此每个 CPU 都有一个独立的中断栈，该 CPU 上所有进程共用一个中断栈。如果发生中断嵌套，有可能导致中断栈（irq_stack_ptr）被破坏，见下面的第二个场景。

那么在中断上下文里调用 schedule()等睡眠函数会带来什么后果呢？我们分两种情况来说明。

第一个场景下，读者可以在串口驱动的中断处理函数（例如，在 drivers/tty/serial/amba-pl011.c 文件的 pl011_int()函数）中添加 schedule()。

```
[   83.846765] BUG: scheduling while atomic: swapper/0/0/0x00010000
[   83.847265] Modules linked in:
[   83.847647] CPU: 0 PID: 0 Comm: swapper/0 Kdump: loaded Tainted: G      W    5.0.0+ #28
[   83.848468] Hardware name: linux,dummy-virt (DT)
[   83.848736] Call trace:
[   83.848974]  dump_backtrace+0x0/0x52c
[   83.849205]  show_stack+0x28/0x34
[   83.849466]  __dump_stack+0x20/0x2c
[   83.849686]  dump_stack+0x25c/0x388
[   83.849927]  __schedule_bug+0x1d8/0x218
[   83.850162]  __schedule+0x1d8/0x1a48
[   83.850390]  schedule+0x2f4/0x3a8
[   83.850600]  pl011_int+0x448/0x488
[   83.850824]  __handle_irq_event_percpu+0x3dc/0x90c
[   83.851126]  handle_irq_event_percpu+0x40/0xbc
[   83.851410]  handle_irq_event+0xc0/0x388
[   83.851639]  handle_fasteoi_irq+0x404/0x4e8
[   83.852123]  generic_handle_irq+0x50/0x60
```

为什么会输出“BUG: scheduling while atomic”？上述输出语句出现在__schedule()下面的schedule_debug()函数里。Linux 内核只输出上述日志来提醒系统管理员发生了一个错误，但是这个错误并不是致命的错误，内核并没有触发崩溃（panic），系统还能正常工作，因为 next 进程会调用 finish_task_switch()函数来打开本地中断。然而，这的确是一个不好的编程习惯。在中断风暴里，这可能会触发致命的错误，例如，中断栈被破坏等问题。

在 Linux 4.5 内核[①]之后，中断处理程序使用一个单独的中断栈，而不是使用被打断进程的内核栈。因此在中断上下文中既没法获取当前进程的栈，也没法获取 thread_info 数据结构。因此这时如果调用 schedule()函数，那就再也没有机会回到该中断上下文了，未完成的中断处理将成为“亡命之徒”。另外，该中断源会一直等待下去，因为 GIC 一直在等待一个 EOI 信号，但再也等不到了。

第二个场景下，在 handle_fasteoi_irq()函数结尾处添加 schedule()函数来做试验。

```
void handle_fasteoi_irq(struct irq_desc *desc)
{
     ...
     handle_irq_event(desc);
     schedule();  //在中断处理程序里睡眠
     ...
}
```

下面是试验的现象。

```
[    6.879816] BUG: scheduling while atomic: kworker/0:0H/6/0x00010000
[    6.880202] Modules linked in:
[    6.880777] CPU: 0 PID: 6 Comm: kworker/0:0H Not tainted 5.0.0+ #26
[    6.881046] Hardware name: linux,dummy-virt (DT)
[    6.881513] Workqueue: kblockd blk_mq_run_work_fn
[    6.881964] Call trace:
[    6.882144]  dump_backtrace+0x0/0x4d4
[    6.882538]  show_stack+0x28/0x34
[    6.882709]  __dump_stack+0x20/0x2c
[    6.882875]  dump_stack+0x230/0x330
[    6.883040]  __schedule_bug+0x1ac/0x1ec
[    6.883216]  __schedule+0x1b0/0x1804
[    6.883385]  schedule+0x294/0x344
[    6.883547]  handle_fasteoi_irq+0x3c4/0x488
[    6.883732]  generic_handle_irq+0x50/0x5c
[    6.883910]  __handle_domain_irq+0x170/0x214
[    6.884095]  gic_handle_irq+0x1ec/0x36c
[    6.884267]  el1_irq+0xb0/0x140
[    6.884441]  blk_mq_dispatch_rq_list+0x9c8/0x129c
[    6.884653]  blk_mq_do_dispatch_sched+0x28c/0x2dc
[    6.884856]  blk_mq_sched_dispatch_requests+0x84c/0x8c0
[    6.885070]  __blk_mq_run_hw_queue+0x344/0x384
[    6.885262]  blk_mq_run_work_fn+0x84/0x94
[    6.885440]  process_one_work+0x90c/0x12ec
[    6.885618]  worker_thread+0x71c/0x994
[    6.885790]  kthread+0x39c/0x3a8
[    6.885958]  ret_from_fork+0x10/0x18
```

读者可以思考一下为什么会输出“BUG: scheduling while atomic”。

① Linux 4.5 patch, commit 132cd887,“arm64: Modify stack trace and dump for use with irq_stack”.

2.6 软中断和 tasklet

中断管理中有一个很重要的设计理念——上下半部（top half and bottom half）机制。前面介绍的硬件中断处理基本属于上半部的范畴，中断线程化属于下半部的范畴。在中断线程化机制合并到 Linux 内核之前，早已有一些其他的下半部机制，如软中断请求、tasklet 和工作队列等。中断上半部有一个很重要的原则——硬件中断处理程序应该执行得越快越好，即希望它尽快离开并从硬件中断返回，这么做的原因如下。

- 硬件中断处理程序以异步方式执行，它会中断其他重要代码的执行，因此为了避免中断的程序停止时间太长，硬件中断处理程序必须尽快执行完。
- 硬件中断处理程序通常在关中断的情况下执行。所谓的关中断是指关闭了本地 CPU 的所有中断响应。关中断之后，本地 CPU 不能再响应中断，因此硬件中断处理程序必须尽快执行完。以 ARM 处理器为例，中断发生时，ARM 处理器会自动关闭本地 CPU 的 IRQ/FIQ，直到从中断处理程序退出时才打开本地中断，整个过程都处于关中断状态。

上半部通常是完成整个中断处理任务中的一小部分，例如，响应中断表明中断已经被软件接收，然后做一些简单的数据处理（如 DMA 操作），并且在硬件中断处理完成时发送 EOI 信号给中断控制器等，这些工作对时间比较敏感。此外，中断处理任务还有一些计算任务，如数据复制、数据包封装和转发、计算时间比较长的数据处理等，这些任务可以放到中断下半部来执行。Linux 内核并没有通过严格的规则约束究竟什么样的任务应该放到下半部来执行，这要驱动开发者来决定。中断任务的划分对系统性能会有比较大的影响。

那下半部具体在什么时候执行呢？这没有确切的时间点，一般在从硬件中断返回后的某一个时段内会执行。下半部执行的关键点是允许响应所有的中断，这是一个开中断的环境。

2.6.1 软中断

软中断是 Linux 内核很早引入的机制，最早可以追溯到 Linux 2.3 内核开发期间。软中断是预留给系统中对时间要求较严格和重要的下半部使用的，而且目前驱动中只有块设备和网络子系统使用了软中断。系统静态定义了若干种软中断类型，并且 Linux 内核开发者不希望用户再扩充新的软中断类型，如有需要，建议使用 tasklet 机制。已经定义好的软中断类型如下。

```
<include/linux/interrupt.h>

enum
{
    HI_SOFTIRQ=0,
    TIMER_SOFTIRQ,
    NET_TX_SOFTIRQ,
    NET_RX_SOFTIRQ,
    BLOCK_SOFTIRQ,
    BLOCK_IOPOLL_SOFTIRQ,
    TASKLET_SOFTIRQ,
    SCHED_SOFTIRQ,
    HRTIMER_SOFTIRQ,
    RCU_SOFTIRQ,

    NR_SOFTIRQS
};
```

通过枚举类型来静态声明软中断，并且每一种软中断都使用索引来表示一种相对的优先级，索引号越小，软中断优先级越高，并在一轮软中断处理中优先执行。

- HI_SOFTIRQ，优先级为 0，是最高优先级的软中断类型。
- TIMER_SOFTIRQ，优先级为 1，定时器的软中断。
- NET_TX_SOFTIRQ，优先级为 2，发送网络数据包的软中断。
- NET_RX_SOFTIRQ，优先级为 3，接收网络数据包的软中断。
- BLOCK_SOFTIRQ 和 BLOCK_IOPOLL_SOFTIRQ，优先级分别是 4 和 5，用于块设备的软中断。
- TASKLET_SOFTIRQ，优先级为 6，专门为 tasklet 机制准备的软中断。
- SCHED_SOFTIRQ，优先级为 7，用于进程调度和负载均衡。
- HRTIMER_SOFTIRQ，优先级为 8，用于高精度定时器。
- RCU_SOFTIRQ，优先级为 9，专门为 RCU 服务的软中断。

此外，系统还定义了一个用于描述软中断的数据结构 softirq_action，并且定义了软中断描述符——数组 softirq_vec[]，类似于硬件中断描述符——数据结构 irq_desc[]。每个软中断类型对应一个描述符，其中软中断的索引号就是该数组的索引。

```
<include/linux/interrupt.h>

struct softirq_action
{
     void (*action)(struct softirq_action *);
};

<kernel/softirq.c>
static struct softirq_action softirq_vec[NR_SOFTIRQS] __cacheline_aligned_in_smp;
```

NR_SOFTIRQS 表示软中断枚举类型中系统最多支持的软中断类型的数量。__cacheline_aligned_in_smp 用于将 softirq_vec 数据结构和 L1 缓存行对齐，这在卷 1 节已经详细介绍过。

softirq_action 数据结构比较简单，只有一个 action 的函数指针，如果触发了该软中断，就会调用 action 回调函数来处理这个软中断。

此外，还通过一个 irq_cpustat_t 数据结构来描述软中断状态信息，该数据结构可以理解为软中断状态寄存器，该寄存器其实是一个无符号整型变量__softirq_pending。同时也定义了一个 irq_stat[NR_CPUS]数组，相当于每个 CPU 有一个软中断状态信息变量，可以理解为每个 CPU 有一个软中断状态寄存器。

```
<include/asm-generic/hardirq.h>

typedef struct {
    unsigned int __softirq_pending;
} ____cacheline_aligned irq_cpustat_t;

<kernel/softirq.c>

DEFINE_PER_CPU_ALIGNED(irq_cpustat_t, irq_stat);
```

通过调用 open_softirq()函数可以注册一个软中断，其中参数 nr 是软中断的序号。

```
<kernel/softirq.c>
```

```
void open_softirq(int nr, void (*action)(struct softirq_action *))
{
	softirq_vec[nr].action = action;
}
```

注意，softirq_vec[ ]是一个多 CPU 共享的数组，软中断的初始化通常在系统启动时完成。系统启动时是串行执行的，因为它们之间不会产生冲突，所以这里没有额外的保护机制。

raise_softirq()函数是主动触发一个软中断的接口函数。

```
void raise_softirq(unsigned int nr)
{
	unsigned long flags;

	local_irq_save(flags);
	raise_softirq_irqoff(nr);
	local_irq_restore(flags);
}
```

其实，要触发软中断，有两个接口函数，分别是 raise_softirq()和 raise_softirq_irqoff()，唯一的区别在于是否主动关闭本地中断，因此 raise_softirq_irqoff()函数允许在进程上下文中调用。

```
inline void raise_softirq_irqoff(unsigned int nr)
{
	__raise_softirq_irqoff(nr);

	if (!in_interrupt())
		wakeup_softirqd();
}
```

__raise_softirq_irqoff()函数的实现如下。

```
#define local_softirq_pending_ref irq_stat.__softirq_pending

#define local_softirq_pending()		(__this_cpu_read(local_softirq_pending_ref))
#define set_softirq_pending(x)		(__this_cpu_write(local_softirq_pending_ref, (x)))
#define or_softirq_pending(x)		(__this_cpu_or(local_softirq_pending_ref, (x)))

void __raise_softirq_irqoff(unsigned int nr)
{
	or_softirq_pending(1UL << nr);
}
```

__raise_softirq_irqoff()函数会设置本地 CPU 的 irq_stat 数据结构中__softirq_pending 成员的第 nr 位，nr 表示软中断的序号。在中断返回时，该 CPU 会检查__softirq_pending 成员的位，如果__softirq_pending 不为 0，说明有 pending 的软中断需要处理。

如果触发点在中断上下文中，只需要设置软中断在本地 CPU__softirq_pending 中的对应位即可。如果 in_interrupt()为 0，那么说明现在运行在进程上下文中，需要调用 wakeup_softirqd()函数唤醒 ksoftirqd 内核线程来处理。

注意，raise_softirq()函数修改的是 Per-CPU 类型的__softirq_pending 变量，这里不需要考虑多 CPU 并发的情况，因此不需要考虑使用自旋锁等机制，只考虑是否需要关闭本地中断即可。可以根据触发软中断的场景来考虑是使用 raise_softirq()，还是 raise_softirq_irqoff()。

中断退出时，irq_exit()函数会检查当前是否有等待的软中断。

```
<中断发生->irq_handle-> gic_handle_irq()->handle_domain_irq()->irq_exit()>
```

```
void irq_exit(void)
{
	...
	if (!in_interrupt() && local_softirq_pending())
		invoke_softirq();
	...
}
```

local_softirq_pending()函数检查本地 CPU 的__softirq_pending 变量中是否有等待的软中断。注意，这里还有一个判断条件为!in_interrupt()，即中断退出时不能处于硬件中断上下文和软中断上下文中。硬件中断处理过程一般都是关中断的，中断退出时就退出了硬件中断上下文，因此会被满足该条件。还有一个场景，如果本次中断点在一个软中断处理过程中，那么中断退出时会返回软中断上下文中，因此这种情况下不允许重新调度软中断（由于软中断在一个 CPU 上总是串行执行的）。

__do_softirq()函数实现在 kernel/softirq.c 文件中，代码调用路径为 irq_exit()→invoke_ softirq()→__do_softirq()。

```
<kernel/softirq.c>

asmlinkage __visible void __do_softirq(void)
```

__do_softirq()函数中主要的操作如下。

第 264 行代码和第 321 行代码是配对使用的。PF_MEMALLOC 目前主要用在两个地方：一是直接内存压缩（direct compaction）的内核路径；二是网络子系统在分配 skbuff 失败时会设置 PF_MEMALLOC 标志位，这是在 Linux 3.6 内核中社区专家 Mel Gorman 为了解决网络磁盘设备（Network Block Device，NBD）使用交换分区时出现死锁的问题而引入的，这已经超出本章的讨论范围。

在第 266 行中，获取本地 CPU 的软中断寄存器__softirq_pending 的值并存储到局部变量 pending 中。

在第 267 行中，增加 preempt_count 中 SOFTIRQ 域的计数，表明现在处于软中断上下文中。

在第 274 行代码，清除软中断寄存器__softirq_pending。

在第 276 行中，打开本地中断。这里先清除__softirq_pending 位图，然后打开本地中断。需要注意这里和第 274 行代码之间的顺序，读者可以思考如果在第 274 行之前打开本地中断会有什么后果。

在第 280～302 行中，while 循环依次处理软中断。首先 ffs()函数会找到 pending 中第一个置位的位，然后找到对应的软中断描述符和软中断的序号，最后通过 action()函数的指针来执行软中断处理，依次循环直到所有软中断都处理完成。

在第 306 行中，关闭本地中断。

在第 308～315 行中，再次检查__softirq_pending 是否又产生了软中断。因为软中断执行过程是开中断的，可能在这个过程中又发生了中断或触发了软中断，即从其他内核代码路径调用了 raise_softirq()函数。注意，不是检测到有软中断就立刻跳转到 restart 标签处进行软中断处理，这里需要考虑系统平衡。需要考虑 3 个判断条件：一是软中断处理时间没有超过 2ms；二是当前没有进程要求调度，即!need_resched()表示没有调度请求；三是这种循环不能多于 10 次，否则，应该唤醒 ksoftirqd 内核线程来处理软中断，见第 310 行代码。

第 319 行代码和第 269 行代码配对使用，表示现在离开软中断上下文了。

2.6.2　tasklet

tasklet 是利用软中断实现的一种下半部机制，本质上是软中断的一个变体，运行在软中断上下文中。tasklet 由 tasklet_struct 数据结构来描述。

```
<include/linux/interrupt.h>

struct tasklet_struct
{
    struct tasklet_struct *next;
    unsigned long state;
    atomic_t count;
    void (*func)(unsigned long);
    unsigned long data;
};
```

- next：多个 tasklet 串成一个链表。
- state：TASKLET_STATE_SCHED 表示 tasklet 已经被调度，正准备运行。TASKLET_STATE_RUN 表示 tasklet 正在运行中。
- count：若为 0，表示 tasklet 处于激活状态；若不为 0，表示该 tasklet 被禁止，不允许执行。
- func：tasklet 处理程序，类似于软中断中的 action 函数指针。
- data：传递参数给 tasklet 处理函数。

每个 CPU 维护两个 tasklet 链表，一个用于普通优先级的 tasklet_vec，另一个用于高优先级的 tasklet_hi_vec，它们都是 Per-CPU 变量。链表中每个 tasklet_struct 代表一个 tasklet。

```
<kernel/softirq.c>

struct tasklet_head {
    struct tasklet_struct *head;
    struct tasklet_struct **tail;
};

static DEFINE_PER_CPU(struct tasklet_head, tasklet_vec);
static DEFINE_PER_CPU(struct tasklet_head, tasklet_hi_vec);
```

其中，tasklet_vec 使用软中断中的 TASKLET_SOFTIRQ 类型，它的优先级是 6；而 tasklet_hi_vec 使用软中断中的 HI_SOFTIRQ，优先级是 0，是所有软中断中优先级最高的。

在系统启动时会初始化这两个链表，见 softirq_init()函数。另外，还会注册 TASKLET_SOFTIRQ 和 HI_SOFTIRQ 这两个软中断，它们的软中断回调函数分别为 tasklet_action 和 tasklet_hi_action。高优先级的 tasklet_hi 在网络驱动中用得比较多，它和普通的 tasklet 实现机制相同，本节以普通 tasklet 为例。

```
<start_kernel()->softirq_init()>

void __init softirq_init(void)
{
```

```
    int cpu;
    for_each_possible_cpu(cpu) {
        per_cpu(tasklet_vec, cpu).tail =
            &per_cpu(tasklet_vec, cpu).head;
        per_cpu(tasklet_hi_vec, cpu).tail =
            &per_cpu(tasklet_hi_vec, cpu).head;
    }
   open_softirq(TASKLET_SOFTIRQ, tasklet_action);
   open_softirq(HI_SOFTIRQ, tasklet_hi_action);
}
```

要在驱动中使用 tasklet，首先需要定义一个 tasklet，可以静态声明，也可以动态初始化。

```
<include/linux/interrupt.h>

#define DECLARE_TASKLET(name, func, data)
struct tasklet_struct name = { NULL, 0, ATOMIC_INIT(0), func, data }

#define DECLARE_TASKLET_DISABLED(name, func, data)
struct tasklet_struct name = { NULL, 0, ATOMIC_INIT(1), func, data }
```

上述两个宏都静态地声明一个 tasklet 数据结构。上述两个宏的唯一区别在于 count 成员的初始化值不同，DECLARE_TASKLET 宏把 count 初始化为 0，表示 tasklet 处于激活状态；而 DECLARE_TASKLET_DISABLED 宏把 count 初始化为 1，表示该 tasklet 处于关闭状态。

当然，也可以在驱动代码中调用 tasklet_init()函数动态初始化 tasklet。

```
<kernel/softirq.c>

void tasklet_init(struct tasklet_struct *t,
          void (*func)(unsigned long), unsigned long data)
{
     t->next = NULL;
     t->state = 0;
     atomic_set(&t->count, 0);
     t->func = func;
     t->data = data;
}
```

要在驱动中调度 tasklet，可以使用 tasklet_schedule()函数。

```
<include/linux/interrupt.h>

static inline void tasklet_schedule(struct tasklet_struct *t)
{
     if (!test_and_set_bit(TASKLET_STATE_SCHED, &t->state))
          __tasklet_schedule(t);
}
```

test_and_set_bit()函数原子地设置 tasklet_struct->state 成员为 TASKLET_STATE_SCHED 标志位，然后返回该 state 的旧值。若返回 true，说明该 tasklet 已经被挂载到 tasklet 链表中；若返回 false，则需要调用__tasklet_schedule_common()函数把该 tasklet 挂入链表中。

```
void __tasklet_schedule(struct tasklet_struct *t)
```

```
{
    __tasklet_schedule_common(t, &tasklet_vec,
                  TASKLET_SOFTIRQ);
}

static void __tasklet_schedule_common(struct tasklet_struct *t,
                   struct tasklet_head __percpu *headp,
                   unsigned int softirq_nr)
{
    struct tasklet_head *head;
    unsigned long flags;

    local_irq_save(flags);
    head = this_cpu_ptr(headp);
    t->next = NULL;
    *head->tail = t;
    head->tail = &(t->next);
    raise_softirq_irqoff(softirq_nr);
    local_irq_restore(flags);
}
```

__tasklet_schedule_common()函数比较简单。在关闭中断的情况下，首先把 tasklet 挂载到 tasklet_vec 链表中，然后触发一个 TASKLET_SOFTIRQ 类型的软中断。

那什么时候执行 tasklet 呢？是在驱动调用了 tasklet_schedule()函数后立刻执行吗？

其实不是的，tasklet 是基于软中断机制的，因此 tasklet_schedule()函数后不会立刻执行，要等到软中断被执行时才有机会执行 tasklet，tasklet 挂入哪个 CPU 的 tasklet_vec 链表，就由哪个 CPU 的软中断来执行。在分析 tasklet_schedule()函数时已经看到，一个 tasklet 挂载到一个 CPU 的 tasklet_vec 链表后会设置 TASKLET_STATE_SCHED 标志位，只要该 tasklet 还没有执行，那么即使驱动程序多次调用 tasklet_schedule()函数也不起作用。因此，一旦该 tasklet 挂载到某个 CPU 的 tasklet_vec 链表，它就必须在该 CPU 的软中断上下文中执行，直到执行完毕并清除了 TASKLET_STATE_SCHED 标志位后，才有机会到其他 CPU 上执行。

软中断执行时会按照软中断状态__softirq_pending 来依次执行 pending 状态的软中断，当轮到执行 TASKLET_SOFTIRQ 类型软中断时，回调函数 tasklet_action()会被调用。

```
<软中断执行-> tasklet_action()>

static __latent_entropy void tasklet_action(struct softirq_action *a)
{
    tasklet_action_common(a, this_cpu_ptr(&tasklet_vec), TASKLET_SOFTIRQ);
}
```

tasklet_action()函数会调用 tasklet_action_common()函数，它实现在 kernel/softirq.c 文件中。

```
<kernel/softirq.c>

static void tasklet_action_common(struct softirq_action *a,
                  struct tasklet_head *tl_head,
                  unsigned int softirq_nr)
```

tasklet_action_common()函数中主要的操作如下。

在第 507～511 行中，在关中断的情况下读取 tasklet_vec 链表头到临时链表（list）中，并重新初始化 tasklet_vec 链表。注意，tasklet_vec.tail 指向链表头 tasklet_vec.head 指针本身的地址。

在第 513～528 行中，通过 while 循环依次执行 tasklet_vec 链表中所有的 tasklet 成员。注意第 511 行代码和第 530 行代码中，整个 tasklet 的执行过程是开中断的。

在第 518 行中，把 tasklet_trylock()函数设计成一个锁。如果 tasklet 已经处于 RUNNING 状态，即设置了 TASKLET_STATE_RUN 标志位，tasklet_trylock()函数返回 false，表示不能成功获取该锁，因此直接跳转到第 530 行代码处，这一轮将会跳过该 tasklet。这样做的目的是保证同一个 tasklet 只能在一个 CPU 上执行，稍后以 scdrv 驱动为例讲解这种特殊的情况。

```
static inline int tasklet_trylock(struct tasklet_struct *t)
{
return !test_and_set_bit(TASKLET_STATE_RUN, &(t)->state);
}
```

在第 519 行中中，原子地检查 count 值是否为 0，若为 0，则表示这个 tasklet 处于可执行状态。注意，tasklet_disable()函数可能随时会原子地增加 count 值，若 count 值大于 0，表示 tasklet 处于禁止状态。第 519 行代码原子地读完 count 值后可能马上从其他的内核代码执行路径调用 tasklet_disable()函数修改了 count 值，但这只会影响 tasklet 的下一次处理。

在第 520～523 行中，注意，顺序是先清除 TASKLET_STATE_SCHED 标志位，然后执行 t->func()，最后才清除 TASKLET_STATE_RUN 标志位。为什么不执行完 func()函数再清除 TASKLET_STATE_SCHED 标志位呢？这是为了在执行 func()函数期间也可以响应新调度的 tasklet，以免丢失。

在第 530～535 行中，处理该 tasklet 已经在其他 CPU 上执行的情况，若 tasklet_trylock()函数返回 false，表示获取锁失败。这种情况下会把该 tasklet 重新挂入当前 CPU 的 tasklet_vec 链表中，等待下一次触发 TASKLET_SOFTIRQ 类型软中断时才会执行。还有一种情况是在之前调用 tasklet_disable()函数增加了 tasklet_struct->count，那么本轮的 tasklet 处理也将会被忽略。

为什么会出现第 530～535 行代码中的情况呢？当将要执行 tasklet 时发现该 tasklet 已经在别的 CPU 上运行。

以常见的一个设备驱动为例，在硬件中断处理程序中调用 tasklet_schedule()函数触发 tasklet，以完成一些数据处理操作，如数据复制、数据转换等。以 drivers/char/snsc_event.c 驱动为例，假设该设备为设备 A，驱动的内容如下。

```
<drivers/char/snsc_event.c>

static irqreturn_t
scdrv_event_interrupt(int irq, void *subch_data)
{
     struct subch_data_s *sd = subch_data;
     unsigned long flags;
     int status;
```

```
    spin_lock_irqsave(&sd->sd_rlock, flags);
    status = ia64_sn_irtr_intr(sd->sd_nasid, sd->sd_subch);

    if ((status > 0) && (status & SAL_IROUTER_INTR_RECV)) {
        tasklet_schedule(&sn_sysctl_event);
    }
    spin_unlock_irqrestore(&sd->sd_rlock, flags);
    return IRQ_HANDLED;
}
```

硬件中断处理程序 scdrv_event_interrupt()函数读取中断状态寄存器中的数据来确认中断发生，然后调用 tasklet_schedule()函数执行下半部操作，该 tasklet 回调函数是 scdrv_event()函数。假设 CPU0 在执行设备 A 的 tasklet 下半部操作时，设备 B 产生了中断，那么 CPU0 暂停 tasklet 处理，转去执行设备 B 的硬件中断处理。这时设备 A 又产生了中断，中断管理器把该中断派发给 CPU1。假设 CPU1 很快处理完硬件中断并开始处理该 tasklet，在 tasklet_schedule()函数中发现并没有设置 TASKLET_STATE_SCHED 标志位，因为 CPU0 在执行 tasklet 回调函数之前已经把该标志位清除了，所以该 tasklet 被添加到 CPU1 的 tasklet_vec 链表中。当执行到 tasklet_action ()函数的 tasklet_trylock(t)时会发现无法获取该锁，因为该 tasklet 已经被 CPU0 设置了 TASKLET_STATE_RUN 标志位，所以 CPU1 便跳过了这次 tasklet，等到 CPU0 中断返回后，把 TASKLET_STATE_RUN 标志位清除，CPU1 在下一轮软中断执行时才会再继续执行该 tasklet。具体流程如下。

```
        CPU0                                    CPU1
-----------------------------------------------------------------------
设备A硬件中断发生：

scdrv_event_interrupt()
tasklet_schedule(&sn_sysctl_event);

进入软中断处理
tasklet_action()
设置TASKLET_STATE_RUN标志位
清除TASKLET_STATE_SCHED标志位

tasklet回调函数scdrv_event()执行时
其他设备B发生中断
执行设备B的中断处理

                                        设备A又发生中断
                                        硬件中断处理
                                        tasklet_schedule()
                                        进入软中断处理
                                        tasklet_trylock没法获取锁
                                        跳过该tasklet
                                        把该tasklet加入CPU1链表


中断返回
继续执行tasklet回调函数scdrv_event()
清除TASKLET_STATE_RUN标志位
```

2.6.3 local_bh_disable()和 local_bh_enable()函数分析

local_bh_disable()函数和 local_bh_enable()函数是内核中提供的关闭软中断的锁机制，它们组成的临界区禁止本地 CPU 在中断返回前执行软中断，这个临界区简称 BH 临界区（bottom half critical region）。

```
<include/linux/bottom_half.h>

static inline void local_bh_disable(void)
{
      __local_bh_disable_ip(_THIS_IP_, SOFTIRQ_DISABLE_OFFSET);
}

static __always_inline void __local_bh_disable_ip(unsigned long ip, unsigned int cnt)
{
      preempt_count_add(cnt);
      barrier();
}

#define SOFTIRQ_OFFSET (1UL << 8)
#define SOFTIRQ_DISABLE_OFFSET(2 * SOFTIRQ_OFFSET)
```

local_bh_disable()函数的实现比较简单，就是把当前进程的 preempt_count 成员加上 SOFTIRQ_DISABLE_OFFSET，而现在内核状态则进入了软中断上下文状态。这里执行 barrier()函数操作，以防止编译器做了优化，thread_info->preempt_count 相当于 Per-CPU 变量，因此不需要使用内存屏障指令。注意，preempt_count 成员的 Bit[8:15]位都是用于表示软中断的，但是一般情况下使用第 8 位即可，Bit[8:15]还用于表示软中断嵌套的深度，最多表示 255 次嵌套，这也是 SOFTIRQ_DISABLE_OFFSET 会定义为 2 * SOFTIRQ_OFFSET 的原因。

这样当在 local_bh_disable()函数和 local_bh_enable()函数构成的 BH 临界区内发生了中断时，中断返回前 irq_exit()函数判断出当前处于软中断上下文，因而不能调用和执行等待状态的软中断，这样驱动代码构造的 BH 临界区中就不会有新的软中断来骚扰。

local_bh_enable()函数实现在 include/linux/bottom_half.h 文件中，它在内部调用__local_bh_enable_ip()函数。

```
<include/linux/bottom_half.h>
static inline void local_bh_enable(void)
 {
    __local_bh_enable_ip(_THIS_IP_, SOFTIRQ_DISABLE_OFFSET);
 }

<kernel/softirq.c>
 void __local_bh_enable_ip(unsigned long ip, unsigned int cnt)
```

__local_bh_enable_ip()函数中主要的操作如下。

在第 168 行中，有一个警告的条件——WARN_ON_ONCE()是一个比较弱的警告语句。若 in_irq()返回 true，表示现在正在硬件中断上下文中。有些不规范的驱动可能会在硬件中断处理程序中调用 local_bh_disable()函数或 local_bh_enable()函数，其实硬件中断处理程序是在关中断环境下执行的，关中断是比关 BH 更猛烈的一种锁机制。因此在关中断情况下，没有必要再调用关 BH 的相关操作。若 irqs_disabled()函数返回 true，说明现在处于关中断状态，也不适合调用关 BH 操作，原理和前者一样。

在第 182 行中，preempt_count 减去（SOFTIRQ_DISABLE_OFFSET－1），这里并没有完全减去 SOFTIRQ_DISABLE_OFFSET，为什么还留了 1 呢？留 1 表示关闭本地 CPU 的抢占，因为接下来调用 do_softirq()函数时不希望其他高优先级任务抢占 CPU 或者当前任务被迁移到其他 CPU 上。假如当前进程 P 执行在 CPU0 上，在第 184 行代码中发生了中断，中断返回前 CPU 被高优先级任务抢占，那么进程 P 再被调度时可能会选择在其他 CPU（如 CPU1）上唤醒（见 select_task_rq_fair()函数），__softirq_pending 是 Per-CPU 变量，进程 P 在 CPU1 上重新执行到第 184 行代码时发现__softirq_pending 并没有触发软中断，因此之前的软中断会延迟执行。

在第 184～190 行中，在非中断上下文环境下执行软中断处理。

在第 192 行中，打开抢占。

在第 196 行中，之前执行软中断处理时可能会漏掉一些高优先级任务的抢占需求，这里重新检查。

总之，local_bh_disable()函数或 local_bh_enable()函数是关 BH 的接口函数，执行在进程上下文中，内核的网络子系统中有大量使用该接口函数的例子。

2.6.4 小结

软中断是 Linux 内核中最常见的一种下半部机制，适合系统对性能和实时响应要求很高的场合，如网络子系统、块设备、高精度定时器、RCU 等。关于软中断，注意以下几点。

- 软中断类型是静态定义的，Linux 内核不希望驱动开发者新增软中断类型。
- 软中断的回调函数在开中断环境下执行。
- 同一类型的软中断可以在多个 CPU 上并行执行。以 TASKLET_SOFTIRQ 类型的软中断为例，多个 CPU 可以同时 tasklet_schedule，并且多个 CPU 也可能同时从中断处理返回，然后同时触发和执行 TASKLET_SOFTIRQ 类型的软中断。
- 假如有驱动开发者要新增一个软中断类型，那么软中断的处理程序需要考虑同步问题。
- 软中断的回调函数不能睡眠。
- 软中断的执行时间点是在中断返回前，即退出硬中断上下文时，首先检查是否有等待的软中断，然后再检查是否需要抢占当前进程。因此，软中断上下文总是抢占进程上下文。

tasklet 是基于软中断的一种下半部机制。

- tasklet 可以静态定义，也可以动态初始化。
- tasklet 是串行执行的。一个 tasklet 在 tasklet_schedule()函数执行时会绑定某个 CPU 的 tasklet_vec 链表，它必须在该 CPU 上执行完 tasklet 的回调函数才会和该 CPU 松绑。
- TASKLET_STATE_SCHED 和 TASKLET_STATE_RUN 标志位巧妙地构成了串行执行。

软中断上下文的优先级高于进程上下文，因此软中断包括 tasklet 总是抢占进程的执行。当进程 A 在执行时发生中断，在中断返回时应先判断本地 CPU 上有没有 pending 的软中断。如果有，那么首先执行软中断包括 tasklet，然后检查是否有高优先级任务需要抢占中断点的进程，即进程 A。如果在执行软中断和 tasklet 的时间很长，那么高优先级任务就长时间得不到运行，势必会影响系统的实时性，这也是 Red Hat Linux 社区里有专家一直要求用工作队列机制来替代

tasklet 机制的原因。具体流程如下。

```
进程 A 运行时外设中断发生：
  ->irq_hander
     -> gic_handle_irq()
        ->irq_enter()
           硬件中断处理
        ->irq_exit()
           检测是否有等待的软中断并且执行软中断和 tasklet

  ->中断返回前判断是否有高优先级进程需要抢占中断点的进程
```

目前 Linux 内核有大量的驱动使用 tasklet 机制来实现下半部操作，任何一个 tasklet 回调函数的执行时间过长，都会影响系统实时性，可以预见在不久的将来，tasklet 机制可能会被 Linux 内核社区舍弃。

中断上下文包括硬件中断上下文和软中断上下文。硬件中断上下文表示硬件中断处理过程。软中断上下文包括三部分：第一部分是在下半部执行的软中断处理，包括 tasklet，调用过程是 irq_exit()→invoke_softirq()；第二部分是 ksoftirqd 内核线程执行的软中断，如系统使能了 force_irqthreads（见 invoke_softirq()函数），还有一种情况是软中断执行时间太长，在__do_softirq()函数中唤醒 ksoftirqd 内核线程；第三部分是在进程上下文中调用 local_bh_enable()函数时执行的软中断处理，调用过程是 local_bh_enable()→do_softirq()。第一部分运行在中断下半部，属于传统意义上的中断上下文，而后两部分运行在进程上下文中，但是 Linux 内核统一把它们归纳到软中断上下文范畴里。因此 Linux 内核中使用几个宏来描述和判断这些情况。

```
<include/linux/preempt.h>

#define in_irq()             (hardirq_count())
#define in_softirq()             (softirq_count())
#define in_interrupt()             (irq_count())
#define in_serving_softirq()       (softirq_count() & SOFTIRQ_OFFSET)
#define in_nmi()      (preempt_count() & NMI_MASK)
#define in_task()          (!(preempt_count() & \
                      (NMI_MASK | HARDIRQ_MASK | SOFTIRQ_OFFSET)))
```

in_irq()宏判断当前是否在硬件中断上下文中；in_softirq()宏判断当前是否在软中断上下文中或者处于关 BH 临界区里；in_serving_softirq()宏判断当前是否正在软中断处理中，包括前面提到的三种情况。in_interrupt()宏则包括所有的硬件中断上下文、软中断上下文和关 BH 临界区。这些宏经常出现在内核代码中，并且容易混淆值，值得读者仔细研究。

2.7 工作队列

工作队列（workqueue）机制是除了软中断和 tasklet 以外最常用的一种下半部机制。工作队列的基本原理是把 work（需要推迟执行的函数）交由内核线程来执行，它总是在进程上下文中执行。工作队列的优点是利用进程上下文来执行中断下半部操作，因此工作队列允许重新调度和睡眠，是异步执行的进程上下文。另外，工作队列还能解决软中断和 tasklet 执行时间过长导致的系统实时性下降等问题。

当驱动或者内核子系统在进程上下文中有异步执行的工作任务时，可以使用工作项（work

item）来描述工作任务，包括该工作任务执行的回调函数。把工作项添加到一个队列中，然后一个内核线程会执行这个工作任务的回调函数。这里工作项称为工作，队列称为工作队列（workqueue），内核线程称为工作线程（worker）。

工作队列最早是在 Linux 2.5.x 内核开发期间被引入的机制，早期的工作队列的设计比较简单，由多线程（每个 CPU 默认有一个工作线程）和单线程（用户可以自行创建工作线程）组成。在长期测试中发现如下问题。

- 内核线程数量太多。虽然系统中有默认的一套工作线程（Kevents），但是很多驱动和子系统喜欢自行创建工作线程，如调用 create_workqueue()函数，这样在大型系统（CPU 数量比较多的服务器）中可能内核启动结束之后就耗尽了系统 PID 资源。
- 并发性比较差。多线程的工作线程和 CPU 是一一绑定的，如 CPU0 上的某个工作线程有 A、B 和 C 三个工作。假设执行工作 A 的回调函数时发生了睡眠和调度，CPU0 就会被调度出以执行其他的进程，对于 B 和 C 来说，它们只能等待 CPU0 重新调度、执行该工作线程，尽管其他 CPU 比较空闲，也没有办法迁移到其他 CPU 上。
- 死锁问题。系统有一个默认的工作队列，如果有很多工作运行在默认的工作队列上，并且它们有一些数据的依赖关系，那么很有可能会产生死锁。解决办法是为每一个可能产生死锁的工作创建一个专职的工作线程，这样又回到问题 1 了。

为此社区专家 Tejun Heo 在 Linux 2.6.36 中提出了一套解决方案——并发托管工作队列（Concurrency-Managed Workqueue，CMWQ）。执行工作任务的线程称为工作线程。工作线程会串行化地执行挂载到队列中所有的工作。如果队列中没有工作，那么该工作线程就会变成空闲状态。为了管理众多工作线程，CMWQ 提出了工作线程池（worker-pool）的概念，工作线程池有两种。一种是 BOUND 类型的，可以理解为 Per-CPU 类型，每个 CPU 都有工作线程池；另一种是 UNBOUND 类型的，即不和具体 CPU 绑定。这两种工作线程池都会定义两个线程池，一个给普通优先级的工作使用，另一个给高优先级的工作使用。这些工作线程池中的线程数量是动态分配和管理的，而不是固定的。当工作线程睡眠时，会检查是否需要唤醒更多的工作线程，如有需要，会唤醒同一个工作线程池中处于空闲状态的工作线程。

2.7.1　工作队列的相关数据结构

根据工作队列机制，最小的调度单元是工作项，有的书中称为工作任务，本章中简称为 work，由 work_struct 数据结构来抽象和描述。

```
<include/linux/workqueue.h>

struct work_struct {
    atomic_long_t data;
    struct list_head entry;
    work_func_t func;
};
```

work_struct 数据结构的定义比较简单。data 成员包括两部分，低位部分是 work 的标志位，剩余的位通常用于存放上一次运行的 worker_pool 的 ID 或 pool_workqueue 的指针，存放的内容由 WORK_STRUCT_PWQ 标志位来决定。func 是 work 的处理函数，entry 用于把 work 挂到其他队列上。

work 运行在内核线程中，这个内核线程在代码中称为 worker，worker 类似于流水线中的工人，work 类似于工人的工作。工作线程用 worker 数据结构来描述。

```
<kernel/workqueue_internal.h>

struct worker {
    struct work_struct *current_work;
    work_func_t   current_func;
    struct pool_workqueue *current_pwq;
    struct list_head  scheduled;

    struct task_struct *task;
    struct worker_pool   *pool;
    int          id;
    struct list_head      node;
    ...
};
```

- current_work：当前正在处理的 work。
- current_func：当前正在执行的 work 回调函数。
- current_pwq：当前 work 所属的 pool_workqueue。
- scheduled：所有被调度并正准备执行的 work 都挂入该链表中。
- task：该工作线程的 task_struct 数据结构。
- pool：该工作线程所属的 worker_pool。
- id：工作线程的 ID。
- node：可以把该工作线程挂载到 worker_pool->workers 链表中。

CMWQ 提出了工作线程池的概念，代码中使用 worker_pool 数据结构来抽象和描述。简化后的 worker_pool 数据结构如下。

```
<kernel/workqueue.c>

struct worker_pool {
    spinlock_t      lock;
    int             cpu;
    int             node;
    int             id;
    unsigned int        flags;
    struct list_head    worklist;
    int             nr_workers;
    int             nr_idle;
    struct list_head    idle_list;
    struct list_head    workers;
    struct workqueue_attrs*attrs;
    atomic_t     nr_running ____cacheline_aligned_in_smp;
    struct rcu_head        rcu;
    ...
} ____cacheline_aligned_in_smp;
```

- lock：用于保护工作线程池的自旋锁。
- cpu：对于 BOUND 类型的工作队列，cpu 表示绑定的 CPU ID；对于 UNBOUND 类型的工作线程池，该值为-1。
- node：对于 UNBOUND 类型的工作队列，node 表示该工作线程池所属内存节点的 ID。
- id：该工作线程池的 ID。
- worklist：处于 pending 状态的 work 会挂入该链表中。
- nr_workers：工作线程的数量。
- nr_idle：处于 idle 状态的工作线程的数量。
- idle_list：处于 idle 状态的工作线程会挂入该链表中。
- workers：该工作线程池管理的工作线程会挂入该链表中。
- attrs：工作线程的属性。
- nr_running：计数值，用于管理 worker 的创建和销毁，表示正在运行中的 worker 数量。在进程调度器中唤醒进程（使用 try_to_wake_up()）时，其他 CPU 可能会同时访问该成员，该成员频繁在多核之间读写，因此让该成员独占一个缓冲行，避免多核 CPU 在读写该成员时引发其他临近的成员“颠簸”现象，这也是所谓的“缓存行伪共享”的问题。
- rcu：RCU 锁。

工作线程池是 Per-CPU 类型的概念，每个 CPU 都有工作线程池。准确地说，每个 CPU 有两个工作线程池，一个用于普通优先级的工作线程，另一个用于高优先级的工作线程。

```
<kernel/workqueue.c>

static DEFINE_PER_CPU_SHARED_ALIGNED(struct worker_pool [NR_STD_WORKER_POOLS], cpu_wor
ker_pools);
```

CMWQ 还定义了一个 pool_workqueue 数据结构，它是连接工作队列和工作线程池的枢纽。

```
<kernel/workqueue.c>

struct pool_workqueue {
    struct worker_pool     *pool;
    struct workqueue_struct *wq;
    int          nr_active;
    int          max_active;
    struct list_head  delayed_works;
    struct rcu_head       rcu;
    ...
} __aligned(1 << WORK_STRUCT_FLAG_BITS);
```

其中，WORK_STRUCT_FLAG_BITS 为 8，因此 pool_workqueue 数据结构是按照 256 字节对齐的，这样方便把该数据结构指针的 Bit [8:31]位存放到 work->data 中，work->data 字段的低 8 位用于存放一些标志位，详见 set_work_pwq()函数和 get_work_pwq()函数。

- pool：指向工作线程池指针。

- wq：指向所属的工作队列。
- nr_active：活跃的 work 数量。
- max_active：活跃的 work 最大数量。
- delayed_works：链表头，延迟执行的 work 可以挂入该链表。
- rcu：RCU 锁。

系统中所有的工作队列（包括系统默认的工作队列，如 system_wq 或 system_highpri_wq 等，以及驱动开发者新创建的工作队列，共享一组工作线程池。对于 BOUND 类型的工作队列，每个 CPU 只有两个工作线程池，每个工作线程池可以和多个工作队列对应，每个工作队列也只能对应这几个工作线程池。工作队列由 workqueue_struct 数据结构来描述。

```
<kernel/workqueue.c>

struct workqueue_struct {
     struct list_head   pwqs;
     struct list_head   list;

     struct list_head   maydays;
     struct worker      *rescuer;

     struct workqueue_attrs*unbound_attrs;
     struct pool_workqueue*dfl_pwq;

     char          name[WQ_NAME_LEN];

     unsigned int     flags ____cacheline_aligned;
     struct pool_workqueue __percpu *cpu_pwqs;
     ...
};
```

- pwqs：所有的 pool-workqueue 数据结构都挂入链表中。
- list：链表节点。系统定义一个全局的链表工作队列，所有的工作队列挂入该链表。
- maydays：所有 rescuer 状态下的 pool-workqueue 数据结构挂入该链表。
- rescuer：rescuer 工作线程。内存紧张时创建新的工作线程可能会失败，如果创建工作队列时设置了 WQ_MEM_RECLAIM 标志位，那么 rescuer 工作线程会接管这种情况。
- unbound_attrs：UNBOUND 类型的属性。
- dfl_pwq：指向 UNBOUND 类型的 pool_workqueue。
- name：该工作队列的名字。
- flags：标志位经常被不同 CPU 访问，因此要和缓存行对齐。标志位包括 WQ_UNBOUND、WQ_HIGHPRI、WQ_FREEZABLE 等。
- cpu_pwqs：指向 Per-CPU 类型的 pool_workqueue。

一个 work 挂入工作队列中，最终还要通过工作线程池中的工作线程来处理其回调函数，工作线程池是系统共享的，因此工作队列需要查找到一个合适的工作线程池，然后从工作线程池中分派一个合适的工作线程，pool_workqueue 数据结构在其中起到桥梁作用。这有些类似于 IT 公司的人力资源池的概念，具体关系如图 2.9 所示。

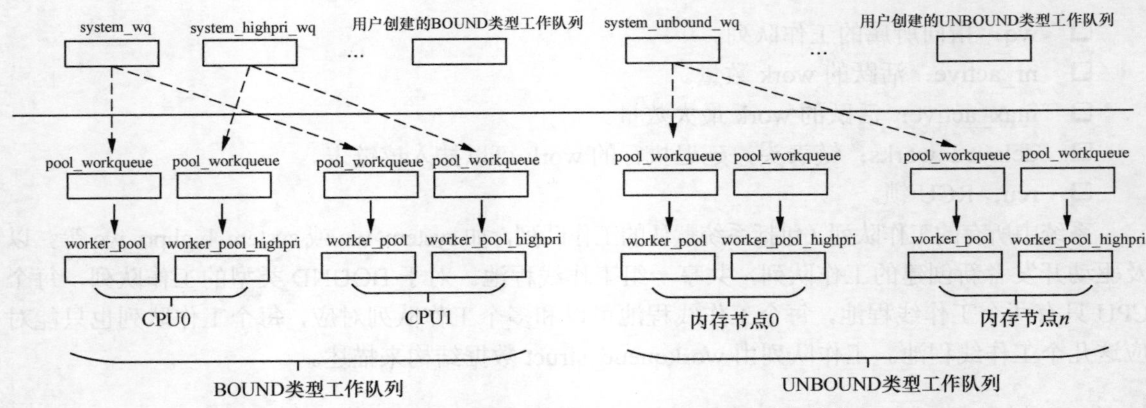

▲图 2.9　工作队列、工作线程池和 pool_workqueue 之间的关系

2.7.2　工作队列初始化

在系统启动时，会通过 workqueue_init_early ()函数来初始化系统默认的几个工作队列。

```
<kernel\workqueue.c>
<start_kernel()→workqueue_init_early()>

int __init workqueue_init_early(void)
```

workqueue_init_early ()函数中主要的操作如下。

在第 5721 行中，创建一个 pool_workqueue 数据结构的 slab 缓存对象。

在第 5724～5740 行中，为系统中所有可用的 CPU（cpu_possible_mask）分别创建 worker_pool 数据结构。

for_each_cpu_worker_pool()宏为每个 CPU 创建两个工作线程池，一个是普通优先级的工作线程池，另一个是高优先级的工作线程池。init_worker_pool()函数用于初始化一个工作线程池。第 5728 行代码中的 for_each_cpu_worker_pool()宏遍历 CPU 中的两个工作线程池。

```
#define for_each_cpu_worker_pool(pool, cpu)                \
     for ((pool) = &per_cpu(cpu_worker_pools, cpu)[0]; \
          (pool) <&per_cpu(cpu_worker_pools, cpu)[NR_STD_WORKER_POOLS]; \
          (pool)++)
```

在第 5743～5759 行中，创建 UNBOUND 类型和 ordered 类型的工作队列属性，ordered 类型的工作队列表示同一个时刻只能有一个 work 在运行。

第 5761～5772 行中，创建系统默认的几个工作队列，这里使用创建工作队列的接口函数 alloc_workqueue()。

- 普通优先级 BOUND 类型的工作队列 system_wq，名称为“events”，可以理解为默认工作队列。
- 高优先级 BOUND 类型的工作队列 system_highpri_wq，名称为“events_highpri”。
- UNBOUND 类型的工作队列 system_unbound_wq，名称为“system_unbound_wq”。
- Freezable 类型的工作队列 system_freezable_wq，名称为“events_freezable”。
- 省电类型的工作队列 system_power_efficient_wq，名称为“events_power_efficient”。

系统初始化期间，在初始化 init 进程时调用 workqueue_init()函数来创建工作线程。

```
<kernel\workqueue.c>
<kernel_init_freeable()->workqueue_init()>

  int __init workqueue_init(void)
```

workqueue_init()函数中主要的操作如下。

在第 5805 行中，工作队列考虑了 NUMA 系统下的一些特殊处理。

在第 5815～5820 行中，为每一个工作队列创建一个 rescuer 线程。内存紧张时创建新的工作线程可能会失败，如果创建工作队列时设置了 WQ_MEM_RECLAIM 标志位，那么 rescuer 线程会接管这种情况。

在第 5825～5830 行中，为系统的每一个在线 CPU 中的每个 worker_pool 分别创建一个工作线程。

在第 5832～5833 行中，为 UNBOUND 类型的工作队列创建工作线程。

在第 5836 行中，初始化工作队列用的看门狗。

下面来看 create_worker()函数是如何创建工作线程的。

```
<kernel\workqueue.c>
<workqueue_init()->create_worker()>

  static struct worker *create_worker(struct worker_pool *pool)
```

create_worker()函数中主要的操作如下。

在第 1817 行中，通过 IDA 子系统获取一个 ID。

在第 1821 行中，在 worker_pool 对应的内存节点中分配一个 worker 数据结构。

在第 1827～1831 行中，若 pool->cpu≥0，表示 BOUND 类型的工作线程。工作线程的名字一般是“kworker/ + CPU_ID + worker_id”，如果属于高优先级类型的工作队列，即 nice 值小于 0，那么还要加上“H”。若 pool->cpu < 0，表示 UNBOUND 类型的工作线程，名字为“kworker/u + pool_id + worker_id”。

在第 1833 行中，通过 kthread_create_on_node()函数在本地内存节点中创建一个内核线程，在这个内存节点上分配与该内核线程相关的 task_struct 等数据结构。

在第 1839 行中，kthread_bind_mask()函数设置工作线程的 PF_NO_SETAFFINITY 标志位，防止用户程序修改其 CPU 亲和性。

在第 1842 行中，worker_attach_to_pool()函数把刚分配的工作线程挂入 worker_pool 中，并且设置这个工作线程允许运行的 cpumask。

在第 1846 行中，nr_workers 统计该 worker_pool 中的工作线程个数。注意，这里 nr_workers 变量需要用自旋锁来保护，因为为每个 worker_pool 定义了一个 timer，用于动态删除过多的空闲的工作线程，见 idle_worker_timeout()函数。

在第 1847 行中，worker_enter_idle()函数让该工作线程进入空闲状态。

在第 1848 行中，wake_up_process()函数唤醒该工作线程。

在第 1851 行中，返回工作线程。

下面来看 worker_attach_to_pool()函数的实现。

```
<create_worker()->worker_attach_to_pool()>

static void worker_attach_to_pool(struct worker *worker,
```

```
                    struct worker_pool *pool)
```

worker_attach_to_pool()函数最主要的工作是将该工作线程加入 worker_pool->workers 链表中。POOL_DISASSOCIATED 是工作线程池内部使用的标志位，一个工作线程池可以处于 associated 状态或 disassociated 状态。associated 状态的工作线程池表示线程池绑定到某个 CPU 上，disassociated 状态的工作线程池表示线程池没有绑定某个 CPU，也可能绑定的 CPU 被离线了，因此可以在任意 CPU 上运行。

综上所述，工作队列初始化流程如图 2.10 所示。

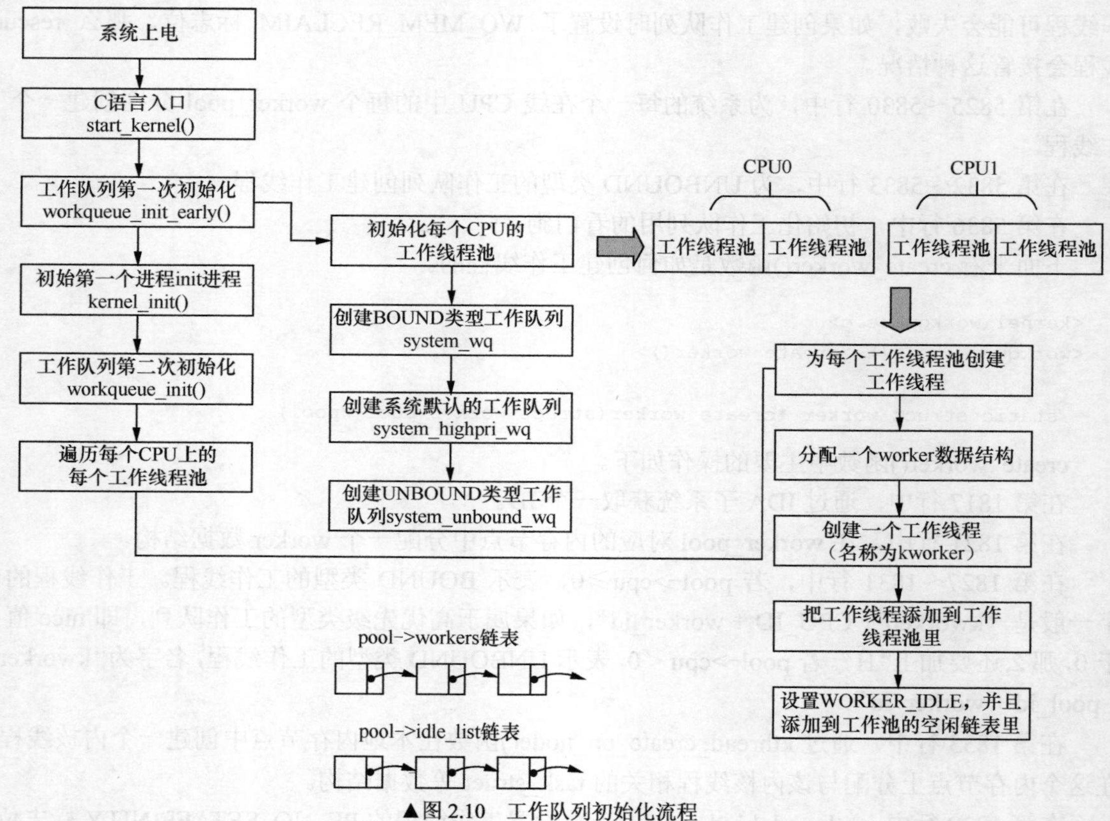

▲图 2.10　工作队列初始化流程

2.7.3　创建工作队列

创建工作队列的接口函数有很多，并且基本上和旧版本的工作队列兼容。

```
<include/linux/workqueue.h>

#define alloc_workqueue(fmt, flags, max_active, args...)        \
    __alloc_workqueue_key((fmt), (flags), (max_active),         \
                  NULL, NULL, ##args)

#define alloc_ordered_workqueue(fmt, flags, args...)            \
    alloc_workqueue(fmt, WQ_UNBOUND | __WQ_ORDERED | (flags), 1, ##args)

#define create_workqueue(name)                                  \
    alloc_workqueue("%s", WQ_MEM_RECLAIM, 1, (name))
```

```
#define create_freezable_workqueue(name)                    \
    alloc_workqueue("%s", WQ_FREEZABLE | WQ_UNBOUND | WQ_MEM_RECLAIM, \
            1, (name))
#define create_singlethread_workqueue(name)                  \
    alloc_ordered_workqueue("%s", WQ_MEM_RECLAIM, name)
```

最常见的一个接口函数是alloc_工作队列()，它有3个参数，分别是name、flags和max_active。其他的接口函数都和该接口函数类似，只是调用的flags不相同。

- WQ_UNBOUND：work会加入UNBOUND工作队列中，UNBOUND工作队列的工作线程没有绑定到具体的CPU上。UNBOUND类型的work不需要额外的同步管理，UNBOUND工作线程池会尝试尽快执行它的work。这类work会牺牲一部分性能（局部原理带来的性能提升），但是比较适用于如下场景。
  - 一些应用会在不同的CPU上跳跃，这样如果创建BOUND类型的工作队列，会创建很多没用的工作线程。
  - 长时间运行的CPU消耗类型的应用（标记WQ_CPU_INTENSIVE标志位）通常会创建UNBOUND类型的工作队列，进程调度器会管理这类工作线程在哪个CPU上运行。
- WQ_FREEZABLE：一个标记着WQ_FREEZABLE的工作队列会参与到系统的suspend过程中，这会让工作线程处理完当前所有的work才完成进程冻结，并且这个过程中不会再新开始一个work的执行，直到进程被解冻。
- WQ_MEM_RECLAIM：当内存紧张时，创建新的工作线程可能会失败，系统还有一个rescuer工作线程会接管这种情况。
- WQ_HIGHPRI：属于高优先级的工作线程池，即比较低的nice值。
- WQ_CPU_INTENSIVE：属于特别消耗CPU资源的一类work，这类work的执行会得到系统进程调度器的监管。排在这类work后面的non-CPU-intensive类型的work可能会推迟执行。
- __WQ_ORDERED：表示同一个时间只能执行一个work。

参数max_active也值得关注，它决定对于每个CPU最多可以把多少个work挂入一个工作队列。例如，max_active=16，说明对于每个CPU最多可以把16个work挂入一个工作队列中。通常对于BOUND类型的工作队列，max_active最大可以是512，如果向max_active参数传入0，则表示指定为256。对于UNBOUND类型工作队列，max_active可以取512到4 num_possible_cpus()的最大值。通常建议驱动开发者使用max_active=0作为参数，有些驱动开发者希望使用一个严格串行执行的工作队列，alloc_ordered_workqueue()接口函数可以满足这方面的需求，这里使用max_active=1和WQ_UNBOUND的组合，同一时刻只有一个work可以执行。

1. alloc_workqueue()函数

alloc_workqueue()函数主要调用__alloc_workqueue_key()函数来实现，它实现在kernel/workqueue.c文件中。

```
<kernel/workqueue.c>

struct workqueue_struct *__alloc_workqueue_key(const char *fmt,
                        unsigned int flags,
                        int max_active,
```

```
                        struct lock_class_key *key,
                        const char *lock_name, ...)
```

__alloc_workqueue_key()函数中重要的操作如下。

在第 4088 行中，对于 UNBOUND 类型工作队列，若参数 max_active=1，说明有些驱动开发者希望使用一个严格串行执行的工作队列。

在第 4092 行中，WQ_POWER_EFFICIENT 标志位需要考虑系统的功耗问题。对于 BOUND 类型的工作队列，它是 Per-CPU 类型的，会利用高速缓存的局部性原理来提高性能。它不会从这个 CPU 迁移到另外一个 CPU，也不希望进程调度器来打扰它们。设置成 UNBOUND 类型的工作队列后，究竟选择哪个 CPU 上唤醒由进程调度器决定。Per-CPU 类型的工作队列会让空闲状态的 CPU 从空闲状态唤醒，从而增加了功耗。如果系统配置了 CONFIG_WQ_POWER_EFFICIENT_DEFAULT 选项，那么创建工作队列会把标记了 WQ_POWER_EFFICIENT 的工作队列设置成 UNBOUND 类型，这样进程调度器就可以参与选择 CPU 来执行①。

在第 4099 行中，分配一个 workqueue_struct 数据结构。workqueue_struct 数据结构的最后一个成员是一个变长数组 numa_pwq_tbl[]。

在第 4103 行中，为 WQ_UNBOUND 类型的工作队列分配 workqueue_attrs。

在第 4117～4127 行中，为 workqueue 数据结构初始化必要的成员。

在第 4129 行中，alloc_and_link_pwqs()分配一个 pool_struct 数据结构并初始化。我们稍后会详细分析该函数。

在第 4132 行中，init_rescuer()为每一个工作队列初始化一个 rescuer 工作线程。

在第 4150 行中，把初始化好的工作队列添加到一个全局的链表里。

2. alloc_and_link_pwqs()函数

alloc_and_link_pwqs()函数的主要目的是分配一个 pool_workqueue 数据结构并初始化 pool_workqueue 数据结构，它是连接工作队列和工作线程池的枢纽。

```
<__alloc_workqueue_key()→alloc_and_link_pwqs()>

static int alloc_and_link_pwqs(struct workqueue_struct *wq)
```

alloc_and_link_pwqs()函数同样实现在 kernel/workqueue.c 文件中，其实现的重要操作如下。

第 3997～4014 行中，处理 BOUND 类型的工作队列。

在第 3998 行中，cpu_pwqs 是一个 Per-CPU 类型的指针，alloc_percpu()函数为每一个 CPU 分配一个 pool_workqueue 数据结构。

在第 4005 行中，cpu_worker_pools 是系统静态定义的 Per-CPU 类型的 worker_pool 数据结构，wq->cpu_pwqs 是动态分配的 Per-CPU 类型的 pool_workqueue 数据结构。

在第 4008 行中，init_pwq()函数把这两个数据结构连接起来，即 pool_workqueue->pool 指向 worker_pool 数据结构，pool_workqueue->wq 指向 workqueue_struct 数据结构。

---

① 在 Viresh Kumar 提交的 Linux 3.11 内核的补丁中，代码注释 include/linux/workqueue.h 中有这样一句话："The scheduler considers a CPU idle if it doesn't have any task to execute and tries to keep idle cores idle to conserve power"。意思是当一个 CPU 上没有任务执行时，调度器会让这个 CPU 进入空闲状态，然后尝试让空闲状态的 CPU 继续保持空闲状态来省电。然而，对于被唤醒的 UNBOUND 类型的 work，调度器依然会选择一个空闲的 CPU 来唤醒和执行，代码路径是 worker_thread()→process_one_work()→wake_up_worker()→wake_up_process()→select_task_rq_fair()→select_idle_sibling()。这个注释容易让人混淆，经确认，调度器可能会唤醒空闲的 CPU，WQ_POWER_EFFICIENT 标志位只是不想让 CPU 固定地睡眠、唤醒、睡眠、唤醒，由调度器来决定选择哪个 CPU 唤醒比较好。

在第 4011 行中，link_pwq()函数主要把 pool_workqueue 添加到 workqueue_struct->pwqs 链表中。

在第 4016 行和第 4223 行中，分别处理 ORDERED 类型和 UNBOUND 类型的工作队列，这些都通过调用 apply_workqueue_attrs()函数来实现。我们稍后分析 apply_workqueue_attrs()函数。

3. apply_workqueue_attrs()函数

apply_workqueue_attrs()函数用来更新属性（workqueue_attrs）到 UNBOUND 类型的工作队列中，其间若遇到属性一样的 worker_pool，就可以省去创建 worker_pool 的时间了。

```
<apply_workqueue_attrs()->apply_workqueue_attrs_locked()>

static int apply_workqueue_attrs_locked(struct workqueue_struct *wq,
                     const struct workqueue_attrs *attrs)
{
     ctx = apply_wqattrs_prepare(wq, attrs);
     apply_wqattrs_commit(ctx);
     apply_wqattrs_cleanup(ctx);
}
```

apply_workqueue_attrs_locked()函数中的操作主要集中在 apply_wqattrs_prepare()、apply_wqattrs_commit()和 apply_wqattrs_cleanup()这三个函数。

4. apply_wqattrs_prepare()函数

apply_wqattrs_prepare()函数主要做一些准备工作，它实现在 kernel/workqueue.c 文件中。

```
<kernel/workqueue.c>

static struct apply_wqattrs_ctx *
apply_wqattrs_prepare(struct workqueue_struct *wq,
              const struct workqueue_attrs *attrs)
```

apply_wqattrs_prepare()函数中的重要操作如下。

在第 3755 行中，分配一个 apply_wqattrs_ctx 数据结构。

在第 3757 行和第 3758 行中，分配两个 workqueue_attrs 数据结构，后续会使用。

在第 3767 行中，复制属性到 new_attrs 中。

在第 3784 行中，调用 alloc_unbound_pwq()函数来查找或新建一个 pool_workqueue。

上述中最重要的一个函数就是 alloc_unbound_pwq()。

```
<kernel/workqueue.c>

static struct pool_workqueue *alloc_unbound_pwq(struct workqueue_struct *wq, const str
uct workqueue_attrs *attrs)
```

alloc_unbound_pwq()函数也实现在 kernel/workqueue.c 中，其中的主要操作如下。

在第 3635 行中，通过 get_unbound_pool()函数获取一个 worker_pool。

在第 3644 行中，init_pwq()函数把 worker_pool 和 workqueue_struct 串联起来。

下面看一下 get_unbound_pool()函数的实现。

```
<kernel/workqueue.c>
```

```
static struct worker_pool *get_unbound_pool(const struct workqueue_attrs *attrs)
```

get_unbound_pool()函数也实现在 kernel/workqueue.c 中，其中的主要操作如下。

在第 3449 行中，系统定义了一个哈希表 unbound_pool_hash，用于管理系统中所有的 UNBOUND 类型的 worker_pool，通过 wqattrs_equal()函数判断系统中是否已经有了类型相关的 worker_pool。wqattrs_equal()函数首先会比较 nice 值，然后比较 cpumask 位图是否一致。

在第 3468 行中，如果在系统中没有找到属性一致的 worker_pool，那就重新分配和初始化一个。

把新分配的 worker_pool 添加到哈希表 unbound_pool_hash。

5. apply_wqattrs_commit()

apply_wqattrs_commit()函数用来安装刚才分配好的 pool_workqueue。

```
<kernel/workqueue.c>

static void apply_wqattrs_commit(struct apply_wqattrs_ctx *ctx)
```

apply_wqattrs_commit()函数会调用 numa_pwq_tbl_install()函数来安装 pool_workqueue。

numa_pwq_tbl_install()函数也是实现在 kernel/workqueue.c 中，其中的主要操作如下。

在第 3712 行中，link_pwq()函数把找到的 pool_workqueue 添加到 workqueue_struct->pwqs 链表中。

为了利用 RCU 锁机制来保护 pool_workqueue 数据结构，首先 old_pwq 和 pwq_tbl[node]指向 wq->numa_pwq_tbl[node]中旧的数据，执行 rcu_assign_pointer()之后，wq->numa_pwq_tbl[node]指针指向新的数据，也就是刚才分配的 pool_workqueue。

那 RCU 什么时候会删除旧数据呢？看 apply_wqattrs_cleanup()函数中的 put_pwq_unlocked()函数，其中 ctx->pwq_tbl[node]指向旧数据。

```
<put_pwq_unlocked()->put_pwq()>

static void put_pwq(struct pool_workqueue *pwq)
{
    if (likely(--pwq->refcnt))
        return;
    schedule_work(&pwq->unbound_release_work);
}
```

当 pool_workqueue->refcnt 成员等于 0 时，会通过 schedule_work()函数调度一个系统默认的 work。每个 pool_workqueue 又初始化一个 work，详见 init_pwq()函数。

```
static void init_pwq(struct pool_workqueue *pwq, struct workqueue_struct *wq,
               struct worker_pool *pool)
{
    ...
    pwq->pool = pool;
    pwq->wq = wq;
    ...
    INIT_WORK(&pwq->unbound_release_work, pwq_unbound_release_workfn);
```

```
}
```

直接看该 work 的回调函数 pwq_unbound_release_workfn()。

```
<put_pwq_unlocked()→put_pwq()→pwq_unbound_release_workfn()>

static void pwq_unbound_release_workfn(struct work_struct *work)
{
  ...
    call_rcu(&pwq->rcu, rcu_free_pwq);

    if (is_last)
        call_rcu(&wq->rcu, rcu_free_wq);
}
```

首先从 work 中找到 pool_workqueue 数据结构的指针 pwq。注意，该 work 只对 UNBOUND 类型的工作队列有效。当有需要释放 pool_workqueue 数据结构时，会调用 call_rcu()函数来对旧数据进行保护，让所有访问旧数据的临界区都经历过宽限期之后才会释放旧数据。

综上所述，创建工作队列的流程如图 2.11 所示。

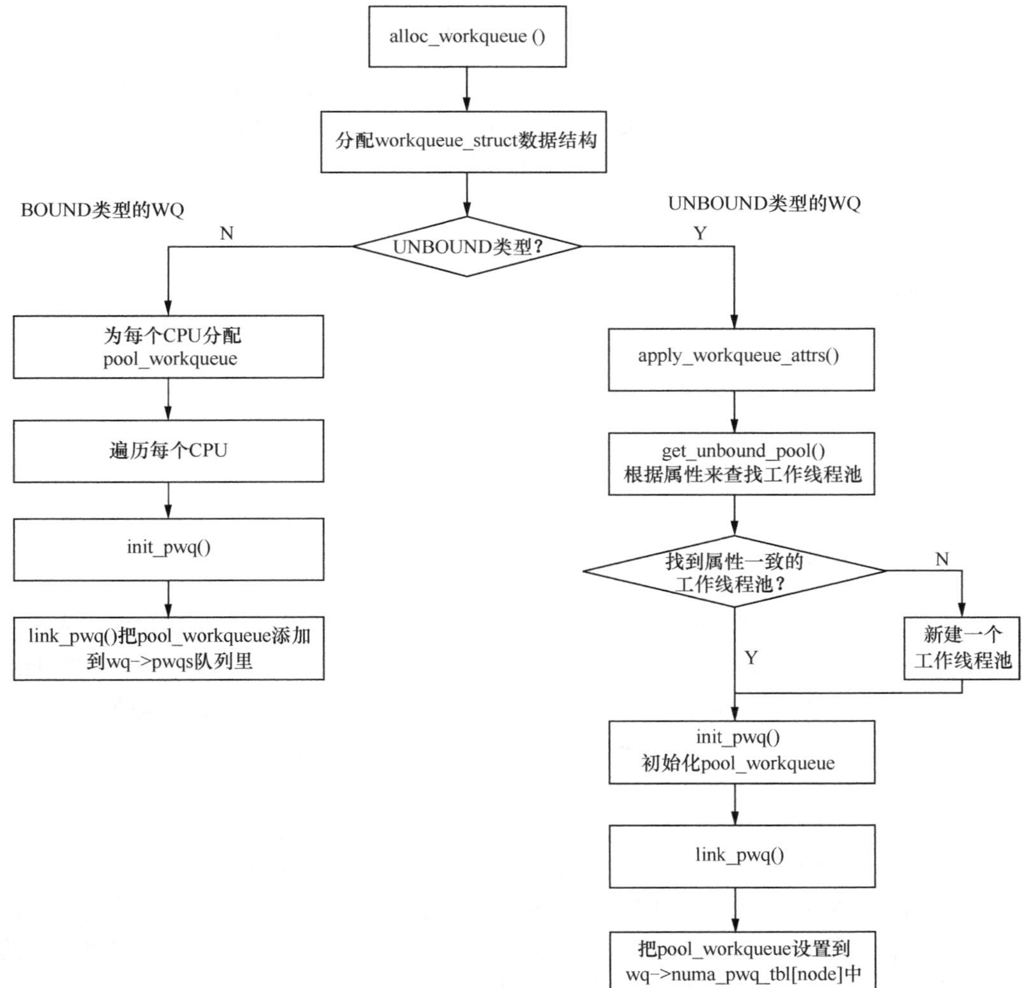

▲图 2.11　创建工作队列的流程

2.7.4　添加和调度一个 work

Linux 内核推荐驱动开发者使用默认的工作队列，而不是新创建工作队列。要使用系统默认的工作队列，首先需要初始化一个 work，内核提供了相应的宏 INIT_WORK()。

```
<include/linux/workqueue.h>

#define INIT_WORK(_work, _func)                    \
    __INIT_WORK((_work), (_func), 0)

#define __INIT_WORK(_work, _func, _onstack)              \
    do {                                    \
        __init_work((_work), _onstack);          \
        (_work)->data = (atomic_long_t) WORK_DATA_INIT();  \
        INIT_LIST_HEAD(&(_work)->entry);        \
        (_work)->func = (_func);                \
    } while (0)

#define WORK_DATA_INIT()        ATOMIC_LONG_INIT(WORK_STRUCT_NO_POOL)
```

work_struct 数据结构不复杂，主要是对 data、entry 和回调函数 func 赋值。data 成员被划分成两个域，低位域用于存放与 work 相关的 flags，高位域用于存放上次执行该 work 的 worker_pool 的 ID 或保存 pool_workqueue 数据结构上一次的指针。

```
enum {
    WORK_STRUCT_PENDING_BIT  = 0,
    WORK_STRUCT_DELAYED_BIT  = 1,
    WORK_STRUCT_PWQ_BIT  = 2,
    WORK_STRUCT_LINKED_BIT  = 3,
    WORK_STRUCT_COLOR_SHIFT  = 4,
    WORK_STRUCT_COLOR_BITS  = 4,
    ...
    WORK_OFFQ_FLAG_BITS  = 1,
    ...
}
```

以 32 位的 CPU 来说，当 data 字段包含 WORK_STRUCT_PWQ_BIT 标志位时，表示其高位用于保存 pool_workqueue 数据结构中上一次的指针，低 8 位用于存放一些标志位。当 data 字段没有包含 WORK_STRUCT_PWQ_BIT 标志位时，表示其高位用于存放上一次执行该 work 的 worker_pool 的 ID，低 5 位用于存放一些标志位，详见 get_work_pool()函数。

常见的标志位如下。

- WORK_STRUCT_PENDING_BIT：表示该 work 正在延迟执行。
- WORK_STRUCT_DELAYED_BIT：表示该 work 被延迟执行了。
- WORK_STRUCT_PWQ_BIT：表示 work 的 data 成员指向 pwqs 数据结构的指针，其中 pwqs 需要按照 256B 对齐，这样 pwqs 指针的低 8 位可以忽略，只需要其余的位就可以找回 pwqs 指针。pool_workqueue 数据结构按照 256 字节对齐。

- WORK_STRUCT_LINKED_BIT：表示下一个 work 连接到该 work 上。

初始化完一个 work 后，就可以调用 schedule_work()函数来把 work 挂入系统的默认工作队列中。

```
<include/linux/workqueue.h>

static inline bool schedule_work(struct work_struct *work)
{
     return queue_work(system_wq, work);
}
```

schedule_work()函数把 work 挂入系统默认 BOUND 类型的工作队列 system_wq 中，该工作队列是在调用 init_workqueues()时创建的。

```
<schedule_work()->queue_work()>

static inline bool queue_work(struct workqueue_struct *wq,
                      struct work_struct *work)
{
     return queue_work_on(WORK_CPU_UNBOUND, wq, work);
}
```

queue_work_on()函数有 3 个参数，其中 WORK_CPU_UNBOUND 表示不绑定到任何 CPU 上，建议使用本地 CPU。WORK_CPU_UNBOUND 宏容易让人产生混淆，它定义为 NR_CPUS。wq 指工作队列，work 指新创建的工作。

```
<schedule_work()->queue_work()->queue_work_on()>

bool queue_work_on(int cpu, struct workqueue_struct *wq,
          struct work_struct *work)
{
     bool ret = false;
     unsigned long flags;

     local_irq_save(flags);

     if (!test_and_set_bit(WORK_STRUCT_PENDING_BIT, work_data_bits(work))) {
          __queue_work(cpu, wq, work);
          ret = true;
     }

     local_irq_restore(flags);
     return ret;
}
```

把 work 加入工作队列是在关闭本地中断的情况下进行的。如果开中断，那么可能在处理中断返回时调度其他进程，其他进程可能调用 cancel_delayed_work()函数获取了 PENDING 位，这种情况在稍后介绍 cancel_delayed_work()函数时再详细描述。如果该 work 已经设置了 WORK_STRUCT_

PENDING_BIT 标志位，说明该 work 已经在工作队列中，不需要重复添加。test_and_set_bit()函数设置 WORK_STRUCT_PENDING_BIT 标志位并返回旧值。

1. __queue_work()函数

__queue_work()函数实现在 kernel/workqeueue.c 文件中，是调度一个 work 的核心实现。

```
static void __queue_work(int cpu, struct workqueue_struct *wq,
            struct work_struct *work)
```

__queue_work()函数中的主要操作如下。

在第 1403 行中，__WQ_DRAINING 标志位表示要销毁工作队列，因此挂入工作队列中所有的 work 都要处理完毕才能把这个工作队列销毁。在销毁过程中，一般不允许再有新的 work 加入队列中。特例是正在清空 work 时又触发了一个工作入队操作，这种情况称为链式工作（chained work）。

在第 1411～1414 行中，pool_workqueue 数据结构是桥梁枢纽，为了把 work 添加到工作队列中，首先需要找到一个合适的 pool_workqueue 枢纽。对于 BOUND 类型的工作队列，直接使用本地 CPU 对应的 pool_workqueue 枢纽；对于 UNBOUND 类型的工作队列，调用 unbound_pwq_by_node()函数来寻找本地节点对应的 UNBOUND 类型的 pool_workqueue。

```
static struct pool_workqueue *unbound_pwq_by_node(struct workqueue_struct *wq,int node
)
{
    return rcu_dereference_raw(wq->numa_pwq_tbl[node]);
}
```

对于 UNBOUND 类型的工作队列，workqueue_struct 数据结构中的 numa_pwq_tbl[]数组存放着每个系统节点对应的 UNBOUND 类型的 pool_workqueue 枢纽。

在第 1421～1438 行中，每个 work_struct 数据结构的 data 成员可以用于记录 worker_pool 的 ID，get_work_pool()函数可以用于查询该 work 上一次是在哪个 worker_pool 中运行的。

```
static struct worker_pool *get_work_pool(struct work_struct *work)
{
    unsigned long data = atomic_long_read(&work->data);
    int pool_id;
    pool_id = data >> WORK_OFFQ_POOL_SHIFT;
    if (pool_id == WORK_OFFQ_POOL_NONE)
        return NULL;

    return idr_find(&worker_pool_idr, pool_id);
}
```

在第 1421 行中，get_work_pool()函数返回上一次运行该 work 的 worker_pool。如果发现上一次运行该 work 的 worker_pool 和这一次运行该 work 的 pwq->pool 不一致，如上一次在 CPU0 对应的 worker_pool 上运行，这一次在 CPU1 对应的 worker_pool 上运行，就要考查 work 是不是正运行在 CPU0 的 worker_pool 中的某个工作线程里。如果是，那么这次 work 应该继续添加到 CPU0 的 worker_pool 上。

find_worker_executing_work()函数判断一个 work 是否正在某个 worker_pool 上执行，如果是，则返回这个正在执行的工作线程，这样可以利用其缓存热度。

在第 1449 行中，程序执行到这里，pool_workqueue 应该已确定，要么通过本地 CPU 或节点找到了 pool_workqueue，要么它是上一次的 last pool_workqueue。但是对于 UNBOUND 类型的工作队列来说，对 UNBOUND 类型的 pool_workqueue 的释放是异步的，因此这里有一个 refcnt 成员。当 pool_workqueue->refcnt 减小到 0 时，说明该 pool_workqueue 已经被释放，因此只能跳转到 retry 标签处重新选择 pool_workqueue。

在第 1470 行中，判断当前的 pool_workqueue 活跃的 work 数量。如果小于最大值，就加入等待链表 worker_pool->worklist 中；否则，加入 delayed_works 链表中。

在第 1481 行中，把 work 添加到 worker_pool 里。

上述过程完成了添加一个 work 到工作队列的动作，如图 2.12 所示。

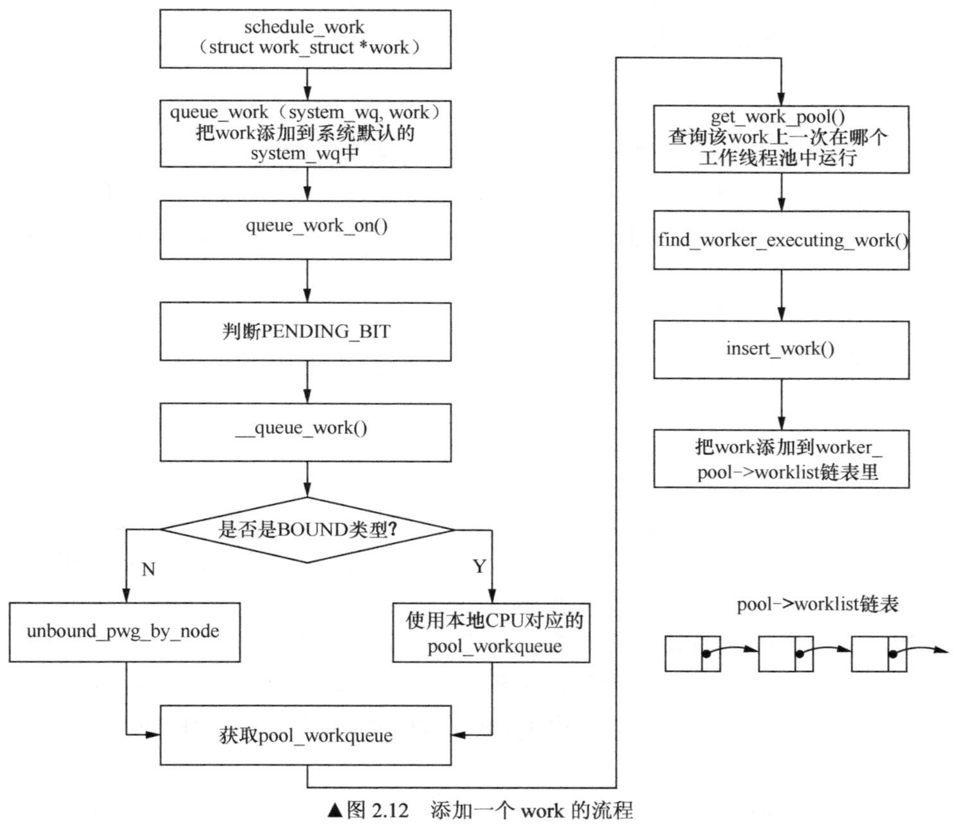

▲图 2.12　添加一个 work 的流程

2. insert_work()函数

insert_work()函数实现在 kernel/workqeueue.c 文件中，其中的主要操作如下。

在第 1319 行中，set_work_pwq()函数设置 work_struct 数据结构中的 data 成员，把 pwq 指针的值和一些标志位设置到 data 成员中，下一次调用 queue_work()函数重新加入该 work 时，可以很方便地知道本次使用哪个 pool_workqueue，详见 get_work_pwq()函数。

在第 1320 行中，将 work 加入 worker_pool 相应的链表中。

在第 1321 行中，get_pwq()函数增加 pool_workqueue->refcnt 成员，它和 put_pwq()函数是配对使用的。

在第 1328 行中，smp_mb()内存屏障指令保证 wake_up_worker()函数唤醒 worker 时，在 __schedule()->wq_worker_sleeping()函数中看到这里的 list_add_tail()函数添加链表已经完成。另外，也保证第 1330 行的__need_more_worker()函数读取 worker_pool->nr_running 成员时，

list_add_tail()函数添加链表已经完成。

至此，驱动开发者调用 schedule_work()函数已经把 work 加入工作队列中，虽然函数名叫作 schedule_work，但并没有开始实际调度 work，它只是把 work 加入工作队列的 PENDING 链表中而已。注意以下几点。

- 加入工作队列的 PENDING 链表是在关中断的环境下进行的。
- 设置 work->data 成员的 WORK_STRUCT_PENDING_BIT 标志位。
- 寻找合适的 pool_workqueue。优先选择本地 CPU 对应的 pool_workqueue。如果该 work 正在另外一个 CPU 的工作线程池中运行，那么优先选择这个线程池。
- 找到 pool_workqueue，也就找到对应的 worker_pool 和对应的 PENDING 链表。
- 小心处理 SMP 并发情况。

2.7.5 处理一个 work

接下来看工作线程是如何处理 work 的。从代码分析我们可以知道以下两点。

- 对于 BOUND 类型的工作队列，每个 CPU 会创建一个专门的工作线程。
- 对于 UNBOUND 类型的工作队列，每一个 worker_pool 会创建一个专门的工作线程。

1. worker_thread()函数

Work_thread()函数的定义如下。

```
<kernel/workqueue.c>

static int worker_thread(void *__worker)
```

worker_thread()函数实现在 kernel/workqueue.c 文件中，其中的主要操作如下。

在第 2267 行中，set_pf_worker()函数设置该工作线程的 task_struct->flags 成员的 PF_WQ_WORKER 标志位，告诉进程调度器这是一个 worker 类型的线程。

在第 2272 行中，WORKER_DIE 是指工作线程要被销毁的情况。

在第 2284 行中，工作线程在创建时把状态设置成空闲状态，详细参见 create_worker()函数，现在线程执行时应该退出空闲状态。worker_leave_idle()函数清除 WORKER_IDLE 标志位，并退出空闲状态链表（worker-> entry）。

在第 2287 行中，worker_thread 是一个工作线程的执行部分，它会不停地被调度，如果这时该工作线程空闲，那最好让它睡眠，即跳转到第 2329 行的 sleep 标签处，让该工作线程睡眠。

如果当前 worker_pool 的等待队列中有等待的任务，并且当前工作线程池中也没有正在运行的线程，那么需要唤醒更多的线程；否则，当前工作线程应该跳转到第 2329 行代码的 sleep 标签处睡眠。对于 UNBOUND 类型的工作线程，由于不使用 nr_running 成员，因此 need_more_worker()一直返回 true。

need_more_worker()函数有两个判断，一是判断工作线程池是否为空，二是判断工作线程池中表示正在运行中的 worker 数量是否为 0。

在第 2291 行中，may_start_working()判断该线程池中是否有空闲状态的工作线程。如果没有，那么需要新建一些工作线程。工作线程池里的工作线程是动态创建和分配的，也就是按需分配。may_start_working()函数比较简单，只返回 worker_pool-> nr_idle 成员。

manage_workers()函数是动态管理创建工作线程的函数。我们稍后分析这个函数。

创建一个新工作线程后，还需要跳转到 recheck 标签处再检查一遍，可能在创建工作线程的过程中整个工作线程池的状态又发生了变化。

在第 2299 行中，worker->scheduled 链表表示工作线程准备处理一个 work 或正在执行一个 work 时才会有 work 添加到该链表中，因此这里使用 WARN_ON_ONCE()做判断。

在第 2308 行中，worker_clr_flags()函数清除 worker->flags 中的 WORKER_PREP | WORKER_REBOUND 标志位，因为马上就要开始执行 work 的回调函数了。另外，对于 BOUND 类型的工作队列来说，这里还会增加 worker_pool->nr_running 计数值。

在第 2310～2326 行中，依次处理 worker_pool->worklist 链表中等待的 work。WORK_STRUCT_LINKED 标志位表示 work 后面还有其他 work，把这些 work 迁移到 worker->scheduled 链表中，然后一并调用 process_one_work()函数处理这些 work。

在第 2326 行中，keep_working()函数用来控制线程数量。我们稍后会详细分析该函数。

综上所述，处理一个 work 的流程如图 2.13 所示。

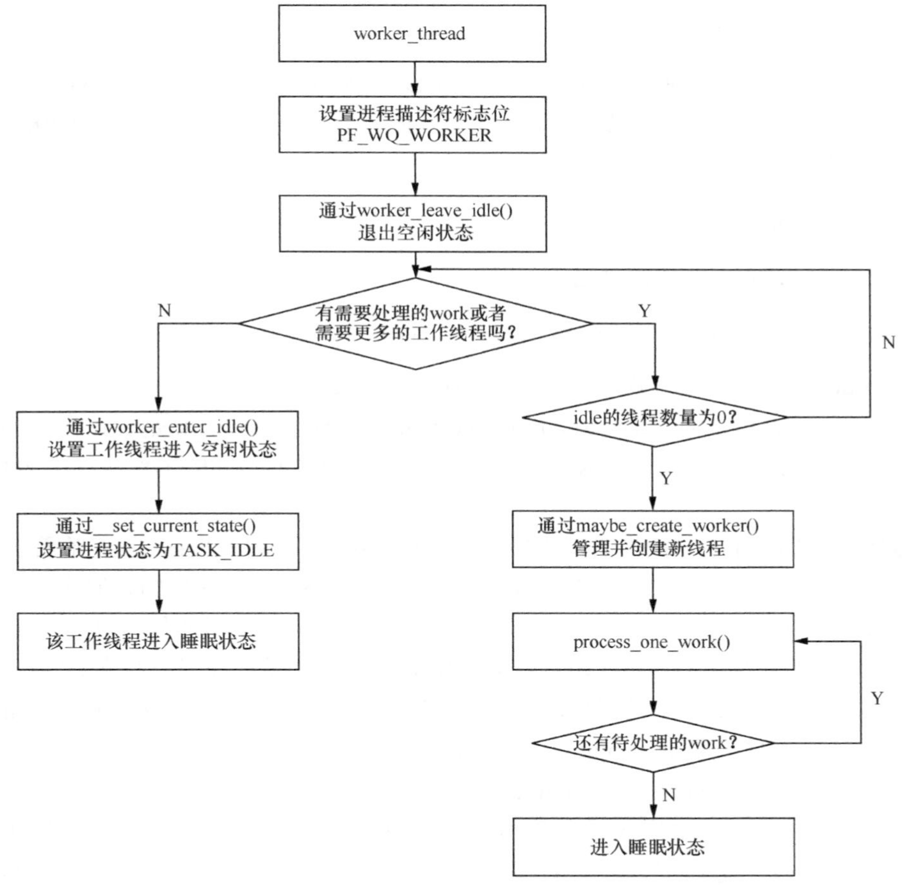

▲图 2.13 处理一个 work 的流程

2. need_more_worker()函数

need_more_worker()函数用来判断是否需要唤醒一些工作线程。

```
static bool need_more_worker(struct worker_pool *pool)
{
    return !list_empty(&pool->worklist) && __need_more_worker(pool);
```

```
}

static bool __need_more_worker(struct worker_pool *pool)
{
    return !atomic_read(&pool->nr_running);
}
```

其中 nr_running 是一个计数值，用于管理工作线程的创建和销毁，表示正在运行中的工作线程数量。

3. manage_workers()函数

manage_workers()函数用来管理和分配工作线程。

```
<kernel/workqueue.c>

static bool manage_workers(struct worker *worker)
```

内部调用 maybe_create_worker()函数，在该函数的 while 循环首先调用 create_worker()函数来创建新的工作线程。若创建成功，则退出 while 循环或通过 need_to_create_worker()函数判断是否需要继续创建新线程。

4. process_one_work()函数

process_one_work()函数的定义如下。

```
static void process_one_work(struct worker *worker, struct work_struct *work)
```

process_one_work ()函数实现在 kernel/workqueue.c 文件中，其中的主要操作如下。

在第 2097 行中，find_worker_executing_work()函数查询一个 work 是否正在 worker_pool-> busy_hash 哈希表中运行。如果一个 work 可能在同一个 CPU 上不同的工作线程中运行，该 work 只能退出当前处理。

在第 2104～2109 行中，把当前工作线程添加到 worker_pool-> busy_hash 哈希表中。

在第 2125 行中，如果当前的工作队列是 WQ_CPU_INTENSIVE 的，那么设置该工作线程为 WORKER_CPU_INTENSIVE，这样调度器就知道工作线程的属性了。不过目前进程调度器暂时还没有对 WORKER_CPU_INTENSIVE 工作线程做任何特殊处理。

在第 2135 行中，继续判断是否需要唤醒更多的工作线程。对于 BOUND 类型的工作队列来说，程序运行到此时通常 nr_running>=1，因此这里判断条件不成立。

在第 2144 行中，set_work_pool_and_clear_pending()函数清除 worker 数据结构中 data 成员的 pending 标志。注意，这里插入了一条功能强大的 smp_wmb()指令，smp_wmb()指令保证屏障指令之前的写指令一定在屏障之后的写指令之前完成，因此对 work 所有的修改都完成后，才会清除 pending 标志位。

在第 2173 行中，真正执行 work 的回调函数 worker->current_func(work)。

在第 2211～2215 行中，work 的回调函数执行完成后的清理工作。

5. keep_working()函数

keep_working()函数其实是控制活跃工作线程数量的。

```
static bool keep_working(struct worker_pool *pool)
{
    return !list_empty(&pool->worklist) &&
        atomic_read(&pool->nr_running) <= 1;
}
```

这里判断条件比较简单，如果 pool->worklist 中还有工作需要处理且工作线程池中活跃的线程数量小于或等于 1，那么保持当前工作线程继续工作，此功能可以防止工作线程泛滥。为什么限定活跃的工作线程数量小于或等于 1 呢？在一个 CPU 上限定一个活跃工作线程的方法比较简单。当然，这里没有考虑 CPU 上工作线程池的负载情况。[①]

6. worker_thread()函数

worker_thread()函数简化后的代码逻辑如下。

```
worker_thread()
{
recheck:
   If (不需要更多的工作线程? )
         goto 睡眠;

   if (需要创建更多的工作线程? &&创建线程)
      goto recheck;

   do {
         处理工作;
   } (还有工作待完成&&活跃的工作线程<= 1)

睡眠:
   schedule();
}
```

至此一个 work 的执行过程已介绍完毕，关于工作线程的总结如下。

- 动态地创建和管理一个工作线程池中的工作线程。假如发现有等待的 work 且当前工作线程池中没有正在运行的工作线程（worker_pool-> nr_running = 0），那就唤醒空闲状态的线程；否则，就动态创建一个工作线程。
- 如果发现一个 work 已经在同一个工作线程池的另外一个工作线程执行了，那就不处理该 work。
- 动态管理活跃工作线程数量，详见 keep_working()函数。

2.7.6 取消一个 work

在关闭设备节点、出现一些错误或者设备要进入 suspend 状态时，驱动通常需要取消一个已经调度的 work，工作队列机制提供了一个取消 work 的 cancel_work_sync()函数接口。该函数通常会取消一个 work，但会等待该 work 执行完毕。cancel_work_sync()函数内部调用 __cancel_work_timer()函数，参数 is_dwork 为 false，dwork 指工作队列的另外一个变体 delayed_

① 如一个 CPU 上有 5 个任务，假设它们的权重都是 1024，其中 3 个 work 类型任务，那么这 3 个 work 分布在 3 个工作线程和在 1 个工作线程中运行，哪种方式能够最快执行完成？

work，稍后会介绍。

1. cancel_work_sync()函数

ancel_work_sync()函数会直接调用__cancel_work_timer()函数，下面我们来看__cancel_work_timer()函数的实现。

```
<kernel/workqueue.c>

static bool __cancel_work_timer(struct work_struct *work, bool is_dwork)
```

__cancel_work_timer()函数实现在 kernel/workqueue.c 文件中，其中的主要操作如下。

在第 2981 行中，初始化了一个等待队列 cancel_waitq。

在第 2985～3016 行中，实现一个忙等待 pending 位的过程。try_to_grab_pending()函数让调用 cancel_work_sync()函数的进程变成一个"偷窃者"，类似于互斥锁机制中的"偷窃者"，尝试从工作线程池中把 work"偷回来"。

通过 try_to_grab_pending()函数获取 work 可能会失败。有一种失败情况需要特殊处理——当这个 work 处于正在退出的状态时，会返回-ENOENT，__cancel_work_timer()函数等待并继续尝试。

如果 try_to_grab_pending()函数成功获取了 work，那么 mark_work_canceling()函数设置 WORK_OFFQ_CANCELING 位。

在第 3027 行中，__flush_work()函数会等待 work 执行完。

2. try_to_grab_pending()函数

try_to_grab_pending()函数的实现如下。

```
<kernel/workqueue.c>

static int try_to_grab_pending(struct work_struct *work, bool is_dwork,
                unsigned long *flags)
```

try_to_grab_pending()实现在 kernel/workqueue.c 文件中，其中的主要操作如下。

在第 1232 行中，关闭本地中断，原因稍后再详细解释。

在第 1248 行中，测试 work->data 成员中的 WORK_STRUCT_PENDING_BIT（简称 PENGING 位）是否为 0。如果 PENDING 位为 0，说明该 work 处于空闲状态，那么我们可以很轻松地把 work 取回来，不需要去工作线程池中获取 work 了；如果 PENDING 位不为 0，说明 work 还在工作线程池的等待队列中。注意，test_and_set_bit()不管当前 PENDING 位是否清零，都要重新设置该位，后续还需要等待该 work 执行完。

关于 PENDING 位何时设置以及清零，总结如下。

- 设置 PENDING 位：如果一个 work 已经添加到工作队列中，调用 schedule_work()→queue_work()→queue_work_on()。
- PENDING 位清零：如果一个 work 在工作线程里并且马上要执行，调用 worker_thread→process_ one_work()→set_work_pool_and_clear_pending()。
- 上述设置和清零动作都是在关闭本地中断的情况下执行的。

在第 1255～1290 行中，假设该 work 还在工作线程池的等待队列中，那么尝试从工作线程池中获取 work，成功后，try_to_grab_pending()函数返回 1。get_work_pool()函数获取 worker_pool 可能会失败，如果该 work 已经被取消，那么返回-ENOENT，__cancel_work_timer()函数会等待并继续尝试。

下面回答为什么要关闭本地中断。

工作队列机制使用 PENDING 位来同步 work 加入和删除队列操作。当一个 work 要加入工作队列时，首先要设置这个位，然后才能执行 work。从一个 work 设置 PENDING 位到真正执行，在这个时间窗口里可能发生中断或被抢占。另外，如果从工作队列中删除一个 work，也有类似的情况，在 process_one_work()函数中，从释放 pool->lock 到 PENDING 位被清零，在这个时间窗口里可能发生中断或被抢占。调用 cancel_work_sync()函数的进程会尝试获取 PENDING 位。如果加入 work 的进程在处理 work 的过程中发生了中断或抢占，那么 cancel 操作的进程可能已获取 PENDING 位。因此，在加入 work 和删除队列的操作中都需要关闭中断[①]。

流程图如图 2.14 所示，进程 A 在 CPU0 上运行，在调用 schedule_work()时设置该 work 的 PENDING 位。如果此时发生了一个中断，中断返回前发生了调度抢占，并且调度器选择进程 B 来执行。如果进程 B 恰巧执行 cancel_work_sync()，则进程 B 会把 PENDING 位给抢走。

```
        CPU0                                                        CPU1
-----------------------------------------------------------------------------
       进程 A
       schedule_work()
       queue_work_on()

       设置 work 的 PENDING 位
        中断发生
          ...
        中断返回前发生调度抢占
          调度进程 B：执行 cancel_work_sync()
            进程 B 已获取 PENDING 位
```

图 2.14 流程图

3. __flush_work()函数

__flush_work()函数的实现如下。

```
<kernel/workqueue.c>
<cancel_work_sync()->_cancel_work_timer()->_flush_work()>
static bool __flush_work(struct work_struct *work, bool from_cancel)
```

__flush_work ()函数如何等待一个 work_A 执行完呢？

在 work_A 之后新添加一个 work_B 并把 work_B 添加到 work 所在的等待队列末尾，然后初始化一个完成量。当执行 work_B 的回调函数时，回调函数通过唤醒完成量知道 work_A 已经执行完。

__flush_work ()函数中的主要操作如下。

在第 2939 行中，调用 start_flush_work()函数来初始化并把一个新的 work（如 work_B）插入当前 work（如 work_A）的等待队列中。

① 在 Linux 3.7 内核之前的代码，process_one_work()函数中先执行 spin_unlock_irq(&pool->lock)，然后清零 PENDING 位，这中间可能会发生中断。

在第 2940 行中，wait_for_completion()等待这个新的 work 执行完，此时，当前 work 已经执行完。

2.7.7　和调度器的交互

CMWQ 机制会动态地调整一个工作线程池中工作线程的执行情况，不会因为某一个 work 回调函数执行了阻塞操作而影响到整个工作线程池中其他 work 的执行。假设某个 work 的回调函数 func()中执行了睡眠操作，如调用 wait_event_interruptible()函数去睡眠，在 wait_event_interruptible ()函数中会设置当前进程的 state 为 TASK_INTERRUPTIBLE，然后执行 schedule()函数切换进程。scheddule()函数的代码片段如下。

```
<kernel/sched/core.c>

static void __sched __schedule(void)
{
    ...
    if (!preempt && prev->state) {
            deactivate_task(rq, prev, DEQUEUE_SLEEP | DEQUEUE_NOCLOCK);

        //对工作线程池的处理
         if (prev->flags & PF_WQ_WORKER) {
             struct task_struct *to_wakeup;

             to_wakeup = wq_worker_sleeping(prev);
             if (to_wakeup)
                 try_to_wake_up_local(to_wakeup, &rf);
         }
      }
      switch_count = &prev->nvcsw;
   }
   ...
}
```

在__schedule()函数中，prev 指当前进程，即执行 work 的工作线程，它的 state 为 TASK_INTERRUPTIBLE（其值为 1）。另外，这次调度不是中断返回前的抢占调度，preempt_count 也没有设置 PREEMPT_ACTIVE，因此会处理工作线程的情况。当一个工作线程要被调度器换出时，调用 wq_worker_sleeping()看看是否需要唤醒同一个工作线程池中的其他工作线程。wq_worker_sleeping()函数的代码片段如下。

```
struct task_struct *wq_worker_sleeping(struct task_struct *task, int cpu)
{

    struct worker *worker = kthread_data(task), *to_wakeup = NULL;
    struct worker_pool *pool;

    pool = worker->pool;
```

```
	if (atomic_dec_and_test(&pool->nr_running) &&
	     !list_empty(&pool->worklist))
	      to_wakeup = first_idle_worker(pool);
	return to_wakeup ? to_wakeup->task : NULL;
}
```

当前的工作线程马上要被换出（睡眠），因此先把 worker_pool-> nr_running 计数值减 1，然后判断该计数值是否为 0，若为 0 则说明当前工作线程池也没有活跃的工作线程。若没有活跃的工作线程且当前工作线程池的等待队列中还有 work 需要处理，就必须通过一个空闲的工作线程来唤醒它。first_idle_worker()函数比较简单，从 pool->idle_list 链表中取一个空闲的工作线程即可。

接下来，找到一个空闲的工作线程，调用 try_to_wake_up_local()函数去唤醒空闲的工作线程。

在唤醒一个工作线程时，需要增加 worker_pool-> nr_running 计数值来告诉工作队列机制现在有一个工作线程要唤醒了。

```
<__schedule()->try_to_wake_up_local()->ttwu_activate()>

static void ttwu_activate(struct rq *rq, struct task_struct *p, int en_flags)
{
	activate_task(rq, p, en_flags);
	p->on_rq = TASK_ON_RQ_QUEUED;

	if (p->flags & PF_WQ_WORKER)
		wq_worker_waking_up(p, cpu_of(rq));
}
```

wq_worker_waking_up()函数增加 pool->nr_running 计数值，表示有一个工作线程马上就会被唤醒，可以投入工作了。

```
void wq_worker_waking_up(struct task_struct *task, int cpu)
	struct worker *worker = kthread_data(task);

	if (!(worker->flags & WORKER_NOT_RUNNING)) {
		atomic_inc(&worker->pool->nr_running);
	}
}
```

worker_pool->nr_running 计数值在工作队列机制中起到非常重要的作用，它是工作队列机制和进程调度器之间的枢纽。下面来看引用计数。

```
struct worker_pool {
	...
	atomic_t		nr_running ____cacheline_aligned_in_smp;
	...
} ____cacheline_aligned_in_smp;
```

worker_pool 数据结构按照高速缓存行对齐，而 nr_running 成员也要求和高速缓存行对齐，因为系统中每个 CPU 都可能访问到这个变量，如 schedule()函数和 try_to_wake_up()函数把这个成员放到单独一个高速缓存行中，这有利于提高效率。

- ❑ 工作线程开始执行时会增加 nr_running 值，见 worker_thread()→worker_clr_flags()函数。
- ❑ 工作线程退出执行时会减少 nr_running 值，见 worker_thread()→worker_set_flags()函数。
- ❑ 工作线程进入睡眠时会减少 nr_running 值，见__schedule()函数。
- ❑ 工作线程被唤醒时会增加 nr_running 值，见 ttwu_activate()函数。

2.7.8　小结

在驱动开发中使用工作队列是比较简单的，特别是使用系统默认的工作队列 system_wq，主要操作如下。

- ❑ 使用 INIT_WORK()宏声明一个 work 和该 work 的回调函数。
- ❑ 调度一个 work：schedule_work()。
- ❑ 取消一个 work：cancel_work_sync()。

此外，有的驱动还自己创建一个工作队列，特别是网络子系统、块设备子系统等。

- ❑ 使用 alloc_workqueue()函数创建新的工作队列。
- ❑ 使用 INIT_WORK()宏声明一个 work 及其回调函数。
- ❑ 通过 queue_work()在新工作队列上调度一个 work。
- ❑ 通过 flush_workqueue()刷新工作队列上所有的 work。

Linux 内核还提供一个工作队列机制和 timer 机制结合的延时机制——delayed_work。

要理解 CMWQ 机制，首先要明白旧版本的工作队列机制遇到了哪些问题，其次要清楚 CMWQ 机制中几个重要数据结构的关系。CMWQ 机制把工作队列划分为 BOUND 类型和 UNBOUND 类型。

图 2.15 所示是 BOUND 类型工作队列机制的架构。关于 BOUND 类型的工作队列的归纳如下。

- ❑ 每个新建的工作队列都由一个 workqueue_struct 数据结构来描述。
- ❑ 对于每个新建的工作队列，每个 CPU 通过一个 pool_workqueue 数据结构来连接工作队列和 worker_pool。
- ❑ 每个 CPU 通过两个 worker_pool 数据结构来描述工作线程池，一个用于普通优先级工作线程，另一个用于高优先级工作线程。
- ❑ worker_pool 中可以有多个工作线程，动态管理工作线程。
- ❑ worker_pool 和工作队列是 1:N 的关系，即一个 worker_pool 可以对应多个工作队列。
- ❑ pool_workqueue 是 worker_pool 和工作队列之间的枢纽。
- ❑ worker_pool 和工作线程也是 1:N 的关系。

BOUND 类型的 work 是在哪个 CPU 上运行的呢？通过几个接口函数可以把一个 work 添加到工作队列上运行，其中 schedule_work()函数通常使用本地 CPU，这样有利于利用 CPU 的局部性原理提高效率，而 queue_work_on()函数可以指定 CPU。

UNBOUND 类型的工作队列的工作线程没有绑定到某个固定的 CPU 上。UMA 处理器可以在全系统的 CPU 内运行；对于 NUMA 处理器，为每一个节点创建一个 worker_pool。在驱动开发中，UNBOUND 类型的工作队列不太常用，举一个典型的例子，Linux 内核中有一个优化启动时间（boot time）的新接口 Asynchronous function calls，它实现在 kernel/async.c 文件中。对于一些不依赖硬件时序且不需要串行执行的初始化部分，可以采用这个接口，现在电源管理子系统中通过一个选项可以把一部分外设在 suspend/resume 过程中的操作用异步的方式来实现，从而优化其 suspend/resume 时间，详见 kernel/power/main.c 中关于“pm_async_enabled”的实现。

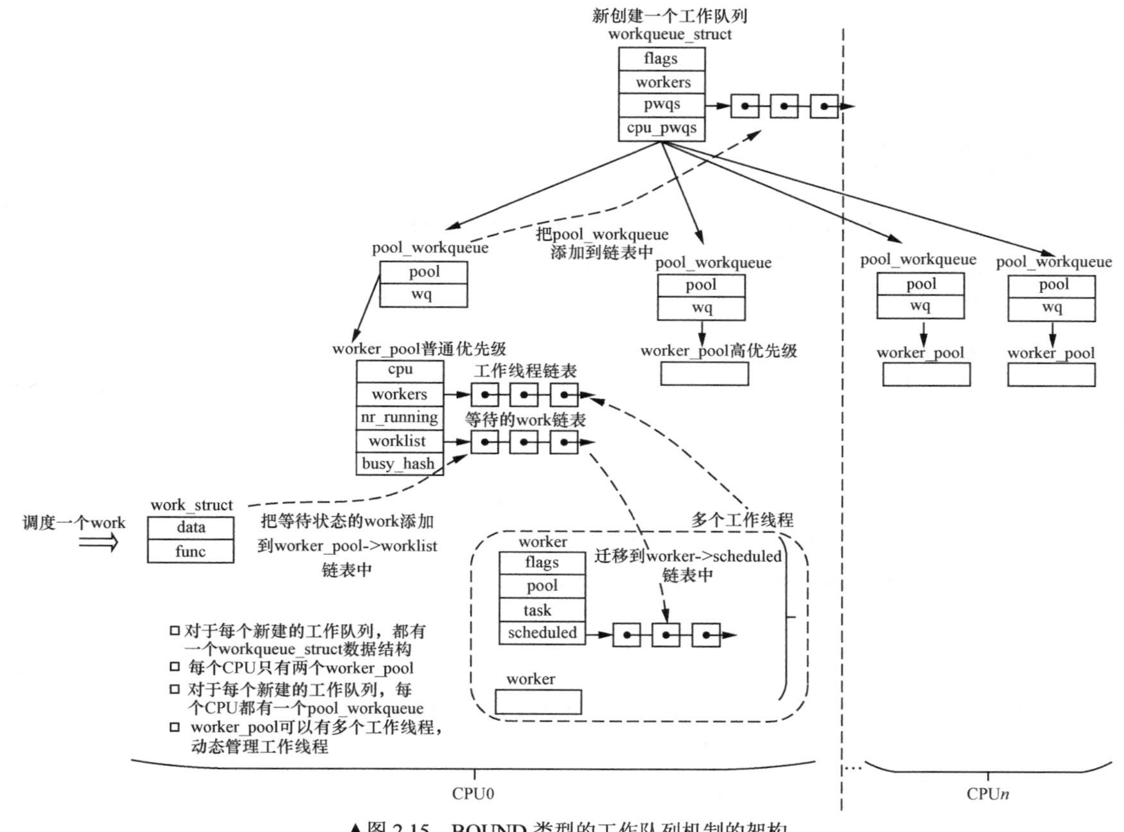

▲图 2.15 BOUND 类型的工作队列机制的架构

对于长时间占用 CPU 资源的一些负载（标记为 WQ_CPU_INTENSIVE），Linux 内核常使用 UNBOUND 类型的工作队列，这样可以利用系统进程调度器来选择在哪个 CPU 上运行。drivers/md/raid5.c 驱动是关于磁盘阵列驱动的一个示例，其中用到了 UNBOUND 类型的工作队列。

以下动态管理技术值得读者仔细品味。

- 动态管理工作线程数量，包括动态创建工作线程和动态管理活跃工作线程等。
- 动态唤醒工作线程。

第3章 内核调试与性能优化

本章高频面试题

1. 使用 GCC 的“O0”优化选项来编译内核有什么优势？
2. 什么是加载地址、运行地址和链接地址？
3. 什么是位置无关的汇编指令？什么是位置有关的汇编指令？
4. 什么是重定位？
5. 在实际项目开发中，为什么要刻意设置加载地址、运行地址以及链接地址不一样呢？
6. 在 U-boot 启动时重定位是如何实现的？
7. 在内核启动时内核映像重定位是如何实现的？
8. 如何在内核代码中添加一个跟踪点？
9. slub_debug 可以检测哪些类型的内存泄漏？
10. 什么是死锁？
11. 常见的死锁有哪几种？
12. 什么是 printk 输出等级？printk 包含哪些输出等级？
13. 如何使用内核的动态输出技术？
14. 如何分析一个 oops 错误日志？

本章主要介绍内核调试技巧和内核开发者常用的调试工具，如 ftrace、SystemTap、Kdump 等。对于编写内核代码和驱动的读者来说，内存检测和死锁检测是不可避免的，特别是做产品开发，产品最终发布时要保证不能有越界访问等内存问题。本章最后会介绍一些内核调试的小技巧。

本章介绍的调试工具和方法大部分可在 QEMU 虚拟机+ Debian 平台上实验，主机上的 Linux 发行版推荐使用 Ubuntu Linux 20.04。本书的实验环境如下。

- 主机硬件平台：Intel x86_64 处理器兼容主机。
- 主机操作系统：Ubuntu Linux 20.04。
- 实验代码：runninglinuxkernel_5.0。
- QEMU 版本：4.2.0。

3.1 打造 ARM64 实验平台

市面上有不少基于 ARM64 架构的开发板，如树莓派，读者可以采用类似于树莓派的开发板进行学习。除了硬件开发板之外，我们还可以使用 QEMU 虚拟机来模拟 ARM64 处理器。使用 QEMU 有两个好处：一是不需要额外购买硬件，只需要一台装了 Linux 发行版的计算机即可；二是 QEMU 支持单步调试内核的功能。

本章会使用 QEMU 来打造 ARM64 实验平台。

- ❑ 使用 BusyBox 打造一个简单的文件系统①。
- ❑ 使用 Debian 根文件系统打造一个实用的文件系统。

在 Linux 主机的另外一个超级终端中输入 killall qemu-system-aarch64，即可关闭 QEMU 虚拟机，也可以使用 Ctrl+A 组合键，然后按 X 键来关闭 QEMU 虚拟机。

3.1.1 使用“O0”优化等级编译内核

GCC 编译器有多个优化等级，如“O0”表示关闭所有优化，“O1”表示最基本的优化等级，“O2”是从“O1”进阶的优化等级，也是很多软件默认使用的优化等级。Linux 内核默认使用“O2”优化等级。

读者可能发现使用 GDB 单步调试内核时会出现光标乱跳并且无法输出有些变量的值（如出现<optimized out>）等问题。如图 3.1 所示，在 Eclipse 中，使用“O2”优化等级编译的内核进行单步调试 Linux 内核，在 Variables 标签页中查看变量的值，会出现大量的<optimized out>情况，影响调试效果。

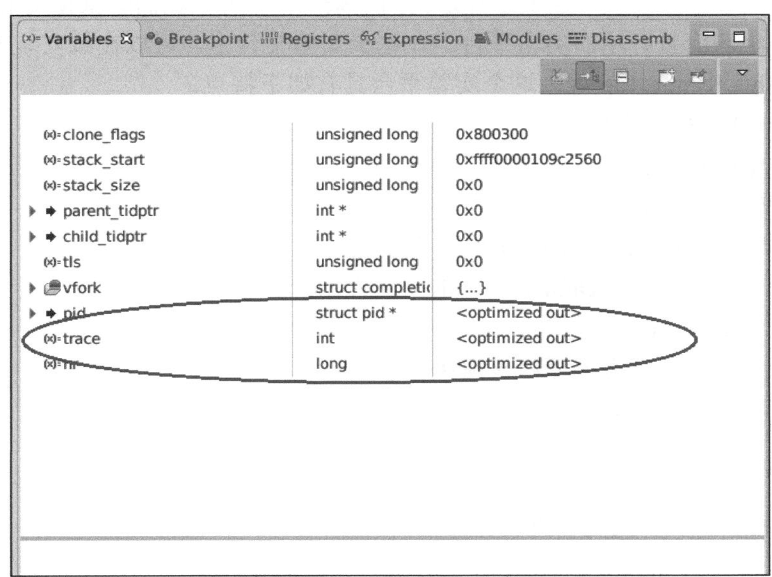

▲图 3.1 使用 O2 优化等级编译的内核进行单步调试

其实这不是 GDB 或 QEMU 的问题，而是因为内核编译的默认优化选项是“O2”。如果不希望鼠标光标乱跳，可以尝试把 linux-5.0 根目录下的 Makefile 文件中的“O2”改成“O0”，但是这样编译会有问题，我们为此做了一些修改。使用“O0”优化等级编译的内

① 要了解如何使用 BusyBox 来打造一个简单的文件系统，请参考《奔跑吧 Linux 内核入门篇》一书。

核进行单步调试不会出现变量优化和鼠标光标乱跳等问题，如图 3.2 所示。

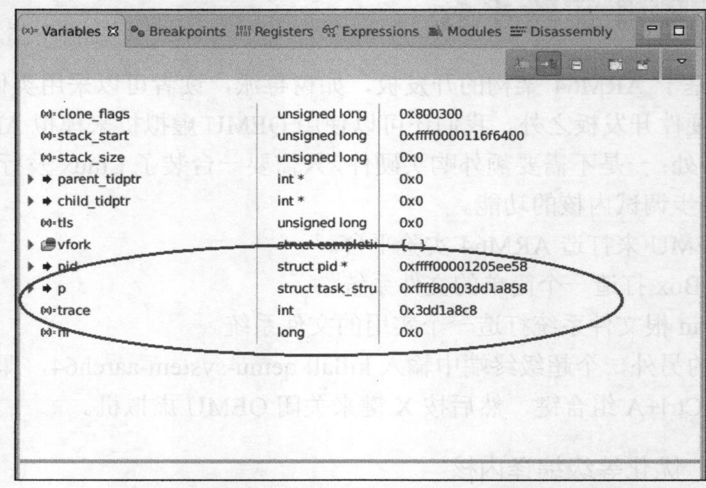

▲图 3.2　使用“O0”优化等级编译的内核进行单步调试

最后需要特别说明一下，使用 GCC 的“O0”优化等级编译内核会导致内核运行性能下降，因此，我们仅仅是为了方便单步调试内核而使用“O0”优化等级。

3.1.2　QEMU 虚拟机+Debian 实验平台

我们可以使用 BusyBox 工具制作的最小文件系统，这种文件系统仅仅包含 Linux 系统最常用的命令，如 ls、top 等命令。如果要在此最小系统中进行 SystemTap 和 Kdump 等实验，我们需要手动编译和安装这些工具，这个过程是相当复杂的。为此，我们尝试使用 Debian 的根文件系统来构造一个小巧而且好用的实验平台。在这个实验平台中，可以在线安装丰富的软件包，如 Kdump、Crash、SystemTap 等。这个实验平台具有如下特点。

- 使用“O0”来编译内核。
- 在主机中编译内核。
- 使用 QEMU 来加载系统。
- 支持 GDB 单步调试内核和 Debian 系统。
- 使用 ARM64 版本的 Debian 系统的根文件系统。
- 在线安装 Debian 软件包。
- 支持在虚拟机里动态编译内核模块。
- 支持主机和虚拟机共享文件。

1. 安装工具

首先，在 Linux 主机中安装如下工具。

```
$ sudo apt-get install qemu libncurses5-dev gcc-aarch64-linux-gnu build-essential git
bison flex libssl-dev qemu-system-arm
```

安装完成之后，检查 QEMU 版本。

```
$ qemu-system-aarch64 --version
QEMU emulator version 4.2.0
Copyright (c) 2003-2019 Fabrice Bellard and the QEMU Project developers
```

2. 下载仓库

从 GitHub 下载 runninglinuxkernel_5.0 的 git 仓库并切换到 rlk_5.0 分支。

```
$ cd runninglinuxkernel_5.0
$ git checkout rlk_5.0
```

3. 编译内核并制作文件系统

在 runninglinuxkernel_5.0 目录下面有一个 rootfs_debian_arm64.tar.xz 文件，这是基于 ARM64 版本的 Debian 系统的根文件系统。但是，这个根文件系统只是一个半成品，我们还需要根据编译好的内核来安装内核镜像和内核模块，整个过程如下所示。

- ❑ 编译内核。
- ❑ 编译内核模块。
- ❑ 安装内核模块。
- ❑ 安装内核头文件。
- ❑ 安装编译内核模块必须依赖文件。
- ❑ 制作 ext4 根文件系统。

这个过程比较烦琐，因此我们创建了一个脚本来简化上述过程。

注意，该脚本会使用 dd 命令来生成一个 8GB 的镜像文件，因此主机系统需要保证至少有 10GB 的空余磁盘空间。若需要生成一个更大的根文件系统镜像，可以修改 run_debian_arm64.sh 脚本。

首先，编译内核。

```
$ cd runninglinuxkernel_5.0
$ ./run_debian_arm64.sh build_kernel
```

根据主机的计算能力，执行上述脚本需要几十分钟。然后，编译根文件系统。

```
$ cd runninglinuxkernel_5.0
$ sudo ./run_debian_arm64.sh build_rootfs
```

注意，编译根文件系统需要管理员权限，而编译内核则不需要。执行完成后会生成一个名为 rootfs_debian.ext4 的根文件系统。

4. 运行刚才编译好的 ARM64 版本的 Debian 系统

要运行 run_debian_arm64.sh 脚本，输入 run 参数即可。

```
$./run_debian_arm64.sh run
```

或者输入如下命令。

```
$ qemu-system-aarch64 -m 1024 -cpu cortex-a57 -smp 4 -M virt -bios QEMU_EFI.fd -nograp
hic -kernel arch/arm64/boot/Image -append "noinintrd root=/dev/vda rootfstype=ext4 rw
crashkernel=256M" -drive if=none,file=rootfs_debian.ext4,id=hd0 -device virtio-blk-dev
ice,drive=hd0 --fsdev local,id=kmod_dev,path=./kmodules,security_model=none -device vi
rtio-9p-device,fsdev=kmod_dev,mount_tag=kmod_mount
```

运行结果如下。

```
figo@figo-OptiPlex-9020:runninglinuxkernel$ .run debian arm64.sh run
EFI stub: Booting Linux Kernel...
```

```
EFI stub: EFI_RNG_PROTOCOL unavailable, no randomness supplied
EFI stub: Using DTB from configuration table
EFI stub: Exiting boot services and installing virtual address map...
[    0.000000] Booting Linux on physical CPU 0x0000000000 [0x411fd070]
[    0.000000] Linux version 5.0.0+ (root@figo-OptiPlex-9020) (gcc version 5.5.0 20171
010 (Ubuntu/Linaro 5.5.0-12ubuntu1)) #1 SMP Mon Apr 22 05:40:30 CST 2019
[    0.000000] Machine model: linux,dummy-virt
[    0.000000] efi: Getting EFI parameters from FDT:
[    0.000000] efi: EFI v2.60 by EDK II
[    0.000000] efi:  SMBIOS 3.0=0xbbeb0000  ACPI=0xbc030000  ACPI 2.0=0xbc030014  MEMA
TTR=0xbd8ca018  MEMRESERVE=0xbbd5f018
[    0.000000] crashkernel reserved: 0x000000009c800000 - 0x00000000bbc00000 (500 MB)
[    0.000000] cma: Reserved 64 MiB at 0x0000000098800000
[    0.000000] NUMA: No NUMA configuration found
[    0.000000] NUMA: Faking a node at [mem 0x0000000040000000-0x00000000bfffffff]
[    0.000000] NUMA: NODE_DATA [mem 0xbfbf2840-0xbfbf3fff]
[    0.000000] Zone ranges:
[    0.000000]   DMA32    [mem 0x0000000040000000-0x00000000bfffffff]
[    0.000000]   Normal   empty
[    0.000000] Movable zone start for each node
[    0.000000] Early memory node ranges
[    0.000000]   node   0: [mem 0x0000000040000000-0x00000000bbd5ffff]
[    0.000000]   node   0: [mem 0x00000000bbd60000-0x00000000bbffffff]
[    0.000000]   node   0: [mem 0x00000000bc000000-0x00000000bc03ffff]
[    0.000000]   node   0: [mem 0x00000000bc040000-0x00000000bc1d3fff]
[    0.000000]   node   0: [mem 0x00000000bc1d4000-0x00000000bf4affff]
[    0.000000]   node   0: [mem 0x00000000bf4b0000-0x00000000bf53ffff]
[    0.000000]   node   0: [mem 0x00000000bf540000-0x00000000bf54ffff]
[    0.000000]   node   0: [mem 0x00000000bf550000-0x00000000bf66ffff]
[    0.000000]   node   0: [mem 0x00000000bf670000-0x00000000bfffffff]
[    0.000000] Zeroed struct page in unavailable ranges: 884 pages
[    0.000000] Initmem setup node 0 [mem 0x0000000040000000-0x00000000bfffffff]
Welcome to Debian GNU/Linux buster/sid!
[  OK  ] Reached target Network is Online.
[  OK  ] Started LSB: Load kernel image with kexec.
[  OK  ] Started Permit User Sessions.
[  OK  ] Started Serial Getty on ttyAMA0.
[  OK  ] Started Getty on tty1.
[  OK  ] Reached target Login Prompts.
[  OK  ] Started DHCP Client Daemon.
[  OK  ] Started Online ext4 Metadata Check for All Filesystems.
[   13.406564] kdump-tools[330]: Starting kdump-tools: Creating symlink /var/lib/kdump
/vmlinuz.
[   13.454300] kdump-tools[330]: Creating symlink /var/lib/kdump/initrd.img.
[   15.721642] kdump-tools[330]: loaded kdump kernel.
[  OK  ] Started Kernel crash dump capture service.

Debian GNU/Linux buster/sid benshushu ttyAMA0

benshushu login:
```

最后，登录 Debian 系统。

- 用户名：root 或者 benshushu。

❑ 密码：123。

5. 在线安装软件包

QEMU 虚拟机可以通过 Virtio-net 技术来生成虚拟网卡，通过 NAT 技术和主机进行网络共享。使用 ifconfig 命令来检查网络配置。

```
root@benshushu:~# ifconfig
enp0s1: flags=4163<UP,BROADCAST,RUNNING,MULTICAST>  mtu 1500
        inet 10.0.2.15  netmask 255.255.255.0  broadcast 10.0.2.255
        inet6 fec0::ce16:adb:3e70:3e71  prefixlen 64  scopeid 0x40<site>
        inet6 fe80::c86e:28c4:625b:2767  prefixlen 64  scopeid 0x20<link>
        ether 52:54:00:12:34:56  txqueuelen 1000  (Ethernet)
        RX packets 23217  bytes 33246898 (31.7 MiB)
        RX errors 0  dropped 0  overruns 0  frame 0
        TX packets 4740  bytes 267860 (261.5 KiB)
        TX errors 0  dropped 0 overruns 0  carrier 0  collisions 0

lo: flags=73<UP,LOOPBACK,RUNNING>  mtu 65536
        inet 127.0.0.1  netmask 255.0.0.0
        inet6 ::1  prefixlen 128  scopeid 0x10<host>
        loop  txqueuelen 1000  (Local Loopback)
        RX packets 2  bytes 78 (78.0 B)
        RX errors 0  dropped 0  overruns 0  frame 0
        TX packets 2  bytes 78 (78.0 B)
        TX errors 0  dropped 0 overruns 0  carrier 0  collisions 0
```

可以看到生成了一个名为 enp0s1 的网卡设备，分配的 IP 地址为 10.0.2.15（此 IP 地址只是 NAT 内部的一个 IP 地址）。

通过 apt update 命令来更新 Debian 系统的软件仓库。

```
root@benshushu:~# apt update
```

如果更新失败（可能因为系统时间比较旧了），可以使用 date 命令来设置日期。

```
root@benshushu:~# date -s 2019-04-25 #假设最新日期是 2019 年 4 月 25 日
Thu Apr 25 00:00:00 UTC 2019
```

使用 apt install 命令来安装软件包。可以在线安装 GCC。

```
root@benshushu:~# apt install gcc
Reading package lists... Done
Building dependency tree
Reading state information... Done
The following additional packages will be installed:
  cpp cpp-8 gcc-8 libasan5 libatomic1 libc-dev-bin libc6-dev libcc1-0
  libgcc-8-dev libgomp1 libisl19 libitm1 liblsan0 libmpc3 libmpfr6 libtsan0
  libubsan1 linux-libc-dev manpages manpages-dev
Suggested packages:
  cpp-doc gcc-8-locales gcc-multilib make autoconf automake libtool flex bison
  gdb gcc-doc gcc-8-doc libgcc1-dbg libgomp1-dbg libitm1-dbg libatomic1-dbg
  libasan5-dbg liblsan0-dbg libtsan0-dbg libubsan1-dbg libmpx2-dbg
  libquadmath0-dbg glibc-doc man-browser
The following NEW packages will be installed:
  cpp cpp-8 gcc gcc-8 libasan5 libatomic1 libc-dev-bin libc6-dev libcc1-0
```

```
  libgcc-8-dev libgomp1 libisl19 libitm1 liblsan0 libmpc3 libmpfr6 libtsan0
  libubsan1 linux-libc-dev manpages manpages-dev
0 upgraded, 21 newly installed, 0 to remove and 17 not upgraded.
Need to get 25.6 MB of archives.
After this operation, 86.4 MB of additional disk space will be used.
Do you want to continue? [Y/n]
```

6. 在 QEMU 虚拟机和主机之间共享文件

在 QEMU 虚拟机和主机之间可以通过 NET_9P 技术进行文件共享，这需要 QEMU 虚拟机和主机的 Linux 内核都使能 NET_9P 的内核模块。本实验平台已经支持主机和 QEMU 虚拟机的共享文件，可以通过如下简单方法来测试。

复制一个文件到 runninglinuxkernel_5.0/kmodules 目录下。

```
$ cp test.c  runninglinuxkernel_5.0/kmodules
```

启动 QEMU 虚拟机之后，首先检查/mnt 目录下是否有 test.c 文件。

```
root@benshushu:/# cd /mnt
oot@benshushu:/mnt # ls
README      test.c
```

我们在后续的实验中会经常利用这个特性，如把编译好的内核模块或者内核模块源代码放入 QEMU 虚拟机。

7. 在主机上交叉编译内核模块

在本书中，常常需要编译内核模块并放入 QEMU 虚拟机中以加载内核模块。我们这里提供两种编译内核模块的方法。一种方法是在主机上交叉编译，然后共享到 QEMU 虚拟机，另一种方法是在 QEMU 虚拟机里进行本地编译。

可以编写一个简单的 hello_world 内核模块①。这里简单介绍主机交叉编译内核模块的方法。

首先，执行以下代码。

```
$ cd hello_world   #进入内核模块代码所在的目录
$ export ARCH=arm64
$ export CROSS_COMPILE=aarch64-linux-gnu-
```

然后，编译内核模块。

```
$ make
```

接下来，把内核模块 test.ko 文件复制到 runninglinuxkernel_5.0/kmodules 目录下。

```
$cp test.ko  runninglinuxkernel_5.0/kmodules
```

最后，在 QEMU 虚拟机里的 mnt 目录可以看到这个 test.ko 模块。加载该内核模块。

```
$ insmod test.ko
```

8. 在 QEMU 虚拟机上本地编译内核模块

首先，在 QEMU 虚拟机中安装必要的软件包。

① 要了解如何编写一个简单的内核模块，请参考《奔跑吧 linux 内核入门篇》第 4 章。

```
root@benshushu: # apt install build-essential
```

然后，在 QEMU 虚拟机里编译内核模块时需要指定 QEMU 虚拟机本地的内核路径，如 BASEINCLUDE 变量指向了本地内核路径。"/lib/modules/$(shell uname -r)/build" 是一个链接文件，用来指向具体内核源代码路径，通常指向已经编译过的内核路径。

```
BASEINCLUDE ?= /lib/modules/$(shell uname -r)/build
```

接下来，编译内核模块，下面以最简单的 hello_world 内核模块程序为例。

```
root@benshushu:/mnt/hello_world# make
make -C /lib/modules/5.0.0+/build M=/mnt/hello_world modules;
make[1]: Entering directory '/usr/src/linux'
  CC [M]  /mnt/hello_world/test-1.o
  LD [M]  /mnt/hello_world/test.o
  Building modules, stage 2.
  MODPOST 1 modules
  CC      /mnt/hello_world/test.mod.o
  LD [M]  /mnt/hello_world /test.ko
make[1]: Leaving directory '/usr/src/linux'
root@benshushu: /mnt/hello_world#
```

最后，加载内核模块。

```
root@benshushu:/mnt/hello_world# insmod test.ko
```

3.1.3 单步调试 ARM64 Linux 内核

在 Ubuntu 20.04 上安装 gdb-multiarch，该版本支持多种不同的处理器架构。

```
$ sudo apt install gdb-multiarch
```

接下来，运行 run_debian_arm64.sh 脚本来启动 QEMU 和 GDB。

```
./run_debian_arm64.sh run debug
```

上述脚本会运行如下命令。

```
$ qemu-system-aarch64 -m 1024 -cpu cortex-a57 -M virt -nographic -kernel arch/arm64/bo
ot/Image -append "noinintrd sched_debug root=/dev/vda rootfstype=ext4 rw crashkernel=2
56M loglevel=8"-drive if=none,file=rootfs_debian_arm64.ext4,id=hd0 -device virtio-blk-
device,drive=hd0-fsdev local,id=kmod_dev,path=./kmodules,security_model=none-device vi
rtio-9p-pci,fsdev=kmod_dev,mount_tag=kmod_mount-S -s
```

- -S：表示 QEMU 虚拟机会冻结 CPU，直到在远程的 GDB 中输入相应控制命令。
- -s：表示在 1234 端口接受 GDB 的调试连接。

接下来，在另外一个超级终端中启动 GDB。

```
$ cd runninglinuxkernel_5.0
$ qdb-multiarch --tui vmlinux
(gdb) set architecture aarch64          //设置 aarch64 架构
(gdb) target remote localhost:1234      //通过 1234 端口远程连接到 QEMU 虚拟机
(gdb) b start_kernel                    //在内核的 start_kernel 处设置断点
(gdb) c
```

如图 3.3 所示，GDB 开始接管 Linux 内核运行，并且到断点处暂停，这时即可使用 GDB 命令来调试内核。

```
─init/main.c─
530     }
531
532     void __init __weak arch_call_rest_init(void)
533     {
534             rest_init();
535     }
536
537     asmlinkage __visible void __init start_kernel(void)
B+> 538     {
539             char *command_line;
540             char *after_dashes;
541
542             set_task_stack_end_magic(&init_task);
543             smp_setup_processor_id();
544             debug_objects_early_init();
545
546             cgroup_init_early();
547
remote Thread 1.1 In: start_kernel                    L538  PC: 0xffff000010bb043c
(gdb) target remote localhost:1234
Remote debugging using localhost:1234
0x0000000040000000 in ?? ()
(gdb) b start_kernel
Breakpoint 1 at 0xffff000010bb043c: file init/main.c, line 538.
(gdb) c
Continuing.

Breakpoint 1, start_kernel () at init/main.c:538
(gdb)
```

▲图 3.3　通过 GDB 调试内核

3.1.4　以图形化方式单步调试内核

前面介绍了如何使用 GDB 和 QEMU 调试 Linux 内核源代码。由于 GDB 基于命令行的方式，可能有些读者希望在 Linux 内核中能有类似于 Microsoft Visual C++的图形化开发工具，这里介绍如何使用 Eclipse 来调试内核。Eclipse 是著名的跨平台的开源集成开发环境（IDE），最初主要用于 Java 开发，目前可以支持 C/C++、Python 等多种开发语言。Eclipse 最初由 IBM 公司开发，2001 年贡献给开源社区，目前有很多集成开发环境是基于 Eclipse 完成的。

1. 在主机上安装 Eclipse-CDT 插件

读者可以从 Eclipse CDT 官网上直接下载新版 x86_64 的 Linux 版本压缩包，解压并打开二进制文件，不过需要提前安装 Java 的运行环境。

```
$ sudo apt install openjdk-13-jre
```

从 Eclipse 菜单栏中选择 Help→About Eclipse，在弹出的 About Eclipse IDE 窗口中选择 Eclipse 图标，并单击 OK 按钮，即可看到当前 Eclipse 的版本，如图 3.4 所示。

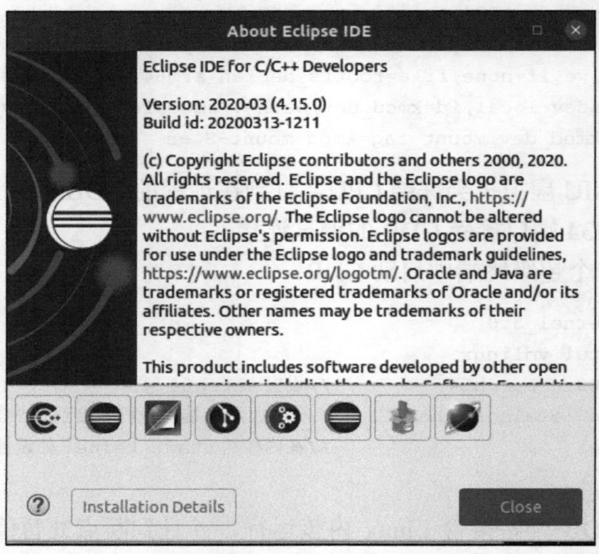

▲图 3.4　查看 Eclipse 版本

2. 创建项目

从 Eclipse 菜单栏中选择 Window→Open Perspective→C/C++，新建一个 C/C++的 Makefile 项目，选择 File→New→Project，在弹出的窗口中，选择 Makefile Project with Exiting Code，弹出 New Project 窗口（见图 3.5），设置项目名称和代码路径，创建一个新的项目。

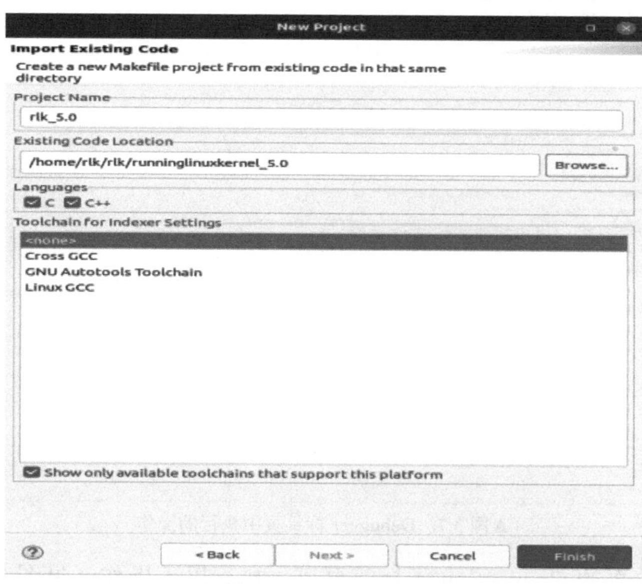

▲图 3.5　New Project 窗口

要配置调试选项，选择 Eclipse 菜单栏中的 Run→Debug Configurations，创建一个 C/C++ Attach to Application 调试选项。

在 Main 标签页里，执行以下操作（见图 3.6）。

- 在 Project 文本框中，选择刚才创建的项目。
- 在 C/C++ Appliction 文本框中，选择编译 Linux 内核带符号表信息的 vmlinux 文件。
- 在 Build(if required) before launching 选项组中，单击 Disable auto build 单选按钮。

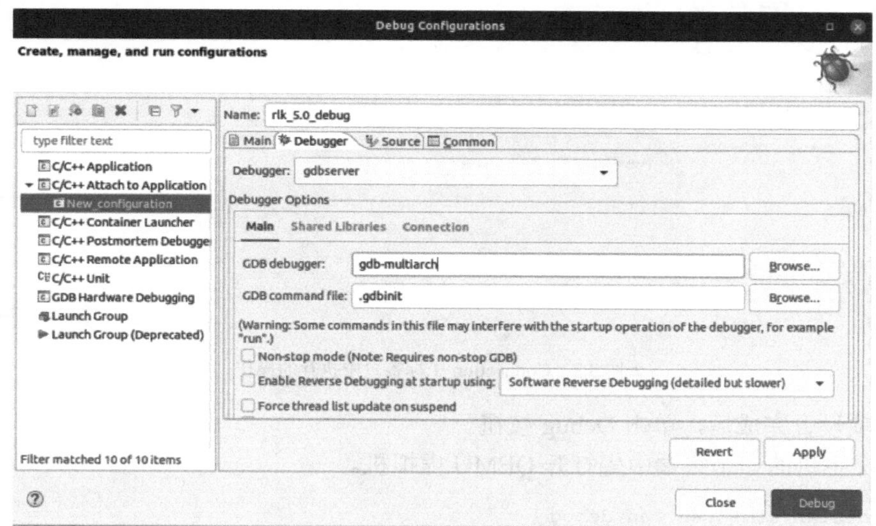

▲图 3.6　Main 标签页中执行的操作

在 Debugger 标签页里，执行以下操作（见图 3.7）。

- ❑ 从 Debugger 下拉列表中，选择 gdbserver。
- ❑ 在 GDB debugger 文本框中，输入 aarch64-linux-gnu-gdb。

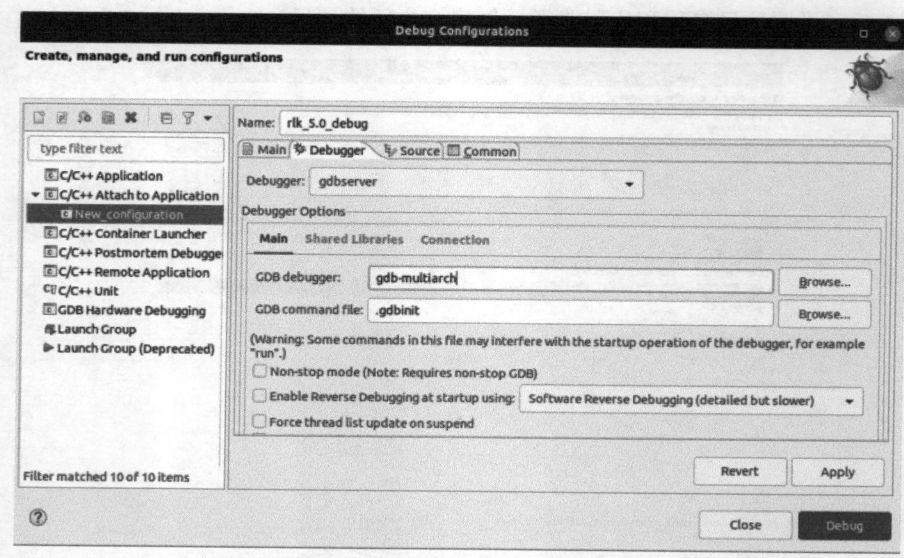

▲图 3.7　Debugger 标签页中执行的操作

在 Debugger 标签页的 Connection 子标签页里，执行以下操作（见图 3.8）。

- ❑ 在 Host name or IP addrss 文本框中，输入 localhost。
- ❑ 在 Port number 文本框中，输入 1234。

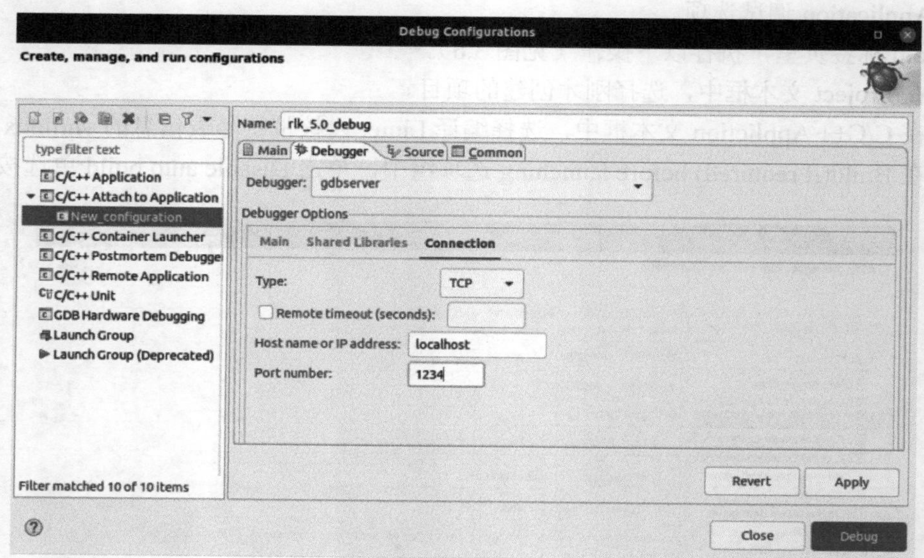

▲图 3.8　Connection 子标签页中执行的操作

调试选项设置完成后，单击 Debug 按钮。

在 Linux 主机的一个终端中先打开 QEMU 虚拟机。

```
$ ./run_debian_arm64.sh run debug
```

▲图 3.9　“小昆虫”图标

在 Eclipse 菜单栏中选择 Run→Debug History，或在快捷菜单中单击“小昆虫”图标，如图 3.9 所示，打开刚才创建的调试选项。

在 Eclipse 的 Debugger Console 中输入 file vmlinux 命令，导入调试文件的符号表，如图 3.10 所示。

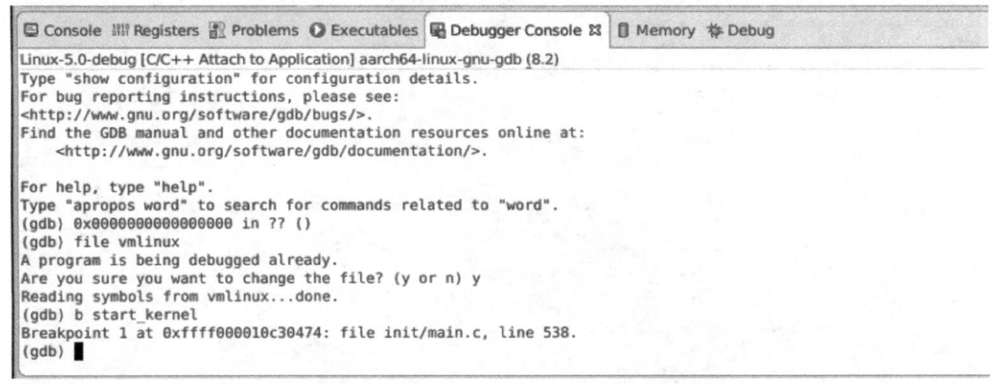

Console　Registers　Problems　Executables　Debugger Console　Memory　Debug
Linux-5.0-debug [C/C++ Attach to Application] aarch64-linux-gnu-gdb (8.2)
Type "show configuration" for configuration details.
For bug reporting instructions, please see:
<http://www.gnu.org/software/gdb/bugs/>.
Find the GDB manual and other documentation resources online at:
<http://www.gnu.org/software/gdb/documentation/>.
For help, type "help".
Type "apropos word" to search for commands related to "word".
(gdb) 0x0000000000000000 in ?? ()
(gdb) file vmlinux
A program is being debugged already.
Are you sure you want to change the file? (y or n) y
Reading symbols from vmlinux...done.
(gdb) b start_kernel
Breakpoint 1 at 0xffff000010c30474: file init/main.c, line 538.
(gdb)

▲图 3.10　在 Debugger Console 中输入命令

在 Debugger Console 中输入 b start_kernel，在 start_kernel 函数中设置一个断点。输入 c 命令，开始调试 QEMU 虚拟机中的 Linux 内核，它会停在 start_kernel 函数中，如图 3.11 所示。

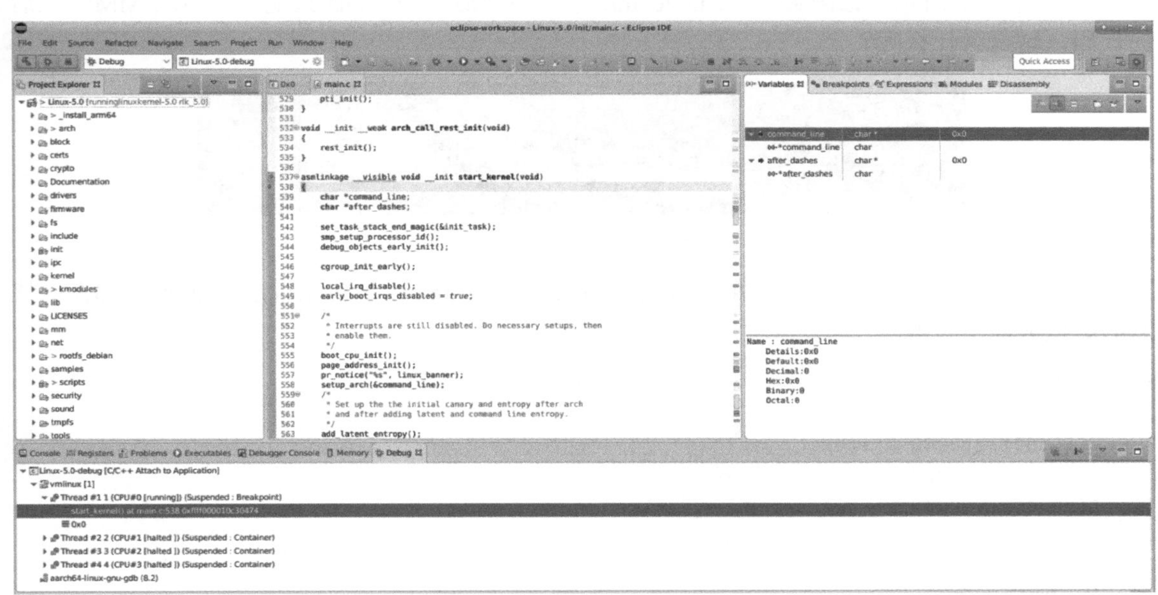

▲图 3.11　调试 Linux 内核

通过 Eclipse 调试内核比使用 GDB 命令要直观很多，如参数、局部变量和数据结构的值都会自动显示在“Variables”标签页上，不需要每次都使用 GDB 命令才能看到变量的值。读者可以单步并且直观地调试内核。

3.1.5　单步调试 head.S 文件

1. 问题的引出

读者可以在 head.S 文件的多个函数中设置断点，如图 3.12 所示。然后观察 Linux 内核会首先停在哪个断点上。

```
(gdb) target remote localhost:1234
Remote debugging using localhost:1234
0x0000000040000000 in ?? ()
(gdb) b stext
Breakpoint 1 at 0xffff000011a60000: file arch/arm64/kernel/head.S, line 118.
(gdb) b preserve_boot_args
Breakpoint 2 at 0xffff000011a60020: file arch/arm64/kernel/head.S, line 138.
(gdb) b el2_setup
Breakpoint 3 at 0xffff00001171b008: file arch/arm64/kernel/head.S, line 488.
(gdb) b __create_page_tables
Breakpoint 4 at 0xffff000011a60040: file arch/arm64/kernel/head.S, line 288.
(gdb) b __cpu_setup
Breakpoint 5 at 0xffff00001171b620: file arch/arm64/mm/proc.S, line 419.
(gdb) b __primary_switch
Breakpoint 6 at 0xffff00001171b304: file arch/arm64/kernel/head.S, line 861.
(gdb) b __enable_mmu
Breakpoint 7 at 0xffff00001171b238: file arch/arm64/kernel/head.S, line 777.
(gdb) b __primary_switched
Breakpoint 8 at 0xffff000011a60324: file arch/arm64/kernel/head.S, line 424.
(gdb) b start_kernel
Breakpoint 9 at 0xffff000011a60488: file init/main.c, line 538.
(gdb)
```

▲图 3.12　在 head.S 的函数中设置断点

启动 GDB 来调试之后，我们发现 Linux 内核只停留在断点 8 上，即__primary_switched()函数，如图 3.13 所示。该函数在__enable_mmu()函数之后，即 GDB 只能调试启动 MMU 之后的代码，这是为什么呢？

```
(gdb) c
Continuing.

Breakpoint 8, __primary_switched () at arch/arm64/kernel/head.S:424
424             adrp    x4, init_thread_union
(gdb)
```

▲图 3.13　停在断点 8 上

另外，从 System.map 文件中可以查询到 stext 和__primary_switched()函数的地址都在内核态的虚拟地址空间里。

```
<System.map 文件>

ffff000011a60000 T stext
ffff000011a60020 t preserve_boot_args
ffff000011a60040 t __create_page_tables
ffff000011a60324 t __primary_switched
```

2. 刨根问底

要弄明白上面的疑问，我们首先要知道下面几个重要概念。

- ❑ 加载地址：存储代码的物理地址。如 ARM64 处理器上电复位后是从 0x0 地址开始取第一条指令的，所以通常这个地方存放代码最开始的部分，如异常向量表的处理。
- ❑ 运行地址：指程序运行时的地址。
- ❑ 链接地址：在编译链接时指定的地址，编程人员设想将来程序要运行的地址。程序中所有标号的地址在链接后便确定了，不管程序在哪里运行都不会改变。使用 aarch64-linux-gnu-objdump（objdump）工具进行反汇编查看的就是链接地址。

链接地址和运行地址可以相同，也可以不同。那什么时候运行地址和链接地址不相同，什么时候相同呢？我们以一块 ARM64 开发板为例，芯片内部有 SRAM，起始地址为 0x0，DDR 内存的起始地址为 0x4000 0000。

通常代码存储在 Nor Flash 存储器或者 Nand Flash 存储器中，芯片内部的 BOOT ROM 会把开始的小部分代码装载到 SRAM 中运行。芯片上电复位之后，从 SRAM 中取指令。由于 Uboot 的镜像太大了，SRAM 放不下，因此必须要放在 DDR 内存中。通常 Uboot 编译时链接地址都设置到 DDR 内存中，也就是 0x4000 0000 地址处。那这时运行地址和链接地址就不一样了。运行地址为 0x0，链接地址变成了 0x4000 0000，那么程序为什么还能运行呢？

这就涉及汇编编程的一个重要问题，就是位置无关代码和位置有关代码。

- 位置无关代码：从字面意思看，该指令的执行是与内存地址无关的；无论运行地址和链接地址相等或者不相等，该指令都能正常运行。在汇编语言中，像 BL、B、MOV 指令属于位置无关指令，不管程序装载在哪个位置，它们都能正确地运行，它们的地址域是基于 PC 值的相对偏移寻址，相当于[pc+offset]。
- 位置有关代码：从字面意思看，该指令的执行是与内存地址有关的，和当前 PC 值无关。ARM 汇编里面通过绝对跳转修改 PC 值为当前链接地址的值。

```
        ldr pc, =on_sdram                       @ 跳到 SDRAM 中继续执行
```

因此，当通过 LDR 指令跳转到链接地址处执行时，运行地址就等于链接地址了。这个过程叫作“**重定位**”。在重定位之前，程序只能执行和位置无关的一些汇编代码。

为什么要刻意设置加载地址、运行地址以及链接地址不一样呢？

如果所有代码都在 ROM（或 Nor Flash 存储器）中执行，那么链接地址可以与加载地址相同；而在实际项目应用中，往往想要把程序加载到 DDR 内存中，DDR 内存的访问速度比 ROM 要快很多，而且容量也大。但是碍于加载地址的影响，不可能直接达到这一步，所以思路就是让程序的加载地址等于 ROM 起始地址，而链接地址等于 DDR 内存中某一处的起始地址（暂且称为 ram_start）。程序先从 ROM 中启动，最先启动的部分要实现代码复制功能（把整个 ROM 代码复制到 DDR 内存中），并通过 LDR 指令来跳转到 DDR 内存中，也就是在链接地址里运行（B 指令没法实现这个跳转）。上述重定位过程在 U-Boot 中实现，如图 3.14 所示。

当跳转到 Linux 内核中时，U-Boot 需要把 Linux 内核映像内容复制到 DDR 内存中，然后跳转到内核入口地址处（stext 函数）。当跳转到内核入口地址（stext 函数）时，程序运行在运行地址，即 DDR 内存的地址。但是我们从 vmlinux 看到的 stext 函数的链接地址是虚拟地址（如 0xFFFF 0000 11 A6 0000）。内核启动汇编代码也需要一个重定位过程。这个重定位过程在 __primary_switch 汇编函数中完成。启动 MMU 之后，通过 ldr 指令把__primary_ switched 函数的链接地址加载到 x8 寄存器，然后通过 br 指令跳转到__primary_switched 函数的链接地址处，从而实现了重定位，如图 3.15 所示。

```
<arch/arm64/kernel/head.S>

__primary_switch:
    adrp     x1, init_pg_dir
    bl       __enable_mmu

    ldr      x8, =__primary_switched
    adrp     x0, __PHYS_OFFSET
    br       x8
ENDPROC(__primary_switch)
```

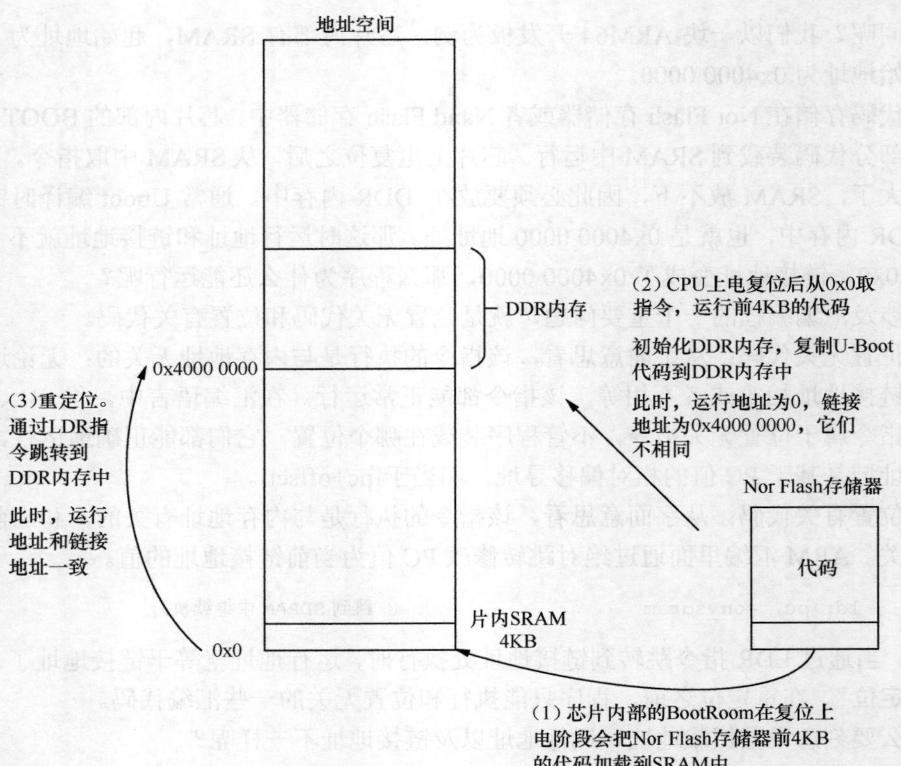

▲图 3.14　U-Boot 启动时的重定位过程

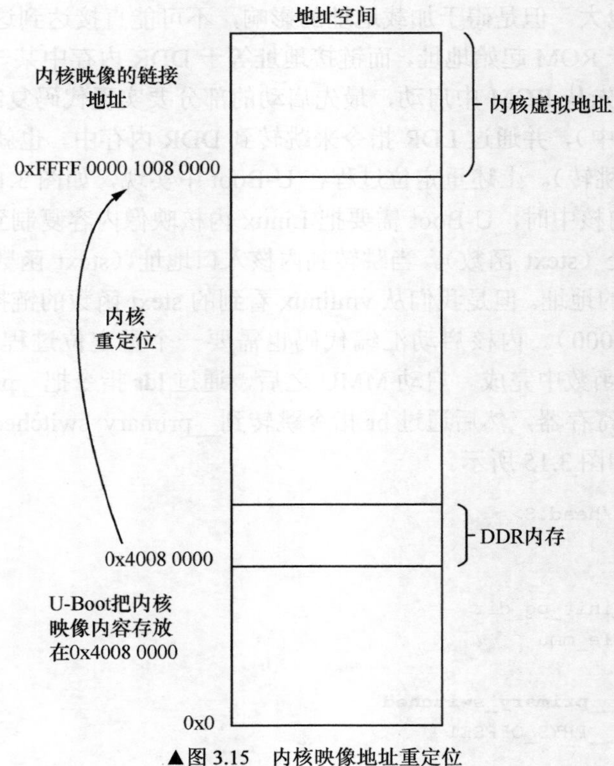

▲图 3.15　内核映像地址重定位

3. 解决办法

单步调试 head.S 的操作如下。

（1）在 QEMU 虚拟机上，DDR 内存的起始地址是 0x4000 0000。

（2）查找.text（代码）段在内存地址中的偏移量。

从内核的链接文件（arch/arm64/kernel/vmlinux.lds.S）可知，内核映像中的.text 段的起始虚拟地址为 0xFFFF 0000 1008 0000。其中 KIMAGE_VADDR 是内核映像文件的虚拟地址，它的值为 0xFFFF 0000 1000 0000，TEXT_OFFSET 宏表示内核映像的代码段在内存中的偏移量，它的值为 0x8 0000，因此，我们可以认为.text 段在内存中的偏移量为 0x8 0000。

```
<arch/arm64/kernel/vmlinux.lds.S>
SECTIONS
{

     . = KIMAGE_VADDR + TEXT_OFFSET;
```

我们可以通过 aarch64-linux-gnu-readelf 命令来读出 vmlinux 文件中与所有段相关的信息。如图 3.16 所示，使用 aarch64-linux-gnu-readelf 命令来读取段信息。.head.text 段的起始虚拟地址为 0xFFFF 0000 1008 0000，它在物理内存中的偏移量为 0x8 0000。.text 段的起始虚拟地址为 0xFFFF 0000 1008 1000，它在物理内存中的偏移量为 0x8 1000。.rodata（只读数据）段的起始虚拟地址为 0xFFFF 0000 1173 0000，它在物理内存中的偏移量为 0x173 0000。

```
figo@figo-OptiPlex-9020:runninglinuxkernel-5.0$ aarch64-linux-gnu-readelf -S vmlinux
There are 40 section headers, starting at offset 0xa073cd0:

Section Headers:
  [Nr] Name              Type             Address           Offset
       Size              EntSize          Flags  Link  Info  Align
  [ 0]                   NULL             0000000000000000  00000000
       0000000000000000  0000000000000000           0     0     0
  [ 1] .head.text        PROGBITS         ffff000010080000  00010000
       0000000000001000  0000000000000000  AX       0     0     4096
  [ 2] .text             PROGBITS         ffff000010081000  00011000
       000000000169f138  0000000000000008  AX       0     0     2048
  [ 3] .rodata           PROGBITS         ffff000011730000  016c0000
       00000000002e5819  0000000000000000  WA       0     0     4096
```

▲图 3.16　内核映像文件中的段信息

另外，根据 head.S 可知，汇编入口代码 stext 链接到.init.text 段。

```
<arm/arm64/kernel/head.S>

     __INIT

ENTRY(stext)
     bl      preserve_boot_args
     bl      el2_setup
```

__INIT 宏的定义如下。

```
< include/linux/init.h >

#define __INIT          .section        ".init.text","ax"
```

由 vmlinux 文件的段信息可知，.init.text 段的起始虚拟地址为 0xFFFF 0000 11A6 0000，因此它在物理内存中的偏移量为 0x1A6 0000。

综合上述分析，我们可以得出各个段在物理内存中的起始地址。

- 对于.head.text 段，起始地址= 0x4000 0000 + 0x8 0000 = 0x4008 0000。
- 对于.text 段，起始地址 = 0x4000 0000 + 0x8 1000 = 0x4008 1000。
- 对于.rodata 段，起始地址 = 0x4000 0000 + 0x173 0000 = 0x4173 0000。
- 对于.init.text 段，起始地址 = 0x4000 0000 + 0x1A6 0000 = 0x41A6 0000。

首先，启动 QEMU 虚拟机+GDB。

```
$./run_debian_arm64.sh run debug
```

然后，在另外一个终端中启动 GDB。

```
$ gdb-multiarch --tui
```

在 GDB 命令行中依次输入如下指令。

```
(gdb) set architecture aarch64
(gdb) target remote localhost:1234
(gdb) add-symbol-file vmlinux 0x40081000 -s .head.text 0x40080000 -s .init.text 0x41a6
0000 -s .rodata 0x41730000
(gdb) set $pc=0x41a60000
```

注意，上述地址可能随着内核配置或者编译选项的不同有所不同，需要参考具体的分析方法来推导，不要直接照搬。

其中 add-symbol-file 命令加载和读取 vmlinux 的符号表。设置完 set $pc 命令之后，可以看到光标停留在 stext 函数中。

接下来，可以设置断点。

```
(gdb) b stext
Breakpoint 1 at 0x41a60000: file arch/arm64/kernel/head.S, line 118.
(gdb)
```

接下来，输入 c 命令，运行 GDB，可以看到 GDB 停在 stext 函数里，如图 3.17 所示。

```
—arch/arm64/kernel/head.S—
109             * primary lowlevel boot path:
110             *
111             *  Register   Scope                     Purpose
112             *  x21        stext() .. start_kernel()  FDT pointer passed at boot in x0
113             *  x23        stext() .. start_kernel()  physical misalignment/KASLR offset
114             *  x28        __create_page_tables()     callee preserved temp register
115             *  x19/x20    __primary_switch()         callee preserved temp registers
116             */
117     ENTRY(stext)
B+>118          bl      preserve_boot_args
119             bl      el2_setup                  // Drop to EL1, w0=cpu_boot_mode
120             adrp    x23, __PHYS_OFFSET
121             and     x23, x23, MIN_KIMG_ALIGN - 1   // KASLR offset, defaults to 0
122             bl      set_cpu_boot_mode_flag
123             bl      __create_page_tables
124             /*
125              * The following calls CPU setup code, see arch/arm64/mm/proc.S for
126              * details.
127              * On return, the CPU will be ready for the MMU to be turned on and
128              * the TCR will have been set.
129              */
remote Thread 1.1 In: stext                                        L118  PC: 0x41a60000
        .rodata_addr = 0x41730000
(y or n) y
Reading symbols from vmlinux...done.
(gdb) set $pc=0x41a60000
(gdb) b stext
Breakpoint 1 at 0x41a60000: file arch/arm64/kernel/head.S, line 118.
(gdb) c
Continuing.

Breakpoint 1, stext () at arch/arm64/kernel/head.S:118
(gdb)
```

▲图 3.17　停在 stext 函数里

接下来，就可以使用 GDB 的单步调试命令单步调试 head.S 了。

3.2 ftrace

ftrace 最早出现在 Linux 2.6.27 内核中，其设计目标简单，基于静态代码插桩（stub）技术，不需要用户通过额外的编程来定义 trace 行为。静态代码插桩技术比较可靠，不会因为用户使用不当而导致内核崩溃。ftrace 的名字源于 function trace，利用 GCC 的 profile 特性在所有函数入口处添加一段插桩代码，ftrace 重载这段代码来实现 trace 功能。GCC 的-pg 选项会在每个函数入口处加入 mcount 的调用代码，原本 mcount 有 libc 实现，而内核不会链接 libc 库，因此 ftrace 编写了自己的 mcount stub 函数。

在使用 ftrace 之前，需要确保内核编译了配置选项。

```
CONFIG_FTRACE=y
CONFIG_HAVE_FUNCTION_TRACER=y
CONFIG_HAVE_FUNCTION_GRAPH_TRACER=y
CONFIG_HAVE_DYNAMIC_FTRACE=y
CONFIG_FUNCTION_TRACER=y
CONFIG_IRQSOFF_TRACER=y
CONFIG_SCHED_TRACER=y
CONFIG_ENABLE_DEFAULT_TRACERS=y
CONFIG_FTRACE_SYSCALLS=y
CONFIG_PREEMPT_TRACER=y
```

ftrace 的相关配置选项比较多，针对不同的跟踪器有各自对应的配置选项。ftrace 通过 debugfs 文件系统向用户空间提供访问接口，因此需要在系统启动时挂载 debugfs，可以修改系统的/etc/fstab 文件或手动挂载。

```
mount  -t  debugfs  debugfs  /sys/kernel/debug
```

在/sys/kernel/debug/trace 目录下提供了各种跟踪器（tracer）和事件（event），一些常用的选项如下。

- available_tracers：列出当前系统支持的跟踪器。
- available_events：列出当前系统支持的事件。
- current_tracer：设置和显示当前正在使用的跟踪器。使用 echo 命令把跟踪器的名字写入该文件，即可切换不同的跟踪器。默认为 nop，即不做任何跟踪操作。
- trace：读取跟踪信息。通过 cat 命令查看 ftrace 记录下来的跟踪信息。
- tracing_on：用于开始或暂停跟踪。
- trace_options：设置 ftrace 的一些相关选项。

ftrace 当前包含多个跟踪器，方便用户跟踪不同类型的信息，如进程睡眠、唤醒、抢占、延迟的信息。查看 available_tracers 可以知道当前系统支持哪些跟踪器，如果系统支持的跟踪器上没有用户想要的，那就必须在配置内核时打开，然后重新编译内核。常用的 ftrace 跟踪器如表 3.1 所示。

表 3.1　　常用的 ftrace 跟踪器

常用的 ftrace 跟踪器	说明
nop	不跟踪任何信息。将 nop 写入 current_tracer 文件可以清空之前收集到的跟踪信息
function	跟踪内核函数执行情况
function_graph	可以显示类似于 C 语言的函数调用关系图，比较直观
hwlat	用来跟踪与硬件相关的延时
blk	跟踪块设备的函数
mmiotrace	用于跟踪内存映射 I/O 操作
wakeup	跟踪普通优先级的进程从获得调度到被唤醒的最长延迟时间
wakeup_rt	跟踪 RT 类型的任务从获得调度到被唤醒的最长延迟时间
irqsoff	跟踪关闭中断的信息，并记录关闭的最大时长
preemptoff	跟踪关闭禁止抢占的信息，并记录关闭的最大时长

3.2.1　irqs 跟踪器

当中断关闭（俗称关中断）后，CPU 就不能响应其他的事件。如果这时有一个鼠标中断，要在下一次开中断时才能响应这个鼠标中断，这段延迟称为中断延迟。向 current_tracer 文件写入 irqsoff 字符串即可打开 irqsoff 来跟踪中断延迟。

```
# cd /sys/kernel/debug/tracing/
# echo 0 > options/function-trace //关闭 function-trace 可以减少一些延迟
# echo irqsoff > current_tracer
# echo 1 > tracing_on
[...]  //停顿一会儿
# echo 0 > tracing_on
# cat trace
```

下面是 irqsoff 跟踪的一个结果。

```
# tracer: irqsoff
#
# irqsoff latency trace v1.1.5 on 5.0.0
# --------------------------------------------------------------------
# latency: 259 µs, #4/4, CPU#2 | (M:preempt VP:0, KP:0, SP:0 HP:0 #P:4)
#    -----------------
#    | task: ps-6143 (uid:0 nice:0 policy:0 rt_prio:0)
#    -----------------
#  => started at: __lock_task_sighand
#  => ended at:   _raw_spin_unlock_irqrestore
#
#
#                  _------=> CPU#
#                 / _-----=> irqs-off
#                | / _----=> need-resched
#                || / _---=> hardirq/softirq
#                ||| / _--=>preempt-depth
#                |||| /     delay
```

```
#   cmd      pid     ||||| time   |    caller
#     \   /        |||||  \     |    /
     ps-6143    2d...    0µs!: trace_hardirqs_off <-__lock_task_sighand
     ps-6143    2d..1  259µs+: trace_hardirqs_on <-_raw_spin_unlock_irqrestore
     ps-6143    2d..1  263µs+: time_hardirqs_on <-_raw_spin_unlock_irqrestore
     ps-6143    2d..1   306µs : <stack trace>
 => trace_hardirqs_on_caller
 => trace_hardirqs_on
 =>_raw_spin_unlock_irqrestore
 => do_task_stat
 => proc_tgid_stat
 => proc_single_show
 => seq_read
 => vfs_read
 => sys_read
 => system_call_fastpath
```

文件的开头显示当前跟踪器——irqsoff，并且显示当前跟踪器的版本信息为 v1.1.5，运行的内核版本为 5.0.0。当前最大的中断延迟是 259µs，跟踪条目和总共跟踪条目均为 4 个（#4/4），另外，VP、KP、SP、HP 值暂时没用，#P:4 表示当前系统可用的 CPU 一共有 4 个。task: ps-6143 表示当前发生中断延迟的进程是 PID 为 6143 的进程，名称为 ps。

started at 与 ended at 显示发生中断的开始函数和结束函数分别为__lock_task_sighand()和_raw_spin_unlock_irqrestore()。接下来的 ftrace 信息表示的内容如下。

- cmd：进程名字为“ps”。
- pid：进程的 ID。
- CPU#：表示该进程运行在哪个 CPU 上。
- irqs-off：若设置为“d”，表示中断已经关闭；若设置为“.”，表示中断没有关闭。
- need_resched：表示是否需要调度。
  - “N”表示进程设置了 TIF_NEED_RESCHED 和 PREEMPT_NEED_RESCHED 标志位，说明需要被调度。
  - “n”表示进程仅设置了 TIF_NEED_RESCHED 标志位。
  - “p”表示进程仅设置了 PREEMPT_NEED_RESCHED 标志位。
  - “.”表示不需要调度。
- hardirq/softirq：表示是否发生了软中断或硬件中断
  - “H”表示在一次软中断中发生了一个硬件中断。
  - “h”表示硬件中断发生。
  - “s”表示软中断。
  - “.”表示没有中断发生。
- preempt-depth：表示抢占关闭的嵌套层级。
- time：表示时间戳。如果打开了 latency-format 选项，表示时间从开始跟踪算起，这是一个相对时间，用于方便开发者观察，否则使用系统绝对时间。
- delay：用一些特殊符号来表示延迟的时间长度，方便开发者观察。
  - “$”表示长于 1s。
  - “@”表示长于 100ms。

- "*"表示长于 10ms。
- "#"表示长于 1000μs。
- "!"表示长于 100μs。
- "+"表示长于 10μs。

最后要说明的是，文件最开始显示的中断延迟是 259μs，但是在<stack trace>里显示 306μs，这是因为在记录最大延迟信息时需要花费一些时间。

3.2.2 function 跟踪器

function 跟踪器会记录当前系统运行过程中所有的函数。如果只想跟踪某个进程，可以使用 set_ftrace_pid。

```
# cd /sys/kernel/debug/tracing/
# cat set_ftrace_pid
no pid
# echo 3111 > set_ftrace_pid   //跟踪 PID 为 3111 的进程
# cat set_ftrace_pid
3111
# echo function > current_tracer
# cat trace
```

ftrace 还支持一种更直观的跟踪器——function_graph，使用方法和 function 跟踪器类似。

```
# tracer: function_graph
#
# CPU  DURATION                  FUNCTION CALLS
# |     |  |                       |   |   |   |

 0)               |  sys_open() {
 0)               |    do_sys_open() {
 0)               |      getname() {
 0)               |        kmem_cache_alloc() {
 0)   1.382 us    |          __might_sleep();
 0)   2.478 us    |        }
 0)               |        strncpy_from_user() {
 0)               |          might_fault() {
 0)   1.389 us    |            __might_sleep();
 0)   2.553 us    |          }
 0)   3.807 us    |        }
 0)   7.876 us    |      }
 0)               |      alloc_fd() {
 0)   0.668 us    |        _spin_lock();
 0)   0.570 us    |        expand_files();
 0)   0.586 us    |        _spin_unlock();
```

3.2.3 动态 ftrace

若在配置内核时打开了 CONFIG_DYNAMIC_FTRACE 选项，就可以使用动态 ftrace 功能。set_ftrace_filter 和 set_ftrace_notrace 这两个文件可以配对使用，其中，前者设置要跟踪的函数，后者指定不要跟踪的函数。在实际调试过程中，我们通常会被 ftrace 提供的大量信息淹没，因此动态过滤的方法非常有用。available_filter_functions 文件可以列出当前系统支持的所有函数。通过以下代码可以只关注 sys_nanosleep()和 hrtimer_interrupt()这两个函数。

```
# cd /sys/kernel/debug/tracing/
# echo sys_nanosleep hrtimer_interrupt > set_ftrace_filter
# echo function > current_tracer
# echo 1 > tracing_on
# usleep 1
# echo 0 > tracing_on
# cat trace
```

抓取的数据如下。

```
# tracer: function
#
# entries-in-buffer/entries-written: 5/5   #P:4
#
#                              _-----=> irqs-off
#                             / _----=> need-resched
#                            | / _---=> hardirq/softirq
#                            || / _--=> preempt-depth
#                            ||| /     delay
#           TASK-PID   CPU#    ||||    TIMESTAMP  FUNCTION
#              | |       |   ||||       |         |
          usleep-2665  [001] ....  4186.475355: sys_nanosleep <-system_call_fastpath
          <idle>-0     [001] d.h1  4186.475409: hrtimer_interrupt <-smp_apic_timer_interrupt
          usleep-2665  [001] d.h1  4186.475426: hrtimer_interrupt <-smp_apic_timer_interrupt
          <idle>-0     [003] d.h1  4186.475426: hrtimer_interrupt <-smp_apic_timer_interrupt
          <idle>-0     [002] d.h1  4186.475427: hrtimer_interrupt <-smp_apic_timer_interrupt
```

此外，过滤器还支持如下通配符。

- <match>*：匹配所有以 match 开头的函数。
- *<match>：匹配所有以 match 结尾的函数。
- *<match>*：匹配所有包含 match 的函数。

如果要跟踪所有以“hrtimer”开头的函数，可以使用“echo 'hrtimer_*' > set_ftrace_filter”。另外，还有两个非常有用的操作符：“>”表示覆盖过滤器的内容；“>>”表示把新函数添加到过滤器中，但不会覆盖。

```
# echo sys_nanosleep > set_ftrace_filter //往过滤器中写入 sys_nanosleep
# cat set_ftrace_filter                   //查看过滤器的内容
sys_nanosleep

# echo 'hrtimer_*' >> set_ftrace_filter  //向过滤器中添加"hrtimer_"开头的函数
# cat set_ftrace_filter
hrtimer_run_queues
hrtimer_run_pending
hrtimer_init
hrtimer_cancel
hrtimer_try_to_cancel
```

```
hrtimer_forward
hrtimer_start
hrtimer_reprogram
hrtimer_force_reprogram
hrtimer_get_next_event
hrtimer_interrupt
sys_nanosleep
hrtimer_nanosleep
hrtimer_wakeup
hrtimer_get_remaining
hrtimer_get_res
hrtimer_init_sleeper

# echo '*preempt*' '*lock*' > set_ftrace_notrace //表示不跟踪包含"preempt"和"lock"的函数

# echo > set_ftrace_filter                        //向过滤器中输入空字符表示清空过滤器
# cat set_ftrace_filter
```

3.2.4　事件跟踪

ftrace 里的跟踪机制主要有两种，分别是函数和跟踪点。前者属于简单的操作，后者可以理解为一个 Linux 内核中的占位符函数，内核子系统的开发者通常喜欢利用跟踪点来调试。跟踪点可以输出开发者想要的参数、局部变量等信息。跟踪点的位置比较固定，一般是内核开发者添加上去的，可以把它理解为传统 C 语言程序中的#if DEBUG 部分。如果在运行时没有开启 DEBUG，那么是不占用任何系统开销的。

在阅读内核代码时经常会遇到以 trace_开头的函数，如 CFS 里的 update_curr()函数。

```
static void update_curr(struct cfs_rq *cfs_rq)
{
    ...
    curr->vruntime += calc_delta_fair(delta_exec, curr);
    update_min_vruntime(cfs_rq);

    if (entity_is_task(curr)) {
        struct task_struct *curtask = task_of(curr);
        trace_sched_stat_runtime(curtask, delta_exec, curr->vruntime);
    }
    ...
}
```

update_curr()函数使用了一个名为 sched_stat_runtime 的跟踪点。要在 available_events 文件中查找该跟踪点，把想要跟踪的事件添加到 set_event 文件中即可，该文件同样支持通配符。

```
# cd /sys/kernel/debug/tracing
# cat available_events | grep sched_stat_runtime //查询系统是否支持跟踪点
sched:sched_stat_runtime

# echo sched:sched_stat_runtime > set_event        //跟踪这个事件
```

```
# echo 1 > tracing_on
# cat trace

#echo sched:*> set_event                              //支持通配符，跟踪所有以 sched 开头的事件
#echo *:*> set_event                                  //跟踪系统所有的事件
```

另外，事件跟踪还支持另一个强大的功能，可以设定跟踪条件，做到更精细化的设置。为每个跟踪点都定义了一个格式，其中定义了该跟踪点支持的域。

```
# cd /sys/kernel/debug/tracing/events/sched/sched_stat_runtime
# cat format
name: sched_stat_runtime
ID: 208
format:
    field:unsigned short common_type;offset:0;size:2;  signed:0;
    field:unsigned char common_flags;offset:2;size:1;signed:0;
    field:unsigned char common_preempt_count;offset:3;size:1;signed:0;
    field:int common_pid;offset:4;size:4;signed:1;

    field:char comm[16];offset:8;size:16;signed:0;
    field:pid_t pid;offset:24;size:4;signed:1;
    field:u64 runtime;offset:32;size:8;signed:0;
    field:u64 vruntime;offset:40;size:8;signed:0;

print fmt: "comm=%s pid=%d runtime=%Lu [ns] vruntime=%Lu [ns]", REC->comm, REC->pid, (unsign
ed long long)REC->runtime, (unsigned long long)REC->vruntime
#
```

如 sched_stat_runtime 这个跟踪点支持 8 个域，其中前 4 个是通用域，后 4 个是该跟踪点支持的域，而 comm 是一个字符串域，其他域都是数字域。

可以使用类似于 C 语言的表达式对事件进行过滤，对于数字域支持“==、!=、<、<=、>、>=、&”操作符，对于字符串域支持“==、!=、～”操作符。

通过以下代码可以只跟踪以“sh”开头的所有进程的 sched_stat_runtime 事件。

```
# cd events/sched/sched_stat_runtime/
# echo 'comm ~ "sh*"' > filter //跟踪以 sh 开头的所有进程
# echo ø'pid == 725' > filter   //跟踪进程 PID 为 725 的进程
```

跟踪结果如下。

```
/sys/kernel/debug/tracing # cat trace
# tracer: nop
#
# entries-in-buffer/entries-written: 15/15   #P:1
#
#                              _-----=> irqs-off
#                             / _----=> need-resched
#                            | / _---=> hardirq/softirq
#                            || / _--=> preempt-depth
#                            ||| /     delay
#           TASK-PID   CPU#  ||||      TIMESTAMP  FUNCTION
#             | |        |   ||||         |         |
```

```
            sh-629    [000] d.h3 62903.615712: sched_stat_runtime: comm=sh pid=629
runtime=5109959 [ns] vruntime=756435462536 [ns]
            sh-629    [000] d.s4 62903.616127: sched_stat_runtime: comm=sh pid=629
runtime=441291 [ns] vruntime=756435903827 [ns]
            sh-629    [000] d..3 62903.617084: sched_stat_runtime: comm=sh pid=629
runtime=404250 [ns] vruntime=756436308077 [ns]
            sh-629    [000] d.h3 62904.285573: sched_stat_runtime: comm=sh pid=629
runtime=1351667 [ns] vruntime=756437659744 [ns]
            sh-629    [000] d..3 62904.288308: sched_stat_runtime: comm=sh pid=629
```

3.2.5　添加跟踪点

内核中各个子系统目前已经有大量的跟踪点，如果觉得这些跟踪点还不能满足需求，可以自己手动添加。这在实际工作中是很常用的技巧。

还以 CFS 中的核心函数 update_curr()为例，如现在增加一个跟踪点来观察 cfs_rq 就绪队列中 min_vruntime 成员的变化情况。首先，需要在 include/trace/events/sched.h 头文件中添加一个名为 sched_stat_minvruntime 的跟踪点。

```
<include/trace/events/sched.h>

0 TRACE_EVENT(sched_stat_minvruntime,
1
2   TP_PROTO(struct task_struct *tsk, u64 minvruntime),
3
4   TP_ARGS(tsk, minvruntime),
5
6   TP_STRUCT__entry(
7      __array( char,         comm,        TASK_COMM_LEN)
8      __field( pid_t,         pid      )
9      __field( u64,        vruntime)
10  ),
11
12  TP_fast_assign(
13       memcpy(__entry->comm, tsk->comm, TASK_COMM_LEN);
14       __entry->pid                 = tsk->pid;
15       __entry->vruntime             = minvruntime;
16  ),
17
18  TP_printk("comm=%s pid=%d vruntime=%Lu [ns]",
19          __entry->comm, __entry->pid,
20          (unsigned long long)__entry->vruntime)
21);
```

为了方便添加跟踪点，内核定义了一个 TRACE_EVENT 宏，只需要按要求填写这个宏即可。TRACE_EVENT 宏的定义如下。

```
#define TRACE_EVENT(name, proto, args, struct, assign, print)  \
    DECLARE_TRACE(name, PARAMS(proto), PARAMS(args))
```

- name：表示该跟踪点的名字，如上面第 0 行代码中的 sched_stat_minvruntime。
- proto：该跟踪点调用的原型，在上面的第 2 行代码中，该跟踪点的原型是 trace_sched_

stat_ minvruntime(tsk, minvruntime)。

- args：参数。
- struct：定义跟踪器内部使用的__entry 数据结构。
- assign：把参数复制到__entry 数据结构中。
- print：输出的格式。

把 trace_sched_stat_minvruntime()函数添加到 update_curr()函数里。

```
static void update_curr(struct cfs_rq *cfs_rq)
{
    ...
    curr->vruntime += calc_delta_fair(delta_exec, curr);
    update_min_vruntime(cfs_rq);

    if (entity_is_task(curr)) {
         struct task_struct *curtask = task_of(curr);
          trace_sched_stat_runtime(curtask, delta_exec, curr->vruntime);
          trace_sched_stat_minvruntime(curtask, cfs_rq->min_vruntime);
    }
    ...
}
```

重新编译内核并在 QEMU 虚拟机上运行，首先来看 sys 节点中是否已经存在刚才添加的跟踪点。

```
#cd /sys/kernel/debug/tracing/events/sched/sched_stat_minvruntime
# ls
enable    filter format    id       trigger
# cat format
name: sched_stat_minvruntime
ID: 208
format:
    field:unsigned short common_type;offset:0;size:2;signed:0;
    field:unsigned char common_flags;offset:2;size:1;signed:0;
    field:unsigned char common_preempt_count;offset:3;size:1;signed:0;
    field:int common_pid;offset:4;size:4;signed:1;

    field:char comm[16];offset:8;size:16;signed:0;
    field:pid_t pid;offset:24;size:4;signed:1;
    field:u64 vruntime;offset:32;size:8;signed:0;

print fmt: "comm=%s pid=%d vruntime=%Lu [ns]", REC->comm, REC->pid, (unsigned long long)REC
->vruntime
/sys/kernel/debug/tracing/events/sched/sched_stat_minvruntime #
```

上述信息显示已经成功增加跟踪点，下面是抓取的关于 sched_stat_minvruntime 的信息。

```
# cat trace
# tracer: nop
#
# entries-in-buffer/entries-written: 247/247   #P:1
```

```
#
#                              _-----=> irqs-off
#                             / _----=> need-resched
#                            | / _---=> hardirq/softirq
#                            || / _--=> preempt-depth
#                            ||| /     delay
#           TASK-PID   CPU#  ||||    TIMESTAMP  FUNCTION
#              | |       |   ||||       |         |
            sh-629    [000] d..3  27.307974: sched_stat_minvruntime: comm=sh pid=629
vruntime=2120013310 [ns]
   rcu_preempt-7     [000] d..3   27.309178: sched_stat_minvruntime: comm=rcu_preempt
pid=7 vruntime=2120013310 [ns]
   rcu_preempt-7     [000] d..3   27.319042: sched_stat_minvruntime: comm=rcu_preempt
pid=7 vruntime=2120013310 [ns]
   rcu_preempt-7     [000] d..3   27.329015: sched_stat_minvruntime: comm=rcu_preempt
pid=7 vruntime=2120013310 [ns]
   kworker/0:1-284    [000] d..3   27.359015: sched_stat_minvruntime: comm=kworker/0:1
pid=284 vruntime=2120013310 [ns]
   kworker/0:1-284    [000] d..3   27.399005: sched_stat_minvruntime: comm=kworker/0:1
pid=284 vruntime=2120013310 [ns]
   kworker/0:1-284    [000] d..3   27.599034: sched_stat_minvruntime: comm=kworker/0:1
pid=284 vruntime=2120013310 [ns]
```

内核还提供了一个跟踪点的例子，在samples/trace_events/目录中，读者可以自行研究。其中除了使用TRACE_EVENT()宏来定义普通的跟踪点外，还可以使用TRACE_EVENT_CONDITION()宏来定义一个带条件的跟踪点。如果要定义多个格式相同的跟踪点，DECLARE_EVENT_CLASS()宏可以帮助减少代码量。

```
[arch/arm/configs/vexpress_defconfig]

- # CONFIG_SAMPLES is not set
+ CONFIG_SAMPLES=y
+ CONFIG_SAMPLE_TRACE_EVENTS=m
```

增加CONFIG_SAMPLES和CONFIG_SAMPLE_TRACE_EVENTS，然后重新编译内核，最终会编译成一个内核模块trace-events-sample.ko，复制到QEMU虚拟机里的最小文件系统中，运行QEMU虚拟机。下面是该例子中抓取的数据。

```
/sys/kernel/debug/tracing # cat trace
# tracer: nop
#
# entries-in-buffer/entries-written: 45/45   #P:1
#
#                              _-----=> irqs-off
#                             / _----=> need-resched
#                            | / _---=> hardirq/softirq
#                            || / _--=> preempt-depth
#                            ||| /     delay
#           TASK-PID   CPU#  ||||    TIMESTAMP  FUNCTION
#              | |       |   ||||       |         |
  event-sample-636   [000] ...1   53.029398: foo_bar: foo hello 41 {0x1} Snoopy (000000ff)
  event-sample-636   [000] ...1   53.030180: foo_with_template_simple: foo HELLO 41
```

```
   event-sample-636    [000] ...1    53.030284: foo_with_template_print: bar I have to
be different 41
   event-sample-fn-640   [000] ...1    53.759157: foo_bar_with_fn: foo Look at me 0
   event-sample-fn-640   [000] ...1   53.759285: foo_with_template_fn: foo Look at me too 0
   event-sample-fn-641   [000] ...1  53.759365: foo_bar_with_fn: foo Look at me 0
   event-sample-fn-641   [000] ...1   53.759373: foo_with_template_fn: foo Look at me too 0
```

3.2.6 trace-cmd 和 kernelshark

前面介绍了 ftrace 的常用方法，但不能满足所有使用情况，因此一些图形化的工具（如 trace-cmd 和 kernelshark 工具）就应运而生了。

首先，在 Ubuntu Linux 系统上安装 trace-cmd 和 kernelshark 工具。

```
#sudo apt-get install trace-cmd kernelshark
```

trace-cmd 的使用方式遵循 reset->record->stop->report 模式。首先，要用 report 命令收集数据，按 Ctrl+C 组合键可以停止收集动作，在当前目录下产生了 trace.dat 文件。然后，使用 trace-cmd report 解析 trace.dat 文件，这是文字形式的。kernelshark 是图形化的工具，更方便开发者观察和分析数据。

```
figo@figo-OptiPlex-9020:~/work/test1$ trace-cmd record -h
trace-cmd version 1.0.3
usage:
 trace-cmd record [-v][-e event [-f filter]][-p plugin][-F][-d][-o file] \
          [-s usecs][-O option ][-l func][-g func][-n func] \
          [-P pid][-N host:port][-t][-r prio][-b size][command ...]
         -e run command with event enabled
         -f filter for previous -e event
         -p run command with plugin enabled
         -F filter only on the given process
         -P trace the given pid like -F for the command
         -l filter function name
         -g set graph function
         -n do not trace function
         -v will negate all -e after it (disable those events)
         -d disable function tracer when running
         -o data output file [default trace.dat]
         -O option to enable (or disable)
         -r real time priority to run the capture threads
         -s sleep interval between recording (in usecs) [default: 1000]
         -N host:port to connect to (see listen)
         -t used with -N, forces use of tcp in live trace
         -b change kernel buffersize (in kilobytes per CPU)
```

常用的选项如下。

- –e[event]：指定一个跟踪事件。
- –f[filter]：指定一个过滤器，这个选项后必须紧跟着-e 选项。
- –P[pid]：指定一个进程进行跟踪。
- -p[plugin]：指定一个跟踪器，可以通过 trace-cmd list 来获取系统支持的跟踪器。常见的跟踪器有 function_graph、function、nop 等。
- –l[func]：指定跟踪的函数，可以是一个或多个。
- –n[func]：不跟踪某个函数。

以跟踪系统进程切换的情况为例。

```
#trace-cmd record -e 'sched_wakeup*' -e sched_switch -e 'sched_migrate*'
#kernelshark trace.dat
```

通过 kernelshark 可以查看需要的信息，如图 3.18 所示。

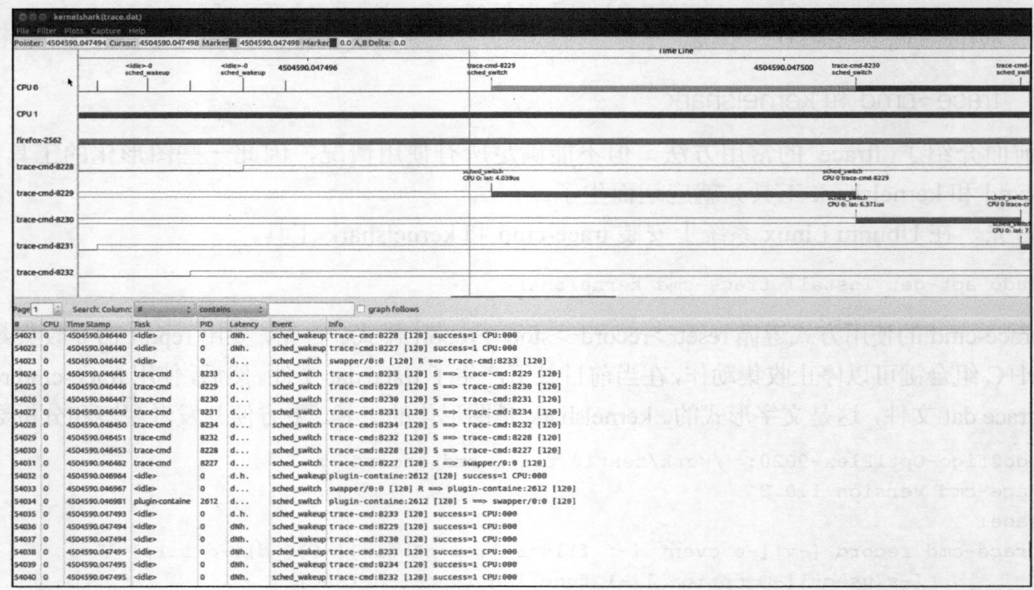

▲图 3.18　通过 kernelshark 查看需要的信息

在 kernelshark 中，选择菜单栏中的 Plots→CPUs，可以指定要观察的 CPU；选择 Plots→Tasks，可以指定要观察的进程。如果要观察 PID 为“8228”的进程，该进程名称为“trace-cmd”，那么观察的起点如图 3.19 所示。

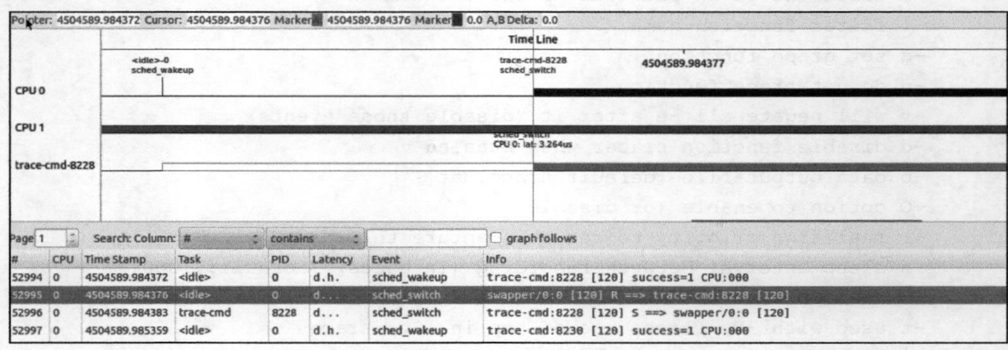

▲图 3.19　观察的起点

在时间戳 4504589.984372，trace-cmd:8228 进程在 CPU0 中被唤醒，发生了 sched_wakeup 事件。在下一个时间戳（4504589.984376），swapper 线程发生了进程切换，从 swapper 线程切换到 trace-cmd:8228 进程，trace-cmd:8228 进程被调度器调度、执行，在 sched_switch 事件中捕捉到该信息。在第三个时间戳（4504589.984383），trace-cmd:8228 进程触发了进程切换，切换到 swapper 线程。

3.2.7　跟踪标记

有时需要跟踪用户程序和内核空间的运行情况，跟踪标记（trace marker）可以很方便地跟踪用户程序。trace_marker 是一个文件节点，允许用户程序写入字符串，ftrace 会记录该写入动作时的时间戳。

下面是一个关于跟踪标记的例子。

```
<trace_marker_test.c>

#include <stdlib.h>
#include <stdio.h>
#include <string.h>
#include <time.h>
#include <sys/types.h>
#include <sys/stat.h>
#include <fcntl.h>
#include <sys/time.h>
#include <linux/unistd.h>
#include <stdarg.h>
#include <unistd.h>
#include <ctype.h>

static int mark_fd = -1;
static __thread char buff[BUFSIZ+1];

static void setup_ftrace_marker(void)
{
 struct stat st;
 char *files[] = {
      "/sys/kernel/debug/tracing/trace_marker",
      "/debug/tracing/trace_marker",
      "/debugfs/tracing/trace_marker",
 };
 int ret;
 int i;

 for (i = 0; i < (sizeof(files) / sizeof(char *)); i++) {
      ret = stat(files[i], &st);
      if (ret >= 0)
           goto found;
 }
 /* todo, check mounts system */
 printf("canot found the sys tracing\n");
 return;
found:
 mark_fd = open(files[i], O_WRONLY);
}

static void ftrace_write(const char *fmt, ...)
{
 va_list ap;
 int n;

 if (mark_fd < 0)
      return;

 va_start(ap, fmt);
```

```
n = vsnprintf(buff, BUFSIZ, fmt, ap);
va_end(ap);

write(mark_fd, buff, n);
}

int main()
{
int count = 0;
setup_ftrace_marker();
ftrace_write("ben start program\n");
while (1) {
    usleep(100*1000);
    count++;
    ftrace_write("ben count=%d\n", count);
}
}
```

在 Ubuntu Linux 系统下编译，然后运行 ftrace 来捕捉跟踪标记的信息。

```
# cd /sys/kernel/debug/tracing/
# echo nop > current_tracer        //设置 function 跟踪器是不能捕捉到 trace marker 的
# echo 1 > tracing_on              //打开 ftrace 才能捕捉到 trace marker
# ./trace_marker_test              //运行 trace_marker_test 测试程序
[...]                              //停顿一小会儿
# echo 0 > tracing_on
# cat trace
```

下面是 trace_marker_test 测试程序写入 ftrace 的信息。

```
root@figo-OptiPlex-9020:/sys/kernel/debug/tracing# cat trace
# tracer: nop
#
# nop latency trace v1.1.5 on 4.0.0
# --------------------------------------------------------------------
# latency: 0 us, #136/136, CPU#1 | (M:desktop VP:0, KP:0, SP:0 HP:0 #P:4)
#    -----------------
#    | task: -0 (uid:0 nice:0 policy:0 rt_prio:0)
#    -----------------
#
#                    _------=> CPU#
#                   / _-----=> irqs-off
#                  | / _----=> need-resched
#                  || / _---=> hardirq/softirq
#                  ||| / _--=> preempt-depth
#                  |||| /     delay
#  cmd     pid     ||||| time   |   caller
#     \   /        |||||  \   |   /
  <...>-15686   1...1 7322484us!: tracing_mark_write: ben start program
  <...>-15686   1...1 7422324us!: tracing_mark_write: ben count=1
  <...>-15686   1...1 7522186us!: tracing_mark_write: ben count=2
  <...>-15686   1...1 7622052us!: tracing_mark_write: ben count=3
[...]
```

读者可以在捕捉跟踪标记时打开其他跟踪事件，如调度方面的事件，这样可以观察用户程序在两个跟踪标记之间的内核空间发生了什么事情。Android 操作系统利用跟踪标记功能实现了一个 Trace 类，Java 程序员可以方便地捕捉程序信息到 ftrace 中，然后利用 Android 提供的 Systrace 工具进行数据采集和分析。

```
<Android/system/core/include/cutils/trace.h>

#define ATRACE_BEGIN(name) atrace_begin(ATRACE_TAG, name)
static inline void atrace_begin(uint64_t tag, const char* name)
{
    if (CC_UNLIKELY(atrace_is_tag_enabled(tag))) {
         char buf[ATRACE_MESSAGE_LENGTH];
         size_t len;

         len = snprintf(buf, ATRACE_MESSAGE_LENGTH, "B|%d|%s", getpid(), name);
         write(atrace_marker_fd, buf, len);
    }
}

#define ATRACE_END() atrace_end(ATRACE_TAG)
static inline void atrace_end(uint64_t tag)
{
    if (CC_UNLIKELY(atrace_is_tag_enabled(tag))) {
         char c = 'E';
         write(atrace_marker_fd, &c, 1);
    }
}

<Android/system/core/libcutils/trace.c>

static void atrace_init_once()
{
    atrace_marker_fd = open("/sys/kernel/debug/tracing/trace_marker", O_WRONLY);
    if (atrace_marker_fd == -1) {
         goto done;
    }
    atrace_enabled_tags = atrace_get_property();
done:
    android_atomic_release_store(1, &atrace_is_ready);
}
```

因此，利用 atrace 和 trace 类提供的接口可以很方便在 Java 和 C/C++程序中添加信息到 ftrace 中。

3.2.8 小结

本节介绍了 ftrace 常用的技巧和方法，ftrace 在实际项目应用中能帮助项目开发者快速地定位问题，很多内核子系统开发者非常喜欢这个工具。

开发者通常喜欢写一些简单的脚本来捕捉 ftrace 信息，特别是偶发的问题。下面是一个关于 OOM 问题的例子，当内核日志输出“min_adj 0”字符串时，便会保存 ftrace 日志和内核日志信息到相应目录中。

```
#!/bin/sh

#创建一个日志目录
```

```
mkdir -p /data/figo/

#打开内核所有 log 等级
#echo 8 > /proc/sys/kernel/printk

#确保该脚本不会被 OOM 终止
echo -1000 > /proc/self/oom_score_adj
cd /sys/kernel/debug/tracing

#先暂停 ftrace
echo 0 > tracing_on
#清空跟踪缓冲区
echo  > trace

#打开与 OOM 和 vmscan 相关的跟踪事件
echo 1 > /sys/kernel/debug/tracing/events/oom/oom_score_adj_update/enable
echo 1 > /sys/kernel/debug/tracing/events/vmscan/mm_shrink_slab_start/enable
echo 1 > /sys/kernel/debug/tracing/events/vmscan/mm_shrink_slab_end/enable

#开始采集数据
echo 1 > tracing_on

TIMES=0
while true
do
        dmesg | grep "min_adj 0"    #这是判断问题的触发条件
        if [ $? -eq 0 ]
        then
                #保存 ftrace 日志和内核日志
                cat/sys/kernel/debug/tracing/trace > /data/figo/ftrace_log0.txt.$TIMES
                dmesg > /data/figo/kmsg.txt.$TIMES
                let TIMES+=1

                #清空 kernel log 和 ftrace log，等待下一次条件触发
                dmesg -c
                echo > trace
        fi
        sleep 1
done
```

3.3 内存检测

作者曾经有一段比较惨痛的经历。在某个项目中有一个非常难以复现的 bug，复现概率不到 1/1000，并且要运行很长时间才能复现，复现时系统会莫名其妙地宕机（crash），并且每次宕机的日志都不一样。面对这样难缠的 bug，研发团队浪费了好长时间，各种仿真器和调试方法都用上了，最后把宕机的服务器全部的内存都转储出来并和正常服务器的内存进行比较，发现有一个地方的内存被改写了。通过查找 System.map 和源代码，发现这个难缠的 bug 其实是一个比较低级的错误——在某些情况下越界访问并且越界改写了某个变量而导致系统出现莫名其妙的宕机。

Linux 内核和驱动代码都使用 C 语言编写。C 语言具有强大的功能，特别是灵活的指针和

内存访问，但也存在一些问题。如果编写的代码刚好引用了空指针，内核的虚拟内存机制可以捕捉到，并产生一个 oops 错误警告。然而，内核的虚拟内存机制无法判断一些内存修改行为是否正确，如非法修改了内存信息，特别是在某些特殊情况下偷偷地修改内存信息，这些会是产品的隐患，像定时炸弹一样，随时可能导致系统宕机或死机重启，这在重要的工业控制领域会导致严重的事故。

一般的内存访问错误如下。

- 越界访问（out-of-bounds）。
- 访问已经被释放的内存（use after free）。
- 重复释放（double free）。
- 内存泄漏（memory leak）。
- 栈溢出（stack overflow）。

本节主要介绍 Linux 内核中常用的内存检测的工具和方法。

3.3.1 slub_debug

在 Linux 内核中，对于小块内存分配，大量使用 slab/slub 分配器。slab/slub 分配器提供了一个内存检测功能，很方便在产品开发阶段进行内存检查。内存访问中比较容易出现错误的地方如下。

- 访问已经被释放的内存。
- 越界访问。
- 释放已经释放过的内存。

本节以 slub_debug 为例，并在 QEMU 虚拟机上实验。

1. 配置和编译内核

首先，需要重新配置内核选项，打开 CONFIG_SLUB、CONFIG_SLUB_DEBUG_ON 以及 CONFIG_SLUB_STATS 选项。

```
<arch/arm64/configs/debian_defconfig>

# CONFIG_SLAB is not set
CONFIG_SLUB=y
CONFIG_SLUB_DEBUG_ON=y
CONFIG_SLUB_STATS=y
```

修改了上述配置文件之后，需要重新编译内核并更新根文件系统。

```
$./run_debian_arm64 build_kernel
$ sudo ./run_debian_arm64 update_rootfs
```

2. 添加 slub_debug 选项

在内核 commandline 中添加 slub_debug 字符串来打开该功能。修改 run_debian_arm64.sh 文件，在 QEMU 命令行中添加以下内容。

```
<修改 run_debian_arm64.sh 文件>

-append "noinintrd root=/dev/vda rootfstype=ext4 rw crashkernel=256M loglevel=8 slub_d
ebug=UFPZ" \
```

3. 编译 slabinfo 工具

在 linux-5.0 内核的 tools/vm 目录下编译 slabinfo 工具。

在 Linux 主机输入以下命令，把 slabinfo.c 文件复制到 QEMU 虚拟机中。

```
$ cd runninglinuxkernel_5.0/
$ cp tools/vm/slabinfo.c  kmodules
```

运行虚拟机。

```
$ ./run_debian_arm64.sh run
```

在 QEMU 虚拟机中编译 slabinfo 工具。

```
# cd /mnt
# gcc slabinfo.c -o slabinfo
```

4. 编写一个 slub 测试内核模块

slub_test.c 文件用于模拟一次越界访问的场景，原本 buf 分配了 32 字节，但是 memset()函数要越界写入 200 字节。

```
<slub_test.c>

#include <linux/kernel.h>
#include <linux/module.h>
#include <linux/init.h>
#include <linux/slab.h>

static char *buf;

static void create_slub_error(void)
{
    buf = kmalloc(32, GFP_KERNEL);
    if (buf) {
        memset(buf, 0x55, 200); <= 这里越界访问了
    }
}
static int __init my_test_init(void)
{
    printk("figo: my module init\n");
    create_slub_error();
    return 0;
}
static void __exit my_test_exit(void)
{
    printk("goodbye\n");
    kfree(buf);

}
MODULE_LICENSE("GPL");
module_init(my_test_init);
module_exit(my_test_exit);
```

按照如下的 Makefile 把 slub_test.c 文件编译成内核模块。

```
BASEINCLUDE ?= /lib/modules/$(shell uname -r)/build
slub-objs := slub_test.o

obj-m     :=   slub.o
all :
    $(MAKE) -C $(BASEINCLUDE) SUBDIRS=$(PWD) modules;

clean:
     $(MAKE) -C $(BASEINCLUDE) SUBDIRS=$(PWD) clean;
     rm -f *.ko;
```

我们在 QEMU 虚拟机中直接编译内核模块。

```
# cd slub_test
# make
```

下面是在 QEMU 虚拟机中加载 slub1.ko 模块和运行 slabinfo 后的结果。

```
benshushu:slub_test_1# insmod slub1.ko
benshushu:slub_test_1# /mnt/slabinfo -v
[  532.017930] =============================================================================
[  532.019438] BUG kmalloc-128 (Tainted: G    B      OE    ): Redzone overwritten
[  532.020586] ---------------
[  532.020586]
[  532.026549] INFO: 0x00000000ca053aa1-0x000000006aabf585. First byte 0x55 instead of 0xcc
[  532.031515] INFO: Allocated in create_slub_error+0x30/0x78 [slub1] age=2591 cpu=0 p
id=1319
[  532.034785]   __slab_alloc+0x68/0xa8
[  532.035401]   __kmalloc+0x508/0xe00
[  532.036066]   create_slub_error+0x30/0x78 [slub1]
[  532.037239]   0xffff00000977a020
[  532.037954]   do_one_initcall+0x430/0x9f0
[  532.038669]   do_init_module+0xb8/0x2f8
[  532.039548]   load_module+0x8e0/0xbc0
[  532.040102]   __se_sys_finit_module+0x14c/0x180
[  532.040780]   __arm64_sys_finit_module+0x44/0x4c
[  532.041725]   __invoke_syscall+0x28/0x30
[  532.042450]   invoke_syscall+0xa8/0xdc
[  532.043049]   el0_svc_common+0xf8/0x1d4
[  532.043495]   el0_svc_handler+0x3bc/0x3e8
[  532.044012]   el0_svc+0x8/0xc
[  532.044529] INFO: Slab 0x00000000b9b3e7be objects=12 used=8 fp=0x00000000dee784f0 f
lags=0xffff00000010201
[  532.046978] INFO: Object 0x00000000a4e7765b @offset=3968 fp=0x00000000fa7e1195
[  532.046978]
[  532.049610] Redzone 00000000ca16bb03: cc cc cc cc cc cc cc cc cc cc cc cc cc cc cc
cc  ................
[  532.052392] Redzone 00000000cd7b9cc5: cc cc cc cc cc cc cc cc cc cc cc cc cc cc cc
cc  ................
[  532.096970] CPU: 0 PID: 1321 Comm: slabinfo Kdump: loaded Tainted: G    B      OE
   5.0.0+ #30
[  532.098759] Hardware name: linux,dummy-virt (DT)
```

上述 slabinfo 信息显示这是一个 Redzone overwritten 错误，内存越界访问了。

下面来看另一种错误类型，修改 slub_test.c 文件中的 create_slub_error()函数。

```
static void create_slub_error(void)
{
    buf = kmalloc(32, GFP_KERNEL);
    if (buf) {
        memset(buf, 0x55, 32);
        kfree(buf);
        printk("ben:double free test\n");
        kfree(buf);    <= 这里重复释放了
    }
}
```

这是一个重复释放的例子，下面是运行该例子后的 slub 信息。该例子中的错误很明显，所以不需要运行 slabinfo 程序，内核就能马上捕捉到错误。

```
/ # insmod slub2.ko
[  458.699358] ben:double free test
[  458.699899] =============================================
[  458.701327] BUG kmalloc-128 (Tainted: G    B     OE     ): Object already free
[  458.701826] ---------------------------------------------
[  458.701826]
[  458.705403] INFO: Allocated in create_slub_error+0x30/0xa4 [slub2] age=0 cpu=0 pid=2387
[  458.707102]    __slab_alloc+0x68/0xa8
[  458.707535]    __kmalloc+0x508/0xe00
[  458.707955]    create_slub_error+0x30/0xa4 [slub2]
[  458.708638]    my_test_init+0x20/0x1000 [slub2]
[  458.709017]    do_one_initcall+0x430/0x9f0
[  458.709371]       do_init_module+0xb8/0x2f8
[  458.709815]    load_module+0x8e0/0xbc0
[  458.710422]    __se_sys_finit_module+0x14c/0x180
[  458.711027]    __arm64_sys_finit_module+0x44/0x4c
[  458.711906]    __invoke_syscall+0x28/0x30
[  458.712675]    invoke_syscall+0xa8/0xdc
[  458.713048]    el0_svc_common+0xf8/0x1d4
[  458.713391]    el0_svc_handler+0x3bc/0x3e8
[  458.713718]    el0_svc+0x8/0xc
[  458.714302] INFO: Freed in create_slub_error+0x7c/0xa4 [slub2] age=0 cpu=0 pid=2387
[  458.714887]    kfree+0xc78/0xcb0
[  458.715341]    create_slub_error+0x7c/0xa4 [slub2]
[  458.715742]    my_test_init+0x20/0x1000 [slub2]
[  458.716329]    do_one_initcall+0x430/0x9f0
[  458.716873]    do_init_module+0xb8/0x2f8
[  458.717374]    load_module+0x8e0/0xbc0
[  458.717852]    __se_sys_finit_module+0x14c/0x180
[  458.718773]    __arm64_sys_finit_module+0x44/0x4c
[  458.719406]    __invoke_syscall+0x28/0x30
[  458.720067]    invoke_syscall+0xa8/0xdc
[  458.720590]    el0_svc_common+0xf8/0x1d4
[  458.721352]    el0_svc_handler+0x3bc/0x3e8
[  458.722204]    el0_svc+0x8/0xc
[  458.725671] INFO: Slab 0x000000009ec8f655 objects=12 used=10 fp=0x00000000a9b52c42
flags=0xffff00000010201
```

```
[  458.727754] INFO: Object 0x00000000a9b52c42 @offset=5888 fp=0x0000000098b2014f
```

这是很典型的重复释放的例子，错误显而易见。然而，在实际项目中没有这么简单，因为有些内存访问错误隐藏在层层的函数调用中或经过多层指针引用。

下面是另外一个比较典型的内存访问错误，即访问了已经被释放的内存。

```
static void create_slub_error(void)
{
    buf = kmalloc(32, GFP_KERNEL);
    if (buf) {
          kfree(buf);
          printk("ben:access free memory\n");
          memset(buf, 0x55, 32);   <=访问了已经被释放的内存
    }
}
```

下面是该内存访问错误的 slub 信息。

```
/ # insmod slub3.ko
[  808.574242] ben:access free memory
[  808.575512] pick_next_task: prev insmod
[  808.594218] =============================
[  808.596275] BUG kmalloc-128 (Tainted: G    B      OE    ): Poison overwritten
[  808.597314] --------------------------
[  808.597314]
[  808.600221] INFO: 0x00000000a5cf0659-0x0000000040c3b4f5. First byte 0x55 instead of 0x6b
[  808.603196] INFO: Allocated in create_slub_error+0x30/0x94 [slub3] age=5 cpu=0 pid=4437
[  808.605024]   __slab_alloc+0x68/0xa8
[  808.605598]   __kmalloc+0x508/0xe00
[  808.606026]   create_slub_error+0x30/0x94 [slub3]
[  808.606972]   my_test_init+0x20/0x1000 [slub3]
[  808.607660]   do_one_initcall+0x430/0x9f0
[  808.608106]   do_init_module+0xb8/0x2f8
[  808.608562]   load_module+0x8e0/0xbc0
[  808.609061]   __se_sys_finit_module+0x14c/0x180
[  808.609682]   __arm64_sys_finit_module+0x44/0x4c
[  808.610444]   __invoke_syscall+0x28/0x30
[  808.610940]   invoke_syscall+0xa8/0xdc
[  808.611500]   el0_svc_common+0xf8/0x1d4
[  808.612035]   el0_svc_handler+0x3bc/0x3e8
[  808.612554]   el0_svc+0x8/0xc
[  808.613036] INFO: Freed in create_slub_error+0x64/0x94 [slub3] age=5 cpu=0 pid=4437
[  808.613813]   kfree+0xc78/0xcb0
[  808.614198]   create_slub_error+0x64/0x94 [slub3]
[  808.614685]   my_test_init+0x20/0x1000 [slub3]
[  808.615109]   do_one_initcall+0x430/0x9f0
[  808.615405]   do_init_module+0xb8/0x2f8
[  808.615723]   load_module+0x8e0/0xbc0
[  808.616179]   __se_sys_finit_module+0x14c/0x180
[  808.616518]   __arm64_sys_finit_module+0x44/0x4c
[  808.617117]   __invoke_syscall+0x28/0x30
[  808.617388]   invoke_syscall+0xa8/0xdc
[  808.617691]   el0_svc_common+0xf8/0x1d4
[  808.618084]   el0_svc_handler+0x3bc/0x3e8
[  808.618361]   el0_svc+0x8/0xc
```

```
[  808.618961] INFO: Slab 0x00000000394af5b4 objects=12 used=12 fp=0x          (null)
flags=0xffff00000010200
[  808.620032] INFO: Object 0x00000000a5cf0659 @offset=3968 fp=0x000000001b754450
```

该错误类型在 slub 中称为 Poison overwritten，即访问了已经被释放的内存。如果产品中有内存访问错误，类似于上述介绍的几种访问内存错误，那么将存在隐患。这就像埋在产品中的一颗定时炸弹，也许用户在使用几天或几个月后产品就会出现莫名其妙的宕机，因此在产品开发阶段需要对内存做严格的检测。

3.3.2　KASAN 内存检测

KASAN（Kernel Address SANtizer）在 Linux 4.0 内核中被合并到官方 Linux 内核，它是一个动态检测内存错误的工具，可以检查内存越界访问和使用已经被释放的内存等问题。Linux 内核早期有一个类似的工具 kmemcheck，KASAN 比 kmemcheck 的检测速度更快。要使用 KASAN，必须打开 CONFIG_KASAN 等选项。

```
<arch/arm64/configs/debian_defconfig>

CONFIG_HAVE_ARCH_KASAN=y
CONFIG_KASAN=y
CONFIG_KASAN_OUTLINE=y
CONFIG_KASAN_INLINE=y
CONFIG_TEST_KASAN=m
```

KASAN 模块提供了一个测试程序，在 lib/test_kasan.c 文件中，其中定义了多种内存访问的错误类型。

- ❑ 访问已经被释放的内存。
- ❑ 重复释放。
- ❑ 越界访问。

其中，越界访问是最常见的，而且情况比较复杂，test_kasan.c 文件抽象归纳了几种常见的越界访问类型。

在以下代码中出现了右侧数组越界访问。

```
static noinline void __init kmalloc_oob_right(void)
{
    char *ptr;
    size_t size = 123;

    pr_info("out-of-bounds to right\n");
    ptr = kmalloc(size, GFP_KERNEL);

    ptr[size] = 'x';
    kfree(ptr);
}
```

在以下代码中出现了左侧数组越界访问。

```
static noinline void __init kmalloc_oob_left(void)
{
    char *ptr;
    size_t size = 15;
```

```
    pr_info("out-of-bounds to left\n");
    ptr = kmalloc(size, GFP_KERNEL);
    *ptr = *(ptr - 1);
    kfree(ptr);
}
```

在以下代码中出现了 krealloc 扩大后的越界访问。

```
static noinline void __init kmalloc_oob_krealloc_more(void)
{
    char *ptr1, *ptr2;
    size_t size1 = 17;
    size_t size2 = 19;

    pr_info("out-of-bounds after krealloc more\n");
    ptr1 = kmalloc(size1, GFP_KERNEL);
    ptr2 = krealloc(ptr1, size2, GFP_KERNEL);
    if (!ptr1 || !ptr2) {
        pr_err("Allocation failed\n");
        kfree(ptr1);
        return;
    }

    ptr2[size2] = 'x';
    kfree(ptr2);
}
```

在以下代码中出现了全局变量越界访问。

```
static char global_array[10];

static noinline void __init kasan_global_oob(void)
{
    volatile int i = 3;
    char *p = &global_array[ARRAY_SIZE(global_array) + i];

    pr_info("out-of-bounds global variable\n");
    *(volatile char *)p;
}
```

在以下代码中出现了栈越界访问。

```
static noinline void __init kasan_stack_oob(void)
{
    char stack_array[10];
    volatile int i = 0;
    char *p = &stack_array[ARRAY_SIZE(stack_array) + i];

    pr_info("out-of-bounds on stack\n");
    *(volatile char *)p;
}
```

以上几种越界访问都会导致严重的问题。

加载 test_kasan 内核模块后，KASAN 捕捉到的调试信息如下。

```
root@benshushu:/lib/modules/5.0.0-rlk+/kernel/lib# insmod test_kasan.ko
[  166.336802] kasan test: kmalloc_oob_right out-of-bounds to right
```

```
[  166.342517] ==================================================================
[  166.345281] BUG: KASAN: slab-out-of-bounds in kmalloc_oob_right+0x6c/0x8c [test_kasan]
[  166.346479] Write of size 1 at addr ffff80002056397b by task insmod/607
[  166.347261]
[  166.348315] CPU: 0 PID: 607 Comm: insmod Kdump: loaded Tainted: G            E
5.0.0-rlk+ #8
[  166.349452] Hardware name: linux,dummy-virt (DT)
[  166.350419] Call trace:
[  166.351457]  dump_backtrace+0x0/0x228
[  166.352037]  show_stack+0x24/0x30
[  166.352679]  dump_stack+0x9c/0xc4
[  166.353239]  print_address_description+0x68/0x258
[  166.353894]  kasan_report+0x13c/0x188
[  166.354538]  __asan_store1+0x4c/0x58
[  166.355315]  kmalloc_oob_right+0x6c/0x8c [test_kasan]
[  166.356289]  kmalloc_tests_init+0x18/0x8cc [test_kasan]
[  166.357083]  do_one_initcall+0xa4/0x2c0
[  166.357688]  do_init_module+0xe0/0x2f4
[  166.358765]  load_module+0x2c9c/0x3080
[  166.359388]  __se_sys_finit_module+0x12c/0x1b0
[  166.360072]  __arm64_sys_finit_module+0x4c/0x60
[  166.360841]  el0_svc_common+0x120/0x188
[  166.361441]  el0_svc_handler+0x40/0x88
[  166.362014]  el0_svc+0x8/0xc
```

KASAN 提示这是一个越界访问的错误类型（slab-out-of-bounds），并显示出错的函数名称和出错位置，为开发者修复问题提供便捷。

KASAN 总体效率比 slub_debug 要高得多，并且支持的内存错误访问类型更多。缺点是 KASAN 需要较新的内核（Linux 4.4 内核才支持 ARM64 版本的 KASAN）和较新的 GCC 编译器（GCC-4.9.2 以上）。

3.4 死锁检测

死锁（deadlock）是指两个或多个进程因争夺资源而造成的互相等待的现象，如进程 A 需要资源 X，进程 B 需要资源 Y，而双方都掌握对方所需要的资源，且都不释放，这会导致死锁。在内核开发中，时常要考虑并发设计，即使采用正确的编程思路，也不可避免会发生死锁。在 Linux 内核中，常见的死锁有如下两种。

- 递归死锁：如在中断等延迟操作中使用了锁，和外面的锁构成了递归死锁。
- AB-BA 死锁：多个锁因处理不当而引发死锁，多个内核路径上的锁处理顺序不一致也会导致死锁。

Linux 内核在 2006 年引入了死锁调试模块 Lockdep，经过多年的发展，Lockdep 为内核开发者和驱动开发者提前发现死锁提供了方便。Lockdep 跟踪每个锁的自身状态和各个锁之间的依赖关系，经过一系列的验证规则来确保锁之间依赖关系是正确的。

下面举一个简单的 AB-BA 死锁的例子。

```
<lock_test.c>

#include <linux/init.h>
#include <linux/module.h>
```

```
#include <linux/kernel.h>

static DEFINE_SPINLOCK(hack_spinA);
static DEFINE_SPINLOCK(hack_spinB);
void hack_spinAB(void)
{
     printk("hack_lockdep: A->B\n");
     spin_lock(&hack_spinA);
     spin_lock(&hack_spinB);
}

void hack_spinBA(void)
{
     printk("hack_lockdep: B->A\n");
     spin_lock(&hack_spinB);
}

static int __init lockdep_test_init(void)
{
     printk("figo: my lockdep module init\n");
     hack_spinAB();
     hack_spinBA();
     return 0;
}

static void __exit lockdep_test_exit(void)
{
     printk("goodbye\n");
}
MODULE_LICENSE("GPL");
module_init(lockdep_test_init);
module_exit(lockdep_test_exit);
```

上述代码初始化了两个自旋锁，其中 hack_spinAB()函数分别申请了 hack_spinA 锁和 hack_spinB 锁，hack_spinBA()函数要申请 hack_spinB 锁。因为刚才锁 hack_spinB 已经被成功获取且还没有释放，所以它会一直等待，而且它也被锁在 hack_spinA 的临界区里。

要在 Linux 内核中使用 Lockdep 功能，需要打开 CONFIG_DEBUG_LOCKDEP 选项。

```
<arch/arm64/configs/debian_defconfig>

CONFIG_LOCK_STAT=y
CONFIG_PROVE_LOCKING=y
CONFIG_DEBUG_LOCKDEP=y
```

重新编译内核并重新更新根文件系统。

```
$ cd runninglinuxkernel_5.0
$./run_debian_arm64.sh build_kernel
$sudo ./run_debian_arm64.sh update_rootfs
```

运行 QEMU 虚拟机。

```
$./run_debian_arm64.sh run
```

在 proc 目录下会有 lockdep、lockdep_chains 和 lockdep_stats 三个文件节点，这说明 lockdep 模块已经生效。下面是该测试例子运行后的调试信息。

```
/ # insmod lock.ko
root@benshushu: lock_test# insmod lock.ko
[  281.699933] lock: loading out-of-tree module taints kernel.
[  281.717400] lock: module verification failed: signature and/or required key missing
 - tainting kernel
[  281.758313] figo: my lockdep module init
[  281.759396] hack_lockdep: A->B
[  281.763292] hack_lockdep: B->A
[  281.766036]
[  281.766326] ============================================
[  281.766783] WARNING: possible recursive locking detected
[  281.767516] 5.0.0+ #2 Tainted: G           OE
[  281.767982] --------------------------------------------
[  281.768502] insmod/888 is trying to acquire lock:
[  281.769179] (____ptrval____) (hack_spinB){+.+.}, at: hack_spinBA+0x30/0x40 [lock]
[  281.771143]
[  281.771143] but task is already holding lock:
[  281.771605] (____ptrval____) (hack_spinB){+.+.}, at: hack_spinAB+0x48/0x58 [lock]
[  281.772418]
[  281.772418] other info that might help us debug this:
[  281.773013]  Possible unsafe locking scenario:
[  281.773013]
[  281.773902]        CPU0
[  281.774172]        ----
[  281.774421]   lock(hack_spinB);
[  281.774749]   lock(hack_spinB);
[  281.775075]
[  281.775075]  *** DEADLOCK ***
[  281.775075]
[  281.775595]  May be due to missing lock nesting notation
[  281.775595]
[  281.776263] 2 locks held by insmod/888:
[  281.776649]  #0: (____ptrval____) (hack_spinA){+.+.}, at: hack_spinAB+0x30/0x58 [lock]
[  281.777465]  #1: (____ptrval____) (hack_spinB){+.+.}, at: hack_spinAB+0x48/0x58 [lock]
[  281.778211]
[  281.778211] stack backtrace:
[  281.778914] CPU: 0 PID: 888 Comm: insmod Kdump: loaded Tainted: G           OE     5.0
.0+ #2
[  281.779596] Hardware name: linux,dummy-virt (DT)
[  281.780338] Call trace:
[  281.781150]  dump_backtrace+0x0/0x4d8
[  281.781534]  show_stack+0x28/0x34
[  281.781816]  __dump_stack+0x20/0x2c
[  281.782117]  dump_stack+0x268/0x39c
[  281.782412]  print_deadlock_bug+0x11c/0x148
[  281.782742]  check_deadlock+0x294/0x2bc
[  281.783034]  validate_chain+0xeb8/0x1128
[  281.783344]  __lock_acquire+0xad0/0xbc4
[  281.783652]  lock_acquire+0x5d0/0x624
```

```
[  281.784002]  _raw_spin_lock+0x4c/0x94
[  281.784452]  hack_spinBA+0x30/0x40 [lock]
[  281.784999]  lockdep_test_init+0x24/0x1000 [lock]
[  281.785343]  do_one_initcall+0x5d4/0xd30
[  281.785667]  do_init_module+0xb8/0x2fc
[  281.785979]  load_module+0xa94/0xd94
[  281.786280]  __se_sys_finit_module+0x14c/0x180
[  281.786621]  __arm64_sys_finit_module+0x44/0x4c
[  281.786973]  __invoke_syscall+0x28/0x30
[  281.787290]  invoke_syscall+0xa8/0xdc
[  281.787596]  el0_svc_common+0x120/0x220
[  281.787889]  el0_svc_handler+0x3b0/0x3dc
[  281.788237]  el0_svc+0x8/0xc
```

lockdep 已经很清晰地显示了死锁发生的路径和发生时函数调用的栈信息，开发者根据这些信息可以很快速地定位问题和解决问题。

下面的例子要复杂一些，这是从实际项目中抽取出来的死锁，更具有代表性。

```
<mutex_lockdep_test.c>

#include <linux/init.h>
#include <linux/module.h>
#include <linux/kernel.h>
#include <linux/kthread.h>
#include <linux/freezer.h>
#include <linux/mutex.h>
#include <linux/delay.h>

static DEFINE_MUTEX(mutex_a);
static struct delayed_work delay_task;
static void lockdep_timefunc(unsigned long);
static DEFINE_TIMER(lockdep_timer, lockdep_timefunc, 0, 0);

static void lockdep_timefunc(unsigned long dummy)
{
     schedule_delayed_work(&delay_task, 10);
     mod_timer(&lockdep_timer, jiffies + msecs_to_jiffies(100));
}

static void lockdep_test_worker(struct work_struct *work)
{
     mutex_lock(&mutex_a);
     mdelay(300); //处理一些事情，这里用 mdelay 代替
     mutex_unlock(&mutex_a);
}

static int lockdep_thread(void *nothing)
{
     set_freezable();
     set_user_nice(current, 0);

     while (!kthread_should_stop()) {
          mdelay(500); //处理一些事情，这里用 mdelay 代替
```

```
            //遇到某些特殊情况，需要取消delay_task
            mutex_lock(&mutex_a);
            cancel_delayed_work_sync(&delay_task);
            mutex_unlock(&mutex_a);

        }
        return 0;
}

static int __init lockdep_test_init(void)
{
        struct task_struct *lock_thread;
        printk("figo: my lockdep module init\n");

        /*创建一个线程来处理某些事情*/
        lock_thread = kthread_run(lockdep_thread, NULL, "lockdep_test");

        /*创建一个延迟的工作队列*/
        INIT_DELAYED_WORK(&delay_task, lockdep_test_worker);

        /*创建一个定时器来模拟某些异步事件，如中断等*/
        lockdep_timer.expires = jiffies + msecs_to_jiffies(500);
        add_timer(&lockdep_timer);
        return 0;
}

static void __exit lockdep_test_exit(void)
{
        printk("goodbye\n");
}
MODULE_LICENSE("GPL");
module_init(lockdep_test_init);
module_exit(lockdep_test_exit);
```

首先创建一个 lockdep_thread 内核线程，用于周期性地处理某些事情，然后创建一个名为 lockdep_test_worker 的工作队列来处理一些类似于中断下半部的延迟操作，最后使用一个定时器来模拟某些异步事件（如中断）。在 lockdep_thread 内核线程中，某些特殊情况下常常需要取消工作队列。代码中首先申请了一个 mutex_a 互斥锁，然后调用 cancel_delayed_work_sync()函数取消工作队列。另外，定时器定时地调度工作队列，并在回调函数 lockdep_test_worker()函数中申请 mutex_a 互斥锁。

以上便是该例子的调用场景。下面是在 QEMU 虚拟机上运行 mutexlock.ko 模块捕捉到的死锁信息。

```
# insmod mutexlock.ko
[...] //等待一会儿
======================================================
[ INFO: possible circular locking dependency detected ]
5.0.0 #46 Tainted: G           O
-------------------------------------------------------
kworker/0:1/423 is trying to acquire lock:
 (mutex_a){+.+...}, at: [<bf000090>] lockdep_test_worker+0x20/0x58 [mutexlock]
```

```
but task is already holding lock:
 ((&(&delay_task)->work)){+.+...}, at: [<c0044220>] process_one_work+0x230/0x628

which lock already depends on the new lock.
the existing dependency chain (in reverse order) is:

-> #1 ((&(&delay_task)->work)){+.+...}:
       [<c00706e8>] validate_chain+0x5bc/0x70c
       [<c0074370>] __lock_acquire+0xa70/0xbac
       [<c0074c9c>] lock_acquire+0x1ac/0x1d4
       [<c0043664>] flush_work+0x48/0x8c
       [<c0044b54>] __cancel_work_timer+0xe4/0x134
       [<c0044bc0>] cancel_delayed_work_sync+0x1c/0x20
       [<bf000124>] lockdep_thread+0x5c/0x9c [mutexlock]
       [<c0049dd4>] kthread+0x110/0x114
       [<c000f8b0>] ret_from_fork+0x14/0x24

-> #0 (mutex_a){+.+...}:
       [<c0070070>] check_prevs_add+0xac/0x168
       [<c00706e8>] validate_chain+0x5bc/0x70c
       [<c0074370>] __lock_acquire+0xa70/0xbac
       [<c0074c9c>] lock_acquire+0x1ac/0x1d4
       [<c05f9e38>] mutex_lock_nested+0x6c/0x508
       [<bf000090>] lockdep_test_worker+0x20/0x58 [mutexlock]
       [<c004435c>] process_one_work+0x36c/0x628
       [<c0044848>] worker_thread+0x1ec/0x2d0
       [<c0049dd4>] kthread+0x110/0x114
       [<c000f8b0>] ret_from_fork+0x14/0x24

other info that might help us debug this:

 Possible unsafe locking scenario:

       CPU0                    CPU1
       ----                    ----
  lock((&(&delay_task)->work));
                               lock(mutex_a);
                               lock((&(&delay_task)->work));
  lock(mutex_a);

 *** DEADLOCK ***

2 locks held by kworker/0:1/423:
 #0:  ("events"){.+.+.+}, at: [<c00441f4>] process_one_work+0x204/0x628
 #1:  ((&(&delay_task)->work)){+.+...}, at: [<c0044220>] process_one_work+0x230/0x628

stack backtrace:
CPU: 0 PID: 423 Comm: kworker/0:1 Tainted: G           O    4.0.0 #46
Hardware name: ARM-Versatile Express
Workqueue: events lockdep_test_worker [mutexlock]
[<c001848c>] (unwind_backtrace) from [<c00143b4>] (show_stack+0x20/0x24)
[...]
```

lockdep 信息首先提示可能出现递归死锁“possible circular locking dependency detected”，然

后提示“kworker/0:1/423”线程尝试获取 mutex_a 互斥锁，但是该锁已经被其他进程持有，持有该锁的进程在&delay_task->work 里。

接下来的函数调用栈显示上述尝试获取 mutex_a 锁的调用路径。两个调用路径如下。

- 内核线程 lockdep_thread 首先成功获取了 mutex_a 互斥锁，然后调用 cancel_delayed_work_sync()函数取消 kworker。注意，cancel_delayed_work_sync()函数会调用 flush 操作并等待所有的 kworker 回调函数执行完，然后才会调用 mutex_unlock(&mutex_a)释放该锁。

```
-> #1 ((&(&delay_task)->work)){+.+...}:
      [<c00706e8>] validate_chain+0x5bc/0x70c
      [<c0074370>] __lock_acquire+0xa70/0xbac
      [<c0074c9c>] lock_acquire+0x1ac/0x1d4
      [<c0043664>] flush_work+0x48/0x8c
      [<c0044b54>] __cancel_work_timer+0xe4/0x134
      [<c0044bc0>] cancel_delayed_work_sync+0x1c/0x20
      [<bf000124>] lockdep_thread+0x5c/0x9c [mutexlock]
      [<c0049dd4>] kthread+0x110/0x114
      [<c000f8b0>] ret_from_fork+0x14/0x24
```

- kworker 回调函数 lockdep_test_worker()首先会尝试获取 mutex_a 互斥锁。注意，刚才内核线程 lockdep_thread 已经获取了 mutex_a 互斥锁，并且一直在等待当前 kworker 回调函数执行完，所以死锁发生了。

```
-> #0 (mutex_a){+.+...}:
      [<c0070070>] check_prevs_add+0xac/0x168
      [<c00706e8>] validate_chain+0x5bc/0x70c
      [<c0074370>] __lock_acquire+0xa70/0xbac
      [<c0074c9c>] lock_acquire+0x1ac/0x1d4
      [<c05f9e38>] mutex_lock_nested+0x6c/0x508
      [<bf000090>] lockdep_test_worker+0x20/0x58 [mutexlock]
      [<c004435c>] process_one_work+0x36c/0x628
      [<c0044848>] worker_thread+0x1ec/0x2d0
      [<c0049dd4>] kthread+0x110/0x114
      [<c000f8b0>] ret_from_fork+0x14/0x24
```

下面是该死锁场景的 CPU 调用关系。

```
       CPU0                                      CPU1
-----------------------------------------------------------------------------------
内核线程 lockdep_thread
lock(mutex_a);
  cancel_delayed_work_sync()
等待 worker 执行完成

                                            delay worker 回调函数
                                            lock(mutex_a); 尝试获取锁
```

3.5 内核调试方法

3.5.1 printk

很多内核开发者喜欢的调试工具是 printk。printk()函数是内核提供的格式化输出函数，它和 C 库提供的 printf()函数类似。printk()函数和 printf()函数的一个重要区别是前者提供输出等级，内核根据这个等级来判断是否在终端或者串口中输出。从作者多年的项目实践经验来看，printk 是最简单有效的调试方法。

```
<include/linux/kern_levels.h>

#define KERN_EMERGKERN_SOH "0"    /* 最高的输出等级，系统可以能处于不可用的状态 */
#define KERN_ALERTKERN_SOH "1"    /* 紧急和立刻需要处理的输出 */
#define KERN_CRITKERN_SOH "2"     /* 紧急情况 */
#define KERN_ERRKERN_SOH "3"      /* 发生错误的情况 */
#define KERN_WARNINGKERN_SOH "4" /* 警告 */
#define KERN_NOTICEKERN_SOH "5"  /* 重要的提示 */
#define KERN_INFO    KERN_SOH "6" /* 提示信息*/
#define KERN_DEBUGKERN_SOH "7"    /* 调试输出 */
```

Linux 内核为 printk 定义了 8 个输出等级，KERN_EMERG 等级最高，KERN_DEBUG 等级最低。在配置内核时，由一个宏来设置系统默认的输出等级 CONFIG_MESSAGE_LOGLEVEL_DEFAULT，通常该值设置为 4，因此只有输出等级高于 4 时才会输出到终端或者串口，即只有 KERN_EMERG～KERN_ERR 满足这个条件。通常在产品开发阶段，会把系统默认等级设置为最低，以便在开发测试阶段可以暴露更多的问题和调试信息，在发布产品时再把输出等级设置为 0 或者 4。

```
<arch/arm64/configs/debian_defconfig>

CONFIG_MESSAGE_LOGLEVEL_DEFAULT=8 //默认输出等级设置为 8，即打开所有的输出信息
```

此外，还可以通过在启动内核时传递 commandline 给内核的方法来修改系统默认的输出等级，如传递“loglevel=8”给内核启动参数。

```
# qemu-system-arm -M vexpress-a9  -m 1024M -kernel arch/arm/boot/zImage  -append "
rdinit=/linuxrc console=ttyAMA0 loglevel=8" -dtb arch/arm/boot/dts/vexpress-v2p-ca9.dtb -
nographic
```

在系统运行时，也可以修改系统的输出等级。

```
# cat /proc/sys/kernel/printk        //printk 默认有 4 个等级
7    4    1    7

# echo 8 > /proc/sys/kernel/printk  //打开所有的内核输出
```

上述内容分别表示控制台输出等级、默认消息输出等级、最低输出等级和默认控制台输出等级。

在实际调试中，输出函数名字（__func__）和代码行号（__LINE__）也是一个很好的技巧。

```
printk(KERN_EMERG "figo: %s, %d", __func__, __LINE__);
```

注意 printk 的输出格式（见表 3.2），否则在编译时会出现很多的警告。

表 3.2 printk 的输出格式

数据类型	printk 格式符
int	%d 或%x
unsigned int	%u 或%x
long	%ld 或%lx

续表

数据类型	printk 格式符
long long	%lld 或%llx
unsigned long long	%llu 或%llx
size_t	%zu 或%zx
ssize_t	%zd 或%zx
函数指针	%pf

内核还提供了一些在实际项目中会用到的有趣的输出函数。

- 输出内存缓冲区中数据的函数 print_hex_dump()。
- 输出栈的函数 dump_stack()。

3.5.2 动态输出

动态输出（dynamic print）是内核子系统开发者最喜欢的输出技术之一。在运行系统时，动态输出可以由系统维护者动态选择打开哪些内核子系统的输出，可以有选择性地打开某些模块的输出，而 printk 是全局的，只能设置输出等级。要使用动态输出，必须在配置内核时打开 CONFIG_DYNAMIC_DEBUG 宏。内核代码里使用大量 pr_debug()/dev_dbg()函数来输出信息，这些就使用了动态输出技术。另外，还需要系统挂载 debugfs 文件系统。

动态输出在 debugfs 文件系统中有一个 control 文件节点，这个文件节点记录了系统中所有使用动态输出技术的文件名路径、输出所在的行号、模块名字和要输出的语句。

```
# cat /sys/kernel/debug/dynamic_debug/control

[...]
mm/cma.c:372 [cma]cma_alloc =_ "%s(cma %p, count %d, align %d)\012"
mm/cma.c:413 [cma]cma_alloc =_ "%s(): memory range at %p is busy, retrying\012"
mm/cma.c:418 [cma]cma_alloc =_ "%s(): returned %p\012"
mm/cma.c:439 [cma]cma_release =_ "%s(page %p)\012"
[...]
```

对于上面的 cma 模块，代码路径是 mm/cma.c 文件，输出语句所在行号是 372，所在函数是 cma_alloc()，要输出的语句是“%s(cma %p, count %d, align %d)\012”。在使用动态输出技术之前，可以先通过查询 control 文件节点获知系统有哪些动态输出语句，如“cat control | grep xxx”。

下面举例来说明如何使用动态输出技术。

```
//打开 svcsock.c 文件中所有的动态输出语句
# echo 'file svcsock.c +p' > /sys/kernel/debug/dynamic_debug/control

//打开 usbcore 模块中所有的动态输出语句
# echo  'module usbcore +p' >  /sys/kernel/debug/dynamic_debug/control

//打开 svc_process()函数中所有的动态输出语句
# echo 'func svc_process +p' >  /sys/kernel/debug/dynamic_debug/control

//关闭 svc_process()函数中所有的动态输出语句
# echo 'func svc_process -p' > /sys/kernel/debug/dynamic_debug/control
```

```
// 打开文件路径中包含 usb 的文件里所有的动态输出语句
# echo -n '*usb* +p' > /sys/kernel/debug/dynamic_debug/control

// 打开系统所有的动态输出语句
# echo -n '+p' >  /sys/kernel/debug/dynamic_debug/control
```

上面是打开动态输出语句的例子，除了能输出 pr_debug()/dev_dbg()函数中定义的输出信息外，还能输出一些额外信息，如函数名、行号、模块名字以及线程 ID 等。

- p：打开动态输出语句。
- f：输出函数名。
- l：输出行号。
- m：输出模块名字。
- t：输出线程 ID。

对于调试一些系统启动方面的代码，如 SMP 初始化、USB 核心初始化等，这些代码在系统进入 Shell 终端时已经初始化完成，因此无法及时打开动态输出语句。可以在内核启动时传递参数给内核，在系统初始化时动态打开它们，这是实际项目中一个非常好用的技巧。如调试 SMP 初始化的代码，查询到 topology 模块有一些动态输出语句。

```
# cat /sys/kernel/debug/dynamic_debug/control | grep topology
arch/arm64/kernel/topology.c:293 [topology]store_cpu_topology =_ "CPU%u: cluster %d core %d thread %d mpidr %#016llx\012"
```

在内核 commandline 中添加"topology.dyndbg=+plft"字符串，可以修改 run_debian_arm64.sh 脚本，也可以运行如下命令。

```
# qemu-system-aarch64 -m 1024 -cpu cortex-a57 -M virt -smp 4 -nographic -kernel arch/arm64/boot/Image -append "noinintrd sched_debug root=/dev/vda rootfstype=ext4 rw crashkernel=256M loglevel=8 topology.dyndbg=+plft " -drive if=none,file=rootfs_ debian_arm64.ext4,id=hd0 -device virtio-blk-device,drive=hd0 --fsdev local,id=kmod_dev, path=./kmodules,security_model=none -device virtio-9p-pci,fsdev=kmod_dev,mount_tag=kmod_mount

[…]

benshushu:~# dmesg | grep topology
[    0.261019] [0] store_cpu_topology:293: CPU1: cluster 0 core 1 thread -1 mpidr 0x00000080000001
[    0.293064] [0] store_cpu_topology:293: CPU2: cluster 0 core 2 thread -1 mpidr 0x00000080000002
[    0.310551] [0] store_cpu_topology:293: CPU3: cluster 0 core 3 thread -1 mpidr 0x00000080000003
```

另外，还可以在各个子系统的 Makefile 中添加 ccflags 来打开动态输出语句。

```
<.../Makefile>

ccflags-y        := -DDEBUG
ccflags-y        += -DVERBOSE_DEBUG
```

3.5.3　oops 分析

在编写驱动或内核模块时，常常会显式或隐式地对指针进行非法取值或使用不正确的指针，导致内核发生一个 oops 错误。当处理器在内核空间中访问一个非法的指针时，因为虚拟地址到物理地址的映射关系没有建立，会触发一个缺页中断，在缺页中断中该地址是非法的，内核无法正确地为该地址建立映射关系，所以内核触发了一个 oops 错误。

下面写一个简单的内核模块，来验证如何分析一个内核 oops 错误。

```
<oops_test.c>

#include <linux/kernel.h>
#include <linux/module.h>
#include <linux/init.h>

static void create_oops(void)
{
    *(int *)0 = 0;  //人为制造一个空指针访问
}

static int __init my_oops_init(void)
{
    printk("oops module init\n");
    create_oops();
    return 0;
}

static void __exit my_oops_exit(void)
{
    printk("goodbye\n");
}

module_init(my_oops_init);
module_exit(my_oops_exit);
MODULE_LICENSE("GPL");
```

编写 Makefile。

```
BASEINCLUDE ?= /lib/modules/$(shell uname -r)/build
oops-objs := oops_test.o

obj-m   :=   oops.o
all :
    $(MAKE) -C $(BASEINCLUDE) SUBDIRS=$(PWD) modules;

clean:
    $(MAKE) -C $(BASEINCLUDE) SUBDIRS=$(PWD) clean;
    rm -f *.ko;
```

在 QEMU 虚拟机中编译上述内核模块，并加载该内核模块。

```
root@benshushu: oops_test# insmod oops.ko
[  301.409060] oops module init
[  301.410313] Unable to handle kernel NULL pointer dereference at virtual address 000
0000000000000
[  301.411145] Mem abort info:
[  301.411551]   ESR = 0x96000044
[  301.412105]   Exception class = DABT (current EL), IL = 32 bits
[  301.413535]   SET = 0, FnV = 0
[  301.413954]   EA = 0, S1PTW = 0
[  301.414404] Data abort info:
[  301.414792]   ISV = 0, ISS = 0x00000044
[  301.415256]   CM = 0, WnR = 1
[  301.416995] user pgtable: 4k pages, 48-bit VAs, pgdp = 00000000c8c3b9bc
[  301.418260] [0000000000000000] pgd=0000000000000000
[  301.419559] Internal error: Oops: 96000044 [#1] SMP
```

```
[  301.420485] Modules linked in: oops(POE+)
[  301.421806] CPU: 1 PID: 907 Comm: insmod Kdump: loaded Tainted: P           OE
5.0.0+ #4
[  301.422985] Hardware name: linux,dummy-virt (DT)
[  301.423733] pstate: 60000005 (nZCv daif -PAN -UAO)
[  301.425089] pc : create_oops+0x14/0x24 [oops]
[  301.425740] lr : my_oops_init+0x20/0x1000 [oops]
[  301.426265] sp : ffff8000233f75e0
[  301.426759] x29: ffff8000233f75e0 x28: ffff800023370000
[  301.427366] x27: 0000000000000000 x26: 0000000000000000
[  301.427971] x25: 0000000056000000 x24: 0000000000000015
[  301.428704] x23: 0000000040001000 x22: 0000ffffa7384fc4
[  301.429293] x21: 00000000ffffffff x20: 0000800018af4000
[  301.429888] x19: 0000000000000000 x18: 0000000000000000
[  301.430454] x17: 0000000000000000 x16: 0000000000000000
[  301.431029] x15: 5400160b13131717 x14: 0000000000000000
[  301.431596] x13: 0000000000000000 x12: 0000000000000020
[  301.432240] x11: 0101010101010101 x10: 7f7f7f7f7f7f7f7f
[  301.432925] x9 : 0000000000000000 x8 : ffff000012d0e7b4
[  301.433488] x7 : ffff000010276f60 x6 : 0000000000000000
[  301.434062] x5 : 0000000000000080 x4 : ffff80002a809a08
[  301.437944] x3 : ffff80002a809a08 x2 : 8b3a82b84c3ddd00
[  301.438691] x1 : 0000000000000000 x0 : 0000000000000000
[  301.439428] Process insmod (pid: 907, stack limit = 0x00000000f39a4b44)
[  301.440492] Call trace:
[  301.441068]  create_oops+0x14/0x24 [oops]
[  301.441622]  my_oops_init+0x20/0x1000 [oops]
[  301.442770]  do_one_initcall+0x5d4/0xd30
[  301.443364]  do_init_module+0xb8/0x2fc
[  301.443858]  load_module+0xa94/0xd94
[  301.444328]  __se_sys_finit_module+0x14c/0x180
[  301.444986]  __arm64_sys_finit_module+0x44/0x4c
[  301.445637]  __invoke_syscall+0x28/0x30
[  301.446129]  invoke_syscall+0xa8/0xdc
[  301.446588]  el0_svc_common+0x120/0x220
[  301.447146]  el0_svc_handler+0x3b0/0x3dc
[  301.447668]  el0_svc+0x8/0xc
[  301.449011] Code: 910003fd aa1e03e0 d503201f d2800000 (b900001f)
```

PC 指针指向出错指向的地址。另外，Call trace 也展示了出错时程序的调用关系。首先，观察出错函数 create_oops+0x14/0x24，其中，0x14 表示指令指针在该函数的第 0x14 字节处，该函数本身共占用 0x24 字节。

继续分析这个问题，假设有两种情况，一是有出错模块的源代码，二是没有源代码。在某些实际工作场景中，可能需要调试和分析没有源代码的 oops 错误。

先看有源代码的情况，通常在编译时添加符号信息表。在 Makefile 中添加如下语句，并重新编译内核模块。

```
KBUILD_CFLAGS +=-g
```

下面用两种方法来分析。

首先，使用 objdump 工具反汇编。

```
$ aarch64-linux-gnu-objdump -Sd oops.o //使用ARM版本objdump工具

0000000000000000 <create_oops>:
   0:   a9bf7bfd      stp     x29, x30, [sp, #-16]!
   4:   910003fd      mov     x29, sp
   8:   aa1e03e0      mov     x0, x30
   c:   94000000      bl      0 <_mcount>
  10:   d2800000      mov     x0, #0x0                    // #0
  14:   b900001f      str     wzr, [x0]
  18:   d503201f      nop
  1c:   a8c17bfd      ldp     x29, x30, [sp], #16
  20:   d65f03c0      ret
```

通过反汇编工具可以看到出错函数 create_oops()的汇编情况，第 0x10～0x14 字节的指令把 0 赋值给 x0 寄存器，然后往 x0 寄存器里写入 0。WZR 是一个特殊寄存器，它的值为 0，所以这是一个写空指针错误。

然后，使用 GDB 工具。

为了使用 GDB 工具快捷地定位到出错的具体地方，使用 GDB 中的 list 指令加上出错函数和偏移量即可。

```
$ gdb-multiarch oops.o

(gdb) list *create_oops+0x14
0x14 is in create_oops (/mnt/rlk_senior/chapter_6/oops_test/oops_test.c:7).
2         #include <linux/module.h>
3         #include <linux/init.h>
4
5         static void create_oops(void)
6         {
7                 *(int *)0 = 0;
8         }
9
10        static int __init my_oops_init(void)
11        {
(gdb)
```

如果出错地方是内核函数，那么可以使用 vmlinux 文件。

下面来看没有源代码的情况。对于没有编译符号表的二进制文件，可以使用 objdump 工具来转储汇编代码，如使用 aarch64-linux-gnu-objdump -d oops.o 命令来转储 oops.o 文件。内核提供了一个非常好用的脚本，可以快速定位问题，该脚本位于 Linux 内核源代码目录的 scripts/decodecode 中。首先，把出错日志保存到一个.txt 文件中。

```
$ export ARCH=arm64
$ export CROSS_COMPILE=aarch64-linux-gnu-
$ ./scripts/decodecode < oops.txt
Code: 910003fd aa1e03e0 d503201f d2800000 (b900001f)
All code
========
   0:   910003fd        mov     x29, sp
   4:   aa1e03e0        mov     x0, x30
   8:   d503201f        nop
   c:   d2800000        mov     x0, #0x0                        // #0
```

```
  10:*  b900001f         str     wzr, [x0]              <-- trapping instruction

Code starting with the faulting instruction
===========================================
   0:   b900001f         str     wzr, [x0]
```

然后，decodecode 脚本把出错的 oops 日志信息转换成直观有用的汇编代码，并且告知具体出错的汇编语句，这对于分析没有源代码的 oops 错误非常有用。

3.5.4 BUG_ON()和 WARN_ON()宏分析

在内核中经常看到 BUG_ON()和 WARN_ON()宏，这也是内核调试常用的技巧之一。

```
<include/asm-generic/bug.h>

#define BUG_ON(condition) do { if (unlikely(condition)) BUG(); } while (0)

#define BUG() do { \
    printk("BUG: failure at %s:%d/%s()!\n", __FILE__, __LINE__, __func__); \
    panic("BUG!"); \
} while (0)
```

对于 BUG_ON()宏来说，满足条件（condition）就会触发 BUG()宏，它会使用 panic()函数来主动让系统宕机。通常只有一些内核的 bug 才会触发 BUG_ON()宏，在实际产品中使用该宏需要小心谨慎。

WARN_ON()宏相对会好一些，不会触发 panic()函数，使系统主动宕机，但会输出函数调用栈信息，提示开发者可能发生了一些不好的事情。

3.6 使用 perf 优化性能

性能优化是计算机中永恒的话题，它可以让程序尽可能运行得更快。在计算机发展历史中，人们总结了一些性能优化的相关理论，主要的理论如下。

- 二八定律：对于大部分事物，80%的结果是由 20%的原因引起的。这是优化可行的理论基础，也启示了程序逻辑优化的侧重点。
- 木桶定律：木桶的容量取决于最短的那块木板。这个原理直接指明了优化方向，即先找到短板（热点）再优化。

在实际项目中，性能优化主要分为 5 个部分，也就是经典的 PAROT 模型，如图 3.20 所示。

- 性能分析（Profile）：对进行优化的程序进行采样。不同的应用场景下有不同的采样工具，如 Linux 分析内核性能的 perf 工具，Intel 公司开发的 VTune 工具。
- 性能分析（Analyze）：分析性能的瓶颈和热点。
- 定位问题（Root）：找出问题的根本原因。
- 性能优化（Optimize）：优化性能瓶颈。
- 测试（Test）：测试性能。

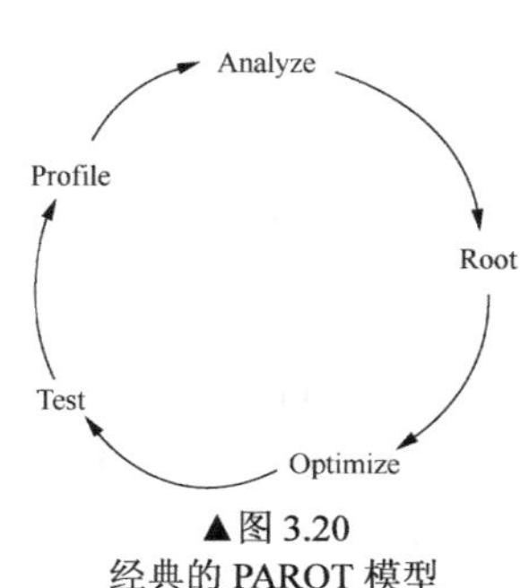

▲图 3.20 经典的 PAROT 模型

综上所述，性能优化最重要的两个阶段：分别是性能分析与性能优化。性能分析的目标就是寻找性能瓶颈，查找引发性能问题的根源和瓶颈。在性能分析阶段，需要借助一些性能分析工具，如 VTune 或者 perf 等。

perf 是一款 Linux 性能分析工具，内置在 Linux 内核的一个 Linux 性能分析框架中，利用 CPU、性能监控单元（Performance Monitoring Unit，PMU）和软件计数（如软件计数器和跟踪点）等进行性能分析。

3.6.1　安装 perf 工具

在 QEMU 虚拟机+Debian 实验平台上安装 perf 工具。

```
<Linux 主机>

$ cd runninglinuxkernel_5.0/tools/perf
$ export ARCH=arm64
$ export CROSS_COMPILE=aarch64-linux-gnu-
$ make
$ cp perf ../../kmodules
```

把编译好的 perf 程序复制到 QEMU 虚拟机中，并把 perf 工具复制到/usr/local/bin/目录下。

```
<QEMU 虚拟机>

$ cp /mnt /perf //usr/local/bin/
$ perf
```

在 QEMU 虚拟机中的终端中直接输入 perf 命令就会看到二级命令，如表 3.3 所示。

表 3.3　perf 的二级命令

二级命令	描述
list	查看当前系统支持的性能事件
bench	perf 中内置的性能测试程序，包括内存管理和调度器的性能测试程序
test	对系统进行健全性测试
stat	对全局性能进行统计
record	收集采样信息，并记录在数据文件中
report	读取 perf record 采集的数据文件，并给出热点分析结果
top	可以实时查看当前系统进程函数的占用率情况
kmem	对 slab 子系统进行性能分析
kvm	对 KVM 进行性能分析
lock	进行锁的争用分析
mem	分析内存性能
sched	分析内核调度器性能
trace	记录系统调用轨迹
timechart	可视化工具

3.6.2　perf list 命令

perf list 命令可以显示系统中支持的事件类型，主要的事件可以分为如下 3 类。

- ❑ hardware 事件：由 PMU 产生的事件，如 L1 缓存命中等。
- ❑ software 事件：由内核产生的事件，如进程切换等。
- ❑ 跟踪点事件：由内核静态跟踪点所触发的事件。

```
benshushu:~# perf list
```

```
List of pre-defined events (to be used in -e):

  cpu-cycles OR cycles                              [Hardware event]

  alignment-faults                                  [Software event]
  bpf-output                                        [Software event]
  context-switches OR cs                            [Software event]
  cpu-clock                                         [Software event]
  cpu-migrations OR migrations                      [Software event]
  dummy                                             [Software event]
  emulation-faults                                  [Software event]
  major-faults                                      [Software event]
  minor-faults                                      [Software event]
  page-faults OR faults                             [Software event]
  task-clock                                        [Software event]

  armv8_pmuv3/cpu_cycles/                           [Kernel PMU event]
  armv8_pmuv3/sw_incr/                              [Kernel PMU event]
```

3.6.3 perf record/report 命令

perf record 命令可以用来采集数据，并且把数据写入数据文件中，随后可以通过 perf report 命令对数据文件进行分析。

perf record 命令有不少的选项，常用的选项如表 3.4 所示。

表 3.4 perf record 命令的选项

选项	描述
-e	选择一个事件，可以是硬件事件也可以是软件事件
-a	全系统范围的数据采集
-p	指定一个进程的 ID 来采集特定进程的数据
-o	指定要写入采集数据的数据文件
-g	使能函数调用图功能
-C	只采集某个 CPU 的数据

常见例子如下。

```
采集运行程序时的数据
#perf record -e cpu-clock ./app

采集执行程序时哪些系统调用最频繁
# perf record -e raw_syscalls:sys_enter ./app
```

perf report 命令用来解析 perf record 产生的数据，并给出分析结果，perf report 命令常见的选项如表 3.5 所示。

表 3.5 perf report 命令常见的选项

选项	描述
-i	导入的数据文件名称，默认为 perf.data
-g	生成函数调用关系图
--sort	分类统计信息，如 PID、COMM、CPU 等

常见例子如下。

```
# perf report -i perf.data
# Overhead  Command  Shared Object       Symbol
# ...
#
    62.21%  test     test                [.] 0x0000000000000728
    23.39%  test     test                [.] 0x0000000000000770
     6.68%  test     test                [.] 0x000000000000074c
     4.63%  test     test                [.] 0x000000000000076c
     1.80%  test     test                [.] 0x0000000000000740
     0.77%  test     test                [.] 0x000000000000071c
     0.26%  test     [kernel.kallsyms]   [k] try_module_get
     0.26%  test     ld-2.29.so          [.] 0x0000000000013ca0
```

3.6.4　perf stat 命令

当我们接到一个性能优化任务时，最好采用自顶向下的策略。先整体看看该程序运行时各种统计事件的汇总数据，再针对某些方向深入处理细节，而不要立即深入处理琐碎的细节，这样可能会一叶障目。

有些程序运行得慢是因为计算量太大，其多数时间在使用 CPU 进行计算，这类程序叫作 CPU-Bound 型；而有些程序运行得慢是因为过多的 I/O，这时其 CPU 利用率应该不高，这类程序叫作 I/O-Bound 型。对 CPU-Bound 型程序的调优和 I/O-Bound 型的调优是不同的。

perf stat 命令是一个通过概括、精简的方式提供被调试程序运行的整体情况和汇总数据的工具。perf stat 命令的选项如表 3.6 所示。

表 3.6　perf stat 命令的选项

选项	描述
-a	显示所有 CPU 上的统计信息
-c	显示指定 CPU 上的统计信息
-e	指定要显示的事件
-p	指定要显示的进程的 ID

关于 perf stat 命令的示例代码如下。

```
# perf stat
^C
 Performance counter stats for 'system wide':

      21188.382806    cpu-clock (msec)
               425    context-switches
                 3    cpu-migrations
                 0    page-faults
   <not supported>    cycles
   <not supported>    instructions
   <not supported>    branches
   <not supported>    branch-misses

       5.298811655 seconds time elapsed
```

上述参数的描述如下。

- cpu-clock：任务真正占用的处理器时间，单位为毫秒。
- context-switches：上下文的切换次数。
- CPU-migrations[①]：程序在运行过程中发生的处理器迁移次数。
- page-faults[②]：缺页异常的次数。
- cycles：消耗的处理器周期数。
- instructions：表示执行了多少条指令。IPC 平均为每个 CPU 时钟周期执行了多少条指令。
- branches：遇到的分支指令数。
- branch-misses：预测错误的分支指令数。

3.6.5 perf top 命令

当你有一个明确的优化目标或者对象时，可以使用 perf stat 命令。但有些时候系统性能会无端下降。此时需要一个类似于 top 的命令，以列出所有值得怀疑的进程，从中快速定位问题和缩小范围。

perf top 命令类似于 Linux 系统中的 top 命令，可以实时分析系统的性能瓶颈。perf top 命令常见的选项如表 3.7 所示。

表 3.7 perf top 命令常见的选项

选项	描述
-e	指定要分析的性能事件
-p	仅分析目标进程
-k	指定带符号表信息的内核映像路径
-K	不显示内核或者内核模块的符号
-U	不显示属于用户态程序的符号
-g	显示函数调用关系图

如使用 sudo perf top 命令来查看当前系统中哪个内核函数占用 CPU 的比例较大，运行结果如图 3.21 所示。

```
#sudo perf top --call-graph graph -U
```

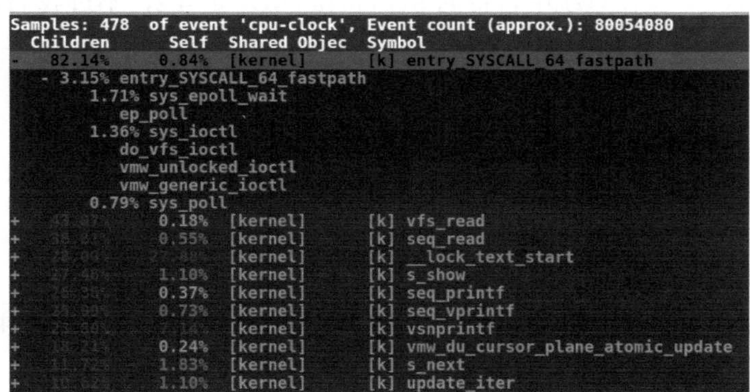

▲图 3.21 sudo perf top 命令的运行结果

① 发生上下文时切换时不一定会发生 CPU 迁移，而发生 CPU 迁移时肯定会发生上下文切换。发生上下文切换可能只是把上下文从当前 CPU 中换出，下一次调度器还在这个 CPU 上执行进程。

② 当应用程序请求的页面尚未建立、请求的页面不在内存中，或者请求的页面虽然在内存中，但物理地址和虚拟地址的映射关系尚未建立时，都会触发一次缺页异常。另外，TLB 不命中、页面访问权限不匹配等情况也会触发缺页异常。

另外，也可以只查看某个进程的情况，如现在系统 xorg 进程的 ID 是 1150，其情况如图 3.22 所示。

```
#sudo perf top --call-graph graph -p 1150 -K
```

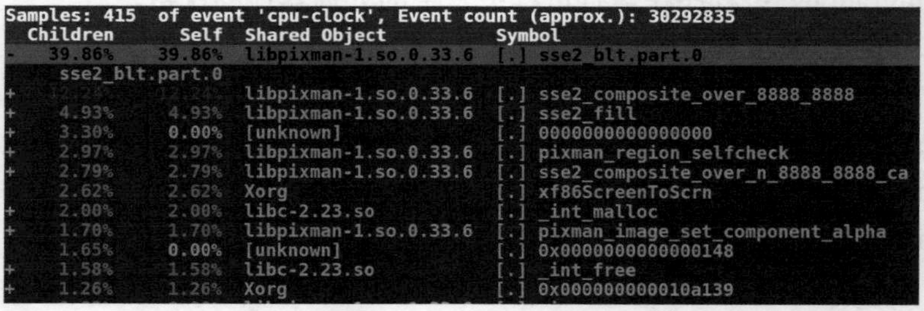

```
Samples: 415  of event 'cpu-clock', Event count (approx.): 30292835
  Children      Self  Shared Object              Symbol
-   39.86%    39.86%  libpixman-1.so.0.33.6      [.] sse2_blt.part.0
     sse2_blt.part.0
+   12.24%    12.24%  libpixman-1.so.0.33.6      [.] sse2_composite_over_8888_8888
+    4.93%     4.93%  libpixman-1.so.0.33.6      [.] sse2_fill
+    3.30%     0.00%  [unknown]                  [.] 0000000000000000
+    2.97%     2.97%  libpixman-1.so.0.33.6      [.] pixman_region_selfcheck
+    2.79%     2.79%  libpixman-1.so.0.33.6      [.] sse2_composite_over_n_8888_8888_ca
     2.62%     2.62%  Xorg                       [.] xf86ScreenToScrn
+    2.00%     2.00%  libc-2.23.so               [.] _int_malloc
+    1.70%     1.70%  libpixman-1.so.0.33.6      [.] pixman_image_set_component_alpha
     1.65%     0.00%  [unknown]                  [.] 0x0000000000000148
+    1.58%     1.58%  libc-2.23.so               [.] _int_free
+    1.26%     1.26%  Xorg                       [.] 0x000000000010a139
```

▲图 3.22　xorg 进程的情况

3.7 SystemTap

前面已经介绍了内核调试中的 QEMU 调试内核和 ftrace。如果要列出前 10 个调用次数最多的系统调用，ftrace 就并不好用了，SystemTap 正是一个提供诊断和性能测量的工具包。SystemTap 利用 kprobe 提供的接口函数来动态监控和跟踪运行中的 Linux 内核。SystemTap 使用类似于 awk 和 C 语言的脚本语言，一个 SystemTap 脚本中描述了将要探测的探测点，并定义了相关联的处理函数，每个探测点对应一个内核函数、跟踪点或函数内部某一个位置。SystemTap 中有一个脚本翻译器，对用户执行的脚本进行分析和安全检查，然后转换成 C 代码，最后编译、链接成一个可加载的内核模块。当加载该模块时，调用 kprobe 接口函数注册脚本中定义的探测点。当内核运行到注册的探测点时，相应处理函数会被调用，然后通过 relayfs 接口输出结果。

本节将简单介绍如何在 QEMU 虚拟机+Debian 实验平台上使用 SystemTap。要使用 SystemTap，需要用户编写脚本，读者可以到 SystemTap 官方网站上下载相关文档进行学习。

SystemTap 在 4.1 版本上支持 Linux 5.0 内核，本节采用较新的 4.2 版本。

首先，在 Debian 操作系统中安装 ARM64 版本的 SystemTap。

```
# apt-get install systemtap
```

Ubuntu Linux 20.04 操作系统中自带的 SystemTap 版本是 4.2，不过我们在这个实验中需要修改源代码。

通过以下命令，下载 SystemTap 的源代码。

```
<Linux 主机>

$wget https://sourceware.org/systemtap/ftp/releases/systemtap-4.2.tar.gz
$ tar vzxf systemtap-4.2.tar.gz
$ cd systemtap-4.2
```

然后，修改 buildrun.cxx 文件，把栈大小的检查标准从 512 字节修改成 4096 字节。

```
<systemtap-4.2/buildrun.cxx>

...
o << "EXTRA_CFLAGS += $(call cc-option,-Wframe-larger-than=4096)" << endl;
...
```

接下来，开始编译主机端的 SystemTap 工具。

```
$sudo apt build-dep systemtap
$ cd systemtap-4.2
$./configure --prefix=/home/rlk/systemtap-4.2-host
$ make
$ make install
```

为了验证 SystemTap 是否安装成功，编写一个 hello-world.stp 脚本。

```
<hello-world.stp>

#! /usr/bin/env stap
probe oneshot { println("hello world") }
```

在 Linux 主机里编译 hello-word.stp 脚本。

```
$ sudo su
#/home/rlk/systemtap-4.2-host/bin/stap -v -w -a arm64 -r /home/rlk/rlk /runninglinuxkernel_
5.0 -B CROSS_COMPILE=aarch64-linux-gnu- -m helloworld.ko  hello-world.stp

Truncating module name to 'hello_world'
Pass 1: parsed user script and 458 library scripts using 159284virt/85880res/7316shr/7
8736data kb, in 170usr/0sys/178real ms.
Pass 2: analyzed script: 1 probe, 1 function, 0 embeds, 0 globals using 160736virt/877
56res/7628shr/80188data kb, in 10usr/0sys/6real ms.
Pass 3: translated to C into "/tmp/stapZTBmtQ/hello_world_src.c" using 160872virt/8775
6res/7628shr/80324data kb, in 0usr/0sys/0real ms.
hello_world.ko
Pass 4: compiled C into "hello_world.ko" in 1370usr/230sys/1562real ms.
```

注意，必须使用刚才编译出来的 stap 工具，而不能使用 Ubuntu Linux 20.04 操作系统中默认的工具。“/home/rlk/rlk/runninglinuxkernel_5.0”是编译 runninglinuxkernel_5.0 内核的目录，而且必须要完整编译过。同时，这里必须使用绝对路径。

上述代码使用 stap 命令来把 stp 脚本编译成内核模块，stap 命令常用的选项如表 3.8 所示。

表 3.8 stap 命令常用的选项

选项	描述
-v	显示编译过程的日志信息
-w	取消一些编译器产生的 Warning 级别的警告
-r	用于交叉编译时指定内核路径
-B	用来向 kbuild 系统传递参数，如传递选项 CROSS_COMPILE
-a	指定交叉编译时的目标处理器架构，如 ARM64 等
-m	指定模块名称

在 Linux 主机编译完成之后，把 hello-world.ko 内核模块复制到 kmodules 目录中，启动 QEMU 虚拟机。在 QEMU 虚拟机里，使用 staprun 命令来加载 hello-world.ko 内核模块。

```
<QEMU 虚拟机>

benshushu:mnt# staprun hello-world.ko
[  562.951581] helloworld (hello-world.stp): systemtap: 4.2/0.170, base: (____ptrval__
__), memory: 188data/212text/2ctx/2063net/71alloc kb, probes: 1
hello world
benshushu:mnt#
```

从上述信息中可以看到，hello word 内核模块已经在 QEMU 虚拟机上运行，说明 SystemTap 已经在 QEMU 虚拟机上运行起来了。

SystemTap 的官方 WIKI 和 systemtap-4.2/EXAMPLES 目录下包含了很多实用的例子，包括中断、I/O、内存管理、网络子系统、性能优化等，值得读者去研究和学习。

3.8 eBPF 和 BCC

BPF 全称为 Berkeley Packet Filter，即伯克利包过滤器，是 UNIX 操作系统中数据链路层的一种原始接口，提供原始链路层中包的收发，这是一种用于过滤网络报文的架构。BPF 在 1997 年被引入 Linux 内核，称为 Linux 套接字过滤器（Linux Socket Fliter，LSF）。

到了 Linux 3.15 内核，一套全新的 BPF 被添加到 Linux 内核中，称为扩展 BPF（extended BPF，eBPF）。相比传统的 BPF，eBPF 不仅支持很多激动人心的功能，如内核跟踪、应用性能调优和监控、流控等，还在接口设计和易用性方面有了很大提升。

eBPF 本质上是一种内核代码注入技术，注入的大致步骤如下。

（1）内核实现了一个 eBPF 虚拟机。

（2）在用户态使用 C 语言等高级语言编写代码，并通过 LLVM 编译器将其编译成 BPF 目标码。

（3）在用户态通过调用 bpf()接口函数把 BPF 目标码注入内核中。

（4）内核通过 JIT 编译器把 BPF 目标码转换为本地指令码。

（5）内核提供一系列钩子来运行 BPF 代码。

（6）内核态和用户态使用一套名为 map 的机制来进行通信。

使用 eBPF 的好处在于，在不修改内核代码的情况下可以灵活修改内核处理策略。比如，在系统跟踪、性能优化以及调试中，可以很方便修改内核的实现并对某些功能进行跟踪和定位。我们之前的 SystemTap 也能实现类似的功能，只不过实现原理不太一样。SystemTap 将脚本语句翻译成 C 语句，最后编译成内核模块并且加载内核模块。SystemTap 以 kprobe 钩子的方式挂到内核上，当某个事件发生时，相应钩子上的句柄就会执行。执行完成后把钩子从内核上取下，移除模块。

3.8.1 BCC 工具集

在用户态可以使用 C 语言调用 eBPF 提供的接口，Linux 内核的 samples/bpf 目录中有不少例子值得大家参考。但是，使用 C 语言来对 eBPF 编程有点麻烦，后来 Brendan Gregg 设计了名为 BPF 编译器集合（BPF Compiler Collection，BCC）的工具，它是一个 Python 库，对 eBPF 应用层接口进行了封装，并且自动完成编译、解析 ELF、加载 BPF 代码块以及创建 map 等基本功能，大大减少了编程人员的工作。

在 QEMU+Debian 实验平台上安装 BCC①。

```
benshushu:~# apt install bpfcc-tools
```

BCC 集成了一系列性能跟踪和检测工具集，包括针对内存管理、调度器、文件系统、块设备层、网络层、应用层的性能跟踪工具，如图 3.23 所示。

① 在 QEMU 虚拟机+Debian 实验平台上运行 BCC 会比较慢，读者需要耐心等待，也可以直接在 Linux 主机上运行 BCC。

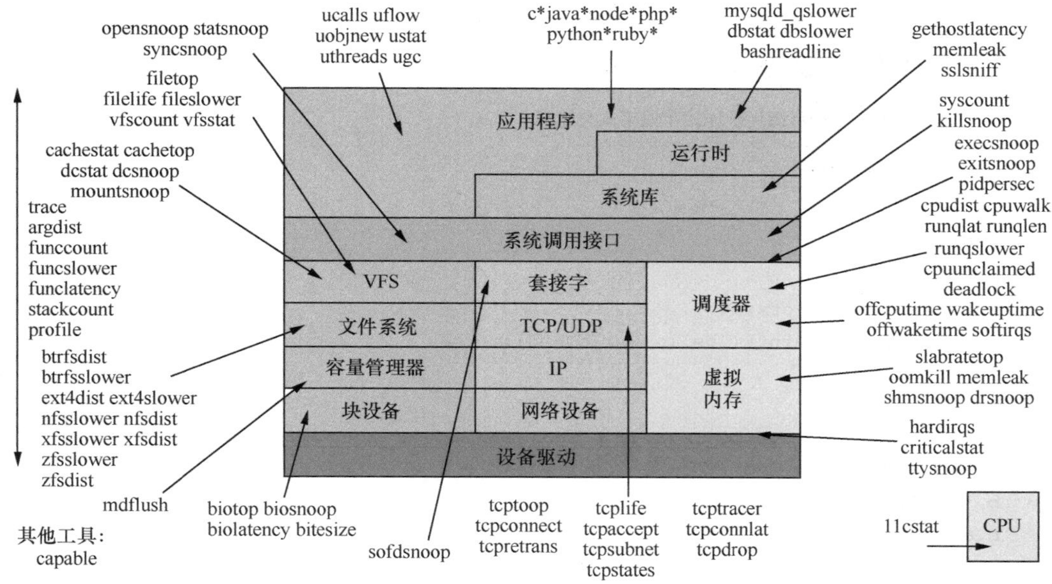

▲图 3.23　BCC 工具集

BCC 工具集安装在/usr/sbin 目录下以“bpfcc”结尾的可执行的 Python 脚本中。以 cpudist-bpfcc 为例，它会用来采样和统计一段时间内进程在 CPU 上的运行时间，并以柱状图的方式显示出来，如图 3.24 所示。

```
benshushu:tracing# cpudist-bpfcc
Tracing on-CPU time... Hit Ctrl-C to end.
^C
     usecs               : count     distribution
         0 -> 1          : 0        |                                        |
         2 -> 3          : 0        |                                        |
         4 -> 7          : 0        |                                        |
         8 -> 15         : 0        |                                        |
        16 -> 31         : 0        |                                        |
        32 -> 63         : 0        |                                        |
        64 -> 127        : 0        |                                        |
       128 -> 255        : 0        |                                        |
       256 -> 511        : 1        |**                                      |
       512 -> 1023       : 1        |**                                      |
      1024 -> 2047       : 2        |****                                    |
      2048 -> 4095       : 2        |****                                    |
      4096 -> 8191       : 12       |**************************              |
      8192 -> 16383      : 18       |****************************************|
     16384 -> 32767      : 2        |****                                    |
     32768 -> 65535      : 3        |******                                  |
     65536 -> 131071     : 1        |**                                      |
    131072 -> 262143     : 2        |****                                    |
    262144 -> 524287     : 2        |****                                    |
    524288 -> 1048575    : 10       |**********************                  |
   1048576 -> 2097151    : 12       |**************************              |
   2097152 -> 4194303    : 4        |********                                |
benshushu:tracing# ^C
```

▲图 3.24　通过 cpudist-bpfcc 查看进程在 CPU 上的运行时间

3.8.2　编写 BCC 脚本

如果 BCC 工具集提供的工具没法满足需求，我们可以使用 Python 编写 BCC 脚本。本节介绍两个例子，读者可以从中学习如何编写 BCC 脚本。

例 3.1： hello_fields.py

这个例子取自/usr/share/doc/bpfcc-tools/examples/tracing/hello_fields.py 文件。

```
<hello_fields.py 例子>

1   #!/usr/bin/python3
2   #
3   # Hello World 示例用于作为字段格式化输出
4
5   from bcc import BPF
6
7   # 定义 BPF 程序
8   prog = """
9   int hello(void *ctx) {
10      bpf_trace_printk("hello world\\n");
11      return 0;
12  }
13  """
14  # 加载 BPF 程序
15  b = BPF(text=prog)
16  b.attach_kprobe(b.get_syscall_fnname("clone"), fn_name="hello")
17
18  print("%-18s %-16s %-6s %s" % ("TIME(s)", "COMM", "PID", "MESSAGE"))
19
20  while 1:
21      try:
22          (task, pid, cpu, flags, ts, msg) = b.trace_fields()
23      except ValueError:
24          continue;
25      print("%-18s %-16s %-6s %s" % (ts, task, pid, msg))
```

这个程序用来跟踪 sys_clone()函数，在 clone 函数被调用时插入一段代码，输出“hello world”。

在第 5 行中，加载 BPF 模块。

在第 8 行中，定义一段 C 代码。

在第 9 行，定义一个名为 hello 的函数，所有定义的函数会在 BPF 探测时被调用、执行，第一个形参为 void *ctx 或者 pt_regs *ctx。

在第 13 行中，表示定义的 C 代码结束。

在第 15 行中，加载刚才定义的 C 代码。

在第 16 行中，在系统调用函数 sys_clone()时加入一个 kprobe 钩子，当系统执行到 sys_clone()时会调用刚才定义的 hello 函数。

在第 18 行中，输出。

在第 20～25 行中，监控并输出日志。

使用 python3 hello_fields.py 来执行该程序，输出如下日志。

```
benshushu:tracing# python3 hello_fields.py
TIME(s)            COMM             PID    MESSAGE
3520.342461000     dhcpcd           336    Hello, World!
3520.470068000     dhcpcd-run-hook  727    Hello, World!
3520.542615000     resolvconf       728    Hello, World!
3520.631111000     resolvconf       728    Hello, World!
3520.671471000     resolvconf       728    Hello, World!
```

```
3520.731738000      dhcpcd-run-hook  727    Hello, World!
3520.741144000      dhcpcd-run-hook  732    Hello, World!
```

例 3.2：task_switch.py

这个例子取自/usr/share/doc/bpfcc-tools/examples/tracing/task_switch.py 文件，用来统计进程切换的信息。这个例子运行后的结果如下。

```
benshushu:tracing# python3 task_switch.py
task_switch[   10->    0]=3
task_switch[  797->    0]=100
task_switch[  567->    0]=1
task_switch[    0->  567]=1
task_switch[    0->  797]=100
task_switch[    0->   10]=3
```

task_switch.py 的代码实现如下。

```
1    #!/usr/bin/python3
2    # Copyright (c) PLUMgrid, Inc.
3    #遵循 Apache License, Version 2.0 (the "License")
4
5    from bcc import BPF
6    from time import sleep
7
8    b = BPF(src_file="task_switch.c")
9    b.attach_kprobe(event="finish_task_switch", fn_name="count_sched")
10
11   # 生成许多调度事件
12   for i in range(0, 100): sleep(0.01)
13
14   for k, v in b["stats"].items():
15       print("task_switch[%5d->%5d]=%u" % (k.prev_pid, k.curr_pid, v.value))
```

在第 5～6 行中，导入 BPF 和 sleep 模块。

在第 8 行中，加载 task_switch.c 文件的 C 代码，该文件也在/usr/share/doc/bpfcc-tools/examples/tracing/目录下面。

在第 9 行中，在 finish_task_switch()函数中加入一个 kprobe 钩子。当系统调用 finish_task_switch()函数时会执行我们编写的 count_sched()函数，count_sched()函数实现在 task_switch.c 文件中。

在第 12 行中，for 循环遍历 100 次。

在第 14～15 行中，遍历 stats 哈希表，输出每次进程切换时前一个进程的 ID、当前进程 ID 以及统计信息。

task_switch.c 的代码实现如下。

```
#include <uapi/linux/ptrace.h>
#include <linux/sched.h>

struct key_t {
    u32 prev_pid;
    u32 curr_pid;
};
```

```
8
9     BPF_HASH(stats, struct key_t, u64, 1024);
10    int count_sched(struct pt_regs *ctx, struct task_struct *prev) {
11        struct key_t key = {};
12        u64 zero = 0, *val;
13
14        key.curr_pid = bpf_get_current_pid_tgid();
15        key.prev_pid = prev->pid;
16
17        //也可以使用 stats.increment(key)
18        val = stats.lookup_or_try_init(&key, &zero);
19        if (val) {
20            (*val)++;
21        }
22        return 0;
23    }
```

在第1～2行中，指定Linux内核的头文件。

在第4～6行中，定义一个key_t数据结构，它包含prev_pid和curr_pid两个成员。

在第9行中，BPF_HASH()函数用来创建一个BPF Map对象，这个对象由哈希表组成，类似于一个数组，它由1024个key_t类型的成员组成。

在第10行中，当finish_task_switch()函数被调用时会执行count_sched()函数。

在第14～15行中，把当前进程的ID存储到key.curr_pid，key.prev_pid存储了前一个进程的ID。

在第18～21行中，根据key来查找哈希表。若有相同的key，则增加val；若没有，则把key添加到哈希表中。

第 4 章　基于 x86_64 解决宕机难题

本章高频面试题

1. 请简述 Kdump 的工作原理。
2. 在 x86_64 架构里函数参数是如何传递的？
3. 假设函数调用关系为 main()→func1()→func2()，请画出 x84_64 架构的函数栈的布局图。
4. 在 x86_64 架构中，MOV 指令和 LEA 指令有什么区别？
5. 什么是直接寻址、间接寻址和基址寻址？
6. 在 x86_64 架构中，"mov -8(%rbp), %rax" 和 "lea -8(%rbp)，%rax" 这两条指令有什么区别？
7. Softlockup 机制的实现原理是什么？
8. Hardlockup 机制的实现原理是什么？
9. Hung_task 机制的实现原理是什么？
10. 在 x86_64 架构中，如何使用 Kdump+Crash 工具来分析和推导一个局部变量存在栈的位置？
11. 在 x86_64 架构中，如何使用 Kdump+Crash 工具来分析和推导一个读写信号量的持有者？
12. 在 x86_64 架构中，如何使用 Kdump+Crash 工具来分析和推导有哪些进程在等待读写信号量？
13. 在 x86_64 架构中，如何使用 Kdump+Crash 工具来分析一个进程被阻塞了多长时间？

Linux 内核是采用宏内核架构来设计的，这种架构的优点是效率高，但是也有一个致命的缺点——内核一个细微的错误可能会导致系统崩溃。Linux 内核从 1991 年发展到 2019 年的 Linux 5.0 内核已经有 28 年，其间代码质量已经显著地改进，但是依然不能保证 Linux 内核在实际应用中不会出现宕机、黑屏等问题。一方面，Linux 内核引进了大量新的外设驱动代码，这些新增的代码或许还没有经过严格的测试；另外一方面，很多产品会采用定制的驱动代码或者内核模块，这就给系统带来了隐患。若我们在实际产品开发中或者线上服务器里遇到了宕机、黑屏的问题，如何快速定位和解决它们呢？

本章主要介绍在 x86_64 架构中如何解决宕机方面的问题。我们的实验环境如下。

- 操作系统：CentOS 7.6 发行版。
- 内核：Linux 3.10-957。
- 处理器：Intel x86_64 处理器。

4.1 Kdump 和 Crash 工具

早在 2005 年，Linux 内核社区就开始设计名为 Kdump 的内核转储工具。Kdump 的核心实现基于 Kexec，Kexec 的全称是 Kernel execution，即内核执行，它非常类似于 Linux 内核中的 exec 系统调用。Kexec 可以快速启动一个新的内核，它会跳过 BIOS 或者 bootloader 等引导程序的初始化阶段。这个特性可以让系统崩溃时快速切换到一个备份的内核，这样第一个内核的内存就得到保留。在第二个内核中可以对第一个内核产生的崩溃数据继续分析。这里说的第一个内核通常称为生产内核（production kernel），是产品或者线上服务器主要运行的内核。第二个内核称为捕获内核（capture kernel），当生产内核崩溃时会快速切换到此内核进行信息收集和转储。Kdump 的工作原理如图 4.1 所示。

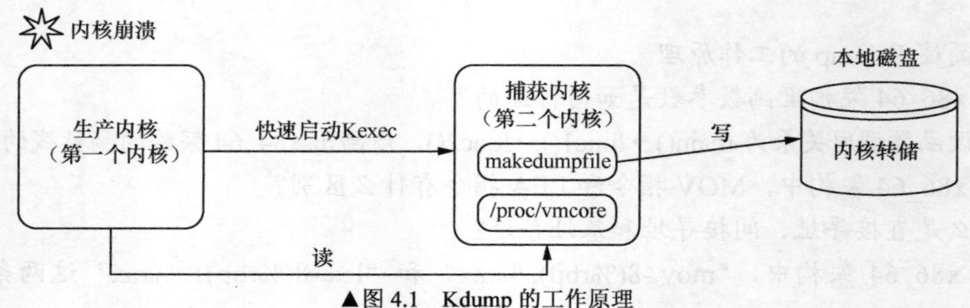

▲图 4.1　Kdump 的工作原理

Crash 是由 Red Hat Enterprise Linux 项目师开发的，和 Kdump 配套使用的一个用于分析内核转储文件的工具。Kdump 的工作流程不复杂。Kdump 会在内存中保留一块区域，这个区域用来存放捕获内核。当生产内核在运行过程中遇到崩溃等情况时，Kdump 会通过 Kexec 机制自动启动捕获内核，跳过 BIOS，以免破坏了生产内核的内存，然后把生产内核的完整信息（包括 CPU 寄存器、栈数据等）转储到指定文件中。接着，使用 Crash 工具来分析这个转储文件，以快速定位宕机问题。

在使用 Kdump+Crash 工具之前，读者需要弄清楚它们的适用范围。

- 适用人员：服务器的管理人员（Linux 运维人员）、采用 Linux 内核作为操作系统的嵌入式产品的开发人员。
- 适用对象：Linux 物理机或者 Linux 虚拟机。
- 适用场景：Kdump 主要用来分析系统宕机、黑屏、无响应等问题，如 SSH、串口、鼠标、键盘无响应等。注意，有一类宕机情况是 Kdump 无能为力的，如硬件的错误导致 CPU 宕机，也就是系统不能正常的热重启，只能通过重新关闭和开启电源才能启动。这种情况下，Kdump 就不适用了。因为 Kdump 需要在系统崩溃的时候快速启动到捕获内核，这个前提条件就是系统能热启动，内存中的内容不会丢失。

4.2 x86_64 架构基础知识

本章会分析 x86_64 架构的反汇编代码，因此，本节对 x86_64 架构做一些简单的介绍。

4.2.1　通用寄存器

x86 架构支持 32 位和 64 位处理器，它们在通用寄存器方面略有不同。32 位的 x86 处理器支持 8 个 32 位的通用寄存器，如表 4.1 所示。

表 4.1 32 位 x86 处理器支持的 8 个 32 位的通用寄存器

寄存器	描述
EAX	操作数的运算、结果
EBX	指向 DS 段中的数据的指针
ECX	字符串操作或者循环计数器
EDX	输入/输出指针
ESI	指向 DS 寄存器所指示的段中某个数据的指针，字符串操作中的复制源
EDI	指向 ES 寄存器所指示的段中某个数据的指针，字符串操作中的目的地
ESP	SP（Stack Pointer）寄存器
EBP	指向栈上数据的指针

除了 8 个 32 位的通用寄存器外，32 位的 x86 处理器还有 6 个 16 位段寄存器、1 个 32 位 EFLAGS 寄存器以及 1 个 32 位 EIP 寄存器。

64 位的 x86 处理器的通用寄存器扩展到 16 个。原来以“E”字母开头的寄存器变成了以“R”字母开头。原来以“E”字母开头的寄存器依然可以使用，表示低 32 位的寄存器。以“R”字母开头的寄存器表示 64 位。另外，R8～R15 是新增的通用寄存器。

64 位 x86 处理器的寄存器组成如下。

- 16 个 64 位通用寄存器。
- 1 个 RIP（指令指针）寄存器。
- 1 个 64 位 RFLAGS 寄存器。
- 6 个 128 位 XMM 寄存器。

4.2.2 函数参数调用规则

x86 和 x86_64 架构在函数参数调用关系上是有很多不同的地方。本节将介绍 x84_64 架构里函数参数是如何传递和调用的。

当函数中数的数量小于或等于 6 的时候，使用通用寄存器来传递函数的参数。当函数中参数的数量大于 6 的时候，采用栈空间来传递函数的参数①。x86_4 架构的寄存器如表 4.2 所示。

表 4.2 x86_64 架构的寄存器

x86_64 架构的寄存器	描述
RDI	传递第 1 个参数
RSI	传递第 2 个参数
RDX	传递第 3 个参数或者第 2 个返回值
RCX	传递第 4 个参数
R8	传递第 5 个参数
R9	传递第 6 个参数
RAX	临时寄存器或者第 1 个返回值
RSP	SP 寄存器
RBP	栈帧寄存器

① 参见《System V Application Binary Interface - AMD64 Architecture Processor Supplement v0.99.6》中的图 3-4。

4.2.3　栈的结构

函数的调用与栈有着密切的联系。程序的执行过程中通常一个函数嵌套着另一个函数，无论嵌套有多深，程序总能正确地返回原来的位置，这就要依赖于栈的结构、RSP 和 RBP。假设函数调用关系为 main()→func1()→func2()，那么栈的结构如图 4.2 所示。

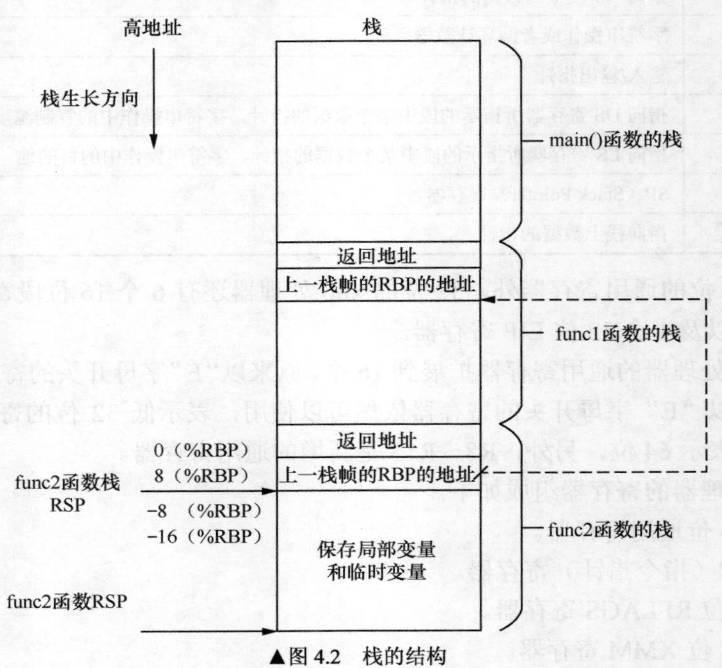

▲图 4.2　栈的结构

4.2.4　寻址方式

在本章的反汇编代码分析中，寻址指令是最常见的指令。本节介绍 x86_64 架构的两条寻址指令——MOV 指令和 LEA 指令。这两条指令都支持多种寻址方式。

- MOV 指令：数据搬移指令。
- LEA 指令：加载有效地址（Load Effective Address）指令。

1. 直接寻址

直接寻址指令中包含要访问的地址。这种寻址方式通过地址来实现。

```
mov address, %rax
```

上述指令将内存地址（address）加载到 RAX 寄存器中。

2. 间接寻址

间接寻址方式表示从寄存器指定的地址加载值。例如，RAX 寄存器中存放了一个地址，下面这条指令把该地址的值搬移到 RBX 寄存器中。

```
mov (%rax), %rbx
```

3. 基址寻址

基址寻址方式与间接寻址类似，它包含一个叫作偏移量的值，与寄存器的值相加后再用来寻址。

```
mov  8(%rax), %rbx
```

在上述指令里，RAX 寄存器中存放着一个地址，把这个地址加上偏移量 8 后得到一个新地址，读取新地址的值，然后搬移到 RBX 寄存器中。

注意，这里的偏移量可以是正数，也可以是负数。

4. MOV 指令和 LEA 指令的区别

MOV 指令用来搬移数据，而 LEA 指令用来加载有效地址。下面两条指令中，RBP 寄存器指向栈中的位置。

```
mov -8(%rbp), %rax
lea -8(%rbp), %rax
```

第一条 MOV 指令取出 RBP 寄存器的值，再减去 8，得到一个新地址，然后读取该新地址的内容，最后把内容赋给 RAX 寄存器。这里，相当于以间接寻址方式读取出“%rbp – 8”地址的内容。第一条指令等同于如下 C 伪代码。

```
long *p = %rbp - 8
%rax = *p
```

第二条 LEA 指令取出 RBP 寄存器的值，再减去 8，得到一个新地址，把该新地址赋给 RAX 寄存器。LEA 指令不会做间接寻址的动作。第二条指令等同于如下 C 代码。

```
%rax= %rbp - 8
```

4.3 在 CentOS 7.6 中安装和配置 Kdump 和 Crash

目前大部分的服务器基于 RHEL 系统或者其开源版本 CentOS 进行部署，因此本节介绍如何在 CentOS7.6 中安装和配置 Kdump 和 Crash 工具。

首先，安装工具。

```
$ sudo yum install kexec-toolscrash
```

然后，修改/etc/default/grub 文件，为捕获内核设置预留内存的大小。

```
GRUB_CMDLINE_LINUX="rd.lvm.lv=cl/root rd.lvm.lv=cl/swap crashkernel=512M"
```

这里给捕获内核预留 512MB 大小的内存。如果主机内存在 4GB 以上，可以给捕获内核预留更多内存。

接下来，重新生成 grub 配置文件，重启系统后，配置才能生效。

```
$ sudo grub2-mkconfig -o /boot/grub2/grub.cfg
$ sudo reboot
```

接下来，开启 Kdump 服务。

```
$ sudo systemctl start kdump.service    //启动 Kdump
$ sudo systemctl enable kdump.service   //设置开机启动
```

接下来，检查 Kdump 是否开启成功。使用 service kdump status 命令来查看服务状态。

如图 4.3 所示，若看到“starting kdump: [OK]”字样，说明 Kdump 服务已经配置成功。

```
[root@localhost figo]# service kdump status
Redirecting to /bin/systemctl status kdump.service
● kdump.service - Crash recovery kernel arming
   Loaded: loaded (/usr/lib/systemd/system/kdump.service; enabled; vendor preset: enabled)
   Active: active (exited) since Wed 2019-01-02 04:10:40 EST; 16min ago
  Process: 1864 ExecStart=/usr/bin/kdumpctl start (code=exited, status=0/SUCCESS)
 Main PID: 1864 (code=exited, status=0/SUCCESS)
   CGroup: /system.slice/kdump.service

Jan 02 04:10:39 localhost.localdomain systemd[1]: Starting Crash recovery kernel arming...
Jan 02 04:10:40 localhost.localdomain kdumpctl[1864]: kexec: loaded kdump kernel
Jan 02 04:10:40 localhost.localdomain kdumpctl[1864]: Starting kdump: [OK]
Jan 02 04:10:40 localhost.localdomain systemd[1]: Started Crash recovery kernel arming.
[root@localhost figo]#
```

▲图 4.3　检查 Kdump 服务状态

接下来，简单快速地测试。

```
$ sudo su
# echo 1 > /proc/sys/kernel/sysrq ; echo c > /proc/sysrq-trigger
```

如果 Kdump 配置正确，上述命令会让系统快速重启并且启动捕获内核以进行转储，如图 4.4 所示。

```
[  OK  ] Started File System Check on /dev/mapper/cl-root.
         Mounting /sysroot...
[  OK  ] Started Reload Configuration from the Real Root.
[  OK  ] Reached target Initrd File Systems.
[    3.150715] SGI XFS with ACLs, security attributes, no debug enabled
[    3.155897] XFS (dm-0): Mounting V5 Filesystem
[    3.358456] XFS (dm-0): Starting recovery (logdev: internal)
[    3.590134] XFS (dm-0): Ending recovery (logdev: internal)
[  OK  ] Mounted /sysroot.
[  OK  ] Reached target Local File Systems.
[  OK  ] Reached target System Initialization.
[  OK  ] Reached target Basic System.
[  OK  ] Reached target Initrd Default Target.
         Starting dracut pre-pivot and cleanup hook...
[  OK  ] Started dracut pre-pivot and cleanup hook.
         Starting Kdump Vmcore Save Service...
kdump: dump target is /dev/mapper/cl-root
kdump: saving to /sysroot//var/crash/127.0.0.1-2019-03-20-23:15:28/
kdump: saving vmcore-dmesg.txt
kdump: saving vmcore-dmesg.txt complete
kdump: saving vmcore
Copying data                                : [100.0 %] |           eta: 0s
```

▲图 4.4　捕获内核转储的过程

转储完成之后会自动切换回生产内核。在进入生产内核的系统中，查看/var/crash 目录中是否生成了对应的 coredump 目录。该目录是以 IP 地址和日期来命名的，目录里面包含 vmcore 和 vmore-dmesg.txt 两个文件，其中 vmcore 是捕获内核转储的文件，vmore-dmesg.txt 是生产内核发生崩溃时生成的内核日志信息。

```
[root@localhost crash]# ls
127.0.0.1-2019-03-02-21:41:33
[root@localhost 127.0.0.1-2019-03-02-21:41:33]# ls
vmcore  vmcore-dmesg.txt
```

在使用 Crash 工具进行分析之前，需要安装生产内核对应的调试信息的内核符号表。可以通过如下方式来安装。添加一个调试信息的源（repo）。在/etc/yum.repos.d/目录下新建一个文件，如 CentOS-Debug.repo，并在该文件中添加如下内容。

```
</etc/yum.repos.d/CentOS-Debug.repo>

#Debug Info
[debug]
name=CentOS-$releasever - DebugInfo
```

```
baseurl=****debuginfo.centos***/$releasever/$basearch/
gpgcheck=0
enabled=1
```

接下来，安装 kernel-debuginfo 软件包。

```
$ sudo yum update -y
$ sudo yum install -y kernel-debuginfo-$(uname -r)
```

安装完成之后，带调试符号信息的内核在/usr/lib/debug/lib/modules/目录下面。

打开 Crash 工具进行分析。Crash 工具的使用方式如下。

```
$ crash [vmcore] [vmlinux]
```

需要指定两个参数。

- vmcore：转储的内核文件，通常在/var/crash 目录下。
- vmlinux：带调试内核符号信息的内核映像，通常在/usr/lib/debug/lib/modules/目录下。

```
[root@localhost /]# crash /var/crash/127.0.0.1-2019-03-20-23\:01\:54/vmcore /usr/lib/d
ebug/lib/modules/3.10.0-957.1.3.el7.x86_64/vmlinux


crash 7.2.3-8.el7
Copyright (C) 2002-2017  Red Hat, Inc.

WARNING: kernel relocated [264MB]: patching 85619 gdb minimal_symbol values

      KERNEL: /usr/lib/debug/lib/modules/3.10.0-957.1.3.el7.x86_64/vmlinux
    DUMPFILE: /var/crash/127.0.0.1-2019-03-20-23:01:54/vmcore  [PARTIAL DUMP]
        CPUS: 4
        DATE: Wed Mar 20 23:01:49 2019
      UPTIME: 01:49:54
LOAD AVERAGE: 0.69, 0.28, 0.14
       TASKS: 418
    NODENAME: localhost.localdomain
     RELEASE: 3.10.0-957.1.3.el7.x86_64
     VERSION: #1 SMP Thu Nov 29 14:49:43 UTC 2018
     MACHINE: x86_64  (2496 Mhz)
      MEMORY: 2 GB
       PANIC: "SysRq : Trigger a crash"
         PID: 15207
     COMMAND: "bash"
        TASK: ffff8fc655e5b0c0  [THREAD_INFO: ffff8fc643a34000]
         CPU: 0
       STATE: TASK_RUNNING (SYSRQ)

crash>
```

4.4 crash 命令

Crash 工具支持大约 50 个子命令。读者在使用 Crash 工具进行内核分析之前需要熟悉常用的几个子命令，下面对常用的命令的使用方式做简单的介绍。

1. help 命令

help 命令用于在线查看 crash 命令的帮助。比如，在 crash 命令行中输入 help 命令可以查看支持的子命令。

```
crash> help
*              extend         log            rd             task
alias          files          mach           repeat         timer
ascii          foreach        mod            runq           tree
bpf            fuser          mount          search         union
bt             gdb            net            set            vm
btop           help           p              sig            vtop
dev            ipcs           ps             struct         waitq
dis            irq            pte            swap           whatis
eval           kmem           ptob           sym            wr
exit           list           ptov           sys            q
```

一个比较有用的技巧是使用 help 命令查看具体某个子命令的帮助说明，如查看 bt 命令的帮助说明。

```
crash> help bt

NAME
  bt - backtrace

SYNOPSIS
  bt [-a|-c cpu(s)|-g|-r|-t|-T|-l|-e|-E|-f|-F|-o|-O|-v] [-R ref] [-s [-x|d]]
     [-I ip] [-S sp] [pid | task]

DESCRIPTION
  Display a kernel stack backtrace.  If no arguments are given, the stack
  trace of the current context will be displayed.

       -a  displays the stack traces of the active task on each CPU.
           (only applicable to crash dumps)
       -A  same as -a, but also displays vector registers (S390X only).
```

2. bt 命令

bt 命令输出一个进程的内核栈的函数调用关系，包括所有异常栈的信息。

```
crash> bt
PID: 2653   TASK: ffff9107158e8000  CPU: 0   COMMAND: "bash"
 #0 [ffff910701907ae0] machine_kexec at ffffffff8a663674
 #1 [ffff910701907b40] __crash_kexec at ffffffff8a71cef2
 #2 [ffff910701907c10] crash_kexec at ffffffff8a71cfe0
 #3 [ffff910701907c28] oops_end at ffffffff8ad6c758
 #4 [ffff910701907c50] no_context at ffffffff8ad5aafe
 #5 [ffff910701907ca0] __bad_area_nosemaphore at ffffffff8ad5ab95
 #6 [ffff910701907cf0] bad_area_nosemaphore at ffffffff8ad5ad06
 #7 [ffff910701907d00] __do_page_fault at ffffffff8ad6f6b0
 #8 [ffff910701907d70] do_page_fault at ffffffff8ad6f915
 #9 [ffff910701907da0] page_fault at ffffffff8ad6b758
    [exception RIP: sysrq_handle_crash+22]
```

```
    RIP: ffffffff8aa61e66  RSP: ffff910701907e58  RFLAGS: 00010246
    RAX: ffffffff8aa61e50  RBX: ffffffff8b2e4c60  RCX: 0000000000000000
    RDX: 0000000000000000  RSI: ffff91077b613898  RDI: 0000000000000063
    RBP: ffff910701907e58   R8: ffffffff8b5e38bc   R9: 6873617263206120
    R10: 000000000000072d  R11: 000000000000072c  R12: 0000000000000063
    R13: 0000000000000000  R14: 0000000000000007  R15: 0000000000000000
    ORIG_RAX: ffffffffffffffff  CS: 0010  SS: 0018
#10 [ffff910701907e60] __handle_sysrq at ffffffff8aa6268d
#11 [ffff910701907e90] write_sysrq_trigger at ffffffff8aa62af8
#12 [ffff910701907ea8] proc_reg_write at ffffffff8a8b81a0
#13 [ffff910701907ec8] vfs_write at ffffffff8a841310
#14 [ffff910701907f08] sys_write at ffffffff8a84212f
#15 [ffff910701907f50] system_call_fastpath at ffffffff8ad74ddb
```

上面的代码把系统在崩溃瞬间正在运行的进程的内核栈信息全部显示出来。当前进程的 ID 是 2653，task_struct 数据结构的地址是 0xffff9107158e8000，当前运行在 CPU 0 上，当前进程的运行命令是 bash。后面的栈帧列出了该进程在内核态的函数调用关系，执行顺序是从下往上，也就是从 system_call_fastpath()函数一直执行到 machine_kexec()函数。在第 9 个栈帧中，显示了发生崩溃的函数地址——sysrq_handle_crash+22，并且输出发生崩溃瞬间 CPU 通用寄存器的值，这些信息对于后续分析很有帮助。

其他常用的选项如下。

- -t：显示栈中所有的文本符号（text symbol）。
- -f：显示每一栈帧里的数据。
- -l：显示文件名和行号。
- pid：显示指定 PID 的进程的内核栈的函数调用信息。

3. dis 命令

dis 命令用来输出反汇编结果。如输出 sysrq_handle_crash()函数的反汇编结果。

```
crash> dis sysrq_handle_crash
0xffffffff8aa61e50 <sysrq_handle_crash>:       nopl   0x0(%rax,%rax,1) [FTRACE NOP]
0xffffffff8aa61e55 <sysrq_handle_crash+5>:     push   %rbp
0xffffffff8aa61e56 <sysrq_handle_crash+6>:     mov    %rsp,%rbp
0xffffffff8aa61e59 <sysrq_handle_crash+9>:     movl   $0x1,0x7e54b1(%rip)        # 0x
ffffffff8b247314
0xffffffff8aa61e63 <sysrq_handle_crash+19>:    sfence
0xffffffff8aa61e66 <sysrq_handle_crash+22>:    movb   $0x1,0x0
0xffffffff8aa61e6e <sysrq_handle_crash+30>:    pop    %rbp
0xffffffff8aa61e6f <sysrq_handle_crash+31>:    retq
crash>
```

常用的选项如下。

- -l：显示反汇编和对应源代码的行号。
- -s：显示对应的源代码。

4. mod 命令

mod 命令不仅可以用来显示当前系统加载的内核模块信息，还可以用来加载某个内核模块的符号（symbol）信息和调试信息等。

```
crash> mod
   MODULE    NAME           SIZE  OBJECT FILE
  e080d000  jbd            57016  (not loaded)  [CONFIG_KALLSYMS]
  e081e000  ext3           92360  (not loaded)  [CONFIG_KALLSYMS]
  e0838000  usbcore        83168  (not loaded)  [CONFIG_KALLSYMS]
  e0850000  usb-uhci       27532  (not loaded)  [CONFIG_KALLSYMS]
  e085a000  ehci-hcd       20904  (not loaded)  [CONFIG_KALLSYMS]
  e0865000  input           6208  (not loaded)  [CONFIG_KALLSYMS]
  e086a000  hid            22404  (not loaded)  [CONFIG_KALLSYMS]
  e0873000  mousedev        5688  (not loaded)  [CONFIG_KALLSYMS]
```

常用的选项如下。

- -s：加载某个内核模块的符号信息。
- -S：从某个特定目录加载所有内核模块的符号信息。默认从/lib/modules/<release>目录查找并加载内核模块的符号信息。
- -d：删除某个内核模块的符号信息。

以下代码用于加载名为 oops 的内核模块的符号信息。

```
crash> mod -s oops /home/benshushu/crash/crash_lab_centos/01_oops/oops.ko
     MODULE       NAME                    SIZE  OBJECT FILE
ffffffffc0732000  oops                   12741  /home/benshushu/crash/crash_lab_cen
tos/01_oops/oops.ko
```

5. sym 命令

sys 命令用来解析内核符号信息。

常用的选项如下。

- -l：显示所有符号信息，等同于查看 System.map 文件。
- -m：显示某个内核模块的所有符号信息。
- -q：查询符号信息。

以下代码用于查看名为 oops 的内核模块的所有符号信息。

```
crash> sym -m oops
ffffffffc0730000 MODULE START: oops
ffffffffc0730000 (T) create_oops
ffffffffc0730044 (T) cleanup_module
ffffffffc0730044 (T) my_oops_exit
ffffffffc0731028 (r) vvaraddr_jiffies
ffffffffc0731030 (r) vvaraddr_vgetcpu_mode
ffffffffc0731038 (r) vvaraddr_vsyscall_gtod_data
ffffffffc0731068 (r) vvaraddr_jiffies
ffffffffc0731070 (r) vvaraddr_vgetcpu_mode
ffffffffc0731078 (r) vvaraddr_vsyscall_gtod_data
ffffffffc0732000 (D) __this_module
ffffffffc07331c5 MODULE END: oops
ffffffffc0735000 MODULE INIT START: oops
ffffffffc0735000 (t) my_oops_init
ffffffffc0735000 (t) init_module
ffffffffc07365f8 MODULE INIT END: oops
crash>
```

以下代码用于查询 create_oops 的符号信息。

```
crash> sym -q create_oops
ffffffffc0730000 (T) create_oops [oops]
crash>
```

6. rd 命令

rd 命令用来读取内存地址中的值。

常用的选项如下。

- -p：读取物理地址。
- -u：读取用户空间中的虚拟地址。
- -d：显示十进制。
- -s：显示符号。
- -32：显示 32 位宽的值。
- -64：显示 64 位宽的值。
- -a：显示 ASCII。

以下代码用于读 0xffffffffc0730000 内存地址中的值，并且连续输出 20 个内存地址中的值。

```
crash> rd ffffffffc0730000 20
ffffffffc0730000:  8948550000441f0f 7d894818ec8348e5   ..D..UH..H...H.}
ffffffffc0730010:  458b48e8758948f0 45894850408b48f0   .H.u.H.E.H.@PH.E
ffffffffc0730020:  458b48e8558b48f8 40c7c748c68948f8   .H.U.H.E.H..H..@
ffffffffc0730030:  00000000b8c07310 0000b8dde2b64ae8   .s.......J......
ffffffffc0730040:  e5894855c3c90000 b8c073105bc7c748   ....UH..H..[.s..
ffffffffc0730050:  e2b62ee800000000 0000000000c35ddd   .........].....
ffffffffc0730060:  0000000000000000 0000000000000000   ................
ffffffffc0730070:  0000000000000000 0000000000000000   ................
ffffffffc0730080:  0000000000000000 0000000000000000   ................
ffffffffc0730090:  0000000000000000 0000000000000000   ................
```

7. struct 命令

struct 命令用来显示内核中数据结构的定义或者具体的值。

常用的选项如下。

- struct_name：数据结构的名称。
- .member：数据结构的某个成员。注意，member 前面有一个“.”。
- -o：显示成员在数据结构里的偏移量。

以下代码用于显示 vm_area_struct 数据结构的定义。

```
crash> struct vm_area_struct
struct vm_area_struct {
    unsigned long vm_start;
    unsigned long vm_end;
    struct vm_area_struct *vm_next;
    struct vm_area_struct *vm_prev;
    struct rb_node vm_rb;
    unsigned long rb_subtree_gap;
    struct mm_struct *vm_mm;
    ...
```

以下代码用于显示 vm_area_struct 数据结构中每个成员的偏移量。

```
crash> struct vm_area_struct -o
struct vm_area_struct {
     [0] unsigned long vm_start;
     [8] unsigned long vm_end;
    [16] struct vm_area_struct *vm_next;
    [24] struct vm_area_struct *vm_prev;
    [32] struct rb_node vm_rb;
    [56] unsigned long rb_subtree_gap;
    [64] struct mm_struct *vm_mm;
    [72] pgprot_t vm_page_prot;
```

另外，struct 命令后面还可以指定一个地址，用来按照数据结构的格式显示每个成员的值，这个技巧在实际应用中非常有用。例如，已知 mydev_priv 数据结构存放在地址 0xffff946bd63bbce4，因此可以通过 struct 命令来查看该数据结构中每个成员的值。

```
crash> struct mydev_priv ffff946bd63bbce4
struct mydev_priv {
  name = "figo\000\",
  i = 10
}
```

8. p 命令

p 命令用来输出内核变量、表达式或者符号的值。

以下代码用于输出 jiffies 的值。

```
crash> p jiffies
jiffies = $1 = 4295209831
crash>
```

以下代码用于输出进程 0 的 mm 数据结构的值 init_mm。

```
crash> p init_mm
init_mm = $3 = {
  mmap = 0x0,
  mm_rb = {
    rb_node = 0x0
  },
  mmap_cache = 0x0,
  get_unmapped_area = 0x0,
  unmap_area = 0x0,
  mmap_base = 0,
  mmap_legacy_base = 0,
  ...
```

如果一个变量是 Per-CPU 类型的变量，那么会输出所有 Per-CPU 变量的地址。

```
crash> p irq_stat
PER-CPU DATA TYPE:
  irq_cpustat_t irq_stat;
PER-CPU ADDRESSES:
  [0]: ffff946c3b61a1c0
  [1]: ffff946c3b65a1c0
```

```
  [2]: ffff946c3b69a1c0
  [3]: ffff946c3b6da1c0
crash>
```

比如，要输出某个 CPU 上内核符号的值，可以在变量后面指定 CPU 号。下面要输出 CPU 0 上 irq_stat 数据结构（其中，irq_stat 是内核符号）的值。

```
crash> p irq_stat:0
per_cpu(irq_stat, 0) = $4 = {
  __softirq_pending = 0,
  __nmi_count = 1,
  apic_timer_irqs = 66867,
  irq_spurious_count = 0,
  icr_read_retry_count = 0,
  kvm_posted_intr_ipis = 0,
  x86_platform_ipis = 0,
  apic_perf_irqs = 0,
  apic_irq_work_irqs = 2001,
  irq_resched_count = 22511,
  irq_call_count = 3405,
  irq_tlb_count = 880,
  irq_thermal_count = 0,
  irq_threshold_count = 0
}
crash>
```

9. irq 命令

irq 命令用来显示中断相关信息。

常用的选项如下。

- index：显示某个指定 IRQ 的信息。
- -b：显示中断的下半部信息。
- -a：显示中断的亲和性。
- -s：显示系统中断信息。

示例代码如下。

```
crash> irq
 IRQ   IRQ_DESC/_DATA      IRQACTION      NAME
  0   ffff946c3f978000  ffffffff9ea2d440  "timer"
  1   ffff946c3f978100  ffff946c39cd9200  "i8042"
  2   ffff946c3f978200      (unused)
  3   ffff946c3f978300      (unused)
  4   ffff946c3f978400      (unused)
  5   ffff946c3f978500      (unused)
  6   ffff946c3f978600      (unused)
  7   ffff946c3f978700      (unused)
  8   ffff946c3f978800  ffff946c39d6c580  "rtc0"
  9   ffff946c3f978900  ffff946c3a3fbb00  "acpi"
```

10. task 命令

task 命令用来显示进程的 task_struct 数据结构和 thread_info 数据结构的内容。其中，-x 表示按照十六进制显示。

```
crash> task -x
PID: 4404    TASK: ffff946c35f51040   CPU: 3    COMMAND: "insmod"
struct task_struct {
  state = 0x0,
  stack = 0xffff946bd63b8000,
  usage = {
    counter = 0x2
  },
  flags = 0x402100,
  ptrace = 0x0,
  wake_entry = {
    next = 0x0
  },
  on_cpu = 0x1,
  last_wakee = 0xffff946bf5bbc100,
  wakee_flips = 0x3,
  wakee_flip_decay_ts = 0x10003b19a,
  wake_cpu = 0x3,
  ...
```

11. vm 命令

vm 命令用来显示进程的地址空间的相关信息。

常用的选项如下。

- -p：显示虚拟地址和物理地址。
- -m：显示 mm_struct 数据结构。
- -R：搜索特定字符串或者数值。
- -v：显示该进程中所有 vm_area_struct 数据结构的值。
- -f num：显示数字（num）在 vm_flags 中对应的位。

以下代码用于显示当前进程的虚拟地址空间信息。

```
crash> vm
PID: 4404    TASK: ffff946c35f51040   CPU: 3    COMMAND: "insmod"
       MM               PGD          RSS    TOTAL_VM
ffff946c0bd81900  ffff946bfd97e000   808k    13244k
      VMA           START       END      FLAGS FILE
ffff946bd630e798      400000      423000 8000875 /usr/bin/kmod
ffff946bd630f5f0      622000      623000 8100871 /usr/bin/kmod
ffff946bd630f950      623000      624000 8100873 /usr/bin/kmod
ffff946bd630e000     1259000     127a000 8100073
ffff946bd630f440 7fa800b3b000 7fa800b52000 8000075 /usr/lib64/libpthread-2.17.so
...
```

以下代码用于显示 ID 为 4159 的进程的所有虚拟地址信息，包括虚拟地址到物理地址的转换信息。

```
crash> vm -p 4159
PID: 4159    TASK: ffff946c362630c0   CPU: 1    COMMAND: "gdbus"
       MM               PGD              RSS    TOTAL_VM
ffff946c0bd812c0  ffff946bd6378000   6740k   345872k
```

```
        VMA            START         END      FLAGS FILE
ffff946c3693a438 5583c095d000 5583c0964000 8000875 /usr/sbin/abrt-dbus
VIRTUAL     PHYSICAL
5583c095d000   5eca7000
5583c095e000   705ce000
5583c095f000   5eca5000
5583c0960000   5eca4000
5583c0961000   59044000
5583c0962000   5eca2000
5583c0963000   6c627000
...
```

以下代码用于显示 ID 为 4159 的进程的 mm_struct 数据结构的内容。

```
crash> vm -m 4159
PID: 4159    TASK: ffff946c362630c0  CPU: 1   COMMAND: "gdbus"
struct mm_struct {
  mmap = 0xffff946c3693a438,
  mm_rb = {
    rb_node = 0xffff946bfd9c2890
  },
  mmap_cache = 0x0,
  get_unmapped_area = 0xffffffff9de30e90,
  ...
```

以下代码用于显示 ID 为 4159 的进程的所有 vm_area_struct 数据结构的内容。

```
crash> vm -v 4159
PID: 4159    TASK: ffff946c362630c0  CPU: 1   COMMAND: "gdbus"
struct vm_area_struct {
  vm_start = 94024360120320,
  vm_end = 94024360148992,
  vm_next = 0xffff946c3693b290,
  vm_prev = 0x0,
  ...
```

12. kmem 命令

kmem 命令用来显示系统内存信息。常用的选项如下。

- -i：显示系统内存的使用情况。
- -v：显示系统 vmalloc 的使用情况。
- -V：显示系统 vm_stat 情况。
- -z：显示每个 zone 的使用情况。
- -s：显示 slab 使用情况。
- -p：显示每个页面的使用情况。
- -g：显示 page 数据结构里 flags 的标志位。

以下命令用于显示系统内存的使用情况。

```
crash> kmem -i
                 PAGES        TOTAL      PERCENTAGE
   TOTAL MEM    404629       1.5 GB         ----
        FREE    105735       413 MB    26% of TOTAL MEM
        USED    298894       1.1 GB    73% of TOTAL MEM
```

```
      SHARED    18610       72.7 MB    4% of TOTAL MEM
     BUFFERS        0          0       0% of TOTAL MEM
      CACHED    85565      334.2 MB   21% of TOTAL MEM
        SLAB    19500       76.2 MB    4% of TOTAL MEM

  TOTAL HUGE        0          0        ----
   HUGE FREE        0          0       0% of TOTAL HUGE

  TOTAL SWAP   524287          2 GB     ----
   SWAP USED      194        776 KB    0% of TOTAL SWAP
   SWAP FREE   524093          2 GB   99% of TOTAL SWAP

COMMIT LIMIT   726601        2.8 GB     ----
   COMMITTED   726661        2.8 GB  100% of TOTAL LIMIT
crash>
```

以下命令用于显示 slab 分配器的使用情况。

```
crash> kmem -s
CACHE            NAME                 OBJSIZE  ALLOCATED     TOTAL  SLABS  SSIZE
ffff946c39840b00 fuse_inode               728          1        42      1    32k
ffff946c39931c00 hgfsInodeCache           640          1        46      1    32k
...
```

13. list 命令

list 命令用来遍历链表，并且可以输出链表成员的值。

常用的选项如下。

- -h：指定链表头（list_head）的地址。
- -s：用来输出链表成员的值。

例如，等待读写信号量的进程（使用 rwsem_waiter 来表示）都会在读写信号量的等待队列里等待，这个等待队列头是 rw_semaphore 数据结构的 wait_list 成员。如果知道了 wait_list 成员的地址（假设地址为 0xffff94941535bd90），那么我们可以遍历这个链表并且输出所有等待这个信号量的进程。

```
crash> list -s rwsem_waiter.task,type -h 0xffff94941535bd90
ffff94941535bd90
  task = 0xffff94940f64b0c0
  type = RWSEM_WAITING_FOR_WRITE
ffff949412e83d70
  task = 0xffff94940f64d140
  type = RWSEM_WAITING_FOR_READ
crash>
```

要查看等待队列中有多少个进程在等待，可以使用 wc 命令来快速统计。

```
crash> list -h 0xffff94941535bd90 | wc -l
2
```

4.5 案例 1：一个简单的宕机案例

最简单的宕机案例莫过于在内核模块中人为地制造一个空指针访问的场景。下面就是一个访问空指针的内核模块代码片段。

<简单的宕机案例的代码片段>

```
#include <linux/kernel.h>
#include <linux/module.h>
#include <linux/init.h>
#include <linux/mm_types.h>
#include <linux/slab.h>

struct mydev_priv {
   char name[64];
   int i;
};

int create_oops(struct vm_area_struct *vma, struct mydev_priv *priv)
{
   unsigned long flags;

   flags = vma->vm_flags;
   printk("flags=0x%lx, name=%s\n", flags, priv->name);

   return 0;
}

int __init my_oops_init(void)
{
   int ret;
   struct vm_area_struct *vma = NULL;
   struct mydev_priv priv;

   vma = kmalloc(sizeof (*vma), GFP_KERNEL);
   if (!vma)
       return -ENOMEM;

   kfree(vma);
   vma = NULL;

   smp_mb();

   memcpy(priv.name, "ben", sizeof("ben"));
   priv.i = 10;

   ret = create_oops(vma, &priv);

   return 0;
}

void __exit my_oops_exit(void)
{
   printk("goodbye\n");
}

```

```
module_init(my_oops_init);
module_exit(my_oops_exit);
MODULE_LICENSE("GPL");
```

在上面的案例中，向 create_oops()函数传递了两个参数：一个参数是 vm_area_struct 数据结构的指针，这个指针是一个空指针；另一个参数是 mydev_priv 数据结构的指针。

要在 CentOS 7.6 操作系统中编译上述内核模块，还需要编写一个简单的 Makefile。

```
<Makefile 例子>


BASEINCLUDE ?= /lib/modules/$(shell uname -r)/build


oops-objs := oops_test.o
KBUILD_CFLAGS +=-g


obj-m    :=   oops.o
all :
	$(MAKE) -C $(BASEINCLUDE) SUBDIRS=$(PWD) modules;

install:
	$(MAKE) -C $(BASEINCLUDE) SUBDIRS=$(PWD) modules_install;
clean:
	$(MAKE) -C $(BASEINCLUDE) SUBDIRS=$(PWD) clean;
	rm -f *.ko;
```

接下来，安装编译内核模块必要的依赖软件包。

```
sudo yum update -y
sudo yum install kernel-devel kernel-headers
```

接下来，编译内核模块。

```
[root@localhost 01_oops]# make
make -C /lib/modules/3.10.0-957.1.3.el7.x86_64/build SUBDIRS=/home/benshushu/crash/crash_lab_centos/01_oops modules;
make[1]: Entering directory `/usr/src/kernels/3.10.0-957.1.3.el7.x86_64'
  CC [M]  /home/benshushu/crash/crash_lab_centos/01_oops/oops_test.o
  LD [M]  /home/benshushu/crash/crash_lab_centos/01_oops/oops.o
  Building modules, stage 2.
  MODPOST 1 modules
  CC      /home/benshushu/crash/crash_lab_centos/01_oops/oops.mod.o
  LD [M]  /home/benshushu/crash/crash_lab_centos/01_oops/oops.ko
make[1]: Leaving directory `/usr/src/kernels/3.10.0-957.1.3.el7.x86_64'
[root@localhost 01_oops]#
```

接下来，加载内核模块。

```
$ sudo insmod oops.ko
```

CentOS 操作系统会重启并加载捕获内核，然后进行内核崩溃转储，最后重新加载到生产内核。在/var/crash 目录里会重新生成一个以“IP 地址+日期”命名的目录。

```
[root@localhost 01_oops]# cd /var/crash/
[root@localhost crash]# cd 127.0.0.1-2019-03-21-05\:16\:24/
```

接下来，使用 crash 命令来加载内核崩溃转储镜像。

```
[root@localhost# crash vmcore /usr/lib/debug/lib/modules/3.10.0-957.1.3.el7.x86_64/vmlinux

KERNEL: /usr/lib/debug/lib/modules/3.10.0-957.1.3.el7.x86_64/vmlinux
    DUMPFILE: vmcore  [PARTIAL DUMP]
       CPUS: 4
       DATE: Thu Mar 21 05:16:19 2019
     UPTIME: 00:09:02
LOAD AVERAGE: 0.09, 0.22, 0.20
      TASKS: 421
    NODENAME: localhost.localdomain
     RELEASE: 3.10.0-957.1.3.el7.x86_64
     VERSION: #1 SMP Thu Nov 29 14:49:43 UTC 2018
     MACHINE: x86_64  (2496 Mhz)
      MEMORY: 2 GB
       PANIC: "BUG: unable to handle kernel NULL pointer dereference at 0000000000000050"
         PID: 4404
     COMMAND: "insmod"
        TASK: ffff946c35f51040  [THREAD_INFO: ffff946bd63b8000]
         CPU: 3
       STATE: TASK_RUNNING (PANIC)

crash>
```

从上述代码可知生产内核在发生崩溃时的一些非常重要的信息。

- KERNEL：带内核调试符号信息的 vmlinux 文件路径。
- DUMPFILE：转储的文件名称。
- CPUS：系统 CPU 数量。
- DATE：发生崩溃的时间。
- UPTIME：生产内核的运行时间。
- LOAD AVERAGE：负载情况。
- TASKS：进程数量。
- NODENAME：节点名称。
- RELEASE：Linux 内核版本。
- VERSION：系统版本信息。
- MACHINE：计算机类型，这里显示 x86_64 架构的计算机。
- MEMORY：内存大小。
- PANIC：发生崩溃的原因。
- PID：发生崩溃的进程 ID。
- COMMAND：发生崩溃的进程命令。
- TASK：发生崩溃的进程的 task_struct 数据结构的地址。
- CPU：表示发生崩溃的进程运行在哪个 CPU 上。
- STATE：发生崩溃的进程的状态。

其中 PANIC 直截了当地指出发生崩溃的原因。上述案例中发生崩溃的原因是“BUG: unable to handle kernel NULL pointer dereference at 0000000000000050”，即内核发生了不能处理的空指针引用，这符合我们的预期。

接下来，使用 bt 命令来观察发生崩溃时内核函数的调用关系。

```
crash> bt
PID: 4404   TASK: ffff946c35f51040  CPU: 3   COMMAND: "insmod"
 #0 [ffff946bd63bb930] machine_kexec at ffffffff9de63674
 #1 [ffff946bd63bb990] __crash_kexec at ffffffff9df1cef2
 #2 [ffff946bd63bba60] crash_kexec at ffffffff9df1cfe0
 #3 [ffff946bd63bba78] oops_end at ffffffff9e56c758
 #4 [ffff946bd63bbaa0] no_context at ffffffff9e55aafe
 #5 [ffff946bd63bbaf0] __bad_area_nosemaphore at ffffffff9e55ab95
 #6 [ffff946bd63bbb40] bad_area_nosemaphore at ffffffff9e55ad06
 #7 [ffff946bd63bbb50] __do_page_fault at ffffffff9e56f6b0
 #8 [ffff946bd63bbbc0] do_page_fault at ffffffff9e56f915
 #9 [ffff946bd63bbbf0] page_fault at ffffffff9e56b758
[exception RIP: create_oops+25]
RIP: ffffffffc0730019  RSP: ffff946bd63bbca0  RFLAGS: 00010286
    RAX: 0000000000000000  RBX: ffffffff9ea18020  RCX: 000000006f676966
    RDX: ffff946bd63bbce4  RSI: ffff946bd63bbce4  RDI: 0000000000000000
    RBP: ffff946bd63bbcb8   R8: 00000000006f6769   R9: ffffffffc073505d
    R10: ffff946c3b6df120  R11: ffffc50941d70f00  R12: ffff946bc013e0c0
    R13: ffffffffc0735000  R14: 0000000000000000  R15: ffffffffc0732000
    ORIG_RAX: ffffffffffffffff  CS: 0010  SS: 0018
#10 [ffff946bd63bbcc0] init_module at ffffffffc073509a [oops]
#11 [ffff946bd63bbd38] do_one_initcall at ffffffff9de0210a
#12 [ffff946bd63bbd68] load_module at ffffffff9df1906c
#13 [ffff946bd63bbeb8] sys_finit_module at ffffffff9df196e6
#14 [ffff946bd63bbf50] system_call_fastpath at ffffffff9e574ddb
    RIP: 00007fa800e4f1c9  RSP: 00007ffcbabe8408  RFLAGS: 00010246
    RAX: 0000000000000139  RBX: 0000000001259260  RCX: 000000000000001f
    RDX: 0000000000000000  RSI: 000000000041a2d8  RDI: 0000000000000003
    RBP: 000000000041a2d8   R8: 0000000000000000   R9: 00007ffcbabe8618
    R10: 0000000000000003  R11: 0000000000000206  R12: 0000000000000000
    R13: 0000000001259220  R14: 0000000000000000  R15: 0000000000000000
    ORIG_RAX: 0000000000000139  CS: 0033  SS: 002b
crash>
```

造成内核崩溃的指令是**[exception RIP: create_oops+25]**，也就是 create_oops()函数第 25 字节的地方，存放在 RIP 寄存器中。另外，根据 x86_64 架构的函数参数调用关系，RDI 寄存器存放着函数第一个参数的地址，RSI 寄存器存放着函数第二个参数的地址。根据这些信息，可以进一步分析系统崩溃的原因。

接下来，加载内核模块的调试信息。

```
crash> mod -s oops /home/benshushu/crash/crash_lab_centos/01_oops/oops.ko
   MODULE       NAME                                SIZE  OBJECT FILE
ffffffffc0732000  oops                              12741  /home/benshushu/crash/crash_lab_ce
ntos/01_oops/oops.ko
crash>
```

接下来，利用 dis 命令来反汇编内核崩溃的地址。

```
crash> dis -l ffffffffc0730019
/home/benshushu/crash/crash_lab_centos/01_oops/oops_test.c: 16
0xffffffffc0730019 <create_oops+25>:    mov    0x50(%rax),%rax
crash>
```

内核崩溃发生在 oops_test.c 的第 16 行，反汇编后的汇编代码是一条 MOV 指令，用于把

RAX 寄存器里偏移量为 0x50 的值传送给 RAX 寄存器。

接下来，使用 dis 命令来反汇编 create_oops()函数，再分析其反汇编代码。

```
crash> dis create_oops
0xffffffffc0730000 <create_oops>:       nopl   0x0(%rax,%rax,1) [FTRACE NOP]
0xffffffffc0730005 <create_oops+5>:     push   %rbp
0xffffffffc0730006 <create_oops+6>:     mov    %rsp,%rbp
0xffffffffc0730009 <create_oops+9>:     sub    $0x18,%rsp
0xffffffffc073000d <create_oops+13>:    mov    %rdi,-0x10(%rbp)
0xffffffffc0730011 <create_oops+17>:    mov    %rsi,-0x18(%rbp)
0xffffffffc0730015 <create_oops+21>:    mov    -0x10(%rbp),%rax
0xffffffffc0730019 <create_oops+25>:    mov    0x50(%rax),%rax
0xffffffffc073001d <create_oops+29>:    mov    %rax,-0x8(%rbp)
0xffffffffc0730021 <create_oops+33>:    mov    -0x18(%rbp),%rdx
0xffffffffc0730025 <create_oops+37>:    mov    -0x8(%rbp),%rax
0xffffffffc0730029 <create_oops+41>:    mov    %rax,%rsi
0xffffffffc073002c <create_oops+44>:    mov    $0xffffffffc0731040,%rdi
0xffffffffc0730033 <create_oops+51>:    mov    $0x0,%eax
0xffffffffc0730038 <create_oops+56>:    callq  0xffffffff9e55b687 <printk>
0xffffffffc073003d <create_oops+61>:    mov    $0x0,%eax
0xffffffffc0730042 <create_oops+66>:    leaveq
0xffffffffc0730043 <create_oops+67>:    retq
crash>
```

上述汇编代码中，前 4 行代码建立一个栈帧结构。第 5 行代码把函数的第一个参数存放在栈帧里，存放的地址是 RBP 寄存器指向的地址减去 0x10。第 6 行代码用来存放第二个参数。第 7 行代码把第一个参数传递到通用寄存器 RAX。第 8 行代码把 RAX 寄存器中偏移量为 0x50 的值存放到 RAX 寄存器里。

我们知道 create_oops()函数的第一个参数是 vm_area_struct *vma，并且由 RDI 寄存器来传递，而通过 bt 命令可以看到发生崩溃时 RDI 寄存器的值为 0。若使用 struct 命令来查看这个地址，系统会提示这是一个无效的内核虚拟地址，也就是 Linux 内核中发生了空指针访问。

```
crash> struct vm_area_struct 0x0
struct: invalid kernel virtual address: 0x0
crash>
```

汇编代码里的 0x50 是从哪里来的？从 C 代码可以看到，它是 vm_area_struct 数据结构的 vm_flags 成员。

```
crash> hex
output radix: 16 (hex)

crash> struct -o vm_area_struct
struct vm_area_struct {
    [0x0] unsigned long vm_start;
    [0x8] unsigned long vm_end;
   [0x10] struct vm_area_struct *vm_next;
   [0x18] struct vm_area_struct *vm_prev;
   [0x20] struct rb_node vm_rb;
   [0x38] unsigned long rb_subtree_gap;
   [0x40] struct mm_struct *vm_mm;
   [0x48] pgprot_t vm_page_prot;
```

```
    [0x50] unsigned long vm_flags;
    ...
```

可以使用 rd 和 struct 命令来查看第二个参数的值。

```
crash> rd ffff946bd63bbce4
ffff946bd63bbce4:  d63bbd006f676966                    ben..;.
crash>
crash>
crash> struct mydev_priv ffff946bd63bbce4
struct mydev_priv {
  name = "ben\000\275;",
  i = 0xa
}
crash>
```

4.6 案例 2：访问被删除的链表

Linux 内核中的 list_head 链表是最常用的数据结构之一，也是最容易出错的地方。本节讲解一个常见链表使用错误的案例。在本案例中，创建 3 个内核线程。

- ❑ 内核线程一：添加元素到链表中。
- ❑ 内核线程二：删除链表中的所有元素。
- ❑ 内核线程三：删除链表中的一个元素。

<访问被删除的链表的案例的代码片段>

```
#include <linux/kernel.h>
#include <linux/module.h>
#include <linux/init.h>
#include <linux/slab.h>
#include <linux/spinlock.h>
#include <linux/kthread.h>
#include <linux/delay.h>

static spinlock_t lock;

static struct list_head g_test_list;

struct foo {
  int a;
  struct list_head list;
};

static int list_del_thread(void *data)
{
struct foo *entry;

while (!kthread_should_stop()) {
    if (!list_empty(&g_test_list)) {
        spin_lock(&lock);
        entry = list_entry(g_test_list.next, struct foo, list);
```

```
          list_del(&entry->list);
          kfree(entry);
          spin_unlock(&lock);
      }
      msleep(1);
  }

  return 0;
  }

  static int list_remove_thread(void *data)
  {
  struct foo *entry;

  while (!kthread_should_stop()) {
      spin_lock(&lock);
      while (!list_empty(&g_test_list)) {
          entry = list_entry(g_test_list.next, struct foo, list);
          list_del(&entry->list);
          kfree(entry);
      }
      spin_unlock(&lock);
      mdelay(10);
  }

  return 0;
  }

  static int list_add_thread(void *p)
  {
  int i;

  while (!kthread_should_stop()) {
      spin_lock(&lock);
      for (i = 0; i < 1000; i++) {
          struct foo *new_ptr = kmalloc(sizeof (struct foo), GFP_ATOMIC);
          new_ptr->a = i;
          list_add_tail(&new_ptr->list, &g_test_list);
      }
      spin_unlock(&lock);
      msleep(20);
}

return 0;
}

static int __init my_test_init(void)
{
struct task_struct *thread1;
struct task_struct *thread2;
struct task_struct *thread3;

printk("ben: my module init\n");
```

```
spin_lock_init(&lock);
INIT_LIST_HEAD(&g_test_list);

thread1 = kthread_run(list_add_thread, NULL, "list_add_thread");
thread2 = kthread_run(list_remove_thread, NULL, "list_remove_thread");
thread3 = kthread_run(list_del_thread, NULL, "list_del_thread");

return 0;
}
static void __exit my_test_exit(void)
{
printk("goodbye\n");
}
MODULE_LICENSE("GPL");
module_init(my_test_init);
module_exit(my_test_exit);
```

首先，编写一个简单的 Makefile 并且编译内核模块。然后，装载内核模块并捕获内核崩溃时转储的 vmcore 信息。

```
[root@localhost 127.0.0.1-2019-03-23-21:39:02]# crash vmcore /usr/lib/debug/lib/module
s/3.10.0-957.1.3.el7.x86_64/vmlinux
      KERNEL: /usr/lib/debug/lib/modules/3.10.0-957.1.3.el7.x86_64/vmlinux
    DUMPFILE: vmcore  [PARTIAL DUMP]
        CPUS: 4
        DATE: Sat Mar 23 21:38:58 2019
      UPTIME: 01:02:55
LOAD AVERAGE: 0.29, 0.14, 0.08
       TASKS: 426
    NODENAME: localhost.localdomain
     RELEASE: 3.10.0-957.1.3.el7.x86_64
     VERSION: #1 SMP Thu Nov 29 14:49:43 UTC 2018
     MACHINE: x86_64  (2496 Mhz)
      MEMORY: 2 GB
PANIC: "general protection fault: 0000 [#1] SMP "
         PID: 3695
COMMAND: "list_del_thread"
        TASK: ffffa036cba6d140  [THREAD_INFO: ffffa03695a70000]
         CPU: 1
       STATE: TASK_RUNNING (PANIC)
crash>
```

从上述信息可以看到这次内核崩溃的原因是“general protection fault: 0000 [#1] SMP”。发生崩溃的进程命令是 **list_del_thread**。

然后，使用 bt 命令来查看发生崩溃时的内核函数调用关系。

```
crash> bt
PID: 3695   TASK: ffffa036cba6d140  CPU: 1   COMMAND: "list_del_thread"
 #0 [ffffa03695a73c08] machine_kexec at ffffffff8a463674
 #1 [ffffa03695a73c68] __crash_kexec at ffffffff8a51cef2
 #2 [ffffa03695a73d38] crash_kexec at ffffffff8a51cfe0
 #3 [ffffa03695a73d50] oops_end at ffffffff8ab6c758
```

```
 #4 [ffffa03695a73d78] die at ffffffff8a42f95b
 #5 [ffffa03695a73da8] do_general_protection at ffffffff8ab6c052
 #6 [ffffa03695a73de0] general_protection at ffffffff8ab6b6f8
[exception RIP: __list_del_entry+1]
    RIP: ffffffff8a794c31  RSP: ffffa03695a73e90  RFLAGS: 00010246
    RAX: 0000000000000000  RBX: dead000000000100  RCX: 0000000000000000
    RDX: 0000000000000001  RSI: 0000000000000286  RDI: dead000000000100
    RBP: ffffa03695a73ea8   R8: ffffa03695a70000   R9: 0000000000000001
    R10: 0000000000000000  R11: 0000000000000000  R12: 0000000000000000
    R13: ffffffffc0662000  R14: 0000000000000000  R15: 0000000000000000
    ORIG_RAX: ffffffffffffffff  CS: 0010  SS: 0018
#7 [ffffa03695a73e98] list_del at ffffffff8a794d0d
#8 [ffffa03695a73eb0] list_del_thread at ffffffffc066203d [list_crash]
#9 [ffffa03695a73ec8] kthread at ffffffff8a4c1c31
#10 [ffffa03695a73f50] ret_from_fork_nospec_begin at ffffffff8ab74c1d
crash>
```

发生崩溃的指令存储在 RIP 寄存器里，地址为 0xffffffff8a794c31。接下来，使用 dis 命令来查看究竟在 C 代码的哪一行。

```
crash> dis -l ffffffff8a794c31
/usr/src/debug/kernel-3.10.0-957.1.3.el7/linux-3.10.0-957.1.3.el7.x86_64/lib/list_debu
g.c: 49
0xffffffff8a794c31 <__list_del_entry+1>:        mov    (%rdi),%rdx
```

出错的代码在 list_debug.c 文件的第 49 行，第 49 行代码用于一个指针赋值操作。

```
<linux-3.10.0-957.el7/list/list_debug.c>

 44 void __list_del_entry(struct list_head *entry)
 45 {
 46         struct list_head *prev, *next;
 47
 48         prev = entry->prev;
 49         next = entry->next;
 50
 51         if (WARN(next == LIST_POISON1,
 52                "list_del corruption, %p->next is LIST_POISON1 (%p)\n",
 53                entry, LIST_POISON1) ||
 54             WARN(prev == LIST_POISON2,
 55                "list_del corruption, %p->prev is LIST_POISON2 (%p)\n",
 56                entry, LIST_POISON2) ||
 57             WARN(prev->next != entry,
 58                "list_del corruption. prev->next should be %p, "
 59                "but was %p\n", entry, prev->next) ||
 60             WARN(next->prev != entry,
 61                 "list_del corruption. next->prev should be %p, "
 62                 "but was %p\n", entry, next->prev))
 63                 return;
 64
 65         __list_del(prev, next);
 66 }
 67 EXPORT_SYMBOL(__list_del_entry);
```

为何指针赋值操作会引发内核崩溃呢？可能该函数的第一个参数 entry 是一个无效的指针。从 bt 命令输出的信息可以看到，传递给__list_del_entry()函数的参数是“0xdead000000000100”，这是一个明显提示错误的值，“dead”表示这个地址是非法的。参数定义在 include/linux/posion.h 头文件中。

```
<linux-3.10.0-957.el7/include/linux/posion.h>

#define POISON_POINTER_DELTA _AC(CONFIG_ILLEGAL_POINTER_VALUE, UL)
#define LIST_POISON1  ((void *) 0x100 + POISON_POINTER_DELTA)
#define LIST_POISON2  ((void *) 0x200 + POISON_POINTER_DELTA)
```

从头文件中可以看到 POISON_POINTER_DELTA 定义在 config 配置文件中。

```
[benshushu@localhost linux]$ cat /boot/config-3.10.0-957.1.3.el7.x86_64 | grep ILLEGAL
_POINTER_VALUE
CONFIG_ILLEGAL_POINTER_VALUE=0xdead000000000000
```

4.7 案例 3：一个真实的驱动崩溃案例

我们在编写实际硬件设备驱动时常常需要和寄存器打交道。在早期 Linux 内核中，每个驱动需要自己编写代码来进行访问寄存器，这样造成了大量的冗余代码。为了解决这个问题，Linux 内核从 3.1 版本引入了 regmap 机制来抽象和管理。现在的设备驱动代码都使用 regmap 机制来读写寄存器。在本例中，编写一个简单的驱动来模拟 regmap 机制的使用，并构造一个宕机崩溃案例，该案例来自真实项目。

```
<一个真实的驱动崩溃案例的代码片段>

#include <linux/kernel.h>
#include <linux/module.h>
#include <linux/init.h>
#include <linux/mm_types.h>
#include <linux/slab.h>
#include <linux/kthread.h>
#include <linux/delay.h>
#include <linux/regmap.h>

struct mydev_struct {
  struct regmap *regmap;
  struct device *dev;
};

static const struct regmap_config mydev_regmap_config = {
  .reg_bits = 32,
  .reg_stride = 4,
  .val_bits = 32,
  .fast_io = true,
};

static int _reg_write(void *context, unsigned int reg,
              unsigned int val)
{
```

```
    void __iomem *base = context;

    printk("%s: reg=0x%x, val=0x%x\n", __func__, reg, val);

    *(unsigned int *)(base + reg) = val;

    return 0;
}

static int _reg_read(void *context, unsigned int reg,
          unsigned int *val)
{
        void __iomem *base = context;

        printk("%s: reg=0x%x\n", __func__, reg);

        *val = *(unsigned int *)(base + reg);

        printk("%s: reg=0x%x, val=0x%x\n", __func__, reg, *val);

        return 0;
  }

static int reg_gather_write(void *context,
                             const void *reg, size_t reg_len,
                             const void *val, size_t val_len)
{
      return -ENOTSUPP;
}

static int reg_read(void *context, const void *addr, size_t reg_size,
            void *val, size_t val_size)
{
      BUG_ON(!addr);
      BUG_ON(!val);
      BUG_ON(reg_size != 4);
      BUG_ON(val_size != 4);

      return _reg_read(context, *(u32 *)addr, val);
}

static int reg_write(void *context, const void *data, size_t count)
{
  unsigned int reg;
  unsigned int val;
      BUG_ON(!data);

  reg = *(unsigned int *)data;
  val = *((unsigned int *)(data+4));

      if (WARN_ONCE(count < 4, "Invalid register access"))
              return -EINVAL;

```

```
78        return _reg_write(context, reg, val);
79 }
80
81 static const struct regmap_bus mydev_regmap_bus = {
82   .gather_write = reg_gather_write,
83   .write = reg_write,
84   .read = reg_read,
85   .reg_format_endian_default = REGMAP_ENDIAN_NATIVE,
86   .val_format_endian_default = REGMAP_ENDIAN_NATIVE,
87 };
88
89 static int __init my_regmap_test_init(void)
90 {
91   struct mydev_struct *mydev;
92   char addr[100];
93   unsigned int val;
94
95   mydev = kzalloc(sizeof (*mydev), GFP_KERNEL);
96   if (!mydev)
97       return -ENOMEM;
98
99   mydev->regmap = devm_regmap_init(NULL, &mydev_regmap_bus, addr,
100              &mydev_regmap_config);
101  if (IS_ERR(mydev->regmap)) {
102      printk("regmap init fail\n");
103      goto err;
104  }
105
106  regmap_write(mydev->regmap, 0, 0x30043c);
107  regmap_read(mydev->regmap, 0, &val);
108  printk("read register 0 = 0x%x\n", val);
109
110  return 0;
111
112err:
113  kfree(mydev);
114  return -ENOMEM;
115}
116
117static void __exit my_regmap_test_exit(void)
118{
119  printk("goodbye\n");
120}
121
122module_init(my_regmap_test_init);
123module_exit(my_regmap_test_exit);
124MODULE_LICENSE("GPL");
```

该案例使用一个虚拟的设备来模拟 regmap 机制的实际使用场景。第 92 行代码中的 addr 模拟实际硬件的一段寄存器空间。第 99 行使用 devm_regmap_init()函数来注册 regmap 机制，后续就可以使用 regmap 机制的接口函数来读写寄存器了。devm_regmap_init()函数实现在 drivers/base/regmap/regmap.c 文件中。

```
<linux-3.10.0-957.el7/drivers/base/regmap/regmap.c>

struct regmap *devm_regmap_init(struct device *dev,
                 const struct regmap_bus *bus,
                 void *bus_context,
                 const struct regmap_config *config);
```

- 参数 dev 是设备的指针。
- 参数 bus 是 regmap 机制特定的总线，见第 81 行定义的 mydev_regmap_bus，里面定义了常见的操作函数，如 read 和 write 操作函数。
- 参数 bus_context 是传递给 regmap 的参数，通常传递寄存器的基地址。
- 参数 config 是传递给 regmap 的配置参数，如寄存器的位宽等。

第 106～107 行利用 regmap_write()和 regmap_read()接口函数进行寄存器的读写。

接下来，把上述代码编译成内核模块并装载，捕获发生内核崩溃时转储的信息。

```
      KERNEL: /usr/lib/debug/lib/modules/3.10.0-957.1.3.el7.x86_64/vmlinux
    DUMPFILE: vmcore  [PARTIAL DUMP]
        CPUS: 12
        DATE: Mon Jan  7 03:45:49 2019
      UPTIME: 00:02:41
LOAD AVERAGE: 0.83, 0.50, 0.20
       TASKS: 362
    NODENAME: localhost.localdomain
     RELEASE: 3.10.0-957.1.3.el7.x86_64
     VERSION: #1 SMP Thu Nov 29 14:49:43 UTC 2018
     MACHINE: x86_64  (3491 Mhz)
      MEMORY: 31.9 GB
       PANIC: "BUG: unable to handle kernel NULL pointer dereference at 0000000000000050"
         PID: 13153
 COMMAND: "insmod"
        TASK: ffff943fb7346180  [THREAD_INFO: ffff943eb7660000]
         CPU: 9
       STATE: TASK_RUNNING (PANIC)

crash>
```

从上述信息可知，发生内核崩溃的原因是访问了一个非法的空指针，出错的进程是“insmod”进程，那究竟是什么原因导致的呢？

接下来，使用 bt 命令来查看内核函数的调用关系。

```
crash> bt
PID: 13153  TASK: ffff943fb7346180  CPU: 9   COMMAND: "insmod"
 #0 [ffff943eb7663888] machine_kexec at ffffffff86e63674
 #1 [ffff943eb76638e8] __crash_kexec at ffffffff86f1cef2
 #2 [ffff943eb76639b8] crash_kexec at ffffffff86f1cfe0
 #3 [ffff943eb76639d0] oops_end at ffffffff8756c758
 #4 [ffff943eb76639f8] no_context at ffffffff8755aafe
 #5 [ffff943eb7663a48] __bad_area_nosemaphore at ffffffff8755ab95
 #6 [ffff943eb7663a98] bad_area at ffffffff8755aea5
 #7 [ffff943eb7663ac0] __do_page_fault at ffffffff8756f821
 #8 [ffff943eb7663b30] do_page_fault at ffffffff8756f915
 #9 [ffff943eb7663b60] page_fault at ffffffff8756b758
```

```
[exception RIP: regmap_debugfs_init+528]
 RIP: ffffffff872c42f0  RSP: ffff943eb7663c18  RFLAGS: 00010246
    RAX: 0000000000000000  RBX: 0000000000000000  RCX: 0000000000000000
    RDX: ffffffff8803a470  RSI: ffffffff878b6767  RDI: ffff943f9d3b7920
    RBP: ffff943eb7663c28   R8: 000000000001f040   R9: ffff943fc495e450
    R10: ffff94393fc03e00  R11: ffffce1460124f40  R12: ffff943f9d3b7800
    R13: 0000000000000000  R14: ffffffffc0e62060  R15: ffff943eb7663cbc
    ORIG_RAX: ffffffffffffffff  CS: 0010  SS: 0018
#10 [ffff943eb7663c10] regmap_debugfs_init at ffffffff872c411b
#11 [ffff943eb7663c30] regmap_init at ffffffff872bf532
#12 [ffff943eb7663c78] devm_regmap_init at ffffffff872bf629
#13 [ffff943eb7663cb0] init_module at ffffffffc0b3504f [regmap]
#14 [ffff943eb7663d38] do_one_initcall at ffffffff86e0210a
#15 [ffff943eb7663d68] load_module at ffffffff86f1906c
```

从内核函数调用关系来看，发生内核崩溃的地方在 regmap_debugfs_init()函数的第 528 字节，RIP 寄存器记录了该地址。

接下来，使用 dis 命令来查看该地址。

```
crash> dis -l ffffffff872c42f0
/usr/src/debug/kernel-3.10.0-957.1.3.el7/linux-3.10.0-957.1.3.el7.x86_64/include/linux
/device.h: 887
0xffffffff872c42f0 <regmap_debugfs_init+528>:   mov    0x50(%rax),%rdi
```

从上述信息可以看到发生内核崩溃的代码在 device.h 的第 887 行里。

```
<linux-3.10.0-957.el7/include/linux/device.h>

 884 static inline const char *dev_name(const struct device *dev)
 885 {
 886         /* Use the init name until the kobject becomes available */
 887         if (dev->init_name)
 888                 return dev->init_name;
 889
 890         return kobject_name(&dev->kobj);
 891 }
```

从上述汇编代码可以知道，发生内核崩溃的指令正在把 RAX 寄存器中偏移量 0x50 的值赋值给 RDI 寄存器，因此，可以推断出 RAX 寄存器的值可能是一个空指针。

```
crash> struct -o device
struct device {
    [0x0] struct device *parent;
    [0x8] struct device_private *p;
   [0x10] struct kobject kobj;
[0x50] const char *init_name;
   [0x58] const struct device_type *type;
```

接下来，查看 regmap_debugfs_init()函数时发现该函数直接调用了 dev_name()函数。

```
<linux-3.10.0-957.el7/drivers/base/regmap/regmap-debugfs.c>

void regmap_debugfs_init(struct regmap *map, const char *name)
{
        struct rb_node *next;
```

```
        struct regmap_range_node *range_node;

        INIT_LIST_HEAD(&map->debugfs_off_cache);
        mutex_init(&map->cache_lock);

        if (name) {
                map->debugfs_name = kasprintf(GFP_KERNEL, "%s-%s",
                                        dev_name(map->dev), name);
                name = map->debugfs_name;
        } else {
                name = dev_name(map->dev);
        }
```

综上分析，我们怀疑 regmap->dev 是一个空指针。我们回头仔细检查驱动代码，可发现在使用 devm_regmap_init()函数来注册 regmap 机制的时候，传递给 regmap 机制的 dev 参数是一个空指针，从而引发了系统崩溃。

在实际项目中，不少宕机的案例是驱动开发者使用内核提供的接口函数不当造成的。

这个案例的解决方案也很简单，就是给 devm_regmap_init()函数传递正确的参数。首先使用 misc_register()函数注册一个设备，然后获取 device 的指针并且传递给 devm_regmap_init()函数。

```
<本案例的代码片段>

    misc_register(&mydev_misc_device);

    mydev->dev = mydev_misc_device.this_device;

    mydev->regmap = devm_regmap_init(mydev->dev, &mydev_regmap_bus, addr,
                &mydev_regmap_config);
```

4.8 死锁检查机制

我们在开发 Linux 产品或者做服务器运维时常常会遇到系统死锁问题。产生系统死锁的原因很多，如我们写的驱动或者内核模块代码有问题，或者系统的多个进程陷入了锁的交叉等待从而导致死锁的发生。Linux 内核为检测死锁的发生提供了两种机制，分别是 Softlockup 机制和 Hardlockup 机制，它们都是基于看门狗机制（watchdog）来实现的。

Linux 内核利用看门狗来实现对整个系统的检测。看门狗是计算机可靠性领域中一个极简单同时非常有效的检测工具，其基本思想是针对被监视的目标设置一个计数器和一个阈值，看门狗会自己增加计数值，并等待被监视的目标周期性地重置计数值。一旦目标发生错误，没来得及重置计数值，看门狗会检测到计数值溢出，并采取恢复措施（通常情况下会重启）。看门狗可以监控进程，也可以监控操作系统。

1. Softlockup 机制

Softlockup 机制用于检测系统调度是否正常。当发生 Softlockup 时，内核不能调度，但还能响应中断。Softlockup 机制的实现原理是为每个 CPU 启动一个实时调度类的内核线程（名称为 watchdog/N）。在该内核线程得到调度时，更新相应的计数（时间戳），同时启动定时器。当定时器到期时检查相应的时间戳，如果超过指定时间都没有更新，则说明这段时间内没有发生调度。这就意味着该内核线程得不到调度，很有可能在某个 CPU 上的抢占被关闭了，所以调度器没有办法进行调度。这种情况下，系统往往不会宕机，但是会很慢。

Softlockup 机制实现在 kernel/watchdog.c 文件中。在 CentOS 7.6 使用的 Linux 3.10 内核中，为每个 CPU 创建了一个实时调度类的内核线程，内核线程的名称为 watchdog/0、watchdog/1，以此类推。

```
<linux-3.10.0-957.el7/kernel/watchdog.c>

static struct smp_hotplug_thread watchdog_threads = {
	.store			= &softlockup_watchdog,
	.thread_should_run	= watchdog_should_run,
	.thread_fn		= watchdog,
	.thread_comm		= "watchdog/%u",
	.setup			= watchdog_enable,
	...
};

static int watchdog_enable_all_cpus(void)
{
	...
	spboot_register_percpu_thread(&watchdog_threads);
	...
}
```

注意，在 Linux 5.0 内核中已经把 watchdog 内核线程修改成 stop 调度类的线程，这样 watchdog 内核线程不会被 Deadline 线程阻塞，避免 Softlockup 的检测结果不准确。

2. Hardlockup 机制

在 Hardlockup 机制下，CPU 不仅无法执行其他进程，而且不再响应中断。Hardlockup 机制的实现方式利用了 PMU 的 NMI perf 事件。因为 NMI（Non Maskable Interrupt，不可屏蔽中断）是不可屏蔽的，所以在 CPU 不再响应中断的情况下仍然可以得到执行。另外，要检查时钟中断计数器 hrtimer_interrupts 是否在递增，如果停滞就意味着时钟中断未得到响应，也就是发生了 Hardlockup。

Linux 内核很早就引入了 NMI 看门狗（NMI Watchdog），NMI。现代的 x86_64 架构的 CPU 都支持 NMI 看门狗机制，如 I/O APIC 看门狗机制。

发生 Hardlockup 可能的原因是长时间关闭中断。

3. hung_task 机制

长时间处于不可中断（TASK_UNINTERRUPTIBLE）状态的进程即我们常说的 D 状态的进程。内核的 hung_task 机制主要实现在 kernel/hung_task.c 文件中。它的实现原理是，创建一个普通优先级的内核线程，定时扫描系统中所有的进程和线程。如果有 D 状态线程，则检查最近是否有调度切换。如果没有切换，则说明发生了 hung_task。

4. 打开检测机制

编译 Linux 内核不仅需要打开 CONFIG_HARDLOCKUP_DETECTOR 这个配置选项，还需要在 proc 文件中打开 softlockup_panic 和 hung_task_panic 这两个节点。

```
$ sudo su
# echo 1 >/proc/sys/kernel/softlockup_panic
# echo 1 >/proc/sys/kernel/hardlockup_panic
# echo 1 >/proc/sys/kernel/hung_task_panic
# echo 30 >/proc/sys/kernel/hung_task_timeout_secs
```

hung_task_timeout_secs 这个节点表示 Softlockup/Hardlockup 机制检测的最大时间间隔，默认是 120s，可以根据实际情况来修改该值。

另外，还可以使用 sysctl 机制来使能 Softlockup/Hardlockup 机制。为了修改/etc/sysctl.conf 文件，首先，添加如下几行代码。

```
</etc/sysctl.conf>

kernel.hung_task_panic = 1
kernel.softlockup_panic = 1
kernel.hung_task_timeout_secs = 30
```

然后，重新加载系统参数。

```
#sysctl -p
```

4.9　案例 4：一个简单的死锁案例

我们基于 4.7 节的例子构造一个简单的死锁案例。

```
#define REG_STATUS 0x20

static int _reg_read(void *context, unsigned int reg,
             unsigned int *val)
{
    void __iomem *base = context;
    unsigned int status;

    printk("%s: reg=0x%x\n", __func__, reg);

    status = readl(base + REG_STATUS);

    while (status != 0xab) {
        cpu_relax();
        status = readl(base + REG_STATUS);
    }

    *val = readl(base + reg);

    printk("%s: reg=0x%x, val=0x%x\n", __func__, reg, *val);

        return 0;
}
```

上述代码添加了一个 REG_STATUS 寄存器，用来指示硬件设备可以进行本次的寄存器读操作，详细参见修改后的_reg_read()函数。

为了进行内核转储，可以利用 NMI 看门狗机制来检测和触发 Kdump，步骤如下。

（1）打开 Softlockup/Hardlockup 机制。

（2）编译本案例的内核模块，装载内核模块并捕获内核转储信息。

使用 Crash 工具来打开捕获的内核转储信息。

```
[root@localhost]# crash vmcore /usr/lib/debug/lib/modules/3.10.0-957.1.3.el7.x86_64/vmlinux

      KERNEL: /usr/lib/debug/lib/modules/3.10.0-957.1.3.el7.x86_64/vmlinux
    DUMPFILE: vmcore  [PARTIAL DUMP]
        CPUS: 12
        DATE: Mon Jan  7 20:25:29 2019
      UPTIME: 00:05:24
LOAD AVERAGE: 6.92, 4.18, 1.78
       TASKS: 356
    NODENAME: localhost.localdomain
     RELEASE: 3.10.0-957.1.3.el7.x86_64
     VERSION: #1 SMP Thu Nov 29 14:49:43 UTC 2018
     MACHINE: x86_64  (3491 Mhz)
      MEMORY: 31.9 GB
PANIC: "Kernel panic - not syncing: softlockup: hung tasks"
         PID: 2252
     COMMAND: "insmod"
        TASK: ffff90443baa9040  [THREAD_INFO: ffff9044107e8000]
         CPU: 4
       STATE: TASK_RUNNING (PANIC)

crash>
```

我们发现这次内核宕机的原因是 CPU 发生了 Softlockup，也就是长时间等待。我们可以在 Crash 工具的命令行下面输入 log 命令来查看发生崩溃时的内核日志信息。

```
crash> log
...
[  324.080003] NMI watchdog: BUG: soft lockup - CPU#4 stuck for 22s! [insmod:2252]
[  324.080003] Modules linked in: regmap(OE+)
[  324.080003] CPU: 4 PID: 2252 Comm: insmod Kdump: loaded Tainted: GOEL ------------
 3.10.0-957.1.3.el7.x86_64 #1
[  324.080003] Call Trace:
[  324.080003]  [<ffffffffbb6bfcf7>] _regmap_raw_read+0xd7/0x1f0
[  324.080003]  [<ffffffffbb6bfe3a>] _regmap_bus_read+0x2a/0x70
[  324.080003]  [<ffffffffbb6bd2ac>] _regmap_read+0x6c/0x140
[  324.080003]  [<ffffffffbb6bd3c5>] regmap_read+0x45/0x60
[  324.080003]  [<ffffffffc025d000>] ? 0xffffffffc025cfff
[  324.080003]  [<ffffffffc025d0a4>] my_regmap_test_init+0xa4/0x1000 [regmap]
```

从内核的日志信息可以看到，CPU 4 被占用了 22s，从而触发了 Softlockup。接下来，使用 bt 命令来查看内核函数的调用关系。

```
crash> bt
PID: 2252   TASK: ffff90443baa9040  CPU: 4   COMMAND: "insmod"
 #0 [ffff90444f303d38] machine_kexec at ffffffffbb263674
 #1 [ffff90444f303d98] __crash_kexec at ffffffffbb31cef2
 ...
 #8 [ffff90444f303ff0] apic_timer_interrupt at ffffffffbb975df2
--- <IRQ stack> ---
 #9 [ffff9044107ebb08] apic_timer_interrupt at ffffffffbb975df2
```

```
    [exception RIP: reg_read+100]
RIP: ffffffffc0d3a074  RSP: ffff9044107ebbb0  RFLAGS: 00000282
    RAX: 00000000ffffffff  RBX: ffff9044107ebb40  RCX: 0000000000000006
    RDX: 0000000000000000  RSI: ffff9044107ebcdc  RDI: ffff90444f313890
    RBP: ffff9044107ebbc8   R8: 000000000000000a   R9: 0000000000000002
    R10: 00000000000005b3  R11: ffff9044107eb8ae  R12: ffff904418e0c800
    R13: ffff903db4785c68  R14: 0000000000000000  R15: ffff9044107ebcbc
    ORIG_RAX: ffffffffffffff10  CS: 0010  SS: 0018
#10 [ffff9044107ebbd0] _regmap_raw_read at ffffffffbb6bfcf7
#11 [ffff9044107ebc20] _regmap_bus_read at ffffffffbb6bfe3a
#12 [ffff9044107ebc48] _regmap_read at ffffffffbb6bd2ac
#13 [ffff9044107ebc88] regmap_read at ffffffffbb6bd3c5
#14 [ffff9044107ebcb0] init_module at ffffffffc025d0a4 [regmap]
```

从以上信息我们可以得到很多有用的信息。

- 发生崩溃时，内核函数的调用关系是 init_module()→regmap_read()→_regmap_bus_read()→_regmap_raw_read()→reg_read()。
- 发生崩溃的地点在 reg_read()函数的第 100 字节处，也就是地址 0xffffffffc0d3a074。

接下来，加载带调试符号的内核模块信息并且使用 dis 命令来查看崩溃地址。

```
crash> mod -s regmap /home/benshushu/crash/crash_lab_centos/05/regmap.ko
    MODULE       NAME                          SIZE  OBJECT FILE
ffffffffc0d3c060  regmap                        12815  /home/benshushu/crash/crash_lab_ce
ntos/05/regmap.ko

crash> dis -l ffffffffc0d3a074
/home/benshushu/crash/crash_lab_centos/05/regmap_test.c: 54
0xffffffffc0d3a074 <reg_read+100>:     cmp    $0xab,%eax
```

综上所述，造成内核发生 Softlockup 的原因是，reg_read()函数的 while 循环一直在等待硬件设备的 REG_STATUS 的状态位。

这个问题的解决办法很简单，在 reg_read()函数等待状态寄存器的循环中添加 timeout 机制。在实际产品开发中，有不少驱动项目开发者会有意无意地构造类似的死循环从而造成宕机，也有项目开发者认为软件就应该信任硬件设备。其实这是一个不正确的观点，因为硬件也可能会发生崩溃或者异常。

4.10 案例 5：分析和推导参数的值

通过上述几个案例，我们已经学会了如何使用 Crash 工具进行简单的宕机分析。然而，在复杂的场景下，我们还需要以下更深入的分析方法。

本案例的目的是通过 Crash 工具分析和推导出 create_oops()函数的第 2 个和第 3 个参数的具体值。

本案例在案例 1 的基础上做了修改，在 my_oops_init()函数里首先申请一个写者锁，然后在 create_oops()函数申请同一个读写信号量，该函数会在此被阻塞，进入等待状态。由于没有其他进程释放这个读写信号量，因此发生了死锁。

在案例 1 里，由于 create_oops()函数引用的空指针触发了系统崩溃，并且在崩溃的时候会输出处理器中通用寄存器的值，因此得到第 2 个参数的值。而在本案例中，系统不会触发空指针访问，在没有输出处理器中通用寄存器的值的情况下，如何分析和推导函数参数的值呢？

```
<案例的代码片段>

#include <linux/kernel.h>
#include <linux/module.h>
#include <linux/init.h>
#include <linux/mm_types.h>
#include <linux/slab.h>
#include <linux/sched.h>

struct mydev_priv {
   char name[64];
   int i;
   struct mm_struct *mm;
   struct rw_semaphore *sem;
};

int create_oops(struct vm_area_struct *vma, struct mydev_priv *priv, struct rw_semaphore *sem)
  {
  unsigned long flags;

  down_read(sem);

  flags = vma->vm_flags;
  printk("flags=0x%lx, name=%s\n", flags, priv->name);

return 0;
}

int __init my_oops_init(void)
{
int ret;
struct vm_area_struct *vma = NULL;
  struct mydev_priv priv;
  struct mm_struct *mm;

  mm = get_task_mm(current);

  priv.mm = mm;
  priv.sem = &mm->mmap_sem;

  down_write(&mm->mmap_sem);

  vma = kmalloc(sizeof (*vma), GFP_KERNEL);
  if (!vma)
      return -ENOMEM;

  kfree(vma);
  vma = NULL;
```

```
47
48     smp_mb();
49
50     memcpy(priv.name, "benshushu", sizeof("benshushu"));
51     priv.i = 10;
52
53     ret = create_oops(vma, &priv, &mm->mmap_sem);
54
55     return 0;
56     }
57
58 void __exit my_oops_exit(void)
59 {
60 printk("goodbye\n");
61 }
```

本案例的目标很明确，就是要分析和推导出第 53 行中 create_oops()函数的第 2 个参数（priv）和第 3 个参数（mmap_sem）的具体值。

通过以下代码，分析崩溃的原因。

```
[root@localhost]# crash vmcore /usr/lib/debug/lib/modules/3.10.0-957.1.3.el7.x86_64/vmlinux

    KERNEL: /usr/lib/debug/lib/modules/3.10.0-957.1.3.el7.x86_64/vmlinux
    DUMPFILE: vmcore  [PARTIAL DUMP]
        CPUS: 12
        DATE: Tue Jan 15 12:59:43 2019
      UPTIME: 00:36:00
LOAD AVERAGE: 0.97, 0.52, 0.29
       TASKS: 347
    NODENAME: localhost.localdomain
     RELEASE: 3.10.0-957.1.3.el7.x86_64
     VERSION: #1 SMP Thu Nov 29 14:49:43 UTC 2018
     MACHINE: x86_64  (3491 Mhz)
      MEMORY: 31.9 GB
PANIC: "Kernel panic - not syncing: hung_task: blocked tasks"
         PID: 71
     COMMAND: "khungtaskd"
        TASK: ffff8c4d8f3f1040  [THREAD_INFO: ffff8c4dafe60000]
         CPU: 5
       STATE: TASK_RUNNING (PANIC)

crash>
```

从上面的信息可知，这次系统崩溃的原因是进程长时间的阻塞，这符合我们的预期。

通过以下代码，查看函数调用关系。

```
crash> bt
PID: 71      TASK: ffff8c4d8f3f1040  CPU: 5   COMMAND: "khungtaskd"
 #0 [ffff8c4dafe63cb0] machine_kexec at ffffffffa8e63674
 #1 [ffff8c4dafe63d10] __crash_kexec at ffffffffa8f1cef2
 #2 [ffff8c4dafe63de0] panic at ffffffffa955b55b
 #3 [ffff8c4dafe63e60] watchdog at ffffffffa8f48b5e
 #4 [ffff8c4dafe63ec8] kthread at ffffffffa8ec1c31
crash>
```

从以上信息来看，崩溃时系统正在运行 khungtaskd 内核线程，但这里观察不到有用的信息。使用 ps 命令来搜索系统中哪些进程处于 UNINTERRUPTIBLE 状态。

```
crash> ps | grep UN
  4304   2979   8  ffff8c4b459b5140  UN   0.0   13280    804  insmod
crash>
```

系统里只有 ID 为 4304 的进程处于 UNINTERRUPTIBLE 状态，这个进程是 insmod 进程，这非常符合本例子的一些特征。接下来，使用 bt 命令来查看 insmod 进程在内核态的函数调用关系。

```
crash> bt 4304
PID: 4304   TASK: ffff8c4b459b5140  CPU: 8   COMMAND: "insmod"
#0 [ffff8c4bc4aefae8] __schedule at ffffffffa9567747
 #1 [ffff8c4bc4aefb70] schedule at ffffffffa9567c49
 #2 [ffff8c4bc4aefb80] rwsem_down_read_failed at ffffffffa956927d
 #3 [ffff8c4bc4aefc00] call_rwsem_down_read_failed at ffffffffa9186c18
 #4 [ffff8c4bc4aefc50] down_read at ffffffffa9566f00
 #5 [ffff8c4bc4aefc68] create_oops at ffffffffc0d0e025 [oops]
 #6 [ffff8c4bc4aefc98] init_module at ffffffffc0d130ff [oops]
 #7 [ffff8c4bc4aefd38] do_one_initcall at ffffffffa8e0210a
 #8 [ffff8c4bc4aefd68] load_module at ffffffffa8f1906c
```

从上述进程的回溯信息可以得到几条有用的信息。

- insmod 进程在内核态执行了本案例的内核代码，见 init_module()→create_oops()→down_read()。
- insmod 进程在内核态一直在执行 schedule()函数，说明它在等待，这符合我们之前的分析——它在一直等待读写信号量的释放。

从函数调用关系来看，init_module()函数调用了 create_oops()函数。为了分析 create_oops()函数的参数，我们需要从 init_module()函数的栈入手。使用 bt 命令的-f 选项可以输出每个函数帧栈的详细内容。

```
crash> bt -f 4304
```

函数栈的详细内容如图 4.5 所示。根据栈帧的内容，可得到如下有用的信息。

- 调用关系是 do_one_initcall()→init_module()→create_oops()。
- 栈帧 6 是 init_module()函数的栈，栈帧 7 是 do_one_initcall()函数的栈。
- init_module()函数的栈空间是从 0xffff8c4bc4aefca0 到 0xffff8c4bc4aefd40，大小为 0xa0 字节。
- init_module()函数的 RSP 寄存器指向 0xffff8c4bc4aefca0。
- init_module()函数的 RBP 寄存器指向 0xffff8c4bc4aefd30，这里存放了父函数 do_one_initcall()函数的 RBP 寄存器的地址，也就是 0x ffff8c4bc4aefd60。
- init_module()函数的栈帧的返回地址（returnaddress）是 0xffff8c4bc4aefd38。
- do_one_initcall()函数的栈空间是从 0xffff8c4bc4aefd40 到 0xffff8c4bc4aefd70，大小为 0x30 字节。
- 每个栈帧所显示的函数符号名称是通过子函数的返回地址来确定的。例如，第 6 个栈帧显示“[ffff8c4bc4aefc98] init_module at ffffffffc0d130ff [oops]”，其中 init_module 这个函数名是通过子函数（create_oops()）栈帧中的返回地址来确定符号名称的，create_oops()的返回地址为 0xffff8c4bc4aefc98。

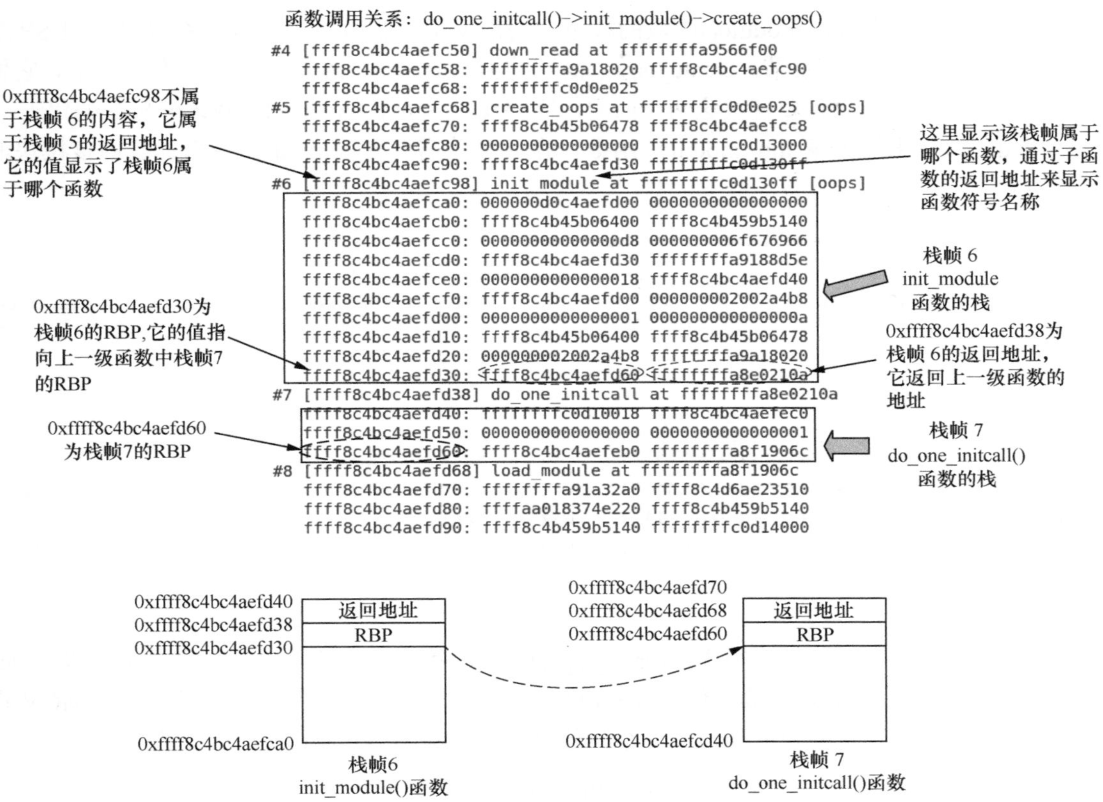

函数调用关系：do_one_initcall()->init_module()->create_oops()

```
#4 [ffff8c4bc4aefc50] down_read at ffffffffa9566f00
    ffff8c4bc4aefc58: ffffffffa9a18020 ffff8c4bc4aefc90
    ffff8c4bc4aefc68: ffffffffc0d0e025
#5 [ffff8c4bc4aefc68] create_oops at ffffffffc0d0e025 [oops]
    ffff8c4bc4aefc70: ffff8c4b45b06478 ffff8c4bc4aefcc8
    ffff8c4bc4aefc80: 0000000000000000 ffffffffc0d13000
    ffff8c4bc4aefc90: ffff8c4bc4aefd30 ffffffffc0d130ff
#6 [ffff8c4bc4aefc98] init_module at ffffffffc0d130ff [oops]
    ffff8c4bc4aefca0: 000000d0c4aefd00 0000000000000000
    ffff8c4bc4aefcb0: ffff8c4b45b06400 ffff8c4b459b5140
    ffff8c4bc4aefcc0: 00000000000000d8 000000006f676966
    ffff8c4bc4aefcd0: ffff8c4bc4aefd30 ffffffffa9188d5e
    ffff8c4bc4aefce0: 0000000000000018 ffff8c4bc4aefd40
    ffff8c4bc4aefcf0: ffff8c4bc4aefd00 000000002002a4b8
    ffff8c4bc4aefd00: 0000000000000001 000000000000000a
    ffff8c4bc4aefd10: ffff8c4b45b06400 ffff8c4b45b06478
    ffff8c4bc4aefd20: 000000002002a4b8 ffffffffa9a18020
    ffff8c4bc4aefd30: ffff8c4bc4aefd60 ffffffffa8e0210a
#7 [ffff8c4bc4aefd38] do_one_initcall at ffffffffa8e0210a
    ffff8c4bc4aefd40: ffffffffc0d10018 ffff8c4bc4aefec0
    ffff8c4bc4aefd50: 0000000000000000 0000000000000001
    ffff8c4bc4aefd60: ffff8c4bc4aefeb0 ffffffffa8f1906c
#8 [ffff8c4bc4aefd68] load_module at ffffffffa8f1906c
    ffff8c4bc4aefd70: ffffffffa91a32a0 ffff8c4d6ae23510
    ffff8c4bc4aefd80: ffffaa018374e220 ffff8c4b459b5140
    ffff8c4bc4aefd90: ffff8c4b459b5140 ffffffffc0d14000
```

0xffff8c4bc4aefc98不属于栈帧 6的内容，它属于栈帧 5的返回地址，它的值显示了栈帧6属于哪个函数

这里显示该栈帧属于哪个函数，通过子函数的返回地址来显示函数符号名称

栈帧 6
init_module
函数的栈

0xffff8c4bc4aefd30为栈帧6的RBP,它的值指向上一级函数中栈帧7的RBP

0xffff8c4bc4aefd38为栈帧 6的返回地址，它返回上一级函数的地址

0xffff8c4bc4aefd60为栈帧7的RBP

栈帧 7
do_one_initcall()
函数的栈

0xffff8c4bc4aefd40　返回地址
0xffff8c4bc4aefd38　RBP
0xffff8c4bc4aefd30
0xffff8c4bc4aefca0
栈帧6
init_module()函数

0xffff8c4bc4aefd70
0xffff8c4bc4aefd68　返回地址
0xffff8c4bc4aefd60　RBP
0xffff8c4bc4aefcd40
栈帧 7
do_one_initcall()函数

▲图 4.5　函数栈的详细内容

根据上面的信息绘制 init_module()函数的栈结构，如图 4.6 所示。

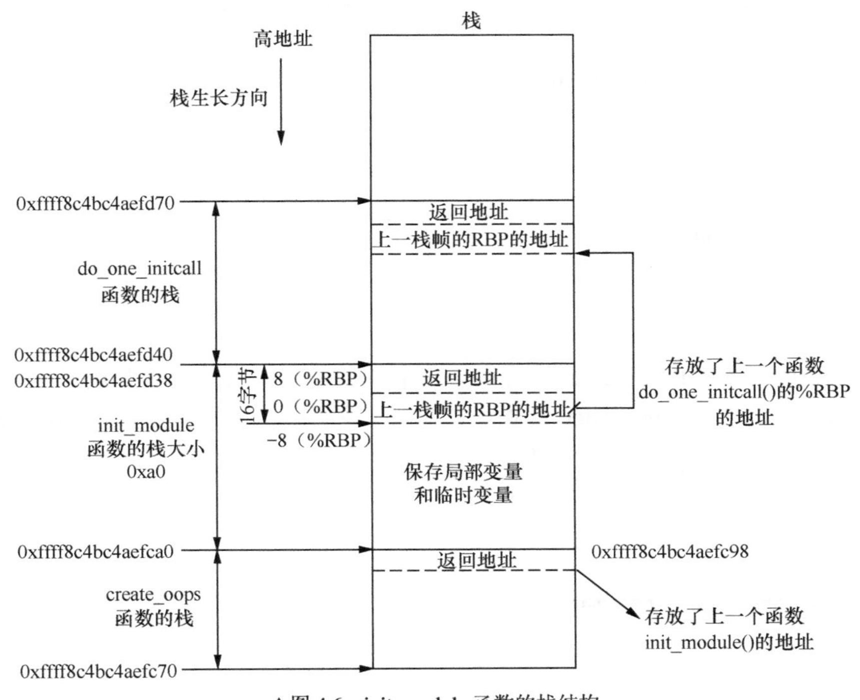

▲图 4.6　init_module 函数的栈结构

如图 4.6 所示，在 init_module()函数的栈里，局部变量和临时变量会存放在 RBP 到 RSP 这段栈空间里，大小为 0x98 字节。create_oops()函数的第二个和第三个参数是否保存在栈里？它们又保存在栈的哪个地方呢？要解决这两个问题，需要反汇编 init_module()函数来分析汇编代码。

使用 dis 命令来反汇编 init_module()函数，在此之前需要使用 mod 命令来加载内核模块的符号信息。

```
crash> mod -s oops /home/benshushu/crash/crash_lab_centos/06_var/oops.ko
    MODULE       NAME                    SIZE  OBJECT FILE
ffffffffc0d10000  oops                   12741  /home/benshushu/crash/crash_lab_ce
ntos/06_var/oops.ko

crash> dis init_module
...
0xffffffffc0d130e9 <init_module+233>:   lea     -0x68(%rbp),%rcx
0xffffffffc0d130ed <init_module+237>:   mov     -0x88(%rbp),%rax
0xffffffffc0d130f4 <init_module+244>:   mov     %rcx,%rsi
0xffffffffc0d130f7 <init_module+247>:   mov     %rax,%rdi
0xffffffffc0d130fa <init_module+250>:   callq   0xffffffffc0d0e000 <create_oops>
...
```

从上面的汇编代码片段可以得出，create_oops()函数的第二个参数使用 RSI 寄存器来传递，lea 这条汇编语句表示把 RBP 寄存器的值减 0x68 这个地址存放在 RCX 寄存器中，然后通过 MOV 指令传递给 RSI 寄存器，因此可以知道第二个参数存放在 RBP 寄存器的值减 0x68 的地方。

priv 的地址= rbp 寄存器的值- 0x68

若要以栈顶为参考系，RBP 寄存器的值为返回地址减去 8。

priv 的地址 = 栈返回地址-0x8-0x68

其中 init_module()函数的栈返回地址是 0xffff8c4bc4aefd38，最终计算结果为 0xffff8c4bc4aefcc8。

```
crash> rd ffff8c4bc4aefcc8
ffff8c4bc4aefcc8:  000000006f676966                    benshushu....
crash> struct mydev_priv ffff8c4bc4aefcc8
struct mydev_priv {
  name = "benshushu\000",
  i = 10,
  mm = 0xffff8c4b45b06400,
  sem = 0xffff8c4b45b06478
}
crash>
```

接下来，分析和推导第三个参数的值。第三个参数是内核常用的读写信号量 mmap_sem，并且这个信号量是依附在 mm_struct 数据结构里的。使用 struct 命令可以得到 mmap_sem 在 mm_struct 数据结构里的偏移量——0x78。

```
crash> struct -o mm_struct
struct mm_struct {
  ...
[0x78] struct rw_semaphore mmap_sem;
  ...
}
```

接下来，继续研究 init_module()函数的反汇编代码，下面是代码片段。

```
0xffffffffc0d130e1 <init_module+225>:   mov    -0x80(%rbp),%rax
0xffffffffc0d130e5 <init_module+229>:   lea    0x78(%rax),%rdx
0xffffffffc0d130e9 <init_module+233>:   lea    -0x68(%rbp),%rcx
0xffffffffc0d130ed <init_module+237>:   mov    -0x88(%rbp),%rax
0xffffffffc0d130f4 <init_module+244>:   mov    %rcx,%rsi
0xffffffffc0d130f7 <init_module+247>:   mov    %rax,%rdi
0xffffffffc0d130fa <init_module+250>:   callq  0xffffffffc0d0e000 <create_oops>
```

在<init_module+225>这条汇编语句中，mov 指令表示把 RBP 寄存器中的值减 0x80 的地址中的值搬移到 RAX 寄存器中。注意，这里是间接寻址指令，mov 指令会把读取 RBP 寄存器中的值减 0x80 的地址中的值。因此，我们可以推断 RBP 寄存器的值减 0x80 的地址存储的是一个指针——mm_struct（简称 mm）数据结构的指针。

在<init_module+229>这条汇编语句中，RAX 寄存器的值就是 mm 数据结构的起始地址。lea 指令把从 RAX 寄存器偏移量 0x78 的地址传递给了 rdx 寄存器。

因此，从<init_module+225>和<init_module+229>两条汇编语句可以推断，RAX 寄存器存放着 mm 数据结构，mm 数据结构的指针存储在栈里，位置是 RBP 寄存器中的值减 0x80。另外，在 RAX 寄存器中偏移量为 0x78 的地方存储了读写信号量 mmap_sem，并且把该信号量传递给了 RDX 寄存器。根据 x86_64 函数参数传递规则，RDX 寄存器用来传递函数的第三个参数。计算公式如下。

mm 数据结构的指针指向的地址 = RBP 寄存器的值 – 0x80

若要以栈顶为参考系，公式如下。

mm 数据结构的指针指向的地址 =栈返回地址– 0x8 – 0x80

最后，0xffff8c4bc4aefd38 – 0x8 – 0x80 =0xffff8c4bc4aefcb0。地址 0xffff8c4bc4aefcb0 存放的是 mm 数据结构的指针，因此通过 rd 命令来获取 mm 数据结构真正存储的地方。

```
crash> rd ffff8c4bc4aefcb0
ffff8c4bc4aefcb0:  ffff8c4b45b06400                    .d.EK...
crash>
```

地址 0xffff8c4b45b06400 存放了 mm 数据结构，那么读写信号量存储在 mmap_sem 数据结构基地址再加上 0x78 的地方，也就是 0xffff8c4b45b06478。

mm_struct 数据结构里，owner 指针指向拥有了该 mm_struct 数据结构的 task_struct 数据结构。使用 struct 命令来查看该指针指向的地址。

```
crash> struct mm_struct.owner 0xffff8c4b45b06400
  owner = 0xffff8c4b459b5140
crash>
```

一旦得到了进程的 task_struct 数据结构的地址，就可以通过查看该进程的 ID 和名称来进行验证。

```
crash> struct task_struct.pid,comm 0xffff8c4b459b5140
  pid = 4304
  comm = "insmod\000\000\060\000\000\000\000\000\000"
crash>
```

从上面的信息可以验证，我们推导的 mm_struct 数据结构在栈中的存储位置是正确的。下面看读写信号量 mmap_sem 的情况。使用 struct 命令来查看 rw_semaphore 数据结构的内容。

```
crash> struct rw_semaphore 0xffff8c4b45b06478
struct rw_semaphore {
  {
    count = {
      counter = -8589934591
    },

  wait_list = {
    next = 0xffff8c4bc4aefba0
  },
owner = 0xffff8c4b459b5140
}
crash>
```

mmap_sem 数据结构中的 owner 指向持有该锁的进程的 task_struct 数据结构，从 mmap_sem 数据结构中的 owner 的值也验证了其正确性。

最后，绘制 init_module()函数的栈结构，如图 4.7 所示。

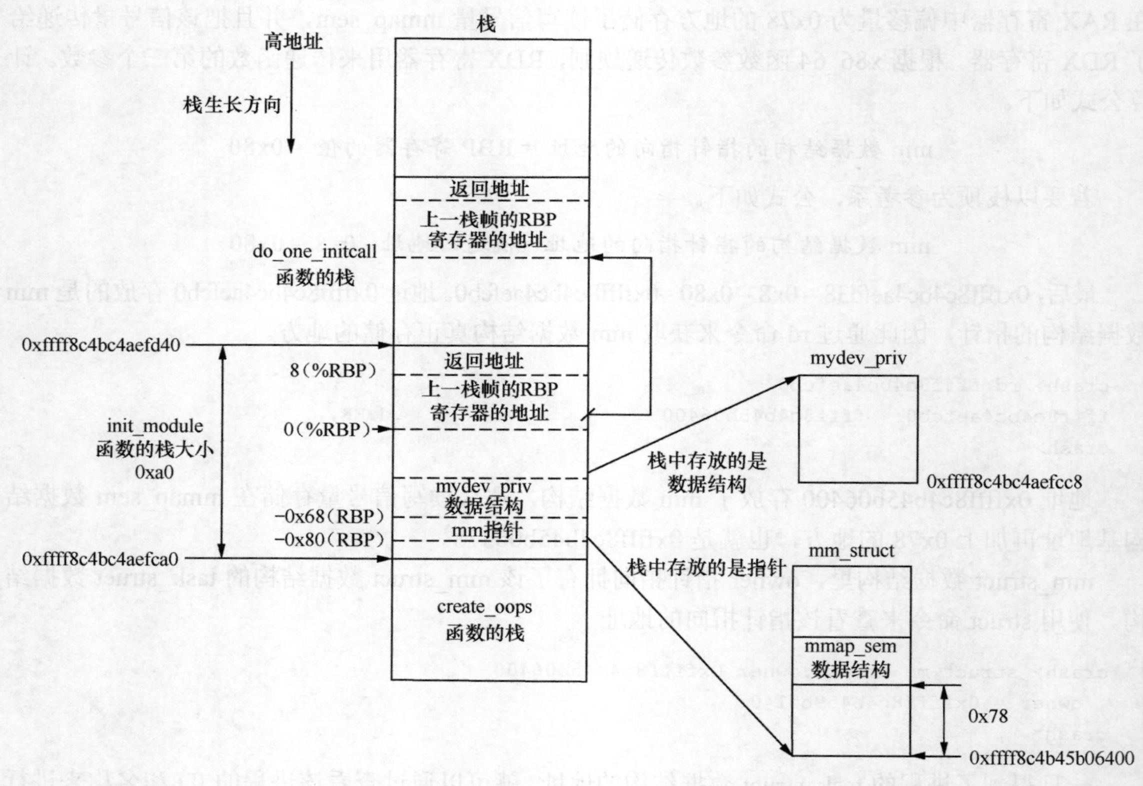

▲图 4.7　init_module()函数的栈结构

4.11 案例 6：一个复杂的宕机案例

线上服务器、云服务器以及嵌入式系统发生的宕机问题通常会比较复杂，下面举实际产品研发过程中的一个案例。通过这个案例，可以获得如下技能。

- 利用 Crash 工具来分析宕机问题。
- 通过栈来获取参数或者局部变量的值。
- 分析和推导哪个进程持有锁。
- 分析和推导哪些进程在等待这个锁。
- 分析和解决服务器、云服务以及嵌入式系统线上宕机问题的方法。

4.11.1 问题描述

该案例的代码片段如下。

```
<案例的代码片段>

#include <linux/module.h>
#include <linux/fs.h>
#include <linux/uaccess.h>
#include <linux/init.h>
#include <linux/miscdevice.h>
#include <linux/device.h>
#include <linux/slab.h>
#include <linux/kfifo.h>
#include <linux/kthread.h>
#include <linux/freezer.h>
#include <linux/mutex.h>
#include <linux/delay.h>

#define DEMO_NAME "my_demo_dev"

struct mydev_priv {
  struct device *dev;
  struct miscdevice *miscdev;
  struct mutex lock;
  char *name;
};

static struct mydev_priv *g_mydev;

/*虚拟FIFO设备的缓冲区*/
static char *device_buffer;
#define MAX_DEVICE_BUFFER_SIZE (10 * PAGE_SIZE)

#define MYDEV_CMD_GET_BUFSIZE 1   /* defines our IOCTL cmd */

static int demodrv_open(struct inode *inode, struct file *file)
{
  struct mydev_priv *priv = g_mydev;
  int major = MAJOR(inode->i_rdev);
  int minor = MINOR(inode->i_rdev);

  struct task_struct *task = current;
  struct mm_struct *mm = task->mm;

```

```
  down_read(&mm->mmap_sem);

  printk("%s: major=%d, minor=%d, name=%s\n", __func__, major, minor, priv->name);

  return 0;
}

static int demodrv_release(struct inode *inode, struct file *file)
{
  return 0;
}

static ssize_t
demodrv_read(struct file *file, char __user *buf, size_t count, loff_t *ppos)
{
  int nbytes =
      simple_read_from_buffer(buf, count, ppos, device_buffer, MAX_DEVICE_BUFFER_SIZE);

  printk("%s: read nbytes=%d done at pos=%d\n",
      __func__, nbytes, (int)*ppos);

  return nbytes;
}

static ssize_t
demodrv_write(struct file *file, const char __user *buf, size_t count, loff_t *ppos)
{
    int nbytes=simple_write_to_buffer(device_buffer,
          MAX_DEVICE_BUFFER_SIZE, ppos, buf, count);

    printk("%s: write nbytes=%d done at pos=%d\n",
          __func__, nbytes, (int)*ppos);

    return nbytes;
}

static int
demodrv_mmap(struct file *filp, struct vm_area_struct *vma)
{
  unsigned long pfn;
  unsigned long offset = vma->vm_pgoff << PAGE_SHIFT;
  unsigned long len = vma->vm_end - vma->vm_start;

  if (offset >= MAX_DEVICE_BUFFER_SIZE)
      return -EINVAL;
  if (len > (MAX_DEVICE_BUFFER_SIZE - offset))
      return -EINVAL;

  printk("%s: mapping %ld bytes of device buffer at offset %ld\n",
      __func__, len, offset);

  /*    pfn = page_to_pfn (virt_to_page (ramdisk + offset)); */
  pfn = virt_to_phys(device_buffer + offset) >> PAGE_SHIFT;
```

```

if (remap_pfn_range(vma, vma->vm_start, pfn, len, vma->vm_page_prot))
     return -EAGAIN;

return 0;
}

static long
demodrv_unlocked_ioctl(struct file *filp, unsigned int cmd, unsigned long arg)
{
struct mydev_priv *priv = g_mydev;
unsigned long tbs = MAX_DEVICE_BUFFER_SIZE;
void __user *ioargp = (void __user *)arg;

switch (cmd) {
default:
    return -EINVAL;

case MYDEV_CMD_GET_BUFSIZE:
    mutex_lock(&priv->lock);
    if (copy_to_user(ioargp, &tbs, sizeof(tbs)))
        return -EFAULT;
    return 0;
}
}

static const struct file_operations demodrv_fops = {
.owner = THIS_MODULE,
.open = demodrv_open,
.release = demodrv_release,
.read = demodrv_read,
.write = demodrv_write,
.mmap = demodrv_mmap,
.unlocked_ioctl = demodrv_unlocked_ioctl,
};

static struct miscdevice miscdev = {
.minor = MISC_DYNAMIC_MINOR,
.name = DEMO_NAME,
.fops = &demodrv_fops,
}  ;

static int lockdep_thread1(void *p)
{
struct mydev_priv *priv = p;
set_freezable();
set_user_nice(current, 0);

while (!kthread_should_stop()) {
    mutex_lock(&priv->lock);
    mdelay(1000);
    mutex_unlock(&priv->lock);

```

```
}
return 0;
}

static int lockdep_thread2(void *p)
{
struct mydev_priv *priv = p;
set_freezable();
set_user_nice(current, 0);

printk("mydev name: %s\n", priv->name);

while (!kthread_should_stop()) {
    mutex_lock(&priv->lock);
    mdelay(100);
    mutex_unlock(&priv->lock);

}
return 0;
}

static struct task_struct *lock_thread1;
static struct task_struct *lock_thread2;

static int __init simple_char_init(void)
{
int ret;
struct mydev_priv *mydev;

mydev = kmalloc(sizeof (*mydev), GFP_KERNEL);
if (!mydev)
   return -ENOMEM;

mydev->name = DEMO_NAME;

device_buffer = kmalloc(MAX_DEVICE_BUFFER_SIZE, GFP_KERNEL);
if (!device_buffer)
    return -ENOMEM;

ret = misc_register(&miscdev);
if (ret) {
    printk("failed register misc device\n");
    kfree(device_buffer);
    return ret;
}

mutex_init(&mydev->lock);

mydev->dev = miscdev.this_device;
mydev->miscdev = &miscdev;

lock_thread1 = kthread_run(lockdep_thread1, mydev, "lock_test1");
```

```
198 lock_thread2 = kthread_run(lockdep_thread2, mydev, "lock_test2");
199
200 dev_set_drvdata(mydev->dev, mydev);
201
202 g_mydev = mydev;
203
204 printk("succeeded register char device: %s\n", DEMO_NAME);
205
206 return 0;
207 }
208
209 static void __exit simple_char_exit(void)
210 {
211 struct mydev_priv *priv = g_mydev;
212 printk("removing device\n");
213
214 kfree(device_buffer);
215 misc_deregister(priv->miscdev);
216 }
```

这个案例的内核代码是基于一个简单的字符设备展开的。

- 在字符设备驱动初始化时申请了内核线程 lock_test1 和 lock_test2。
- 在字符设备驱动打开时申请了读者类型的读写信号量 mmap_sem，然后一直没释放，见第 40 行。
- 在字符设备驱动的 MYDEV_CMD_GET_BUFSIZE 的 IOCTL 方法中，申请了 priv->lock 的互斥锁，然后一直没释放，见第 112 行。
- 在 lock_test1 和 lock_test2 的内核线程里，申请 priv->lock 的互斥锁。

下面是测试程序的代码片段。

```
<测试程序的代码片段>

#define DEMO_DEV_NAME "/dev/my_demo_dev"
#define MYDEV_CMD_GET_BUFSIZE 1

int main()
{
   int fd;
   size_t len;

   fd = open(DEMO_DEV_NAME, O_RDWR);

   ioctl(fd, MYDEV_CMD_GET_BUFSIZE, &len)

   mmap_buffer = mmap(NULL, len, PROT_READ | PROT_WRITE, MAP_SHARED, fd, 0);

   munmap(mmap_buffer, len);
   close(fd);

   return 0;
}
```

本案例的具体步骤如下。

（1）编译内核模块并加载内核模块。

```
#insmod mydev-mmap.ko
```

（2）编译测试程序并运行。

```
# ./test &
```

（3）运行 ps -aux 命令来查看进程。

```
# ps -aux
```

4.11.2　分析 ps 进程

本案例的目标很明确，就是把上述内核模块和测试程序构造的宕机案例研究透彻。

```
KERNEL: /usr/lib/debug/lib/modules/3.10.0-957.1.3.el7.x86_64/vmlinux
   DUMPFILE: vmcore  [PARTIAL DUMP]
       CPUS: 4
       DATE: Wed Jan 16 01:21:23 2019
     UPTIME: 00:29:15
LOAD AVERAGE: 3.25, 1.15, 0.45
      TASKS: 201
   NODENAME: localhost.localdomain
    RELEASE: 3.10.0-957.1.3.el7.x86_64
    VERSION: #1 SMP Thu Nov 29 14:49:43 UTC 2018
    MACHINE: x86_64  (2496 Mhz)
     MEMORY: 2.5 GB
PANIC: "Kernel panic - not syncing: hung_task: blocked tasks"
        PID: 30
    COMMAND: "khungtaskd"
       TASK: ffff94941cdaa080  [THREAD_INFO: ffff94941cc2c000]
        CPU: 1
      STATE: TASK_RUNNING (PANIC)

crash>
```

从上述信息可知，这次宕机是因为有进程被阻塞了很长时间。但从回溯信息中，看不到有用的信息。

```
crash> bt
PID: 30     TASK: ffff94941cdaa080  CPU: 1   COMMAND: "khungtaskd"
 #0 [ffff94941cc2fcb0] machine_kexec at ffffffffb3063674
 #1 [ffff94941cc2fd10] __crash_kexec at ffffffffb311cef2
 #2 [ffff94941cc2fde0] panic at ffffffffb375b55b
 #3 [ffff94941cc2fe60] watchdog at ffffffffb3148b5e
 #4 [ffff94941cc2fec8] kthread at ffffffffb30c1c31
 #5 [ffff94941cc2ff50] ret_from_fork_nospec_begin at ffffffffb3774c1d
crash>
```

使用 ps 命令来查找 UNINTERRUPTIBLE 状态的进程。

```
crash> ps | grep UN
  5518      2   2  ffff9494060ab0c0  UN   0.0      0      0  [lock_test1]
  5519      2   3  ffff9494060ac100  UN   0.0      0      0  [lock_test2]
  5522   2165   2  ffff94940f64b0c0  UN   0.0   4208    452  test
```

```
  5523   2165   1  ffff94940f64d140  UN   0.1  153192   1896  ps
crash>
```

我们看到有 4 个进程被阻塞了。

- ps 进程。
- test 进程（测试程序）。
- 内核线程 lock_test1。
- 内核线程 lock_test2。

我们目标变得很明确——分析这 4 个进程。

- 为什么被阻塞了？
- 什么原因导致的阻塞？
- 若有死锁情况发生，哪个进程持有锁？
- 哪些进程在等待锁？

下面先分析 ps 进程。查看 ps 进程的函数调用关系。

```
crash> bt 5523
PID: 5523   TASK: ffff94940f64d140  CPU: 1   COMMAND: "ps"
 #0 [ffff949412e83cb8] __schedule at ffffffffb3767747
 #1 [ffff949412e83d40] schedule at ffffffffb3767c49
 #2 [ffff949412e83d50] rwsem_down_read_failed at ffffffffb376927d
 #3 [ffff949412e83dd8] call_rwsem_down_read_failed at ffffffffb3386c18
 #4 [ffff949412e83e28] down_read at ffffffffb3766f00
 #5 [ffff949412e83e40] proc_pid_cmdline_read at ffffffffb32bba02
 #6 [ffff949412e83ed8] vfs_read at ffffffffb324117f
 #7 [ffff949412e83f08] sys_read at ffffffffb324203f
 #8 [ffff949412e83f50] system_call_fastpath at ffffffffb3774ddb
    RIP: 00007f52a0d4ff70  RSP: 00007ffcb8729b18  RFLAGS: 00000246
    RAX: 0000000000000000  RBX: 00007f52a15ef010  RCX: ffffffffffffffff
    RDX: 0000000000020000  RSI: 00007f52a15ef010  RDI: 0000000000000006
    RBP: 0000000000020000   R8: 0000000000000000   R9: 00007f52a0cae14d
    R10: 0000000000000001  R11: 0000000000000246  R12: 0000000000000000
    R13: 00007f52a15ef010  R14: 0000000000000000  R15: 0000000000000006
    ORIG_RAX: 0000000000000000  CS: 0033  SS: 002b
crash>
```

从上述函数调用关系 proc_pid_cmdline_read()→down_read()→__schedule()来看，ps 进程一直在等待锁，那它究竟在等待哪个锁呢？锁持有者又是谁呢？

在 proc_pid_cmdline_read()函数中，申请一个读者类型的读写信号量 mm->mmap_sem 的时候被阻塞了。

```
<linux-3.10.0-957.el7/fs/proc/base.c>

static ssize_t proc_pid_cmdline_read(struct file *file, char __user *buf,
                                     size_t _count, loff_t *pos)
{
        tsk = get_proc_task(file_inode(file));
        mm = get_task_mm(tsk);
        page = (char *)__get_free_page(GFP_TEMPORARY);

    down_read(&mm->mmap_sem);
      arg_start = mm->arg_start;
```

```
        arg_end = mm->arg_end;
        env_start = mm->env_start;
        env_end = mm->env_end;
up_read(&mm->mmap_sem);
        ...
}
```

反汇编 proc_pid_cmdline_read()函数。我们直接看调用 down_read()函数之前的几条汇编语句。

```
<proc_pid_cmdline_read()函数的反汇编>
...
0xffffffffb32bb9f2 <proc_pid_cmdline_read+162>: lea    0x78(%rbx),%rax
0xffffffffb32bb9f6 <proc_pid_cmdline_read+166>: mov    %rax,%rdi
0xffffffffb32bb9f9 <proc_pid_cmdline_read+169>: mov    %rax,-0x60(%rbp)
0xffffffffb32bb9fd <proc_pid_cmdline_read+173>: callq  0xffffffffb3766ee0 <down_read>
...
```

上述第一条语句把 RBX 寄存器中偏移量为 0x78 的地址传递给 RAX 寄存器，第二条语句把 RAX 寄存器中的值传递给 RDI 寄存器。根据 x86_64 架构中的函数调用规则，RDI 寄存器会把函数的第一个参数传递给 down_read()函数，而 down_read()函数的第一个参数是 rw_semaphore *sem。因此，RAX 寄存器的值就是 rw_semaphore 的指针。第三条语句把 RAX 寄存器中的值存放到 RBP 寄存器中偏移量为−0x60 的地方，这就是我们分析这个宕机难题的关键点。

down_read()函数的原型如下。

```
void __sched down_read(struct rw_semaphore *sem)
```

计算 RAX 寄存器的值，其中栈返回地址为 0xffff949412e83ed8。计算公式如下。

RAX 寄存器中存放的地址 = 栈返回地址 − 0x8 − 0x60 = 0xffff949412e83e70

通过 rd 命令来读取地址 0xffff949412e83e70 中的值。

```
crash> rd ffff949412e83e70
ffff949412e83e70:  ffff949411fad7f8                    ...
crash>
```

地址 0xffff949411fad7f8 中存放了 rw_semaphore 数据结构，因为 mm_struct 数据结构中存放的是 rw_semaphore 的数据结构而非指针。

最后，绘制 proc_pid_cmdline_read()函数的栈结构，如图 4.8 所示。

使用 struct 命令来查看 rw_semaphore 数据结构中具体成员的值。

```
crash> struct  rw_semaphore ffff949411fad7f8
struct rw_semaphore {
  {
    count = {
counter = 0xffffffff00000001
    },
  wait_list = {
    next = 0xffff94941535bd90
  },
owner = 0x1
}
crash>
```

- counter 为 0xffff ffff 0000 0001，表示有一个活跃的读者并且有写者在等待，或者一个写者持有了锁并且多个读者在等待。
- owner 为 1，这表示被持有的锁是一个读者锁。
- wait_list 是一个链表，有进程在这里等待。

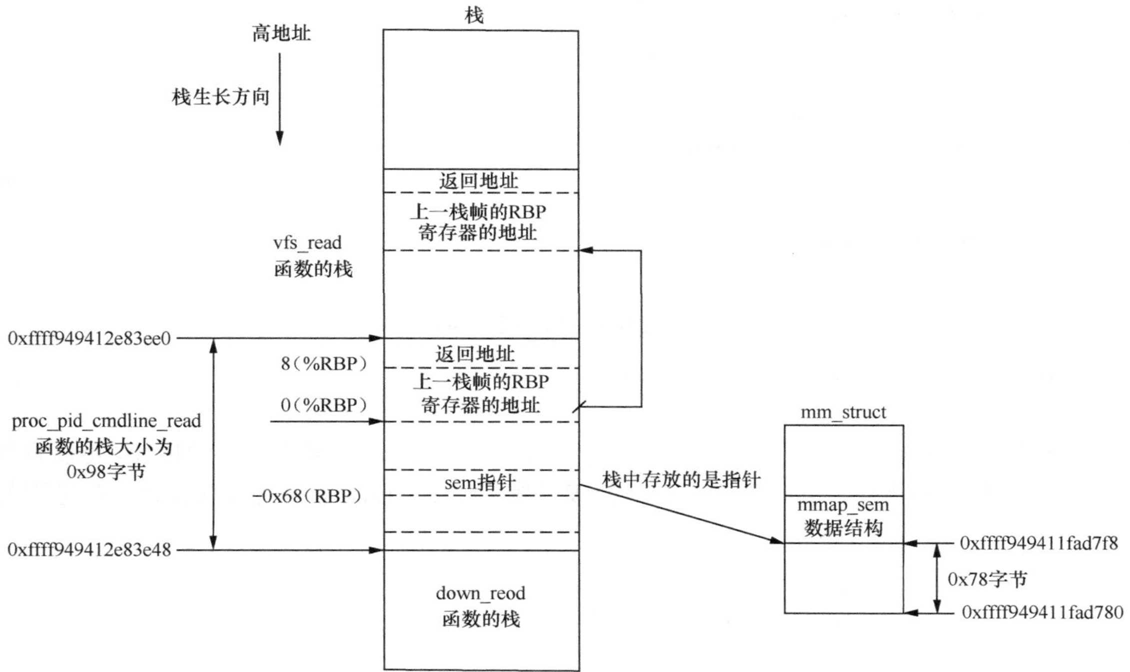

▲图 4.8 proc_pid_cmdline_read()函数的栈结构

我们关心两个问题。一是哪个进程持有这个锁，二是哪些进程在等待这个锁？

对于第一个问题，持有这个锁的进程就是 mm 数据结构的拥有者。既然我们已经知道了 mm_struct 数据结构中 rw_semaphore 的数据结构的地址，就可以计算出 mm_struct 数据结构本身的地址。两个数据结构的关系如图 4.9 所示。

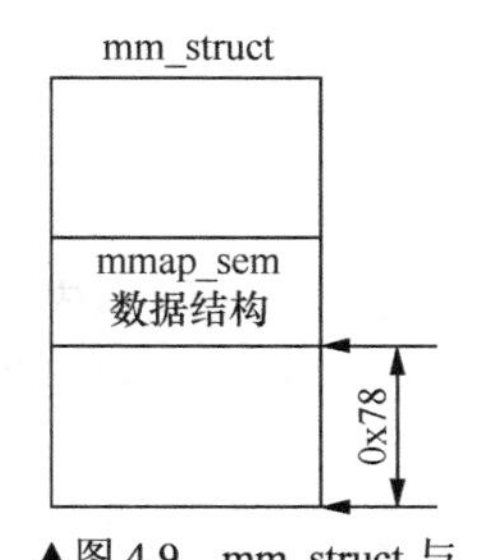

▲图 4.9 mm_struct 与 mmap_sem 数据结构的关系

因此，mm_struct 数据结构的地址为 0xffff949411fad780。mm_struct 数据结构中 owner 指针指向进程的 task_struct 数据结构。

```
crash> struct mm_struct.owner ffff949411fad780
  owner = 0xffff94940f64b0c0
crash>
```

而 task_struct 数据结构中有两个成员可以帮助我们来判断进程名称，一个是 comm 成员，另一个是 pid 成员。

```
crash> struct task_struct.comm,pid 0xffff94940f64b0c0
  comm = "test\000)\000\000\060\000\000\000\000\000\000"
  pid = 5522
crash>
```

从上面信息可以得出第一个问题的答案——test 进程持有这个锁。那为什么 test 进程会持有了这个锁呢？在 demodrv_open()函数中，test 进程偷偷持有了 mm->mmap_sem 锁，一直没有释放。

接下来分析第二个问题——究竟哪个进程在等待这个锁。

所有在等待读写信号量的进程都会在锁的一个等待队列里等待，这个等待队列就是 rw_semaphore 数据结构中的 wait_list 成员。我们只需要使用 list 命令输出这个链表的成员就可以知道哪个进程在等待这个锁。

```
crash> list -s rwsem_waiter.task,type -h 0xffff94941535bd90
ffff94941535bd90
  task = 0xffff94940f64b0c0
  type = RWSEM_WAITING_FOR_WRITE
ffff949412e83d70
  task = 0xffff94940f64d140
  type = RWSEM_WAITING_FOR_READ
crash>
```

要查看等待队列中有多少个进程在等待，可以使用 wc 命令。

```
crash> list -h 0xffff94941535bd90 | wc -l
2
```

上面遍历了 wait_list 链表，并且输出了每个成员的 task_struct 数据结构的指针。可以看到一个进程在等待写者锁，另一个进程在等待读者锁。使用 struct 命令就可以看到这些进程的信息。

```
crash> struct task_struct.comm,pid 0xffff94940f64b0c0
  comm = "test\000)\000\000\060\000\000\000\000\000\000"
  pid = 5522
crash>
crash> struct task_struct.comm,pid 0xffff94940f64d140
  comm = "ps\000h\000)\000\000\060\000\000\000\000\000\000"
  pid = 5523
```

综上可知，现在发生死锁的场景如下。

- test 进程先获取了 mmap_sem 读者锁并且一直不释放。
- test 进程又尝试获取 mmap_sem 写者锁。
- ps 进程尝试获取 mmap_sem 读者锁。

因此造成了复杂的连环死锁，如图 4.10 所示。

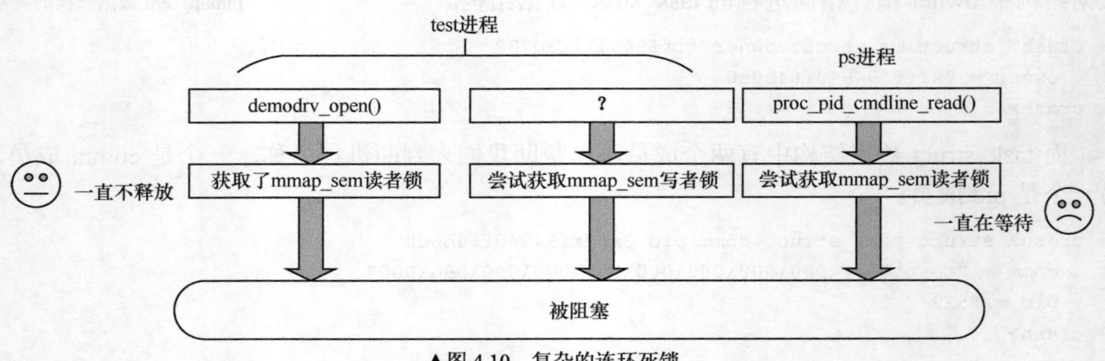

▲图 4.10　复杂的连环死锁

test 进程在打开 demodrv_open()函数的时候成功获取了 mmap_sem 读者锁，然后一直不释放，那它又在什么地方尝试获取写者锁呢？

要解决这个问题，只能分析 test 进程的内核函数调用关系。

4.11.3 分析 test 进程

使用 bt 命令来查看 test 进程（PID 为 5522）的内核函数调用关系。

```
crash> bt 5522
PID: 5522   TASK: ffff94940f64b0c0  CPU: 2   COMMAND: "test"
 #0 [ffff94941535bcc8] __schedule at ffffffffb3767747
 #1 [ffff94941535bd50] schedule at ffffffffb3767c49
 #2 [ffff94941535bd60] rwsem_down_write_failed at ffffffffb3769535
 #3 [ffff94941535bdf0] call_rwsem_down_write_failed at ffffffffb3386c47
 #4 [ffff94941535be38] down_write at ffffffffb3766f4d
 #5 [ffff94941535be50] vm_mmap_pgoff at ffffffffb31d6350
 #6 [ffff94941535bee0] sys_mmap_pgoff at ffffffffb31f0a36
 #7 [ffff94941535bf40] sys_mmap at ffffffffb3030c22
 #8 [ffff94941535bf50] system_call_fastpath at ffffffffb3774ddb
    RIP: 00007f0be46da36a  RSP: 00007ffe33dde178  RFLAGS: 00010246
    RAX: 0000000000000009  RBX: 0000000000000000  RCX: 0000000000000022
    RDX: 0000000000000003  RSI: 0000000000001000  RDI: 0000000000000000
    RBP: 0000000000001000   R8: ffffffffffffffff   R9: 0000000000000000
    R10: 0000000000000022  R11: 0000000000000246  R12: 0000000000000022
    R13: 0000000000000000  R14: ffffffffffffffff  R15: 0000000000000003
    ORIG_RAX: 0000000000000009  CS: 0033  SS: 002b
crash>
```

从函数调用关系来看，test 进程在调用 mmap 系统调用中尝试获取写者锁。我们继续采用刚才的方法来推导和分析这个锁的主人和锁的等待者。下面是 vm_mmap_pgoff()函数的代码片段，在调用 do_mmap_pgoff()函数的时候申请 mmap_sem 写者锁对其进行保护。

```
<linux-3.10.0-957.el7/mm/util.c>

unsigned long vm_mmap_pgoff(struct file *file, unsigned long addr,
       unsigned long len, unsigned long prot,
       unsigned long flag, unsigned long pgoff)
{
       struct mm_struct *mm = current->mm;
down_write(&mm->mmap_sem);
       do_mmap_pgoff(file, addr, len, prot, flag, pgoff,
&populate, &uf);
up_write(&mm->mmap_sem);
       return ret;
}
```

下面是 down_write()函数的原型。

```
void __sched down_write(struct rw_semaphore *sem)
```

使用 dis 命令来反汇编 vm_mmap_pgoff ()函数，研究 down_write()函数的参数 sem 究竟存放在栈的什么位置。

```
<vm_mmap_pgoff()函数的反汇编片段>

0xffffffffb31d6340 <vm_mmap_pgoff+144>: lea      0x78(%r13),%r11
0xffffffffb31d6344 <vm_mmap_pgoff+148>: mov      %r11,%rdi
0xffffffffb31d6347 <vm_mmap_pgoff+151>: mov      %r11,-0x68(%rbp)
0xffffffffb31d634b <vm_mmap_pgoff+155>: callq    0xffffffffb3766f20 <down_write>
```

从上面的汇编代码可以推断，R13 存放的是 mm_struct 数据结构的地址，0x78 是 mmap_sem 数据结构在 mm_struct 数据结构中的偏移量。第 1 行的含义是把 mm_struct 数据结构的地址加上 0x78 偏移量，然后把该地址存放到 R11 中。因此，R11 存放了 mmap_sem 锁的地址。第 2 行把 R11 的值传递给 RDI 寄存器，作为 down_write()函数的第一个参数。第 3 行把 R11 的值存放到 RBP 中偏移量为−0x68 的地方，也就是存放在 RBP 中的值减 0x68 的地方，这是突破点。第 4 行调用 down_write()函数。下面计算 R11 中的值，其中 vm_mmap_pgoff()函数的栈帧中的返回地址为 0xffff94941535bee0。

R11 中的值 =栈返回地址 - 0x8 - 0x68 = 0xffff94941535be70

R11 中的值存放的是 mmap_sem 锁的指针，使用 rd 命令来获取 mmap_sem 锁真正存放的地方。

```
crash> rd ffff94941535be70
ffff94941535be70:  ffff949411fad7f8                            ........
```

使用 struct 命令来输出 mmap_sem 锁的值。

```
crash> struct rw_semaphore.count,wait_list,owner ffff949411fad7f8 -x
    count = {
      counter = 0xffffffff00000001
    }
  wait_list = {
    next = 0xffff94941535bd90
  }
  owner = 0x1
crash>
```

由于 mmap_sem 这个锁是通过数据结构的形式来存放在 mm_struct 数据结构里的，因此可以反推出 mm_struct 数据结构的地址——0xffff949411fad780。这个 mm_struct 数据结构的地址和我们前面分析 ps 进程时得到的地址是一样的，这说明持有这个锁的是同一个进程。

综上可知，test 进程和 ps 进程之间复杂的死锁场景如图 4.11 所示。

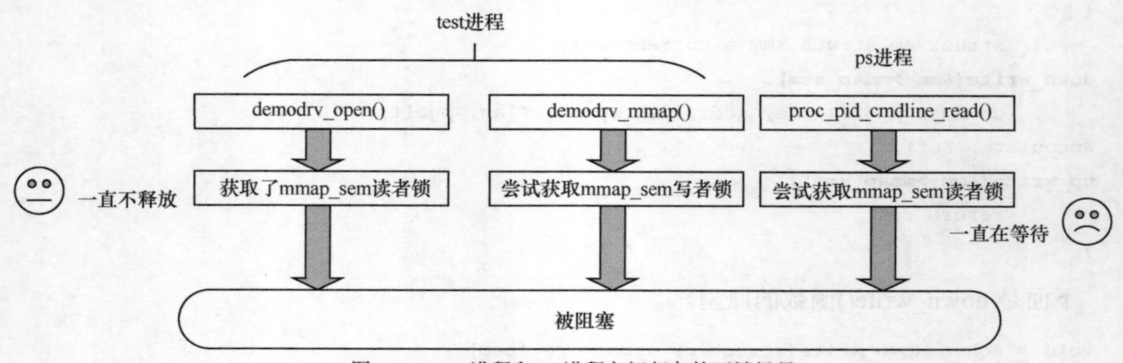

▲图 4.11　test 进程和 ps 进程之间复杂的死锁场景

读者可以根据上述介绍的分析方法，继续分析 lock_test1 和 lock_test2 内核线程的死锁场景。

4.11.4 计算一个进程被阻塞了的时间

本节介绍如何计算一个进程被阻塞（block）的时间。

在 vmcore 的内核日志 vmcore-dmesg.txt 中发现的信息如图 4.12 所示。

```
[ 1652.317526] succeeded register char device: my_demo_dev
[ 1657.380579] demodrv open: major=10, minor=55, name=my_demo_dev
[ 1755.542538] INFO: task lock_test1:5518 blocked for more than 60 seconds.
[ 1755.542563] "echo 0 > /proc/sys/kernel/hung_task_timeout_secs" disables this message.
[ 1755.542635] lock_test1      D ffff9494060ab0c0     0  5518      2 0x00000080
[ 1755.542686] Call Trace:
[ 1755.542724]  [<ffffffffb376778f>] ? __schedule+0x3ff/0x890
[ 1755.542802]  [<ffffffffb3768b69>] schedule_preempt_disabled+0x29/0x70
[ 1755.542844]  [<ffffffffb3766ab7>] __mutex_lock_slowpath+0xc7/0x1d0
[ 1755.542886]  [<ffffffffc08d3320>] ? do_work+0xc0/0xc0 [mydev_mmap]
[ 1755.542903]  [<ffffffffb3765e9f>] mutex_lock+0x1f/0x2f
[ 1755.542962]  [<ffffffffc08d329e>] do_work+0x3e/0xc0 [mydev_mmap]
[ 1755.543078]  [<ffffffffc08d3399>] lockdep_thread1+0x79/0xa0 [mydev_mmap]
[ 1755.543262]  [<ffffffffb30c1c31>] kthread+0xd1/0xe0
[ 1755.543301]  [<ffffffffb30c1b60>] ? insert_kthread_work+0x40/0x40
[ 1755.543341]  [<ffffffffb3774c1d>] ret_from_fork_nospec_begin+0x7/0x21
[ 1755.543452]  [<ffffffffb30c1b60>] ? insert_kthread_work+0x40/0x40
[ 1755.543490] sending NMI to all CPUs:
[ 1755.544756] NMI backtrace for cpu 0
```

▲图 4.12　内核日志信息

在第 1755s 的日志里显示，lock_test1 内核进程被阻塞超过了 60s。

首先，使用 set 命令来设置 Crash 工具的进程上下文，lock_test1 内核进程的 ID 为 5518。

```
crash> set 5518
    PID: 5518
COMMAND: "lock_test1"
   TASK: ffff9494060ab0c0  [THREAD_INFO: ffff9494061fc000]
    CPU: 2
  STATE: TASK_UNINTERRUPTIBLE
```

然后，使用 task 命令查看 lock_test1 内核进程的 task_struct 数据结构的值，其中-R 子命令可用于查看 task_struct 数据结构中成员的值。通过以下命令，可以查看 sched_info 数据结构中成员的值。

```
crash> task -R sched_info
PID: 5518    TASK: ffff9494060ab0c0  CPU: 2   COMMAND: "lock_test1"
  sched_info = {
    pcount = 8,
    run_delay = 3921156731,
    last_arrival = 1658412338927,
    last_queued = 0
  },
```

上面信息显示了 lock_test1 内核进程最近一次运行在 CPU2 上。sched_info 数据结构中的 last_arrival 表示内核进程上一次在 CPU2 运行的时间戳。因此，我们看到了上一次运行的时间戳，即 1658412338927。

使用 runq -t 命令可以显示所有 CPU 就绪队列的时间戳。

```
crash> runq -t
 CPU 0: 1755597424080
        0000000000000  PID: 0      TASK: ffffffffb3c18480  COMMAND: "swapper/0"
 CPU 1: 1755583748429
        1755542492073  PID: 30     TASK: ffff94941cdaa080  COMMAND: "khungtaskd"
 CPU 2: 1755597424093
```

```
        0000000000000  PID: 0       TASK: ffff949406bdd140  COMMAND: "swapper/2"
```

CPU2 的就绪队列的当前时间戳为 1755597424093，因此可以简单计算出 lock_test1 内核进程的被阻塞时间为 1755597424093 − 1658412338927 = 97185085166，单位为纳秒，换算之后大约 97s。读者也可以使用 pd 命令来简单计算。

```
crash> pd (1755597424093 - 1658412338927)
$2 = 97185085166
```

4.12 关于 Crash 工具的调试技巧汇总

1. 统计内存使用情况

在分析和解决内存占用过多导致的宕机问题时，我们常常需要统计用户进程一共占用了多少内存。可以使用如下命令来统计系统中所有用户进程一共占用多少内存。

```
crash> ps -u | awk '{ total += $8 } END { printf "Total RSS of user-mode: %.02f GB\n",
total/2^20 }'
    Total RSS of user-mode: 0.74 GB
```

从上面信息可知，当前系统中所有用户进程一共占用了 0.74GB 内存。另外，我们还可以通过如下命令来列出系统哪些进程占用的内存最多，并且按照顺序输出。

```
crash> ps -u | awk '{ m[$9]+=$8 } END { for (item in m) { printf "%20s %10s KB\n", item,
 m[item] } }' | sort -k 2 -r -n
           crash      296848 KB
           gmain       79936 KB
           tuned       67536 KB
           sshd       38264 KB
           gdbus      33404 KB
           firewalld      29648 KB
           polkitd      27320 KB
           JS      27320 KB
```

从上面信息可知，crash 程序占用的内存最多，其次是 gmain 进程。上述信息对我们分析内存占用过多等宕机问题非常有帮助。

2. 查看进程状态

Crash 工具把进程的状态大致分成 3 种，分别是不可中断的状态、可中断的状态和运行状态。

通过如下命令查看系统有哪些进程处于不可中断的状态。

```
crash> ps | grep UN
   5518      2  2  ffff9494060ab0c0  UN  0.0       0       0  [lock_test1]
   5519      2  3  ffff9494060ac100  UN  0.0       0       0  [lock_test2]
   5522   2165  2  ffff94940f64b0c0  UN  0.0    4208     452  test
   5523   2165  1  ffff94940f64d140  UN  0.1  153192    1896  ps
```

通过如下命令查看系统有哪些进程处于运行状态。

```
crash> ps | grep RU
>     0      0  0  ffffffffb3c18480  RU  0.0       0       0  [swapper/0]
```

```
      0      0   1  ffff949406bdc100  RU   0.0        0       0  [swapper/1]
```

另外，统计系统中处于不可中断状态和运行状态的进程数量，对分析宕机问题非常有帮助。通过如下命令查看系统中有多少进程处于不可中断状态。

```
crash> ps | grep -c UN
4
```

通过如下命令查看系统中有多少进程处于运行状态。

```
crash> ps | grep -c RU
6
```

3. 遍历和统计

在 Crash 工具中，使用一个 foreach 命令可以遍历系统中所有进程并且做一些统计方面的工作，以协助我们分析系统的宕机问题。例如，如下命令遍历系统所有处于运行状态的进程，然后把函数调用关系都存储在 test.log 文件中。

```
crash> foreach UN bt > test.log
```

接下来，可以做一些简单的统计工作，例如，统计 test.log 文件里有多少个 shrink_active_list 函数。

```
crash> grep -c shrink_active_list test.log
```

通过统计 test.log 文件里有多少个__schedule 函数，就能知道有多少进程正在睡眠。

```
crash> grep -c __schedule test.log
```

4. 查看进程中 task_struct 数据结构的成员

在分析处于不可中断状态的进程时，可以直接使用 task 命令来查看进程中 task_struct 数据结构成员的值，来加速定位和分析问题。在 4.11 节中，案例 6 中 test 进程的 ID 为 5522，因此可以直接使用如下命令来查看 test 进程中 task_struct 数据结构的 on_cpu、on_rq 以及 comm 成员的值。

```
crash> task -R on_cpu,on_rq,comm 5522
PID: 5522   TASK: ffff94940f64b0c0  CPU: 2   COMMAND: "test"
  on_cpu = 0,
  on_rq = 0,
  comm = "test",
```

5. 查看 CPU 和进程的时间戳

通过如下命令可以查看每个 CPU 上最近的运行时间戳。

```
crash> runq -t
 CPU 0: 1755597424080
       0000000000000  PID: 0      TASK: ffffffffb3c18480  COMMAND: "swapper/0"
 CPU 1: 1755583748429
       1755542492073  PID: 30     TASK: ffff94941cdaa080  COMMAND: "khungtaskd"
 CPU 2: 1755597424093
       0000000000000  PID: 0      TASK: ffff949406bdd140  COMMAND: "swapper/2"
 CPU 3: 1755585485261
       0000000000000  PID: 0      TASK: ffff949406bde180  COMMAND: "swapper/3"
```

通过如下命令可以查看每个进程最近的运行时间戳。

```
crash> ps -l
[1755586595081] [IN]  PID: 9     TASK: ffff949406bd9040  CPU: 0   COMMAND: "rcu_sched
"
[1755585044751] [IN]  PID: 1726   TASK: ffff9493b5fca080  CPU: 3   COMMAND: "sshd"
```

如前所述，通过上述命令可以计算出一个进程被阻塞了多长时间。

第5章 基于ARM64解决宕机难题

本章高频面试题

1. 假设函数调用关系为 main()→func1()→func2()，请画出 ARM64 架构的函数栈的布局。

2. 在 ARM64 架构中，子函数的栈空间的 FP 指向哪里？

3. 在 ARM64 架构的 calltrace 日志里，如何推导出函数的名称？

4. 在 ARM64 架构中，如何使用 Kdump+Crash 工具来分析和推导一个局部变量存在栈的位置？

5. 在 ARM64 架构中，如何使用 Kdump+Crash 工具来分析和推导一个读写信号量的持有者？

6. 在 ARM64 架构中，如何使用 Kdump+Crash 工具来分析和推导有哪些进程在等待读写信号量？

7. 在 ARM64 架构中，如何使用 Kdump+Crash 工具来分析一个进程被阻塞了多长时间？

本章主要介绍一些内核调试的工具和技巧，以及内核开发者常用的调试工具，如 ftrace、SystemTap、Kdump 等。对于编写内核代码和驱动的读者来说，内存检测和死锁检测是不可避免的，特别是做产品开发，产品发布时要保证不能有越界访问等内存问题。本章介绍的大部分调试工具和方法在 Ubuntu Linux 20.04 + QEMU 虚拟机+ ARM64 平台上实验过。

本章将以 ARM64 为例来介绍 Kdump+Crash 工具在 ARM64 处理器方面的应用。

在阅读本章之前，请先了解如下内容。

- ARM64 寄存器和函数调用规则。
- 搭建 QEMU 虚拟机+Debian 实验平台的方法。
- Kdump 和 Crash 工具的使用方法。

5.1 搭建 Kdump 实验环境

一方面，由于 ARM 处理器在个人计算机和服务器领域还没有得到广泛应用，因此要搭建一个可用的 Kdump 实验环境并不容易。另一方面，由于 ARM 公司只是一家卖知识产权和芯片设计授权的公司，并不卖实际的芯片，因此市面上看到的 ARM64 芯片都是各芯片公司生产的。市面上流行的树莓派 3B+采用博通公司生产的 ARM64 架构的处理器，但是它在支持 Kdump 方面做得不够好，还不能直接拿来作为 Kdump 的实验平台。

本章使用 QEMU 虚拟机+Debian 实验平台来构建一个可用的 Kdump 环境。本实验的主机采用 Ubuntu Linux 20.04.1 操作系统。

实验环境如下。

- 主机 CPU：Intel 处理器。
- 主机内存：8GB。
- 主机操作系统：Ubuntu Linux 20.04.1。
- QEMU 版本：4.2.0。
- 内核版本：Linux 5.0。

首先，搭建一个 QEMU 虚拟机+Debian 实验平台。在 QEMU 虚拟机+Debian 实验平台中，我们已经配置了 Kdump 服务。

然后，在 QEMU 虚拟机中，使用 systemctl status kdump-tools 命令来查看 Kdump 服务是否正常工作，如图 5.1 所示，当显示的状态为 Aactive，表示 Kdump 服务已经启动成功。第一次运行 QEMU 虚拟机+Debian 实验平台需要稍等几分钟，因为在 QEMU 虚拟机中启动 Kdump 服务比较慢。

```
root@benshushu:~# systemctl status kdump-tools
● kdump-tools.service - Kernel crash dump capture service
   Loaded: loaded (/lib/systemd/system/kdump-tools.service; enabled; vendor pres
   Active: active (exited) since Wed 2019-05-29 14:25:20 UTC; 1min 12s ago
  Process: 283 ExecStart=/etc/init.d/kdump-tools start (code=exited, status=0/SU
 Main PID: 283 (code=exited, status=0/SUCCESS)

May 29 14:25:12 benshushu systemd[1]: Starting Kernel crash dump capture service
May 29 14:25:16 benshushu kdump-tools[283]: Starting kdump-tools: Creating symli
May 29 14:25:16 benshushu kdump-tools[283]: Creating symlink /var/lib/kdump/init
May 29 14:25:19 benshushu kdump-tools[283]: loaded kdump kernel.
May 29 14:25:20 benshushu systemd[1]: Started Kernel crash dump capture service.
```

▲图 5.1　检查 Kdump 服务是否正常工作

接下来，编译一个简单的宕机案例。案例代码参见 4.5 节。

加载模块的时候会触发重启，进入捕获内核，输出“Starting crashdump kernel…”，如图 5.2 所示。

```
[  466.804320] Process insmod (pid: 3958, stack limit = 0x00000000e2020a2e)
[  466.804726] Call trace:
[  466.804956]  create_oops+0x20/0x4c [oops]
[  466.805156]  my_oops_init+0xa0/0x1000 [oops]
[  466.805681]  do_one_initcall+0x54/0x1d8
[  466.805867]  do_init_module+0x60/0x1f0
[  466.806042]  load_module.isra.34+0x1be4/0x1e20
[  466.806236]  __se_sys_finit_module+0xa0/0xf8
[  466.806431]  __arm64_sys_finit_module+0x24/0x30
[  466.806681]  el0_svc_common+0x94/0x108
[  466.806918]  el0_svc_handler+0x38/0x78
[  466.807113]  el0_svc+0x8/0xc
[  466.807466] Code: f9000be1 aa0203e0 d503201f f9400fe0 (f9402800)
[  466.808507] SMP: stopping secondary CPUs
[  466.809596] Starting crashdump kernel...
[  466.809892] Bye!
```

▲图 5.2　输出结果

进入捕获内核之后，会调用 makedumpfile 进行内核信息转储（见图 5.3）。转储完成之后，自动重启生产内核。

```
[  OK  ] Started Raise network interfaces.
[  OK  ] Reached target Network.
[  OK  ] Reached target Network is Online.
         Starting Kernel crash dump capture service...
[   34.429764] kdump-tools[330]: Starting kdump-tools: running makedumpfile -c -d 31 /proc/vmcore /var/crash/201903270619/dump-incomplete.
Copying data                                    : [ 25.9 %] /          eta: 63s
```

▲图 5.3　内核信息转储

要运行 crash 命令，首先，在 Linux 主机中，复制带调试符号信息的 vmlinux 文件到共享文件夹 kmodules 目录。在 QEMU 虚拟机的 mnt 目录可以访问该文件。

然后，在 QEMU 虚拟机中，启动 Crash 工具进行分析。

接下来，进入/var/crash/目录。转储的目录是以日期来命名，这一点和 CentOS 操作系统略有不同。使用 crash 命令来加载内核转储文件。

```
root@benshushu:/var/crash# ls
201904221429   kexec_cmdSSW

root@benshushu:/var/crash/201904221429# crash dump.201904221429 /mnt/vmlinux


      KERNEL: /mnt/vmlinux
    DUMPFILE: dump.201904221429  [PARTIAL DUMP]
        CPUS: 4
        DATE: Mon Apr 22 14:28:49 2019
      UPTIME: 00:00:13
LOAD AVERAGE: 0.47, 0.31, 0.13
       TASKS: 87
    NODENAME: benshushu
     RELEASE: 5.0.0+
     VERSION: #1 SMP Mon Apr 22 05:40:30 CST 2019
     MACHINE: aarch64  (unknown Mhz)
      MEMORY: 2 GB
       PANIC: "Unable to handle kernel NULL pointer dereference at virtual address 000
0000000000050"
         PID: 1243
     COMMAND: "insmod"
        TASK: ffff800052d0c600  [THREAD_INFO: ffff800052d0c600]
         CPU: 0
       STATE: TASK_RUNNING (PANIC)

crash>
```

5.2　案例 1：一个简单的宕机案例

基于 4.5 节的案例来说明如何在 ARM64 环境下使用 Crash 工具。

使用 bt 命令来查看内核函数调用关系，如图 5.4 所示。

使用 mod 命令加载带符号信息的内核模块。

```
crash> mod -s oops /home/benshushu/crash/crash_lab_arm64/01_oops/oops.ko
    MODULE       NAME              SIZE  OBJECT FILE
ffff000000e56000  oops              16384  /home/benshushu/crash/crash_lab_arm64/01_oops/oops.ko
crash>
```

```
crash> bt
PID: 1247    TASK: ffff80009a46aac0  CPU: 2   COMMAND: "insmod"
 #0 [ffff00000b903520] machine_kexec at ffff00000809ffe4
 #1 [ffff00000b903580] __crash_kexec at ffff000008195734
 #2 [ffff00000b903710] crash_kexec at ffff000008195844
 #3 [ffff00000b903740] die at ffff00000808e63c
 #4 [ffff00000b903780] die_kernel_fault at ffff0000080a3d0c
 #5 [ffff00000b9037b0] __do_kernel_fault at ffff0000080a3dac
 #6 [ffff00000b9037e0] do_page_fault at ffff0000088ee49c
 #7 [ffff00000b9038e0] do_translation_fault at ffff0000088ee7c8
 #8 [ffff00000b903910] do_mem_abort at ffff000008081514
 #9 [ffff00000b903b10] el1_ia at ffff00000808318c
     PC: ffff000000e54020  [create_oops+32]
     LR: ffff000000e590a0  [_MODULE_INIT_START_oops+160]
     SP: ffff00000b903b20  PSTATE: 80000005
    X29: ffff00000b903b20  X28: ffff000008b67000  X27: ffff000000e56180
    X26: ffff00000b903dc0  X25: ffff000000e56198  X24: ffff000000e56008
    X23: 0000000000000000  X22: ffff000000e56000  X21: ffff000009089708
    X20: ffff000000e59000  X19: ffff000000e56000  X18: 0000000000000000
    X17: 0000000000000000  X16: 0000000000000000  X15: ffffffffffffffff
    X14: ffff000009089708  X13: 0000000000000040  X12: 0000000000000228
    X11: 0000000000000000  X10: 0000000000000000   X9: 0000000000000001
     X8: ffff8000ba0fc900   X7: ffff8000bae73b00   X6: ffff00000b903b89
     X5: 00000000000008a6   X4: ffff8000bb6b9b40   X3: 0000000000000000
     X2: ffff000000e590a0   X1: ffff00000b903b84   X0: 0000000000000000
#10 [ffff00000b903b20] create_oops at ffff000000e5401c [oops]
#11 [ffff00000b903b50] _MODULE_INIT_START_oops at ffff000000e5909c [oops]
#12 [ffff00000b903bd0] do_one_initcall at ffff000008084868
#13 [ffff00000b903c60] do_init_module at ffff00000818f964
#14 [ffff00000b903c90] load_module at ffff0000081917f0
#15 [ffff00000b903d80] __se_sys_finit_module at ffff000008191acc
#16 [ffff00000b903e40] __arm64_sys_finit_module at ffff000008191d90
#17 [ffff00000b903e60] el0_svc_common at ffff000008096a10
```


▲图 5.4　ARM64 架构下的函数调用关系

反汇编 PC 寄存器指向的地方，也就是内核崩溃发生的地方。

```
crash> dis -l ffff000000e54020
0xffff000000e54020 <create_oops+32>:     ldr     x0, [x0,#80]
crash>
```

上述汇编代码中的 80 表示的是基于 x0 寄存器的偏移量。

```
crash> struct -o vm_area_struct
struct vm_area_struct {
[0] unsigned long vm_start;
...
     [80] unsigned long vm_flags;
          struct {
              struct rb_node rb;
              unsigned long rb_subtree_last;
     [88] } shared;
```

因此，上述汇编代码就不难理解了，它表示访问 vma->vm_flags，然后把值存放到 x0 寄存器中。那这个 x0 寄存器的值是多少呢？由 ARM64 架构的函数参数调用规则可知道，通过 x0 寄存器传递了第一个参数，发生崩溃时 x0 寄存器的值为 0x0。

```
crash> struct vm_area_struct 0x0
struct: invalid kernel virtual address: 0x0
crash>
```

5.3　案例 2：恢复函数调用栈

卷 1 分析过 ARM64 架构的栈布局。

根据卷 1 中函数栈布局的规则，我们可以推导出来如下两个公式。

根据子函数栈的 FP 可以找到父函数栈的 FP，也就是找到父函数的栈帧。这样通过 FP 可以层层回溯，找到所有函数的调用路径。

$$FP\_f = *(FP\_c) \tag{5.1}$$

其中，FP_f 指的是父函数栈空间的 FP，也称为 P_FP（Previous FP）；FP_c 指的是子函数栈空间的 FP。

根据本函数栈帧里保存的 LR 可以间接获取父函数调用子函数时的 PC 值，从而根据符号表得到具体的函数名。在调用子函数时，LR 指向子函数返回的下一条指令，通过 LR 指向的地址再减去 4 字节偏移量就得到了本函数的入口地址。

$$PC\_f = *LR\_c - 4 = *(FP\_c + 8) - 4 \tag{5.2}$$

其中，PC_f 指的是父函数调用子函数时的 PC 值；LR_c 指的是子函数栈空间的 LR，也称为 P_LR；FP_c 指的是子函数栈空间的 FP。

下面分析 5.2 节的案例。假设已知处理器发生崩溃时的寄存器现场，求解函数调用栈，如图 5.5 所示。

```
 #7 [ffff00000b9038e0] do_translation_fault at ffff0000088ee7c8
 #8 [ffff00000b903910] do_mem_abort at ffff000008081514
 #9 [ffff00000b903b10] el1_ia at ffff00000808318c
     PC: ffff000000e54020  [create_oops+32]
     LR: ffff000000e590a0  [_MODULE_INIT_START_oops+160]
     SP: ffff00000b903b20  PSTATE: 80000005
    X29: ffff00000b903b20  X28: ffff000008b67000  X27: ffff000000e56180
    X26: ffff00000b903dc0  X25: ffff000000e56198  X24: ffff000000e56008
    X23: 0000000000000000  X22: ffff000000e56000  X21: ffff000009089708
    X20: ffff000000e59000  X19: ffff000000e56000  X18: 0000000000000000
    X17: 0000000000000000  X16: 0000000000000000  X15: ffffffffffffffff
    X14: ffff000009089708  X13: 0000000000000040  X12: 0000000000000228
    X11: 0000000000000000  X10: 0000000000000000   X9: 0000000000000001
     X8: ffff8000ba0fc900   X7: ffff8000bae73b00   X6: ffff00000b903b89
     X5: 00000000000008a6   X4: ffff8000bb6b9b40   X3: 0000000000000000
     X2: ffff000000e590a0   X1: ffff00000b903b84   X0: 0000000000000000
#10 [ffff00000b903b20] create_oops at ffff000000e5401c [oops]
#11 [ffff00000b903b50] _MODULE_INIT_START_oops at ffff000000e5909c [oops]
#12 [ffff00000b903bd0] do_one_initcall at ffff000008084868
#13 [ffff00000b903c60] do_init_module at ffff00000818f964
#14 [ffff00000b903c90] load_module at ffff0000081917f0
```

已知寄存器现场

求解函数调用栈

▲图 5.5　已知寄存器现场

第一步，求解函数栈空间的 FP。

从发生系统崩溃的现场和寄存器 x29 可知，create_oops()函数栈空间的 FP 为 0xffff00000b903b20。根据式（5.1），我们可以得到上一级函数栈空间的 FP。使用 rd 命令读取该地址的值可以得到上一级函数的 FP。

```
crash> rd ffff00000b903b20
ffff00000b903b20:  ffff00000b903b50                    P;...
crash>
```

读取 0xffff00000b903b50 的值又可以得到再上一级函数栈空间的 FP，如 do_one_initcall()函数栈空间的 FP。以此类推，就可以得到函数栈里所有函数栈空间的 FP。

```
crash> rd ffff00000b903b50
ffff00000b903b50:  ffff00000b903bd0                    .;...
crash>
```

第二步，需要找出每个函数的名称。

首先通过寄存器现场来反推出它的父函数名称。发生崩溃时，create_oops()函数栈空间的 FP 存放在 0xffff00000b903b20 地址处，那么 LR 在其高 8 字节的地址上，因此 LR 存放在 0xffff00000b903b28 地址处。根据式（5.2）可知，由于 LR 存放了子函数返回的下一条指令，因此再减去 4 字节，就是父函数调用该函数时的 PC 值。

```
crash> rd ffff00000b903b28
ffff00000b903b28:  ffff000000e590a0                    ........
crash>
crash> dis ffff000000e5909c
0xffff000000e5909c <_MODULE_INIT_START_oops+156>:     bl     0xffff000000e54000
<create_oops>
crash>
```

因此我们找到了 create_oops()函数的父函数名称——_MODULE_INIT_START_oops()。它是在 0xffff000000e5909c 地址处使用 bl 指令来调用的 create_oops()函数。

接下来，求_MODULE_INIT_START_oops()的父函数名称。由于_MODULE_INIT_START_oops()函数栈空间的 FP 存储在 0xffff00000b903b50 地址处，因此 LR 存放在 0xffff00000b903b58 地址处。根据式（5.2），我们可以计算出其父函数调用该函数时的 PC 值。

$$PC\ 值 = *(0xffff00000b903b58) - 4$$

```
crash> rd ffff00000b903b58
ffff00000b903b58:  ffff00000808486c                    lH......
```

经过计算，可以得到 PC 值——0xffff000008084868，使用 dis 命令来获取函数名称。

```
crash> dis ffff000008084868
0xffff000008084868 <do_one_initcall+80>:          blr      x20
crash>
```

因此，父函数名称为 do_one_initcall()。以此类推，如图 5.6 所示，我们就可以把整个函数栈手动恢复了。

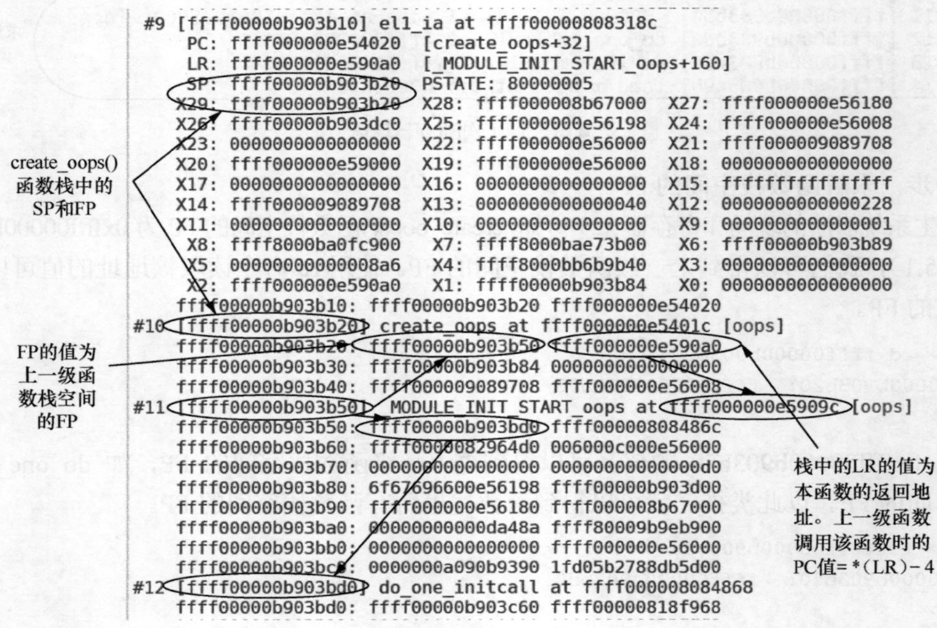

▲图 5.6 函数栈总结

5.4 案例 3：分析和推导参数的值

4.10 节介绍了如何分析和推导 x86_64 架构下函数中参数的值。本节将介绍如何分析和推导 ARM64 架构下参数的值。

我们依然使用 4.10 节的案例，唯一的区别是在 ARM64 架构的服务器上做实验，可以使用 QEMU 虚拟机+Debian 来启动一个 ARM64 架构的虚拟机。

在做这个实验之前同样需要打开 Softlockup、Hardlockup 机制以及 Hung_task 机制。

```
echo 1 > /proc/sys/kernel/softlockup_panic
echo 1 > /proc/sys/kernel/unknown_nmi_panic
echo 1 > /proc/sys/kernel/hung_task_panic
echo 60 > /proc/sys/kernel/hung_task_timeout_secs     //默认是 120s，这里可以设置短一点
```

也可以通过 sysctl 命令来查询状态。

```
root@debian:/var/crash/lab6# sysctl -a | grep panic
kernel.hung_task_panic = 1
kernel.panic = 0
kernel.panic_on_oops = 1
kernel.panic_on_rcu_stall = 0
kernel.panic_on_warn = 0
kernel.softlockup_panic = 1
vm.panic_on_oom = 0
```

本案例的目的是通过 Crash 工具分析和推导出 create_oops()函数中第 2 个与第 3 个参数的具体的值。

```
      KERNEL: /mnt/vmlinux
    DUMPFILE: dump.201901270351  [PARTIAL DUMP]
        CPUS: 8
        DATE: Sun Jan 27 03:50:30 2019
      UPTIME: 14:10:08
LOAD AVERAGE: 0.92, 0.44, 0.18
       TASKS: 118
    NODENAME: debian
     RELEASE: 5.0.0+
     VERSION: #1 SMP Mon Apr 22 05:40:30 CST 2019
     MACHINE: aarch64  (unknown Mhz)
      MEMORY: 2.9 GB
       PANIC: "Kernel panic - not syncing: hung_task: blocked tasks"
         PID: 57
     COMMAND: "khungtaskd"
        TASK: ffff8000ba00d580  [THREAD_INFO: ffff8000ba00d580]
         CPU: 5
       STATE: TASK_RUNNING (PANIC)

crash>
```

从上述信息可知，内核发生崩溃的原因是有长时间被阻塞的进程。使用 ps 命令来查找处于“UNINTERRUPABLE”状态的进程。

```
crash> ps | grep UN
   1714    715   2  ffff8000b935c740  UN   0.0    2704   1540  insmod
crash>
```

查看 insmod 进程的内核函数调用关系。

```
crash> bt 1714
PID: 1714    TASK: ffff8000b935c740   CPU: 2    COMMAND: "insmod"
 #0 [ffff00000c49b980] __switch_to at ffff000008087e78
 #1 [ffff00000c49b9a0] __schedule at ffff0000088e73b4
 #2 [ffff00000c49ba30] schedule at ffff0000088e79ec
 #3 [ffff00000c49ba40] rwsem_down_read_failed at ffff0000088eaeb8
 #4 [ffff00000c49bad0] down_read at ffff0000088ea450
 #5 [ffff00000c49baf0] create_oops at ffff000000e4f024 [oops]
 #6 [ffff00000c49bb30] _MODULE_INIT_START_oops at ffff000000e540dc [oops]
 #7 [ffff00000c49bbd0] do_one_initcall at ffff000008084868
 #8 [ffff00000c49bc60] do_init_module at ffff00000818f964
 #9 [ffff00000c49bc90] load_module at ffff0000081917f0
```

从内核函数调用关系得到的信息如下。

- 函数调用关系是 do_one_initcall()→_MODULE_INIT_START_oops()→create_oops()。
- 在执行 create_oops()函数时，SP 寄存器指向 0xffff00000c49baf0。
- _MODULE_INIT_START_oops()函数调用 create_oops()函数时的 PC 寄存器指向 0xffff000000e540dc。
- 在执行_MODULE_INIT_START_oops()函数时，SP 寄存器指向 0xffff00000c49bb30。
- 在执行 do_one_initcall()函数时，SP 寄存器指向 0xffff00000c49bbd0。

下面来详细分析。首先使用 dis 命令来查看 create_oops()函数的反汇编代码，如图 5.7 所示。

x0寄存器存放了参数1，
x1寄存器存放了参数2，
x3寄存器存放了参数3
• 把x0寄存器的值存放到[sp+40]的地方
• 把x1寄存器的值存放到[sp+32]的地方
• 把x2寄存器的值存放到[sp+24]的地方
FP指向SP所在的地方，这时SP指向栈底
把栈空间往下延伸64字节，然后把调用者的FP和LR压入栈，存放在栈顶向下偏移64字节的地方

```
crash> dis create_oops
0xffff000000e4f000 <create_oops>:      stp     x29, x30, [sp,#-64]!
0xffff000000e4f004 <create_oops+4>:    mov     x29, sp
0xffff000000e4f008 <create_oops+8>:    mov     x3, x30
0xffff000000e4f00c <create_oops+12>:   str     x0, [sp,#40]
0xffff000000e4f010 <create_oops+16>:   str     x1, [sp,#32]
0xffff000000e4f014 <create_oops+20>:   str     x2, [sp,#24]
0xffff000000e4f018 <create_oops+24>:   mov     x0, x3
0xffff000000e4f01c <create_oops+28>:   nop
0xffff000000e4f020 <create_oops+32>:   ldr     x0, [sp,#24]
0xffff000000e4f024 <create_oops+36>:   bl      0xffff0000088ea3f8 <down_read>
0xffff000000e4f028 <create_oops+40>:   ldr     x0, [sp,#40]
0xffff000000e4f02c <create_oops+44>:   ldr     x0, [x0,#80]
0xffff000000e4f030 <create_oops+48>:   str     x0, [sp,#56]
0xffff000000e4f034 <create_oops+52>:   ldr     x0, [sp,#32]
0xffff000000e4f038 <create_oops+56>:   mov     x2, x0
0xffff000000e4f03c <create_oops+60>:   ldr     x1, [sp,#56]
0xffff000000e4f040 <create_oops+64>:   adrp    x0, 0xffff000000e50000
0xffff000000e4f044 <create_oops+68>:   add     x0, x0, #0x48
0xffff000000e4f048 <create_oops+72>:   bl      0xffff00000814eb1c <printk>
0xffff000000e4f04c <create_oops+76>:   mov     w0, #0x0
0xffff000000e4f050 <create_oops+80>:   ldp     x29, x30, [sp],#64
0xffff000000e4f054 <create_oops+84>:   ret
crash>
```

读取[sp+24]指向的地址的值，搬移到x0寄存器，然后调用子函数down_read()

▲图 5.7　create_oops()函数的反汇编

分析反汇编代码，可以得到以下几个有用的信息。

- create_oops()函数执行时会把栈空间往下延伸 64 字节，然后把调用者的 FP 和 LR 压入栈，并存放在栈顶向下偏移 64 字节的地方，这时 SP 寄存器指向栈底。
- FP 寄存器也指向 SP 寄存器指向的地方。
- 把参数 1 存放到 SP 寄存器+40 字节（[sp+40]）的地方。
- 把参数 2 存放到 SP 寄存器+32 字节（[sp+32]）的地方。
- 把参数 3 存放到 SP 寄存器+24 字节（[sp+24]）的地方。
- 在调用子函数 down_read()之前，把 SP 寄存器+24 字节的值搬移到 x0 寄存器，作为 down_read()函数的参数。

因此可以得到第 2 个参数存放的地址，即 SP 寄存器+32 字节的地址为 0xffff00000c49bb10。注意，这里存放的是指针 mydev_priv *priv，需要使用 rd 命令来获取指向的具体地址。

```
crash> rd ffff00000c49bb10
ffff00000c49bb10:  ffff00000c49bb70                    p.I.....
crash>
```

地址 0xffff00000c49bb70 存放了 mydev_priv 数据结构，使用 struct 命令来查看。

```
crash> struct mydev_priv ffff00000c49bb70
struct: invalid data structure reference: mydev_priv
```

这说明没有找到对应的符号表，需要加载这个内核模块的符号表。使用 mod 命令来加载该内核模块的符号表。

```
crash> mod -s oops /home/benshushu/crash/crash_lab_arm64/06_var/oops.ko
    MODULE       NAME             SIZE  OBJECT FILE
ffff000000e51000  oops           16384  /home/benshushu/crash/crash_lab_arm64/06_var/oops.ko
crash>
```

继续使用 struct 命令来读取 mydev_priv 数据结构的值。

```
crash> struct mydev_priv ffff00000c49bb70
struct mydev_priv {
  name = "ben\000",
  i = 10,
  mm = 0xffff8000b9b37bc0,
  sem = 0xffff8000b9b37c20
}
```

name 和 i 成员的值是符合我们的预期的，这证明上述分析的正确性。

下面来推导第 3 个参数。第 3 个参数存放的是 SP 寄存器+24 字节的地址，即地址 0xffff00000c49bb08。注意，这里存放的是指针 rw_semaphore *sem，需要使用 rd 命令来获取指向的具体地址。

```
crash> rd ffff00000c49bb08
ffff00000c49bb08:  ffff8000b9b37c20                     |.......
crash>
```

地址 0xffff8000b9b37c20 存放了 rw_semaphore 数据结构，使用 struct 命令来查看。

```
crash> struct rw_semaphore.count,owner,wait_list ffff8000b9b37c20 -x
  count = {
    counter = 0xfffffffe00000001
```

```
    }
    owner = 0xffff8000b935c740
    wait_list = {
      next = 0xffff00000c49baa8,
      prev = 0xffff00000c49baa8
    }
crash>
```

综上所述，我们绘制了 create_oops()函数的栈结构，如图 5.8 所示。

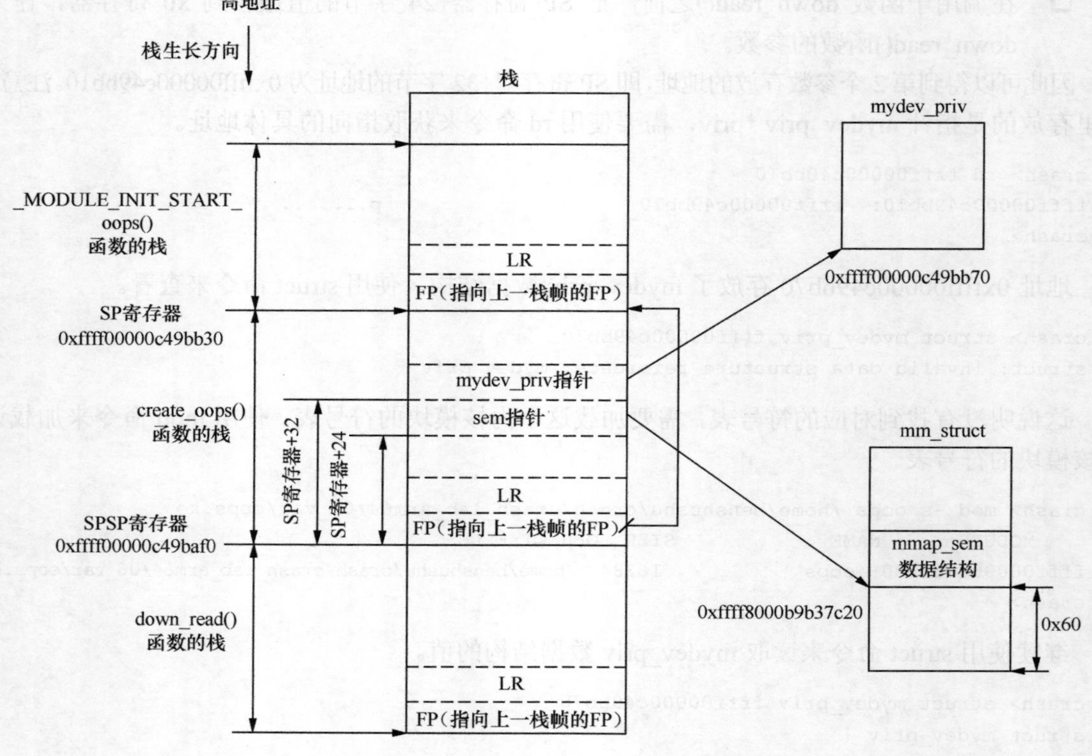

▲图 5.8　create_oops()函数的栈结构

5.5 案例 4：一个复杂的宕机案例

4.11 节介绍了一个复杂的线上服务器宕机的案例，并且讨论了在 x86_64 架构下如何分析并找到真正的宕机原因。本节介绍在 ARM64 架构下如何分析这个案例。

通常线上服务器、云服务器以及嵌入式系统发生的宕机问题都会比较复杂，下面讲解实际产品研发过程中的一个案例。通过这个案例，我们可以获得如下技巧。

- ❑ 利用 Crash 工具来分析宕机问题。
- ❑ 通过栈来获取参数或者局部变量的值。
- ❑ 分析和推导哪个进程持有锁。
- ❑ 分析和推导哪些进程在等待锁。
- ❑ 分析和解决服务器、云服务以及嵌入式系统线上的宕机问题。

在本书配套的 QEMU 虚拟机+Debian 实验平台上默认使用“O0”优化选项来编译内核，但是在本案例中，建议读者使用“O2”优化选项来编译内核，这样实验环境就和实际产品开发环境一样了。

```
<修改内核根目录下的 Makefile 文件>

diff --git a/Makefile b/Makefile
index 94ef809f4..9fc2d364b 100644
--- a/Makefile
+++ b/Makefile
@@ -661,9 +661,9 @@ KBUILD_CFLAGS       += $(call cc-option,-Oz,-Os)
 KBUILD_CFLAGS  += $(call cc-disable-warning,maybe-uninitialized,)
 else
 ifdef CONFIG_PROFILE_ALL_BRANCHES
-KBUILD_CFLAGS  += -O0 $(call cc-disable-warning,maybe-uninitialized,)
+KBUILD_CFLAGS  += -O2 $(call cc-disable-warning,maybe-uninitialized,)
 else
-KBUILD_CFLAGS   += -O0
+KBUILD_CFLAGS   += -O2
 endif
```

修改完成之后，重新编译内核。

本例的实验步骤如下。

（1）编译内核模块并加载内核模块。

```
#insmod mydev-mmap.ko
```

（2）编译测试程序并运行。

```
# ./test &
```

（3）运行 ps -aux 命令来查看进程。

```
# ps -aux
```

下面是 Crash 工具给出的整体信息。

```
      KERNEL: /mnt/vmlinux
    DUMPFILE: dump.201901260652  [PARTIAL DUMP]
        CPUS: 8
        DATE: Sat Jan 26 06:50:47 2019
      UPTIME: 00:00:13
LOAD AVERAGE: 3.44, 1.50, 0.58
       TASKS: 128
    NODENAME: debian
     RELEASE: 5.0.0+
     VERSION: #1 SMP Mon Apr 22 05:40:30 CST 2019
     MACHINE: aarch64  (unknown Mhz)
      MEMORY: 2 GB
       PANIC: "Kernel panic - not syncing: hung_task: blocked tasks"
         PID: 55
     COMMAND: "khungtaskd"
        TASK: ffff80007edf0e40  [THREAD_INFO: ffff80007edf0e40]
         CPU: 1
       STATE: TASK_RUNNING (PANIC)
```

从上述信息可知，宕机的原因是系统有进程长时间被阻塞了。

通过 ps 命令查看哪些进程被阻塞了。

```
crash> ps | grep UN
   711      2   7  ffff80005b0fe3c0  UN   0.0       0      0  [lock_test1]
   712      2   6  ffff80005b0fc740  UN   0.0       0      0  [lock_test2]
   715    707   3  ffff8000613e3900  UN   0.0    1772   1064  test
   716    707   2  ffff8000613e0000  UN   0.1    8684   3136  ps
crash>
```

可以看到有 4 个进程被阻塞了。接下来我们会重点分析 ps 进程和 test 进程。

5.5.1　分析 ps 进程

我们先从 ps 进程开始分析。

首先，查看 ps 进程的函数调用关系。

```
crash> bt 716
PID: 716    TASK: ffff8000613e0000  CPU: 2   COMMAND: "ps"
 #0 [ffff00000b273a90] __switch_to at ffff000008087e78
 #1 [ffff00000b273ab0] __schedule at ffff0000088e73b4
 #2 [ffff00000b273b40] schedule at ffff0000088e79ec
 #3 [ffff00000b273b50] rwsem_down_read_failed at ffff0000088eaeb8
 #4 [ffff00000b273be0] down_read at ffff0000088ea450
 #5 [ffff00000b273c00] __access_remote_vm at ffff000008285f3c
 #6 [ffff00000b273ca0] access_remote_vm at ffff000008286190
 #7 [ffff00000b273ce0] proc_pid_cmdline_read at ffff00000837325c
 #8 [ffff00000b273d80] __vfs_read at ffff0000082e87bc
 #9 [ffff00000b273db0] vfs_read at ffff0000082e8898
#10 [ffff00000b273df0] ksys_read at ffff0000082e8ee0
#11 [ffff00000b273e40] __arm64_sys_read at ffff0000082e8f68
#12 [ffff00000b273e60] el0_svc_common at ffff000008096a10
#13 [ffff00000b273ea0] el0_svc_handler at ffff000008096abc
#14 [ffff00000b273ff0] el0_svc at ffff000008084044
```

从函数调用关系我们可以得到如下信息。

- 从 down_read ()→rwsem_down_read_failed()→schedule()的函数调用关系可知，ps 进程一直在等待一个读者锁。
- ps 进程的函数调用关系是 vfs_read()→proc_pid_cmdline_read()→access_remote_vm()→__access_remote_vm()→down_read()。

那么，究竟这个锁由哪个进程一直持有呢？还有哪些进程在等待这个锁呢？

首先从__access_remote_vm()函数入手。通过 dis 命令来反汇编__access_remote_vm()函数，如图 5.9 所示。

分析__access_remote_vm()函数的反汇编代码。

- 在__access_remote_vm+56 处，把 x22 寄存器的值加载到栈中，即 SP 寄存器+104 字节的地方。
- 在__access_remote_vm+100 处，把 x22 寄存器的值赋予 x0 寄存器，而 x0 寄存器是作为子函数第一个参数的。继续往上找，判断在什么地方给 x22 寄存器赋值。
- 在__access_remote_vm+108 处，调用 down_read()函数。

```
0xffff000008285f00 <__access_remote_vm+48>:    mov    x21, x3
0xffff000008285f04 <__access_remote_vm+52>:    mov    x0, x30
0xffff000008285f08 <__access_remote_vm+56>:    str    x22, [sp,#104]
0xffff000008285f0c <__access_remote_vm+60>:    str    x3, [sp,#120]
0xffff000008285f10 <__access_remote_vm+64>:    nop
0xffff000008285f14 <__access_remote_vm+68>:    adrp   x0, 0xffff000009089000 <page_wait_table+5312>
0xffff000008285f18 <__access_remote_vm+72>:    add    x0, x0, #0x708
0xffff000008285f1c <__access_remote_vm+76>:    mov    x1, x0
0xffff000008285f20 <__access_remote_vm+80>:    str    x1, [sp,#112]
0xffff000008285f24 <__access_remote_vm+84>:    ldr    x2, [x1]
0xffff000008285f28 <__access_remote_vm+88>:    str    x2, [sp,#152]
0xffff000008285f2c <__access_remote_vm+92>:    mov    x2, #0x0                    // #0
0xffff000008285f30 <__access_remote_vm+96>:    and    w1, w24, #0x1
0xffff000008285f34 <__access_remote_vm+100>:   mov    x0, x22
0xffff000008285f38 <__access_remote_vm+104>:   str    w1, [sp,#100]
0xffff000008285f3c <__access_remote_vm+108>:   bl     0xffff000008ea3f8 <down_read>
```

把x22寄存器的值存放到栈中，即[sp+104]
把x22寄存器的值赋予x0寄存器，作为down_read()函数的第一个参数

▲图 5.9 反汇编__access_remote_vm()函数

down_read()函数的原型如下。

```
<kernel/locking/rwsem.c>

void __sched down_read(struct rw_semaphore *sem)
```

从上述分析可知，[sp+104]的地方存储了 rw_semaphore 数据结构的指针，因此我们可以得到 down_read()函数的第一个参数。

x22 寄存器中的值 = *[sp+104] = *[0xffff00000b273c00 + 104] = *[0xffff00000b273c68]

使用 rd 命令来读取 0xffff00000b273c68 中的值。

```
crash> rd 0xffff00000b273c68
ffff00000b273c68:  ffff80005f733120                    1s_....
crash>
```

因此，我们可以知道 rw_semaphore 数据结构存放在 0xffff80005f733120 地址中。使用 struct 命令来查看 rw_semaphore 数据结构成员的值。

```
crash> struct rw_semaphore.count,wait_list,owner ffff80005f733120 -x
  count = {
    counter = 0xffffffff00000001
  }
  wait_list = {
    next = 0xffff00000b26bda8,
    prev = 0xffff00000b273bb8
  }
  owner = 0x1
crash>
```

上面的 rw_semaphore 数据结构中重要字段的含义如下。

- counter 为 0xffffffff00000001，表示有一个活跃的读者以及有写者在睡眠等待；或者一个写者持有了锁以及多个读者在等待。
- owner 为 1，表示被持有的锁是一个读者锁。

- wait_list 是一个链表，进程获取锁失败时会在这里等待。

下面继续推导究竟是什么进程持有了这个锁。

在 mm_struct 数据结构里，rw_semaphore 是作为一个数据结构存放在里面的。因此，知道了 rw_semaphore 的地址就可以反推出 mm_struct 的地址了。

```
crash> struct -o mm_struct -x
struct mm_struct {
...
[0x60]        struct rw_semaphore mmap_sem;
...
}
```

读者需要注意一点，我们在介绍 x86_64 时使用的是 Centos 7.6 操作系统，它默认使用 3.10 内核。而在该实验里使用的是 Linux 5.0 内核，mm_struct 数据结构的成员和偏移量都发生了变化。在 Linux 5.0 内核里，mmap_sem 成员的偏移量是 0x60 而不是 0x78。

mm_struct 数据结构存放的地址为 0xffff80005f733120 – 0x60 = 0xffff80005f7330c0。mm_struct 数据结构里有一个指向 task_struct 数据结构的指针成员 owner。

```
crash> struct mm_struct.owner 0xffff80005f7330c0
  owner = 0xffff8000613e3900
crash>
```

使用 struct 命令来查看 task_struct 数据结构中相关成员的值。

```
crash> struct task_struct.comm,pid 0xffff8000613e3900
  comm = "test\000\000\000)\000\000\000\000\000\000\000"
  pid = 715
crash>
```

test 进程持有了这个锁。综上所述，我们绘制了__access_remote_vm()函数栈的结构，如图 5.10 所示。

另外，使用 list 命令遍历 rw_semaphore 数据结构中的 wait_list 成员，以找到哪些进程在等待这个锁。

```
crash> list -s rwsem_waiter.task,type -h 0xffff00000b26bda8
ffff00000b26bda8
  task = 0xffff8000613e3900
  type = RWSEM_WAITING_FOR_WRITE
ffff00000b273bb8
  task = 0xffff8000613e0000
  type = RWSEM_WAITING_FOR_READ
ffff80005f733128
  task = 0x0
  type = RWSEM_WAITING_FOR_READ
crash>
```

使用 struct 命令来查看 rwsem_waiter 数据结构的 task 成员，可知道等待锁的进程的名称和 ID。

```
crash> struct task_struct.comm,pid 0xffff8000613e3900
  comm = "test\000\000\000)\000\000\000\000\000\000\000"
  pid = 715
crash> struct task_struct.comm,pid 0xffff8000613e0000
```

```
  comm = "ps\000h\000\000\000)\000\000\000\000\000\000\000"
  pid = 716
crash>
```

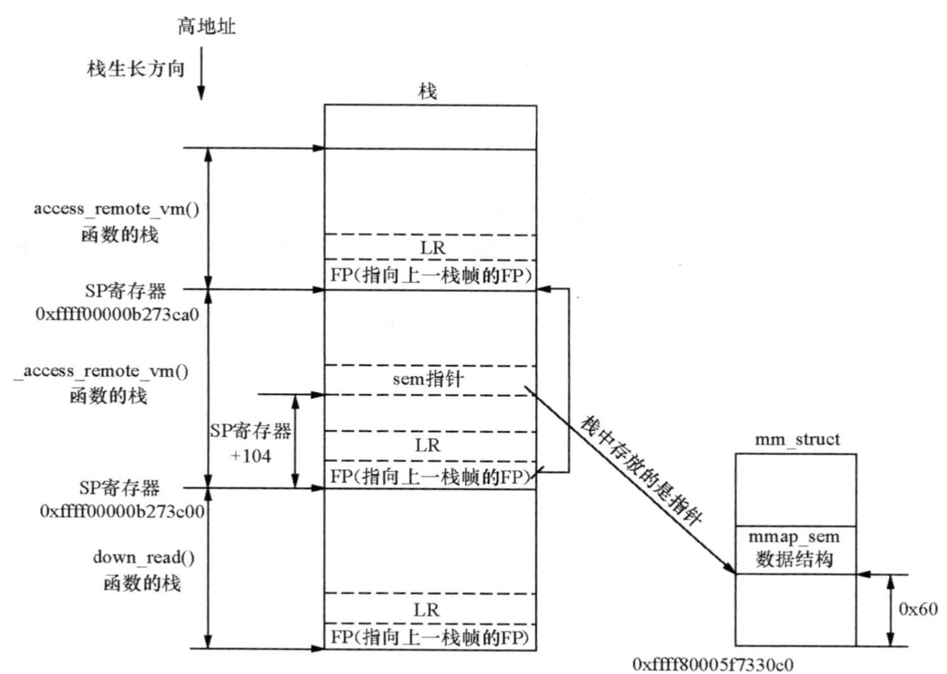

▲图 5.10 __access_remote_vm()函数栈的结构

综上所述，test 进程持有了 mmap_sem 这个读者类型的锁，一直不释放。接着，test 进程又尝试获取写者类型的 mmap_sem 锁，ps 进程尝试获取读者类型的 mmap_sem 锁，从而发生了死锁。

5.5.2 分析 test 进程

接下来分析 test 进程的死锁情况。使用 bt 命令来查看 test 进程的内核函数调用栈的情况。

```
crash> bt 715
PID: 715    TASK: ffff8000613e3900  CPU: 3   COMMAND: "test"
 #0 [ffff00000b26bc60] __switch_to at ffff000008087e78
 #1 [ffff00000b26bc80] __schedule at ffff0000088e73b4
 #2 [ffff00000b26bd10] schedule at ffff0000088e79ec
 #3 [ffff00000b26bd20] rwsem_down_write_failed_killable at ffff0000088eb650
 #4 [ffff00000b26bdd0] down_write_killable at ffff0000088ea584
 #5 [ffff00000b26bdf0] __arm64_sys_brk at ffff00000828bfe4
 #6 [ffff00000b26be60] el0_svc_common at ffff000008096a10
 #7 [ffff00000b26bea0] el0_svc_handler at ffff000008096abc
 #8 [ffff00000b26bff0] el0_svc at ffff000008084044
     PC: 0000ffffb370ed84   LR: 0000ffffb370ee40   SP: 0000ffffc9ccc1a0
    X29: 0000ffffc9ccc1a0  X28: fffffffffffff000  X27: 0000000000000fff
    X26: 0000ffffb37b2af8  X25: 0000ffffb37b2000  X24: 0000ffffb37b2af8
    X23: 0000000000000000  X22: 0000ffffb37b2a98  X21: 0000000000021000
    X20: 0000ffffb37b1000  X19: 0000000000000000  X18: 000000000000023f
    X17: 0000000000000007  X16: 000000000000270f  X15: 0000000000000002
```

```
    X14: 0000000000000000  X13: 0000000000000000  X12: 0000000000084890
    X11: 0000000000000000  X10: 0000000000000000   X9: 0000ffffb37b2000
     X8: 00000000000000d6   X7: 0000ffffb37b2af8   X6: 0000000000000270
     X5: 0000000000000046   X4: 0000000000000003   X3: 0000000000000004
     X2: 0000000000000000   X1: 0000ffffb36bfbd0   X0: 0000000000000000
   ORIG_X0: 0000000000000000   SYSCALLNO: d6   PSTATE: 20000000
crash>
```

从函数调用关系可以看到如下信息。

- __schedule ()函数表明 test 进程在让出 CPU，也就是在等待。
- __arm64_sys_brk()→down_write_killable()表明 test 进程在用户空间中调用 malloc()函数分配内存时需要申请一个写者锁。

这个锁究竟是什么样的锁？需要查看 sys_brk()的源代码。

```
<mm/mmap.c>

SYSCALL_DEFINE1(brk, unsigned long, brk)
{
    down_write_killable(&mm->mmap_sem);

    find_vma(mm, oldbrk);

    do_brk_flags(oldbrk, newbrk-oldbrk, 0, &uf);

    up_write(&mm->mmap_sem);
    return brk;
}
```

使用 dis 命令来反汇编__arm64_sys_brk()函数，如图 5.11 所示。

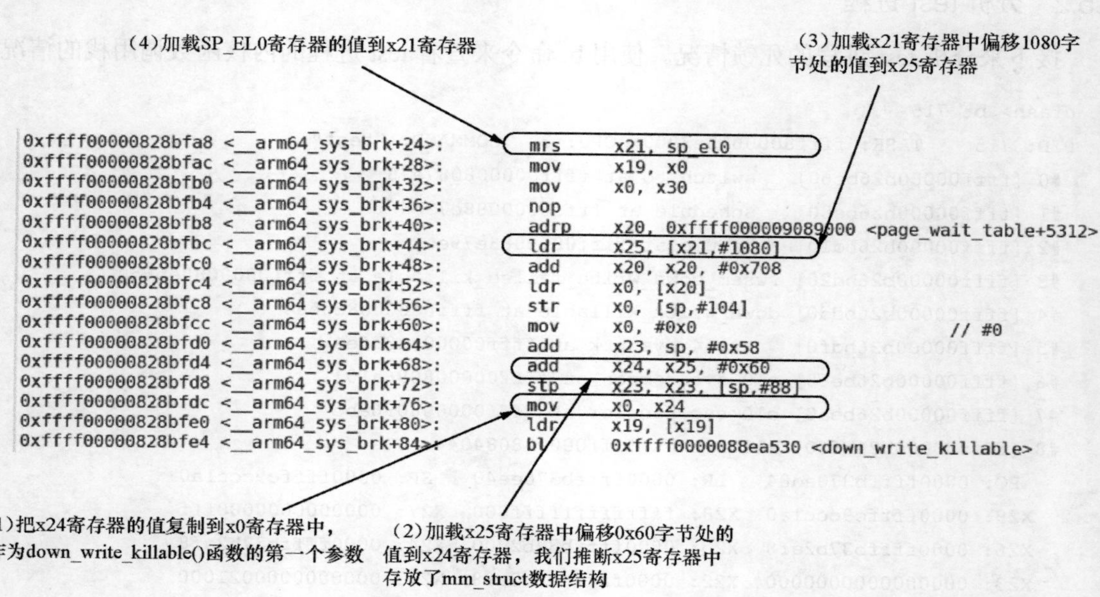
(4)加载SP_EL0寄存器的值到x21寄存器
(3)加载x21寄存器中偏移1080字节处的值到x25寄存器
0xffff00000828bfa8 <__arm64_sys_brk+24>: mrs x21, sp_el0
0xffff00000828bfac <__arm64_sys_brk+28>: mov x19, x0
0xffff00000828bfb0 <__arm64_sys_brk+32>: mov x0, x30
0xffff00000828bfb4 <__arm64_sys_brk+36>: nop
0xffff00000828bfb8 <__arm64_sys_brk+40>: adrp x20, 0xffff000009089000 <page_wait_table+5312>
0xffff00000828bfbc <__arm64_sys_brk+44>: ldr x25, [x21,#1080]
0xffff00000828bfc0 <__arm64_sys_brk+48>: add x20, x20, #0x708
0xffff00000828bfc4 <__arm64_sys_brk+52>: ldr x0, [x20]
0xffff00000828bfc8 <__arm64_sys_brk+56>: str x0, [sp,#104]
0xffff00000828bfcc <__arm64_sys_brk+60>: mov x0, #0x0 // #0
0xffff00000828bfd0 <__arm64_sys_brk+64>: add x23, sp, #0x58
0xffff00000828bfd4 <__arm64_sys_brk+68>: add x24, x25, #0x60
0xffff00000828bfd8 <__arm64_sys_brk+72>: stp x23, x23, [sp,#88]
0xffff00000828bfdc <__arm64_sys_brk+76>: mov x0, x24
0xffff00000828bfe0 <__arm64_sys_brk+80>: ldr x19, [x19]
0xffff00000828bfe4 <__arm64_sys_brk+84>: bl 0xffff0000088ea530 <down_write_killable>
(1)把x24寄存器的值复制到x0寄存器中，作为down_write_killable()函数的第一个参数
(2)加载x25寄存器中偏移0x60字节处的值到x24寄存器，我们推断x25寄存器中存放了mm_struct数据结构

▲图 5.11　反汇编__arm64_sys_brk()函数

分析__arm64_sys_brk()函数的反汇编代码，首先找到调用 down_write_killable()函数的地方，<即__arm64_sys_brk+84>，然后从后往前分析。

- 在<__arm64_sys_brk+76>处，把 x24 寄存器的值复制到 x0 寄存器中作为传递给 down_write_killable()子函数的第一个参数。
- 在<__arm64_sys_brk+68>处，把 x25 寄存器中偏移 0x60 字节处的值加载到 x24 寄存器，因此我们推断 x25 寄存器存放了 mm_struct 数据结构的地址。
- 在<__arm64_sys_brk+44>处，加载 x21 寄存器中偏移 1080 字节处的值加载到 x25 寄存器。
- 在<__arm64_sys_brk+24>处，加载 sp_el0 寄存器的值到 x21 寄存器中。

通过上述分析，我们无法推断 x24 寄存器的值是多少。ARM64 架构的函数参数调用规则中有一条规定，x19～x28 寄存器作为临时寄存器，子函数使用它们时必须保存到栈里。因此，可以沿着函数调用关系 backtrace 继续分析，之前分析了 mmap_sem 的值保存到 x24 寄存器里，我们继续分析后面调用的子函数中是否会把 x24 寄存器的值保存到栈里。

在反汇编 rwsem_down_write_failed_killable()函数时发现了 x24 寄存器的踪影。

```
crash> dis rwsem_down_write_failed_killable
0xffff0000088eb428 <rwsem_down_write_failed_killable>:  stp    x29, x30, [sp,#-176]!
0xffff0000088eb42c <rwsem_down_write_failed_killable+4>:     mov     x29, sp
0xffff0000088eb430 <rwsem_down_write_failed_killable+8>:     stp     x19, x20, [sp,#16]
0xffff0000088eb434 <rwsem_down_write_failed_killable+12>:    stp     x21, x22, [sp,#32]
0xffff0000088eb438 <rwsem_down_write_failed_killable+16>:    stp     x23, x24, [sp,#48]
0xffff0000088eb43c <rwsem_down_write_failed_killable+20>:    adrp    x20, 0xffff00000
9089000 <page_wait_table+5312>
```

在（rwsem_down_write_failed_killable+16）处，把 x23 寄存器的值保存到栈里向上偏移 48 字节处，把 x24 寄存器的值保存到栈里向上偏移（48+8）字节处。

$$[sp+48+8] = 0xffff00000b26bd20 + 0x38 = 0xffff00000b26bd58$$

x24 寄存器中的值存放在 0xffff00000b26bd58 地址处，也就是存放着 mmap_sem 数据结构的指针。

```
crash> rd ffff00000b26bd58
ffff00000b26bd58:  ffff80005f733120                    1s_....
crash>
```

mmap_sem 数据结构存放在地址 0xffff80005f733120 处。

```
crash> struct rw_semaphore.count,wait_list,owner ffff80005f733120 -x
  count = {
    counter = 0xffffffff00000001
  }
  wait_list = {
    next = 0xffff00000b26bda8,
    prev = 0xffff00000b273bb8
  }
  owner = 0x1
crash>
```

知道了 mmap_sem 数据结构存放的地址，进而可以推断出 mm_struct 数据结构存放的地址。

```
crash> struct mm_struct.owner ffff80005f7330c0 -x
  owner = 0xffff8000613e3900
crash> struct task_struct.comm,pid 0xffff8000613e3900
  comm = "test"
  pid = 2899
crash>
```

综上所述，这个 mmap_sem 读者锁被 test 进程一直持有，test 进程还尝试获取同一个锁（写者锁），因此两个进程被阻塞了，如图 5.12 所示。

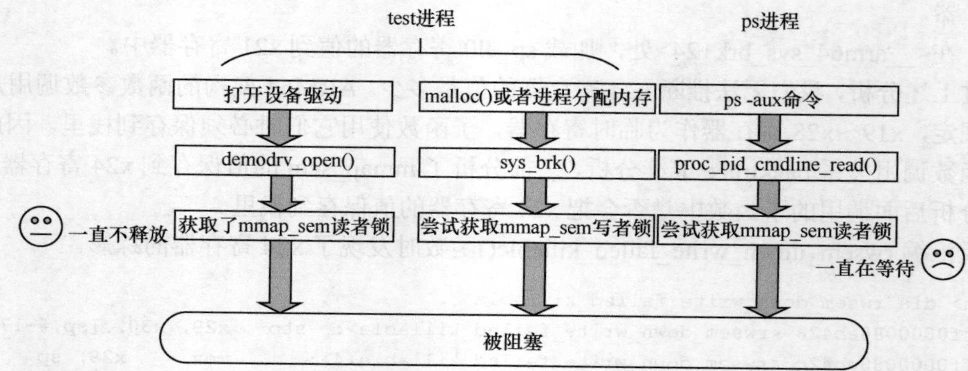

▲图 5.12　test 进程和 ps 进程之间复杂的死锁过程

读者可以根据上述分析方法，继续分析 lock_test1 和 lock_test2 内核线程的死锁场景。

第6章 安全漏洞分析

本章高频面试题

1. 请简述高速侧信道攻击的原理。
2. 在 CPU 熔断漏洞攻击中，攻击者在用户态访问内核空间时会发生异常，攻击者进程会被终止，这样导致后续无法进行侧信道攻击，那么如何解决这个问题？
3. 请简述熔断漏洞攻击的原理和过程。
4. 请简述 KPTI 方案的实现原理。
5. 在使能了 KPTI 方案的 ARM64 Linux 中，当运行在内核态的进程通过 copy_to_user()以及 copy_from_user()等接口访问用户空间地址时，CPU 使用什么 ASID 去查询 TLB？这对性能有什么影响？
6. 请简述分支预测的工作原理。
7. 请简述 CPU“幽灵”漏洞变体 1 的攻击原理。
8. 请简述 ARM64 架构中新增的 CSDB 指令的作用。
9. 内核新增的接口函数 array_index_nospec()是如何规避幽灵漏洞的？

本章主要介绍 CPU 熔断（meltdown）漏洞和幽灵（spectre）漏洞的攻击原理，以及 Linux 内核的修复方法。这两个漏洞都利用现代微处理器中指令执行的弱点来进行攻击，其中熔断漏洞利用了乱序执行的特性（副作用），使得用户态程序也可以读出内核空间的数据，包括个人私有数据和密码，而幽灵漏洞利用分支预测执行的特性来进行攻击。本章主要介绍这两个漏洞的攻击方法和 ARM64 的 Linux 内核的修复方案等。

6.1 侧信道攻击

侧信道攻击（side-channel attack）是密码学中常见的暴力攻击技术。它是针对加密电子设备在运行过程中的时间消耗、功率消耗或电磁辐射之类的侧信道信息泄露而对加密设备进行攻击的方法。这类新型攻击的有效性远高于密码分析的数学方法，给密码设备带来了严重的威胁。

在熔断漏洞和幽灵漏洞中，攻击者主要利用了计算机高速缓存和物理内存不同的访问延时来做侧信道攻击。在计算机系统中，处理器执行指令的瓶颈已经不在 CPU 端，而是在内存访问端。因为 CPU 的处理速度要远远大于物理内存的访问速度，所以为了缩短 CPU 等待数据的时间，在现代处理器设计中都设置了多级的高速缓存。L1 高速缓存最靠近处理器核心，它的访问速度是最快的，当然，它的容量是最小的。CPU 访问各级的内存设备的延迟和速度是不一样的，L1 高速缓存的延迟最小，L2 高速缓存其次，L3 高速缓存慢于 L2 高速缓存，最慢的是 DDR 物理内存。

卷 1 列出了 Intel Xeon 5500 服务器芯片访问各级内存的数据。如果内存的数据已经被缓存到高速缓存里，那么 CPU 就会用较短的时间读取内存里的内容；否则，将直接从物理内存中读取数据，这个读取内存的时间就会较长。两者的时间差异非常明显（大约有 300 个时钟周期以上），因此攻击者可以利用这个时间差异来进行攻击。

下面是一段实现高速缓存侧信道攻击的伪代码，也是熔断漏洞攻击的伪代码。

```
<熔断漏洞攻击的伪代码>

1   set_signal();    //定义一个信号和回调函数，当程序发生异常时，执行该回调函数，而不是让进程发生段错
    //误而退出程序
2     u8 user_probe[4096];  //定义一个攻击者可以安全访问的数组
3     clflush for user_probe[]; // 把 user_probe 数组对应的高速缓存全部冲刷掉
4     u8 value = *(u8 *) attacked_mem_addr; // attacked_mem_addr 存放被攻击的地址
5     u8 index = (value & 1)*0x100;   //判断第 0 位是 0 还是 1
6     data = user_probe[index]; // user_probe 数组存放攻击者可以访问的基地址
```

在第 1 行中，定义一个信号，当程序访问了非法地址（如下面的 attacked_mem_addr）时，内核会发送这个信号并且执行该信号对应的回调函数，而不是让进程因为发生段错误而退出程序。

在第 2 行中，定义一个攻击者可以安全访问的数组 user_probe，如在用户空间可以访问的数组。

在第 3 行中，把 user_probe 数组对应的高速缓存全部冲刷掉。

在第 4 行中，attacked_mem_addr 是攻击者没有访问权限的地址。当攻击者主动访问时，CPU 会触发一个异常。异常会导致 CPU 不会执行异常之后的代码，而是跳转到操作系统中的异常处理程序去执行。但是由于 CPU 乱序执行，CPU 可能已经预处理了异常指令后面的那些指令。因为异常指令和随后的指令没有依赖性，这样导致 CPU 把 attacked_mem_addr 中的内容读取出来了。

在第 5 行中，判断 value 的第 0 位是 0 还是 1。若为 0，那么 index 为 0；若为 1，那么 index 为 0x100。

第 6 行中，若 index 为 0，则把 user_probe[0]的数据加载到高速缓存行中；若 index 为 1，则把 user_probe[0x100]的数据加载到高速缓存行中。这里 0x100 等于 256，是为了让 CPU 加载的数据在高速缓存行中错开。

接下来要做的事情就是测量和比对。我们以高速缓存行为步长来遍历 user_probe[]数组，并测量每个访问时间。如果访问时间很短，说明数据已经加载到高速缓存中，从而可以反推出 attacked_mem_addr 中数据的第 0 位是 0 还是 1。

- 若访问 user_probe[0]数据的时间很短，那么可推出 attacked_mem_addr 中数据的第 0 位为 0。
- 若访问 user_probe[0x100]数据的时间很短，那么可推出 attacked_mem_addr 中数据的第 0 位为 1。

按照上述侧信道攻击方法，我们已经把 attacked_mem_addr 中数据的第 0 位破解了，接着可以依次破解其他位，从而得到完整数据，整个过程如图 6.1 所示。

最后需要说明，若运行于用户态的进程访问特权页面，如内核页面，会触发一个异常，该异常通常终止应用程序，即用户进程收到段错误信息而被终止。因此，我们可以在攻击者进程中设置异常处理信号。当发生异常时调用该信号的回调函数，从而抑制异常导致的攻击过程的失败。下面是一段用于信号处理的示例代码。

```
<信号处理的示例代码>

void sigsegv(int sig, siginfo_t *siginfo, void *context)
{
     ucontext_t *ucontext = context;
     ...
     return;
}

int set_signal(void)
{
     struct sigaction act = {
          .sa_sigaction = sigsegv,
          .sa_flags = SA_SIGINFO,
     };

     return sigaction(SIGSEGV, &act, NULL);
}
```

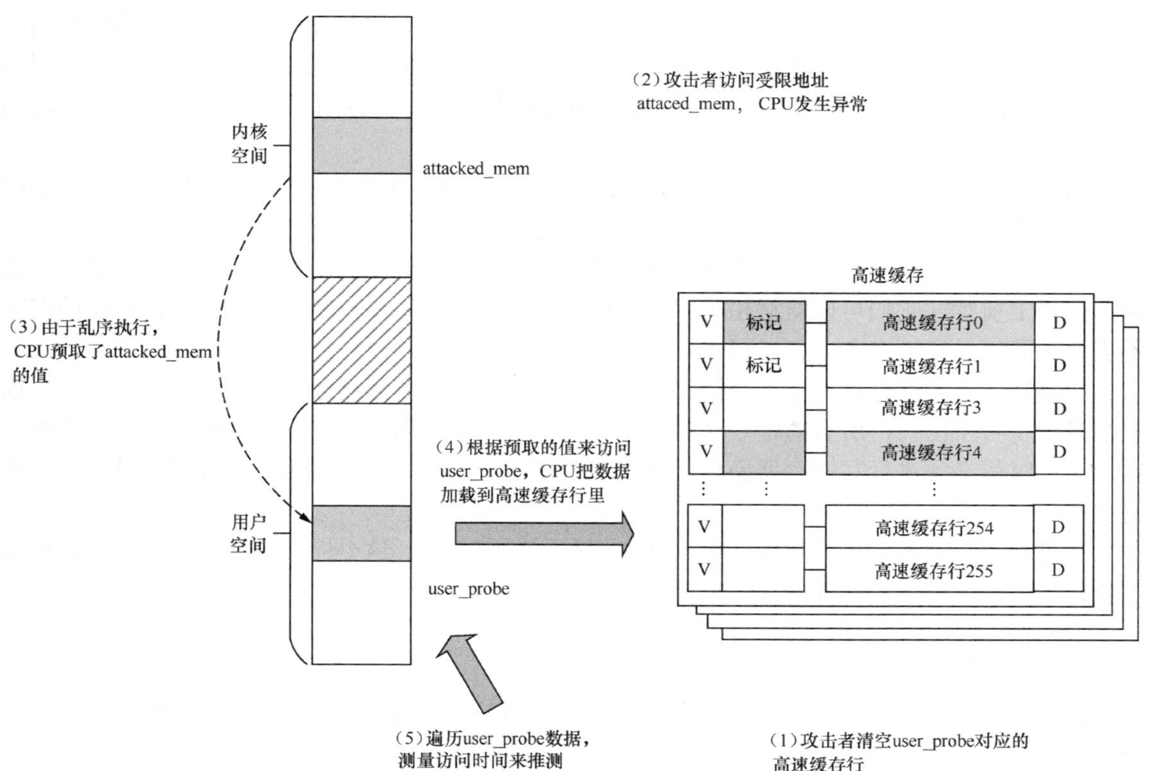

▲图 6.1　高速缓存侧信道攻击中破解数据的过程

6.2 CPU 熔断漏洞分析

操作系统最核心的一个特性是内存隔离，即操作系统要确保用户程序不能访问彼此的内存。而 CPU 熔断漏洞巧妙地利用了现代处理器中乱序执行的副作用进行侧信道攻击，破坏了基于地址空间隔离的安全机制，使得用户态程序可以读出内核空间的数据，包括个人私有数据和密码等。

6.2.1 乱序执行、异常处理和地址空间

熔断漏洞和计算机架构知识紧密相关，特别是乱序执行、异常处理以及地址空间。

1. 乱序执行

现代处理器为了提高性能，实现了乱序执行技术。在顺序执行的处理器中，如果一条指令的资源没有准备好，那么会停止流水线的执行。在资源准备好之后流水线才能继续工作。这种工作方式一定会很慢，因为后面的指令可能不需要等待这个资源，也不依赖当前指令的执行结果，在等待的过程中可以先把后面的指令放到流水线上去执行。所以这个有点像在火车站排队买票，正在买票的人发现钱包不见了，正在着急找钱包，可是后面的人也必须停下来等，因为不能插队。

1967 年 Tomasulo 提出了一系列的算法来实现指令的动态调整，从而实现乱序执行，这就是著名的 Tomasulo 算法。这个算法的核心是实现一个叫作寄存器重命名（register rename）的硬件单元来消除寄存器数据流之间的依赖关系，从而实现指令的并行执行。它在乱序执行的流水线中有两个作用：一是消除指令之间的寄存器读后写（Write-After-Read，WAR）相关和写后写（Write-After-Write，WAW）相关；二是当指令执行发生例外或者转移指令猜测错误而取消后面的指令时，可用来保证现场的精确。

通常处理器实现了一个统一的保留站（reservation station）。它允许处理器把已经执行的指令的结果保存到这里，在最后指令提交时会通过寄存器重命名来保证指令顺序的正确性。

如果用高速公路来比喻，多发射的处理器就像多车道一样，汽车不需要按照发车的顺序在高速公路上前行，它们可以随意超车。一个形象的比喻是，如果一辆汽车抛锚了，后面的汽车不需要排队等候这辆汽车，可以超车。

在高速公路的终点设置了一个很大的停车场，所有的指令都必须在停车场里等候。停车场里还设置了一个出口，所有的指令从这个出口出去的时候必须按照指令原本的顺序，并且指令在出去的时候必须进行写寄存器操作。从出口的角度看，指令就是按照原来程序的逻辑顺序来提交的。

从处理器角度看，指令顺序发车，乱序超车，顺序归队，这个停车场就是保留站，这种乱序执行的机制就是人们常说的乱序执行。

2. 异常处理

CPU 在执行过程中可能会产生异常，但是处理器是支持乱序执行的，若异常指令后面的指令都已经执行了，那怎么办？

我们从 CPU 内部来考察这个异常的发生。从操作系统角度看，当异常发生时，异常发生之前的指令都已经执行完成，异常指令后面的所有指令都没有执行。但是处理器是支持乱序执行的，若可能异常指令后面的指令都已经执行了，那怎么办？

此时，保留站就要起到清道夫的作用。从之前的介绍我们知道乱序执行时，要修改的任何内容都通过中间的寄存器暂时记录，等到从保留站排队出去时才真正提交修改，从而维护指令之间的顺序关系。当一条指令发生异常时，它就会带着异常标记来到保留站中排队。保留站按顺序把之前的正常指令都提交、发送出去，当看到这个带着异常标记的指令时，马上启动应急预案，把出口封锁了，即丢弃异常指令和其后面的指令，不提交。

但是，为了保证程序执行的正确性，虽然异常指令后面的指令不会提交，但是由于乱序执行机制，后面的一些访存指令已经把物理内存数据预加载到高速缓存中了，这就给熔断漏洞留下来后门，虽然这些数据会最终被丢弃掉。

3. 地址空间

分页机制保证了每个进程的地址空间的隔离性。分页机制也实现了从虚拟地址到物理地址的转换，这个过程需要查询页表，页表可以是多级页表。这个页表除了实现虚拟地址到物理地址的转换之外，还定义了访问属性。访问属性约定了这个虚拟页面的访问行为和权限，如只读、可行以及可执行等。

每个进程都有自己的虚拟地址空间，并且映射的物理地址是不一样的，所以每一个进程都有自己的页表。在操作系统做进程切换时会把下一个进程的页表的基地址填入寄存器，从而实现进程地址空间的切换。因为 TLB 里还缓存着上一个进程的地址映射关系，所以在切换进程的时候需要把 TLB 对应的部分也清除掉。关于进程地址空间的详细内容可以参考卷 1。

6.2.2 修复方案：KPTI 技术

1. KPTI 技术

Linux 内核把地址空间分成了内核空间和用户空间，通常内核空间和用户空间使用同一张页表，而且处于同一个 TLB 中。当 CPU 做预取和乱序执行时，使用虚拟地址来查询 TLB，或者让 MMU 做虚拟地址到物理地址的转换。TLB 和 MMU 并不检查访问权限，CPU 得到物理地址后，开始访问内存并成功预取了没有访问权限的数据。如果进程运行在用户态时就限制 TLB 或者 MMU 硬件单元去做内核空间地址转换，就可以阻止 CPU 在乱序执行和预取时对内核空间数据的访问，这也符合 KPTI（Kernel Page-Table Isolation）的思路。

KPTI 的总体思路是把每个进程使用的一张页表分隔成了两张——内核页表和用户页表。当进程运行在用户空间时，使用的是用户页表。当发生中断、异常或者主动调用系统调用时，用户程序陷入内核态。进入内核空间后，通过一小段内核跳板（trampoline）程序将用户页表切换到内核页表。当进程从内核空间跳回用户空间时，页表再次被切换回用户页表。当进程运行在内核态时，进程可以访问内核页表和用户页表，内核页表包含了全部内核空间的映射，因此可以访问全部内核空间和用户空间。而当进程运行在用户态时，内核页表仅仅包含跳板页表，而其他内核空间都是无效映射，因此进程无法访问内核空间的数据了。

2. ARM64 遇到的问题

下面介绍 ARM64 的 Linux 内核是如何实现 KPTI 技术的。

在 ARM64 的 Linux 内核中已经使用了两套页表的方案。当访问用户空间时从 TTBR0 寄存器中获取用户页表的基地址（用户页表的基地址存储在进程的 mm->pgd 中）。当访问内核空间时从 TTBR1 寄存器获取内核页表的基地址（swapper_pg_dir）。但是，内核空间中页表的属性设置为全局类型的 TLB。内核空间是所有进程共享的空间，因此这部分空间的虚拟地址到物理地址的翻译是不会变化的。在熔断漏洞攻击场景下，用户程序访问内核空间地址时，TLB 硬件单元依然可以产生 TLB 命中，从而得到物理地址。

PTE 属性中有一位用来管理 TLB 是全局类型还是进程独有类型，这就是 nG 位（第 11 位，详见卷 1）。当 nG 位为 1 时，这个页表对应的 TLB 表项是进程独有的，需要使用 ASID 来识别。当 nG 位为 0 时，这个页表对应的 TLB 表项是全局的。KPTI 之前的 TLB 访问情况如图 6.2 所示。

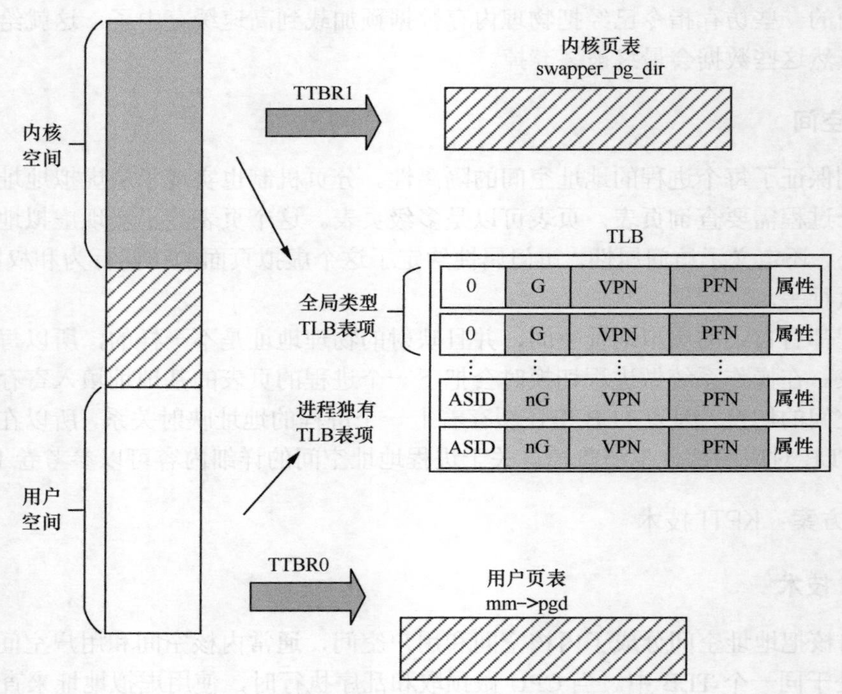

▲图 6.2　KPTI 之前的 TLB 访问情况

假设一个进程运行在用户态，当访问用户地址空间时，CPU 会带着 ASID 去查询 TLB。如果 TLB 命中，那么可以直接访问物理地址；否则，就要查询页表了。当有攻击者想在用户态访问内核地址空间时，CPU 会查询 TLB。由于此时内核页表的 TLB 是全局类型的，因此可能从 TLB 中查询到物理地址。另外，CPU 也通过 MMU 去查询页表。CPU 访问内核空间的地址最终会产生异常，但是因为乱序执行，CPU 会提前预取了内核空间的数据，这就导致了熔断漏洞。在 KPTI 之前，用户态进程访问内核空间和地址空间的方式如图 6.3 所示。

3. ARM64 的 KPTI 方案

ARM64 的 KPTI 方案大致和 x86_64 的 KPTI 方案类似，只是在具体实现上略有不同。

- 新增一个 CONFIG_UNMAP_KERNEL_AT_EL0 宏来打开 KPTI 方案，编译内核时需要打开这个选项并重新编译内核。这个宏表示当进程运行在用户态时，不映射内核空间的地址。
- 原来内核空间的 TLB 设置成全局类型的 TLB，现在把每个进程的内核页表设置成进程独有类型的 TLB，即为内核页表也分配一个 ASID。新增一个 PTE_MAYBE_NG 宏，内核使能了 CONFIG_UNMAP_KERNEL_AT_EL0 后，内核使用的页面会默认添加 PTE_NG 到 PTE 的属性中。

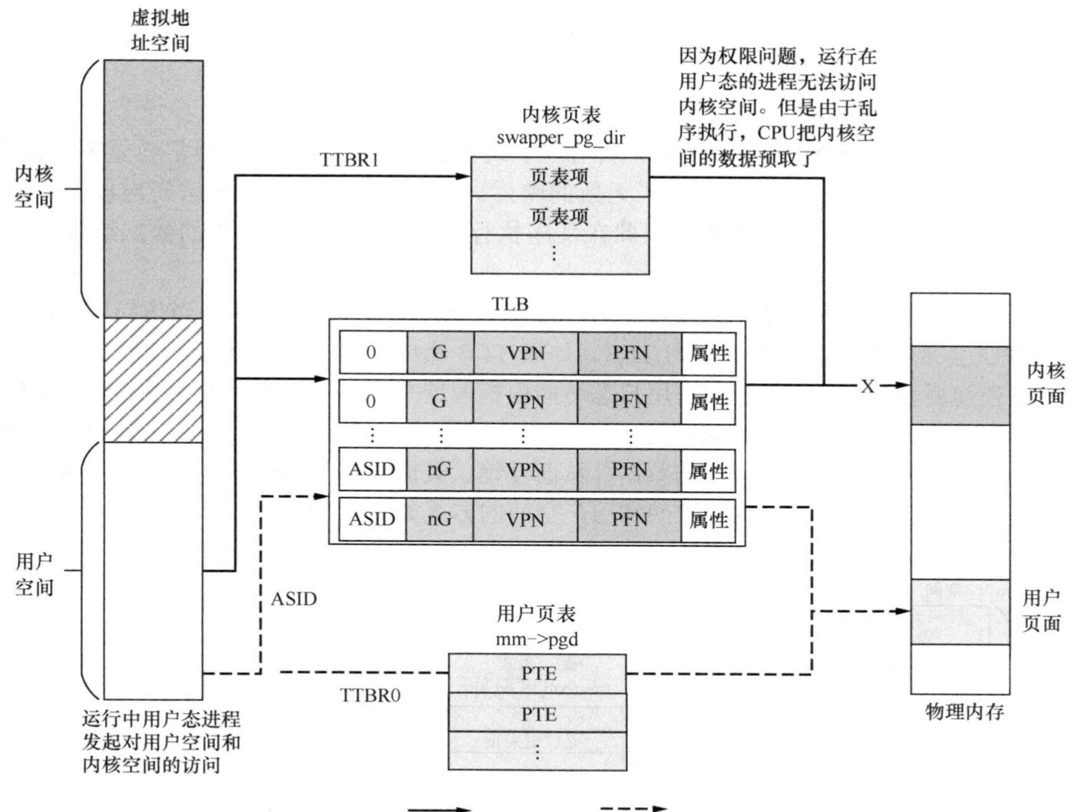

▲图 6.3 用户态进程访问内核空间和用户空间的方式（KPTI 之前）

```
<arch/arm64/include/asm/pgtable-prot.h>

#define PTE_MAYBE_NG        (arm64_kernel_use_ng_mappings() ? PTE_NG : 0)

#define PROT_DEFAULT        (_PROT_DEFAULT | PTE_MAYBE_NG)
```

- ASID 的分配和使用。每个进程使用一对 ASID，内核页表使用偶数 ASID，用户页表使用奇数 ASID。在 arch/arm64/mm/context.c 文件中，NUM_USER_ASIDS 宏表示系统支持 ASID 的进程数量，在 KPTI 方案里，支持的进程数要减半。另外，0 号和 1 号的 ASID 预留给内核线程的 init_mm 使用，因此用户进程分配的 ASID 从 2 号开始，如 2 和 3 是一对 ASID，其中 2 号 ASID 给内核页表使用，3 号 ASID 给用户页表使用。

```
<arch/arm64/mm/context.c>

#ifdef CONFIG_UNMAP_KERNEL_AT_EL0
#define NUM_USER_ASIDS          (ASID_FIRST_VERSION >> 1)
#define asid2idx(asid)          (((asid) & ~ASID_MASK) >> 1)
#define idx2asid(idx)           (((idx) << 1) & ~ASID_MASK)
#else
#define NUM_USER_ASIDS          (ASID_FIRST_VERSION)
#define asid2idx(asid)          ((asid) & ~ASID_MASK)
```

```
#define idx2asid(idx)           asid2idx(idx)
#endif
```

具体分配 ASID 的函数，详见卷 1。

为内核页表建立一个跳板，它存放了从用户态跳转到内核态所需要的异常向量表等信息，其他内核空间的映射都去掉了，变成了无效的映射。这样当用户态进程想访问内核空间地址时，MMU 能检查到是无效的映射，因此在乱序执行时无法把内核空间中的数据给提前预取出来。

下面以一个例子来说明 KPTI 技术原理。假设一个进程运行在用户态，当访问用户地址空间时，CPU 会带着奇数 ASID 去查询 TLB。如果 TLB 命中，那么可以直接访问物理地址；否则，就要查询页表。当有攻击者想在用户态访问内核地址空间时，CPU 依然带着奇数 ASID 去查询 TLB。由于此时的内核页表只映射了一个跳板页面，而其他内核空间都是无效映射，因此攻击者最多只能访问这个跳板页面的数据，从而杜绝了类似熔断漏洞的攻击。在使用 KPTI 技术的情况下，用户态进程访问内核空间和用户空间的方式如图 6.4 所示。

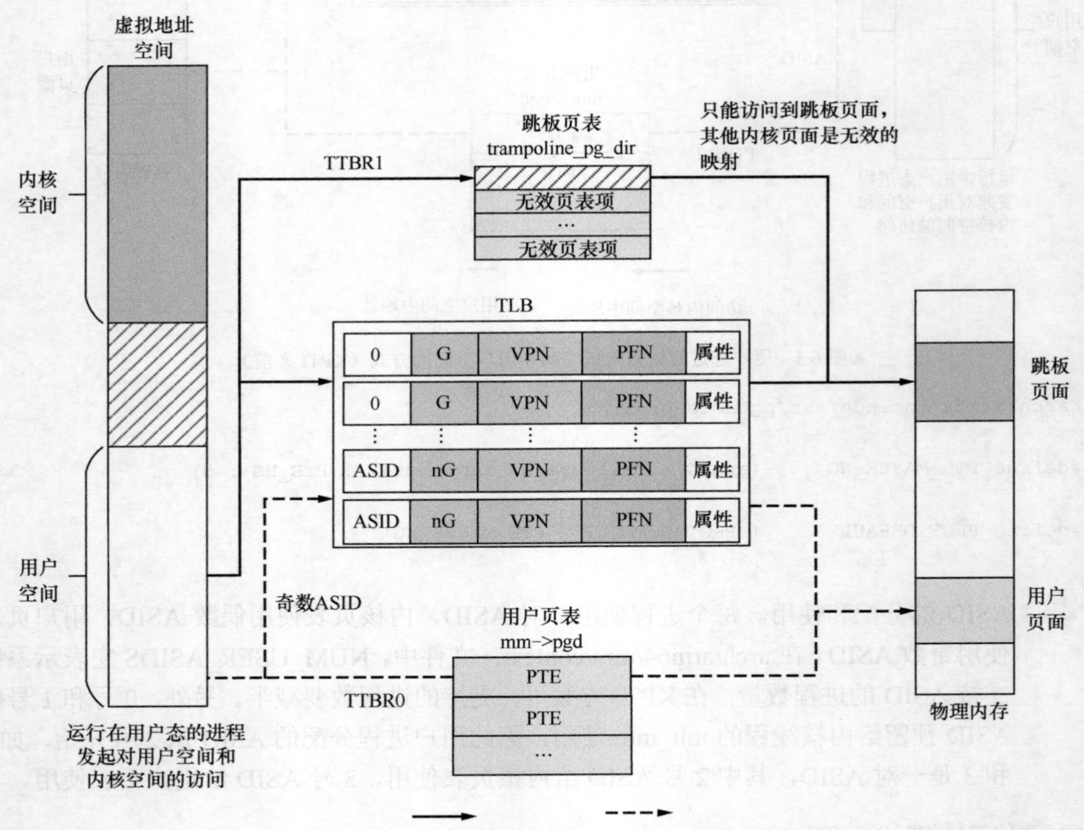

▲图 6.4　在使用 KPTI 技术的情况下用户态进程访问内核空间和用户空间的方式

当进程运行在内核态时，它可以访问全部内核地址空间，如图 6.5 所示。此时，CPU 带着偶数 ASID 去查询 TLB，得到物理地址后就可以访问内核页面。当进程访问用户地址空间时依然带着偶数 ASID 去查询 TLB，通常情况下未命中 TLB，转而通过 MMU 来得到物理地址，然后就可以访问用户页面了。但是，内核有一个 PAN 的功能，它的目的是防止内核或者驱动开发者随意访问用户地址空间而造成安全问题，所以迫使内核或者驱动开发者使用 copy_to_user()以及 copy_from_user()等安全接口，提升系统的安全性。

运行在内核态的进程通过 copy_to_user()和 copy_from_user()等接口访问用户空间地址时，依然带着偶数 ASID 来查询 TLB，导致 TLB 未命中，因为当前 CPU 只有一个 ASID 在使用，即分配给内核空间的偶数 ASID。所以，需要通过 MMU 做地址转换才能得到物理地址，这会有一点点性能损失。ARM64（截至 ARMv8.4 架构）目前的设计中不能实现同时使用两个 ASID 来查询 TLB，即访问内核空间地址时使用偶数 ASID，访问用户空间地址时使用奇数 ASID。

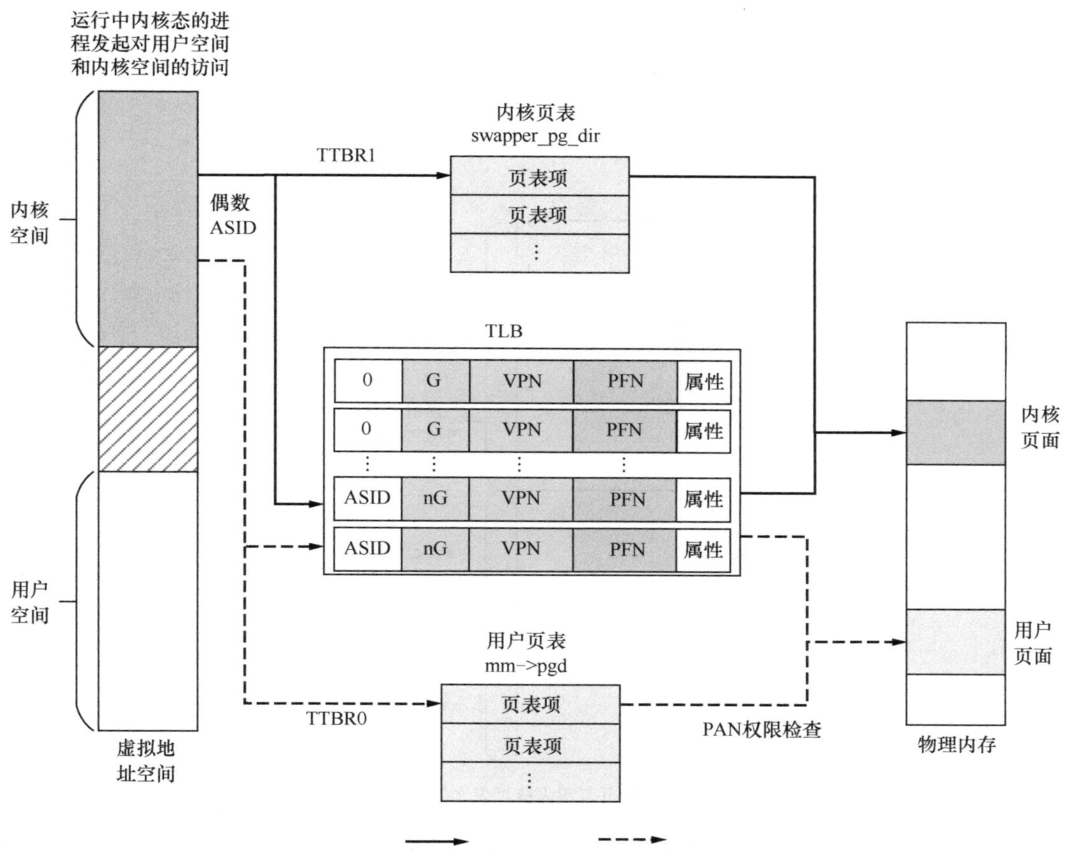

▲图 6.5　在使用 KPTI 的情况下内核态进程访问内核空间和用户空间的方式

4. 跳板的建立和使用

首先在 vmlinux 的代码段中新增一个名为.entry.tramp.text 的段，它的链接起始地址为__entry_tramp_text_start，这个段的大小为一个页面。

```
<arch/arm64/kernel/vmlinux.lds.S>

#ifdef CONFIG_UNMAP_KERNEL_AT_EL0
#define TRAMP_TEXT                                  \
        . = ALIGN(PAGE_SIZE);                       \
        __entry_tramp_text_start = .;               \
```

```
        *(.entry.tramp.text)                                \
        . = ALIGN(PAGE_SIZE);                               \
        __entry_tramp_text_end = .;
#else
#define TRAMP_TEXT
#endif
```

在只读数据段中新增一个页表，名为 tramp_pg_dir，大小为一个页面。跳板页表和内核页表之间的位置关系如图 6.6 所示。

```
<arch/arm64/kernel/vmlinux.lds.S>

#ifdef CONFIG_UNMAP_KERNEL_AT_EL0
        tramp_pg_dir = .;
        . += PAGE_SIZE;
#endif
```

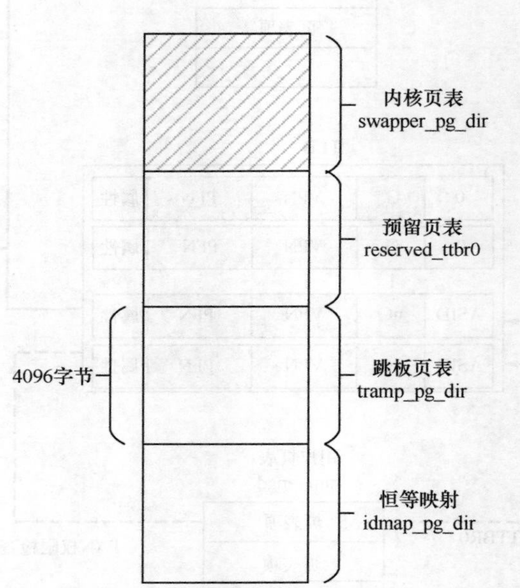

▲图 6.6　跳板页表和内核页表之间的位置关系

在“.entry.tramp.text”代码段里存放了跳板向量表 tramp_vectors、tramp_map_kernel 宏、tramp_unmap_kernel 宏以及 tramp_exit_native 函数等内容。在 arch/arm64/kernel/entry.S 文件中，使用“.pushsection”伪代码把跳板向量表填充到“.entry.tramp.text”代码段里。

```
<arch/arm64/kernel/entry.S>

#ifdef CONFIG_UNMAP_KERNEL_AT_EL0
        .pushsection ".entry.tramp.text", "ax"

        .macro tramp_map_kernel, tmp
          ...
        .endm

ENTRY(tramp_vectors)
```

```
        .space  0x400
        tramp_ventry
        ...
END(tramp_vectors)
        .ltorg
        .popsection
#endif
```

Linux 内核在初始化时会为这个代码段建立一个映射，这个映射的页表为 tramp_pg_dir，见 map_entry_trampoline()函数。

```
<arch/arm64/mm/mmu.c>

static int __init map_entry_trampoline(void)
```

假设现在调度器选择了用户进程 p 来运行，下面是内核所做的步骤。

（1）调度器选择进程 p 作为下一个运行的进程。

（2）在进程切换时会检查是否需要为该进程分配硬件 ASID。当需要分配 ASID 时调用 new_context()函数为其分配一对 ASID。

（3）调用 cpu_switch_mm()函数来切换页表。

- 把 ASID 设置到 TTBR1_EL1 里，这里把偶数的 ASID 设置到 TTBR1_EL1 里。
- 设置进程 p 的页表基地址（mm->pgd）到 TTBR0_EL1 里。

（4）调用 switch_to()函数进行上下文切换。

（5）进程 p 开始执行，沿着内核栈帧一路返回。

（6）进程 p 即将退出内核态时会调用 kernel_exit 宏。在 kernel_exit 宏中调用 tramp_exit 宏来切换跳板页表。

（7）进程 p 退出内核态，在用户态运行。

kernel_exit 宏实现在 arch/arm64/kernel/entry.S 文件中。

```
<arch/arm64/kernel/entry.S>


    .macro tramp_exit, regsize = 64
    adr      x30, tramp_vectors
    msr      vbar_el1, x30
    tramp_unmap_kernel      x30
    .if      \regsize == 64
    mrs      x30, far_el1
    .endif
    eret
    sb
.endm
```

在 tramp_exit 宏里，把跳板向量表设置到 VBAR_EL1 寄存器[①]中，VBAR_El1 寄存器用来保存跳转到 EL1 的异常向量表。接着调用 tramp_unmap_kernel 宏来切换页表。

ERET 指令会让系统退出当前异常等级，在本场景中它将退出内核态。

① 详见《ARM Architecture Reference Manual, for ARMv8-A architecture profile, v8.4》D12.2.116 节。

这里 sb 宏为了预防高速缓存侧信道的攻击。攻击者可以利用乱序执行的漏洞来攻击，乱序执行可能会把 eret 后面的一些访问指令预取了，这里添加内存屏障指令来防止乱序执行带来的高速缓存侧信道攻击。sb 宏定义在 arch/arm64/include/asm/assembler.h 头文件中。

```
<arch/arm64/include/asm/assembler.h>

 .macro  sb
 dsb     nsh
 isb
 .endm
```

tramp_unmap_kernel 宏也实现在 arch/arm64/kernel/entry.S 文件中。

```
<arch/arm64/kernel/entry.S>

  .macro tramp_unmap_kernel, tmp
  mrs      \tmp, ttbr1_el1
  sub      \tmp, \tmp, #(PAGE_SIZE + RESERVED_TTBR0_SIZE)
  orr      \tmp, \tmp, #USER_ASID_FLAG
  msr      ttbr1_el1, \tmp
  .endm
```

首先把 TTBR1_EL1 的值读取到 tmp 寄存器中，TTBR1_EL1 指向内核页表 swapper_pg_dir 的首地址，然后减去跳板预留页表（reserved_ttbr0）的大小和页表的大小（PAGE_SIZE）可以得到跳板页表的首地址。接着，设置 ASID 的值，这里相当于把内核空间使用的偶数 ASID 加上 1 变成了奇数 ASID。最后设置到 TTBR1_EL1 里，完成对用户态进程的 ASID 设置。

综上所述，当进程退出内核态时需要做的工作如图 6.7 所示。

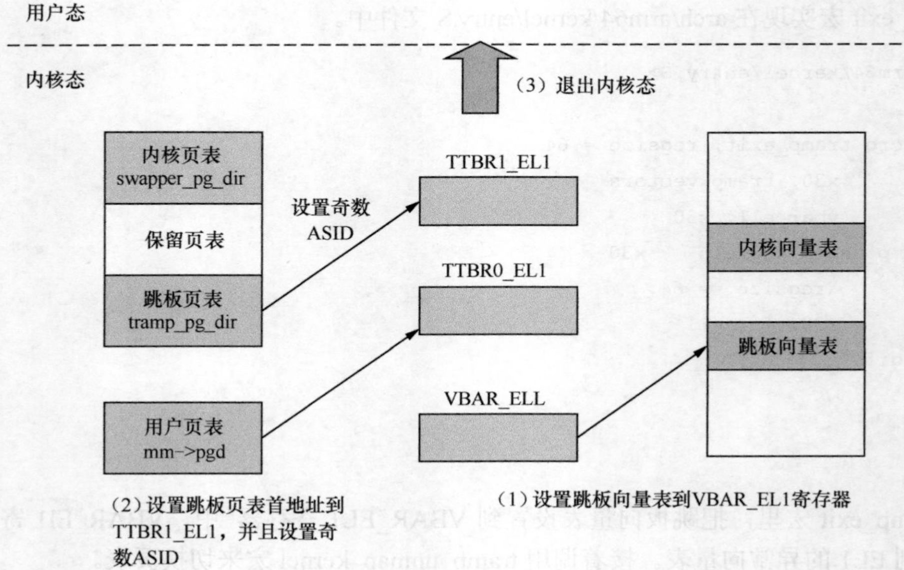

▲图 6.7　进程退出内核态时要做的工作

当进程 p 因调用系统调用或者发生中断等需要陷入内核态时，CPU 会跳转到异常向量表。

由于进程 p 在退出内核态时已经把异常向量表设置为跳板向量表 tramp_vectors，因此这时异常向量的入口为跳板向量表。

```
<arch/arm64/kernel/entry.S>

ENTRY(tramp_vectors)
       .space  0x400
       tramp_ventry     //tramp_el0_sync，发生在 EL0 的同步异常（AArch64）
       tramp_ventry     //tramp_el0_irq, 在 EL0 发生 IRQ （AArch64）
       tramp_ventry     //tramp_el0_fiq, 在 EL0 发生 FIQ（AArch64）
       tramp_ventry     //tramp_el0_error, 在 EL0 发生 error 类型异常（AArch64）

       tramp_ventry     32
       tramp_ventry     32
       tramp_ventry     32
       tramp_ventry     32
END(tramp_vectors)
```

跳板异常向量表只关注从用户态 EL0 跳转到内核态 EL1 的行为，但是根据异常向量表的规范，前 8 个表项表示在 EL1 发生的异常行为，因此这里使用.space 0x400 来把前 8 个表项设置为无效的。ARM64 的异常向量表中每项占 128 字节。

例如，进程 p 陷入内核态的原因是系统调用时会跳转到 tramp_el0_sync 的向量表里。

跳板异常向量表使用 tramp_ventry 宏来实现每个表项。

```
<arch/arm64/kernel/entry.S>

1        .macro tramp_ventry, regsize = 64
2        .align     7
3    1:
4        .if  \regsize == 64
5        msr  tpidrro_el0, x30
6        .endif
7
8        bl     2f
9        b     .
10   2:
11       tramp_map_kernel     x30
12       ldr x30, =vectors
13
14       prfm    plil1strm, [x30, #(1b - tramp_vectors)]
15       msr  vbar_el1, x30
16       add  x30, x30, #(1b - tramp_vectors)
17       isb
18       ret
19       .endm
```

在第 4～6 行中，把 x30 的值存到 TPIDRRO_EL0[1]中。TPIDRRO_EL0 是用来存放线程 ID 的。

① 详见《ARM Architecture Reference Manual, for ARMv8-A architecture profile, v8.4》D12.2.110 节。

在第 8～9 行中，防止攻击者采用幽灵漏洞变体 2 进行攻击。幽灵漏洞变体 2 采用分支预测注入的方式攻击，它利用了 CPU 的分支预测的弱点，如全局分支预测器、全局历史缓冲器以及返回栈单元等。攻击者通过训练可以让分支预测单元跳转到攻击者指定的代码里。这里使用 bl 指令来把后面的指令添加到栈里，这样第 18 行的 ret 指令变成一个“自身跳转”（branch-to-self）的指令，从而避免幽灵漏洞变体 2 的攻击。

在第 11 行中，调用 tramp_map_kernel 来切换页表。

在第 12 行中，把原本内核使用的异常向量表 vectors 加载到 x30 寄存器里，x30 寄存器是链接寄存器。

在第 14 行中，使用 prfm 指令把内核异常向量表 vectors 提前读取到内存里。这里(1b−tramp_vectors)指的是标签 1 的地址与跳板异常向量表首地址的偏移量。为什么要这样来计算偏移量呢？因为跳板异常向量表是符合 ARM64 向量表的规范的，从这个偏移量我们可以得知用户态进程是出于什么原因跳陷入内核态的。比如，若用户态进程通过系统调用陷入内核态，那么它会跳转到跳板向量表中的 tramp_el0_sync 处，(1b−tramp_vectors)计算的就是图 6.8 中的偏移量 T。偏移量 T 等于偏移量 V。稍后，我们会用这个偏移量来计算内核向量表的跳转入口，即内核向量表首地址加上偏移量 V 的地方。

在第 15 行中，把内核异常向量表 vectors 重新设置回 vbar_el1 寄存器中。

在第 16 行中，把内核异常向量表 vectors 首地址加上刚才计算出来的偏移量保存到链接寄存器中。

在第 17 行中，使用 isb 内存屏障指令来保证上述指令都执行完成。

在第 18 行中，ret 指令会根据 x30 寄存器的值来跳转，这样就可以跳转到正确的异常向量表里。

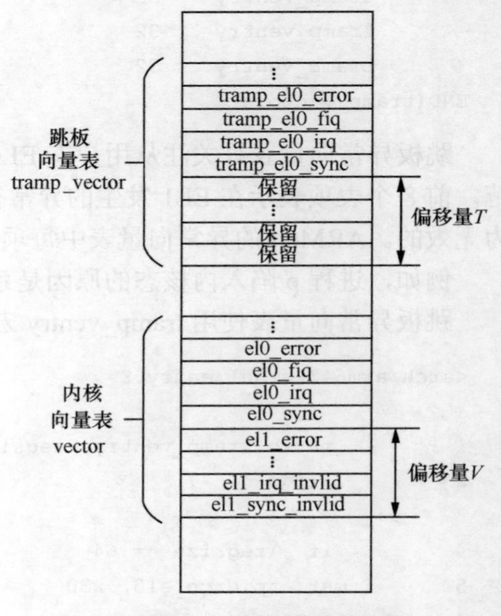

▲图 6.8　向量表的偏移量计算

tramp_map_kernel 宏的实现如下。

```
<arch/arm64/kernel/entry.S>

    .macro tramp_map_kernel, tmp
    mrs     \tmp, ttbr1_el1
    add     \tmp, \tmp, #(PAGE_SIZE + RESERVED_TTBR0_SIZE)
    bic     \tmp, \tmp, #USER_ASID_FLAG
    msr     ttbr1_el1, \tmp
.endm
```

tramp_map_kernel 宏比较简单，主要重新把内核页表设置到 TTBR1_EL1 里，并且把偶数 ASID 也设置到 TTBR1_EL1 中。

综上所述，当进程陷入内核态时需要做的工作如图 6.9 所示。

ARM64 处理器有两个页表基地址寄存器——TTBR0 和 TTBR1，当访问用户空间地址时使用 TTBR0 指向的页表，当访问内核空间地址时使用 TTBR1 指向的页表，并且 TTBR0 和 TTBR1 都使用一个字段存储进程的 ASID，为什么不设置 TTBR0 的 ASID 域呢？

TTBR0 和 TTBR1 都可以用来设置 ASID，我们可以通过 TCR_EL1 寄存器[①]中的 A1 字段来设置使用 TTBR0 还是 TTBR1 来存储 ASID。在没有使能 KPTI 之前，通常是使用 TTBR0 来存储 ASID 的，因为内核空间中设置了全局类型的 TLB，而用户空间使用进程独有类型的 ASID。但是使能了 KPTI 之后，运行在内核空间的进程也有一个 ASID，运行在用户空间的进程有另一个 ASID，因此我们在进程进入内核态和退出内核态时分别设置 ASID 到 TTBR1 寄存器中。

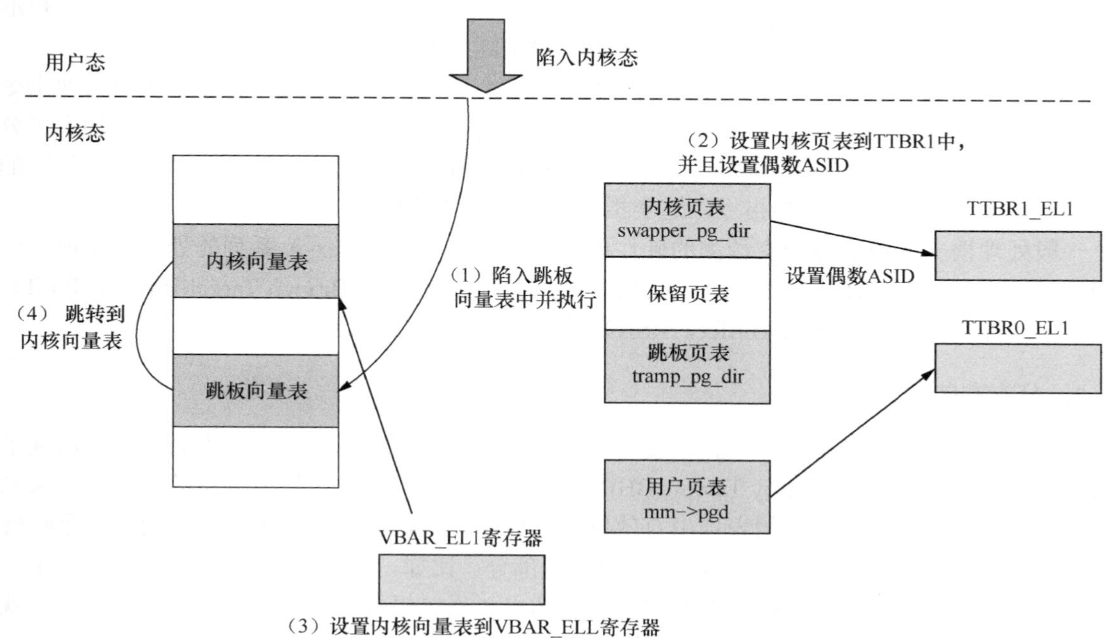

▲图 6.9　陷入内核态时进程要做的工作

6.3 CPU“幽灵”漏洞

CPU“幽灵”漏洞和熔断漏洞类似，都利用高性能处理器的一些副作用进行高速缓存侧信道攻击。CPU“幽灵”漏洞有两个变体。

- 变体 1：绕过边界检查漏洞。
- 变体 2：分支预测注入漏洞。

本节重点介绍变体 1 的攻击原理和 Linux 内核的解决方案。

6.3.1 分支预测

在超标量处理器设计中使用流水线来提高性能。在取指令阶段除了需要从指令高速缓存中取出多条指令，还需要决定下一个周期取指令的地址。当遇到条件跳转指令时，它不能确定是否需要跳转。处理器会使用分支预测单元试图猜测每条跳转指令是否会执行。当它猜测的准确率很高时，流水线中充满了指令，这样可以获取高性能。当它猜测错误时，处理器会丢弃为这次猜测所做的所有工作，然后从正确的分支位置取指令和填充流水线。因此，一次错误的分支预测会招致严重的惩罚，导致程序性能下降。通常现代处理器的分支预测准确率

① 详见《ARM Architecture Reference Manual, for ARMv8-A architecture profile, v8.4》D12.2.103 节。

都很高。

分支预测一般有两种情况。

- 预测方向。一个分支语句通常有两个可能方向，一是发生跳转，二是不发生跳转。对于条件分支语句（如 if 语句），这就意味着要预测是否需要执行分支语句。
- 预测目标地址。如果分支指令的方向是发生跳转，那么需要知道它跳转到哪里，即跳转的目标地址。根据目标地址的不同又分成两种形式。
    - 直接跳转。在指令中使用立即数的形式给出一个相当于 PC 的偏移量值。这种形式的跳转容易预测，因为立即数一般是固定的。
    - 间接跳转。分支指令的目标地址来自一个通用寄存器的值，并且是来自其他指令的计算结果，这样导致需要等到流水线的执行阶段才能确定目标地址，加大了分支预测失败时的惩罚。大部分程序中使用的间接跳转指令是用于调用子程序的 call/return 类型的指令，这类指令有着很强的规律性，容易被预测。

一般处理器会实现动态分支预测的硬件单元，如 ARM 的 Cortex-A 系列的处理器实现了全局历史缓冲器（Global History Buffer，GHB）、分支目标缓冲器（Branch Target Buffer，BTB）和返回栈缓冲器（Return Stack Buffer，RSB）单元。

1. 分支方向的预测

预测分支方向的最简单方法是直接使用上一次分支的结果，但是准确率不高。后来出现了名为分支历史表（Branch Histroy Table，BHB），它是指一种记录分支历史信息的表格，用来判断一条分支是否发生跳转。它的表项由有效位、标记和计数器组成，其中计数器用来表示跳转的结果，标记用来索引该表，它是指令 PC 值的一部分。比如，在 32 位系统中，如果要记录完整 32 位的分支历史，则需要 4GB 的存储器，这超出了系统提供的硬件支持能力。所以一般就用指令的后 12 位作为表格的索引，这样用 4KB 的一个表格，就可以记录全部的跳转历史了，如图 6.10 所示。

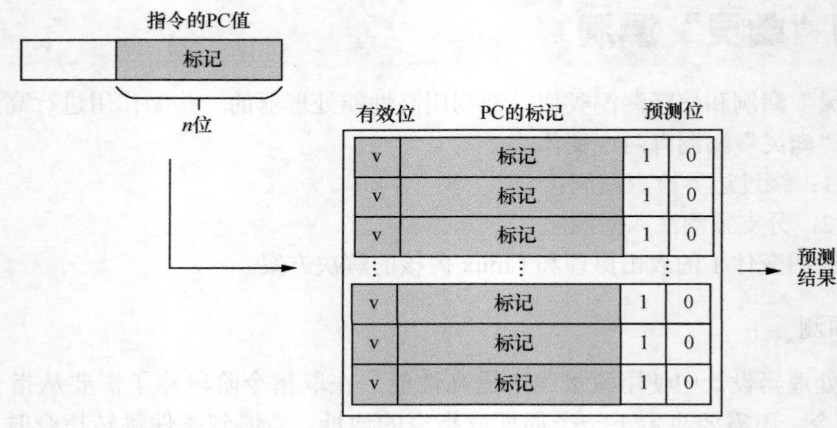

▲图 6.10　用 4KB 的表记录分支跳转历史

后来为了提高分支预测的准确率又实现了基于局部历史的分支历史缓冲器和全局历史缓冲器。分支历史缓冲器为每个条件跳转指令设置了专用的分支历史情况缓冲区，而全局历史缓冲器并不为每个条件跳转指令都保持专用的历史记录。相反，它保存了所有条件跳转指令共用的一份历史记录，它的优点是能识别出不同的跳转指令之间的相关性。

2. 直接跳转的预测

对于直接跳转通常采用分支目标缓冲器来预测。分支目标缓冲器本质上也是高速缓存，它的结构和高速缓存类似，使用 PC 值的一部分作为索引（index），PC 值的其他部分作为分支指令源地址（Branch Instruction Address，BIA）。分支目标缓冲器的每个表项中存放了分支指令目标地址（Branch Target Address，BTA）。索引值相同的多个 PC 值可能会索引到同一个表项，然后使用标记来区分。当多个索引值同时出现时会造成颠簸现象。分支目标缓冲器也采用组相连的方式来解决这种颠簸现象，如图 6.11 所示。

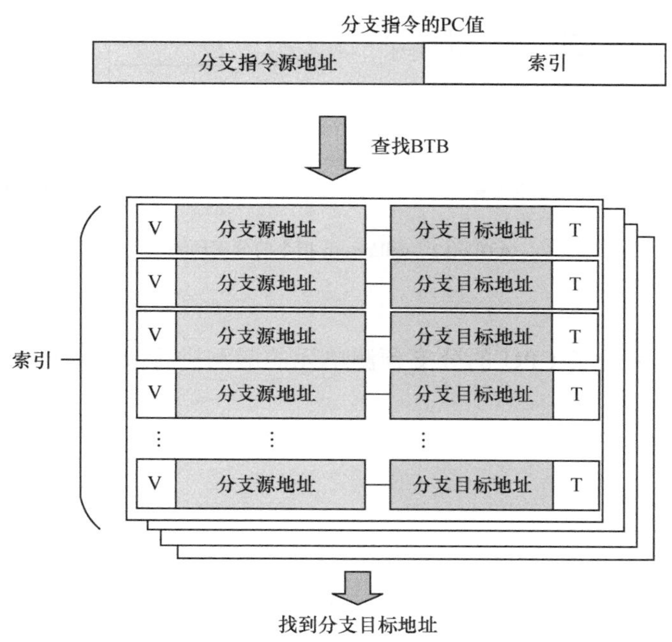

▲图 6.11　组相连结构的分支目标缓冲器

3. 间接跳转的预测

对于间接跳转类型的分支指令来说，目标地址通常来自通用寄存器，可能经常变化，因此，分支目标缓冲器很难准确地预测。但是，大部分间接跳转分支指令是用于进行子程序调用的 call/return 指令，这两条指令有规律可循，可以采用返回栈缓冲器进行预测。对于 call 指令可以使用分支目标缓冲器来预测，如 C 语言中常常使用 printf()函数来输出日志，由于 printf()函数是标准的库函数，因此它的入口地址是固定的。不同的函数调用了 printf()函数，虽然这些 call 指令的 PC 值不同，但是目标地址是固定的，即 printf()函数的入口地址。因此，使用分支目标缓冲器可以比较准确地预测 call 指令的目标地址。

但是，对于 return 指令来说，它一般是子程序最后一条指令，它将从子程序退出，返回主程序的 call 指令后面的一条指令。因此，不同函数调用了 printf 函数，return 指令返回的目标地址是不固定，这样分支目标缓冲器就很难预测了。

根据 return 指令的特点，可以设计一个后进先出（Last In First Out）的存储器，最后一次进入的数据将最先被使用，它的工作原理和栈类似，因此，它称为返回栈缓冲器。

如图 6.12（a）所示，调用 call 指令时会把 call 指令的下一条指令的地址放入返回栈缓冲器中，同时通过分支目标缓冲器来预测 call 指令的目标地址。如图 6.12（b）所示，调用 return 指令时，会使用返回栈缓冲器中最新的地址来预测 return 指令的目标地址。

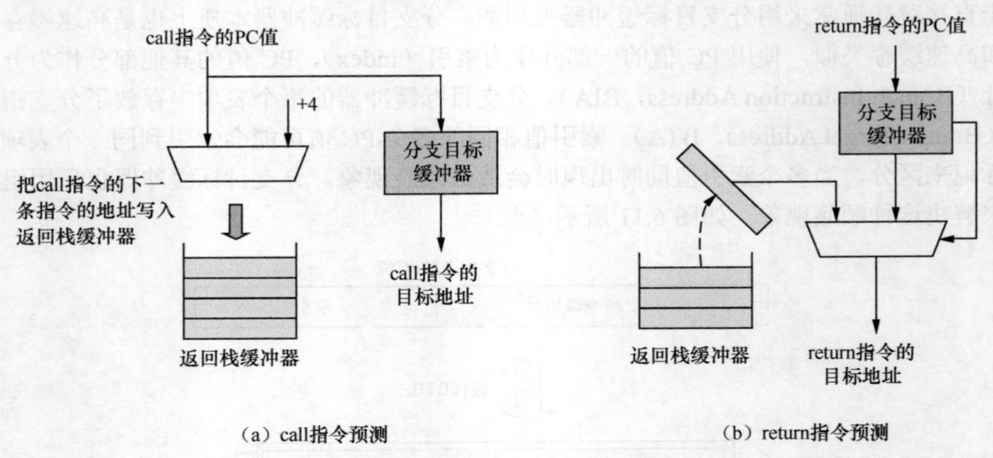

（a）call指令预测　　（b）return指令预测

▲图 6.12　call/return 指令的分支预测

6.3.2　攻击原理

幽灵漏洞变体 1 利用了 CPU 的分支预测单元的漏洞进行攻击。幽灵漏洞攻击的伪代码如下。

```
<幽灵漏洞攻击的伪代码>

1    struct array {
2        unsigned long length;
3        unsigned char data[256];
4    };
5
6    struct array *arr1;
7    void *share_data;
8    unsigned long x;
9
10   if (x < arr1->length) {
11       unsigned char value;
12       value =arr1->data[x];
13
14       unsigned long index2 =((value&1)*0x100);
16       unsigned char value2 = share_data[index2];
17   }
```

第 10 行是一个简单的 if 判断语句。当 x 小于 arr1->length 时，程序会执行 if 语句里的代码；当 x 大于 arr1->length 时，程序不会执行 if 语句里的代码。由于 CPU 有分支预测功能，因此需要根据历史执行情况来判断是否提前执行第 11～17 行的代码。虽然 CPU 发现 x 超过判断范围，并且最终 CPU 并没有提交第 11～17 行的执行结果，但是数据已经被预取到了高速缓存中。

那么如何让 CPU 的分支预测机制能绕过间接检查呢？这里需要经过特殊的训练。比如，攻击者伪造一个数据集 y，又设计了许多比 array1_size 小的数据集并让系统执行分支预测这个功能。这样经过训练之后，分支预测单元会认为下一个循环也满足循环条件而去预执行这个循环，此时，攻击者输入一个包含攻击内容的地址并且这个地址超过了判断范围，那么分支预测单元预测这次满足判断条件而提前预取攻击内容的值。

图 6.10 展示了一个攻击者进程利用这个漏洞去获取受害者进程的私有数据的方式。假设攻击者进程和受害者进程有共享数据的通道，攻击者进程可以把数据和代码发送给受害者进程来执行。下面是攻击的具体操作。

（1）攻击者设计一个数据集来训练分支目标预测器。

（2）攻击者冲刷高速缓存。

（3）攻击者把攻击代码发送给受害者。

（4）受害者执行攻击代码，把私有数据地址（图 6.13 所示的偏移量 x）传递给攻击代码。分支预测单元会预取私有数据，然后以私有数据的值作为索引，把 share_data 数据加载到高速缓存。

（5）攻击者对 share_data 数据进行测量，从而推测出私有数据的值。

上述攻击过程最常见的一个场景是浏览器，如通过浏览器加载 JavaScript 脚本实现对私有内存的攻击。如果一个浏览器网页里嵌入了 JavaScript 恶意代码，就可以获取浏览器中的私有数据，如个人的登录密码等。

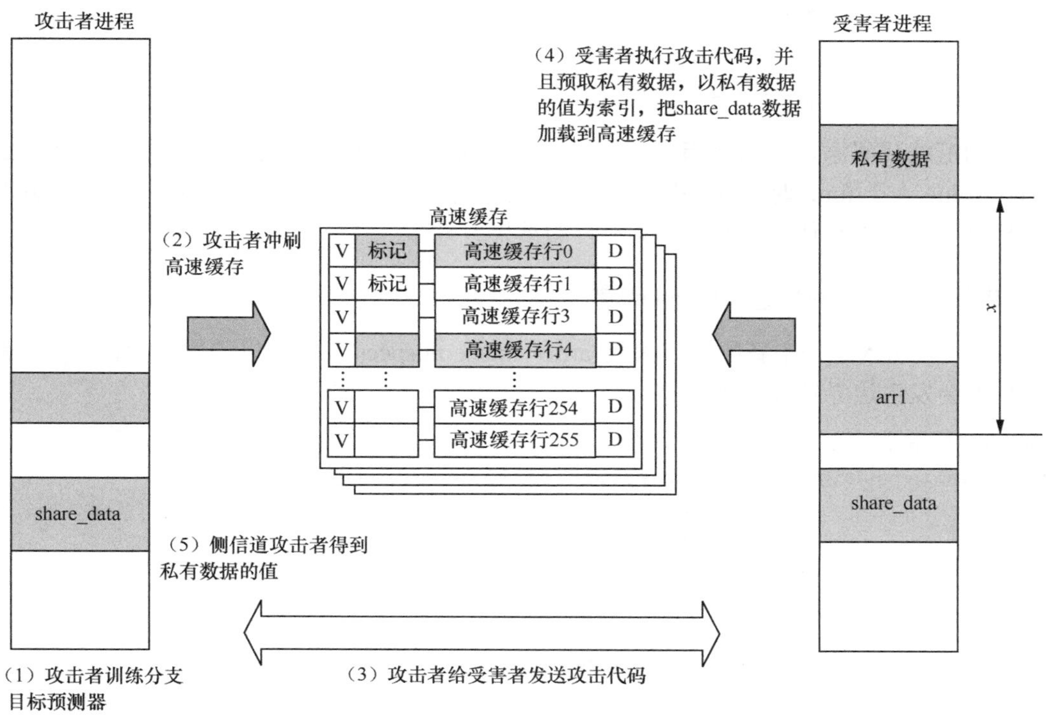

▲图 6.13　攻击者进程利用幽灵漏洞获取受害者进程的私有数据

6.3.3　修复方案

很难从软件的角度来完全修复幽灵漏洞，需要芯片厂商从芯片设计的角度来全盘考虑。下面介绍一些软件层面的规避方法，这些方法只能减缓和局部修复。

1. 新增内存屏障指令

ARM64 架构引入了一个新的内存屏障指令——消费预测数据屏障（Consume Speculative Data Barrier，CSDB）指令。这条指令的意思是，在 CSDB 指令之后，任何指令都不会使用预测的值来执行。通常情况下同时使用 CSEL 和 CSDB 指令来绕过边界检查的问题。下面给出一段代码。

```
if (untrusted_value < limit)
    val = array[untrusted_value];
```

上述代码反汇编后的汇编代码如下。

```
    cmp untrusted_value, limit
    b.hs label
    ldrb val, [array, untrusted_value]
label:
    //使用 val 访问其他内存单元
```

下面使用 CSEL 和 CSDB 指令来优化上述汇编。

```
    cmp untrusted_value, limit
    b.hs label
    csel tmp, untrusted_value, wzr, lo
     csdb
    ldrb val, [array, tmp]

label:
    //使用 val 访问其他内存单元
```

上面的汇编代码添加了两条指令。首先，使用 csel 指令用于根据判断条件选择范围。当 untrusted_value 大于 limit 时，csel 指令会返回 0 给 tmp 变量。然后，使用 csdb 指令，它用来保证 csel 指令的执行没有使用后面的预测执行的结果。

2. 内核的 array_index_nospec()函数

Linux 内核引入了一个新的接口函数 array_index_nospec()，它可以确保即使在分支预测的情况下也不会发生边界越界问题。

```
<include/linux/nospec.h>
static inline unsigned long array_index_mask_nospec(unsigned long index,
                                                    unsigned long size)
{
return ~(long)(index | (size - 1UL - index)) >> (BITS_PER_LONG - 1);
}


#define array_index_nospec(index, size)                          \
({                                                               \
    typeof(index) _i = (index);                  \
    typeof(size) _s = (size);                    \
    unsigned long _mask = array_index_mask_nospec(_i, _s);       \
    (typeof(_i)) (_i & _mask);                    \
})
```

array_index_mask_nospec()函数用来实现一个掩码。当 index 大于或等于 size 时，返回 0；

当 index 小于 size 时，返回全是 f 的掩码——0xFFFF FFFF FFFF FFFF FFFF。因此，在任何条件下，array_index_nospec()宏的返回值被限定在了 0 到 size。下面是使用 array_index_nospec()函数的例子。

```
<例子>

int load_array(int *array, unsigned int index)
{
    if (index < MAX_ARRAY_ELEMS)
        index = array_index_nospec(index, MAX_ARRAY_ELEMS);
        return array[index];
    } else
        return 0;
}
```

另一个例子是使用 array_index_nospec()函数来防止对系统调用表的预测执行和越界访问。

```
<arch/arm64/kernel/syscall.c>

static void invoke_syscall(struct pt_regs *regs, unsigned int scno,
               unsigned int sc_nr,
               const syscall_fn_t syscall_table[])
{
    long ret;

    if (scno < sc_nr) {
        syscall_fn_t syscall_fn;
        syscall_fn = syscall_table[array_index_nospec(scno, sc_nr)];
        ret = __invoke_syscall(regs, syscall_fn);
    } else {
        ret = do_ni_syscall(regs, scno);
    }
}
```

array_index_mask_nospec()函数在 ARM64 Linux 内核中有一个汇编的实现。

```
<arch/arm64/include/asm/barrier.h>

static inline unsigned long array_index_mask_nospec(
                    unsigned long idx,unsigned long sz)
{
    unsigned long mask;

    asm volatile(
    "     cmp     %1, %2\n"
    "     sbc     %0, xzr, xzr\n"
    : "=r" (mask)
    : "r" (idx), "Ir" (sz)
    : "cc");

    csdb();
    return mask;
}
```

在第 7 行中，使用 cmp 指令来比较 idx 参数和 sz 参数的大小，它会做 idx – sz 的减法运算，并且影响 PSTATE 寄存器的 C 标志位。

在第 8 行中，sbc 指令是一条带 C 标志位的减法指令，这相当于 0-0-1 + C。而 C 标志位由 cmp 指令来确定。当 idx 小于 sz 时，cmp 指令没有产生无符号数溢出，C 标志位为 0，因此 mask 为-1，用二进制表示为 0xFFFF FFFF FFFF FFFF FFFF。当 idx 大于或等于 sz 时，cmp 指令产生了无符号数溢出（cmp 指令在内部是使用 subs 指令来实现的，subs 指令会检查是否发生无符号数溢出，然后设置 C 标志位），那么 C 标志位被设置为 1，最后 mask 为 0。关于 PSTATE 寄存器的 C 标志位的介绍请参考卷 1。

在第 13 行中，执行了新的内存屏障指令 csdb 指令。

在第 14 行中，返回 mask。

3. GCC 的修复方案

和内核的 array_index_nospec()函数类似，GCC[①] 为用户程序提供了类似的方案。GCC 新增一个内置函数。

```
type __builtin_speculation_safe_value (type val, type failval)
```

这个内置函数可以避免不安全的预测分支执行。其中，type 表示数据类型，第一个参数 val 是访问的索引值，第二个参数 failval 可以省略，默认情况下为 0。下面是使用该内置函数的例子。

```
<例子>

int load_array(unsigned untrusted_index)
{
  if (untrusted_index < MAX_ARRAY_ELEMS)
    return array[__builtin_speculation_safe_value(untrusted_index)];

  return 0;
}
```

① 该内置函数在 GCC 9 的版本中才支持。

附录 A　使用 DS-5 调试 ARM64 Linux 内核

为了帮助芯片公司和硬件厂商更好地调试 ARM 芯片，ARM 公司开发了一套仿真器以及配套的软件，这个软件叫作 DS-5。DS-5 集成了很多很有用的调试特性，充分利用硬件仿真器的优势，深入 ARM 芯片内部进行调试。由于硬件仿真器和 DS-5 软件都是需要购买授权的，而且价格不菲，因此大部分生产 ARM 芯片和硬件设备的公司会购买授权。

对于技术爱好者，DS-5 有一个免费的社区版本（DS-5 Community Edition），它是 DS-5 软件的简化版，删掉了很多功能，但是我们依然可以使用 DS-5 来单步调试 ARM64 Linux 内核。本节介绍如何使用 DS-5 社区版来单步调试 ARM64 Linux 内核。DS-5 有 3 个版本，如表 A.1 所示。

表 A.1　DS-5 的版本

项目	DS-5 社区版	DS-5 专业版	DS-5 终极版
授权	免费	购买授权	购买授权
Eclipse IDE	支持	支持	支持
ARM 编译器	不支持	部分支持	支持
GCC 编译器	支持	支持	支持
DS-5 调试器	仅支持裸机调试	支持	支持
CoreSight 跟踪	不支持	支持	支持
Streamline 性能分析	少量支持	支持	支持
FVP 平台	少量支持，例如 Cortex-A9 等	部分支持（不支持 ARMv8）	全支持
处理器	仅支持少量 FVP	部分支持（不支持 ARMv8）	全支持

A.1 DS-5 社区版下载和安装

读者可以从 ARM 官网下载 DS-5 社区版的 Linux 安装文件，例如 ds5-ce-linux64- 29rel1.tgz，解压后，直接执行./install.sh 安装文件，按照安装提示进行安装。安装完成之后，选择 Eclipse for DS-5 CE v5.19.1 菜单，打开 DS-5 社区版，启动界面如图 A.1 所示。

▲图 A.1　启动界面

A.2 使用 DS-5 调试内核的优势

前面章节介绍了使用 QEMU 虚拟机+Eclipse 实验平台来图形化调试 ARM64 Linux 内核，那么使用 DS-5 有什么优势呢？

DS-5 是基于 Eclipse 开发的一套图形化调试软件，内置了 ARM 公司的调试器等众多功能。本节介绍使用 DS-5 调试内核的优势。

A.2.1 查看系统寄存器的值

在调试过程中，使用 DS-5 可以很方便地查看 ARM64 芯片内部的寄存器的值，包括通用寄存器、系统寄存器以及特殊寄存器的值。

打开 Registers 窗口，寄存器分成 AArch64 和 AArch32 两大类。每一类下面又分成 Core（核心）、SIMD（Single Instruction Multiple Data，单指令多数据流）、System（系统）和 GIC（Generic Interrupt Controller，通用中断控制器）寄存器，如图 A.2 所示。

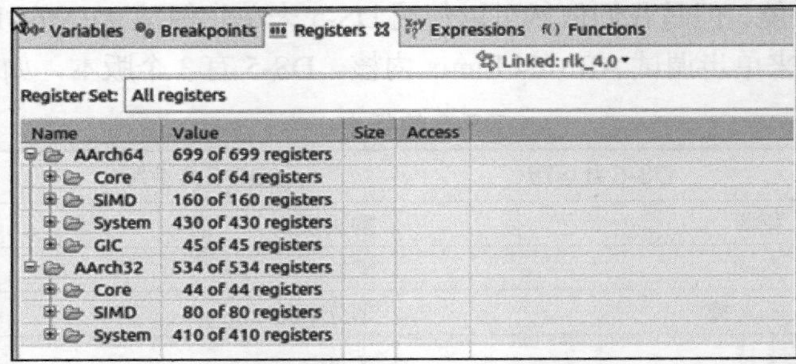

▲图 A.2 Registers 寄存器窗口

Core 寄存器（见图 A.3）主要是 ARM64 通用寄存器。

AArch64	699 of 699 registers		
Core	64 of 64 registers		
X0	0x0000000000800300	64	R/W
X1	0xFFFF800000AAFE7C	64	R/W
X2	0x0000000000000000	64	R/W
X3	0x0000000000000000	64	R/W
X4	0x0000000000000000	64	R/W
X5	0x0000000000000000	64	R/W
X6	0xFFFF80007EF7AC20	64	R/W
X7	0x0000000000000000	64	R/W
X8	0xFFFF80007840DD40	64	R/W
X9	0x0000000000000000	64	R/W
X10	0x000000000000000B	64	R/W
X11	0x000000000000002B	64	R/W
X12	0x0000000000000000	64	R/W
X13	0xFFFFFFFFFFFFFFFF	64	R/W
X14	0xFFFF000000000000	64	R/W
X15	0xFFFFFFFFFFFFFFFF	64	R/W
X16	0xFFFF800000E6FFF0	64	R/W
X17	0x0000000000000000	64	R/W
X18	0x0000000000000000	64	R/W
X19	0x0000000080080000	64	R/W
X20	0x0000000000000E12	64	R/W
X21	0x0000000088000000	64	R/W
X22	0x00000000410FD000	64	R/W
X23	0x0000000080E7A220	64	R/W
X24	0x0000000080000000	64	R/W
X25	0x0000000080EF5000	64	R/W
X26	0x0000000080EF8000	64	R/W
X27	0xFFFF800000081260	64	R/W
X28	0x0000800080000000	64	R/W
X29	0xFFFF800000E6FEC0	64	R/W

▲图 A.3 Core 寄存器

展开 System 寄存器（如图 A.4 所示），可以看到系统寄存器按照功能进行分类，。

Variables　Breakpoints　Registers　Expressions　Functions

Linked: rlk_4.0

Register Set: All registers

Name	Value	Size	Access
AArch64	699 of 699 registers		
Core	64 of 64 registers		
SIMD	160 of 160 registers		
System	430 of 430 registers		
Address	13 of 13 registers		
Cache	11 of 11 registers		
Debug	82 of 82 registers		
Exception	18 of 18 registers		
Float	6 of 6 registers		
GIC	46 of 46 registers		
ID	39 of 39 registers		
IMP_DEF	14 of 14 registers		
Memory	17 of 17 registers		
Other	7 of 7 registers		
PMU	32 of 32 registers		
PSTATE	5 of 5 registers		
Reset	2 of 2 registers		
Secure	11 of 11 registers		
Special	16 of 16 registers		
TLB	32 of 32 registers		
Thread	5 of 5 registers		
Timer	18 of 18 registers		
Virt	56 of 56 registers		
GIC	45 of 45 registers		
AArch32	534 of 534 registers		
Core	44 of 44 registers		
SIMD	80 of 80 registers		

▲图 A.4　System 寄存器

这些寄存器除了按照功能进行分类之外，还把寄存器相关的字段进行了解析，非常方便读者查看这些字段的值。例如，查看处理器状态寄存器 PSTATE 中每个字段的值，如图 A.5 所示。

PSTATE	5 of 5 registers		
CurrentEL	0x00000004	32	RO
DAIF	0x00000240	32	R/W
NZCV	0x60000000	32	R/W
SPSel	0x00000001	32	R/W
Mode	0x00000005	32	R/W

▲图 A.5　PSTATE 寄存器中每个字段的值

例如，系统控制寄存器 SCTLR_EL1 把每一个字段的说明和当前的值都显示出来，如图 A.6 所示。

SCTLR_EL1	0x34D5D91D	32	R/W
UCI	This control does not cause any instructions …	1	R/W
EE	Exp	1	R/W
E0E	Exp	1	R/W
WXN	Thi	1	R/W
nTWE	This control does not cause any instructions …	1	R/W
nTWI	This control does not cause any instructions …	1	R/W
UCT	This control does not cause any instructions …	1	R/W
DZE	This control does not cause any instructions …	1	R/W
I	This control has no effect on the Cacheabilit…	1	R/W
UMA	Any attempt at EL0 using AArch64 to execute a…	1	R/W
SED	SETEND instructions are UNDEFINED at EL0 usin…	1	R/W
ITD	All IT instruction functionality is enabled a…	1	R/W
CP15BEN	EL0 using AArch32: EL0 execution of the CP15D…	1	R/W
SA0	0x1	1	R/W
SA	0x1	1	R/W
C	This control has no effect on the Cacheabilit…	1	R/W
A	Alignment fault checking disabled when execut…	1	R/W
M	EL1 and EL0 stage 1 address translation enabl…	1	R/W
SCTLR_EL2	0x30C50830	32	R/W
SCTLR_EL3	0x30C50830	32	R/W

✓ 0 : Explicit data accesses at EL1, and stage 1 tran…
1 : Explicit data accesses at EL1, and stage 1 tran…

▲图 A.6　SCTRL_EL1 寄存器中每一个字段的说明和当前的值

A.2.2 内置 ARMv8 芯片手册

DS-5 内置了 ARMv8 芯片手册，如图 A.7 所示，读者可以在软件界面上快速精准地查询寄存器的说明，不需要查找芯片手册，从而提高工作效率。

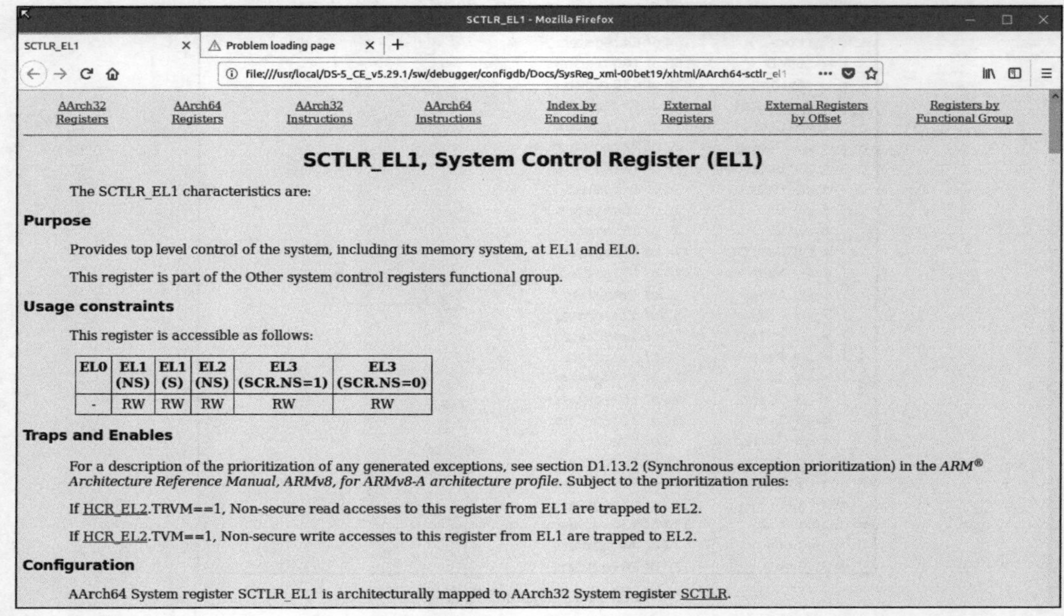
SCTLR_EL1 - Mozilla Firefox

AArch32 Registers | AArch64 Registers | AArch32 Instructions | AArch64 Instructions | Index by Encoding | External Registers | External Registers by Offset | Registers by Functional Group

SCTLR_EL1, System Control Register (EL1)

The SCTLR_EL1 characteristics are:

Purpose

Provides top level control of the system, including its memory system, at EL1 and EL0.

This register is part of the Other system control registers functional group.

Usage constraints

This register is accessible as follows:

EL0	EL1 (NS)	EL1 (S)	EL2 (NS)	EL3 (SCR.NS=1)	EL3 (SCR.NS=0)
-	RW	RW	RW	RW	RW

Traps and Enables

For a description of the prioritization of any generated exceptions, see section D1.13.2 (Synchronous exception prioritization) in the *ARM® Architecture Reference Manual, ARMv8, for ARMv8-A architecture profile*. Subject to the prioritization rules:

If HCR_EL2.TRVM==1, Non-secure read accesses to this register from EL1 are trapped to EL2.

If HCR_EL2.TVM==1, Non-secure write accesses to this register from EL1 are trapped to EL2.

Configuration

AArch64 System register SCTLR_EL1 is architecturally mapped to AArch32 System register SCTLR.

▲图 A.7 ARMv8 芯片手册

A.3 FVP 模拟器使用

DS-5 不使用 QEMU 模拟器，而是使用 ARM 公司开发的固定虚拟平台（Fixed Virtual Platform，FVP）。FVP 可以支持各大芯片公司开发的处理器和平台。

要在 FVP 平台上运行 Linux 内核需要对内核映像文件做一个引导程序。接下来使用 build_ds5_arm64.sh 脚本来编译 Linux 内核。

```
# cd runninglinuxkernel_5.0
# ./build_ds5_arm64.sh
```

编译好的内核文件存放在 boot-wrapper-aarch64 目录下面的 linux-system.axf 文件中，如图 A.8 所示，该文件在原始的内核映像文件中加了一层引导程序。

```
rlk@ubuntu:boot-wrapper-aarch64$ ls
aclocal.m4        cache.o          fvp-base-gicv3-psci.dtb  Makefile.am
addpsci.pl        compile          gic.c                    Makefile.in
arch              config.log       gic-v3.c                 missing
autom4te.cache    config.status    gic-v3.o                 model.lds
bakery_lock.c     configure        include                  model.lds.S
bakery_lock.o     configure.ac     install-sh               platform.c
boot_common.c     fdt.dtb          lib.c                    platform.o
boot_common.o     FDT.pm           lib.o                    psci.c
build_boot_5.sh   findbase.pl      LICENSE.txt              psci.o
build_boot.sh     findcpuids.pl    linux-system.axf         README
cache.c           findmem.pl       Makefile                 tags
rlk@ubuntu:boot-wrapper-aarch64$
```

▲图 A.8 编译好的内核

我们可以尝试使用 FVP 平台来运行 Linux 内核，如图 A.9 所示。DS-5 默认的安装路径为 /usr/local/DS-5_CE_v5.29.1。

```
#cd boot-wrapper-aarch64
#/usr/local/DS-5_CE_v5.29.1/sw/models/bin/Foundation_Platform --image linux-system.axf
#DS-5 安装路径
```

```
rlk@ubuntu:boot-wrapper-aarch64$ /usr/local/DS-5_CE_v5.29.1/sw/models/bin/Foundation_Platform --image linux-system.axf

Fast Models [11.4.35 (Jun 18 2018)]
Copyright 2000-2018 ARM Limited.
All Rights Reserved.

terminal_0: Listening for serial connection on port 5000
terminal_1: Listening for serial connection on port 5001
terminal_2: Listening for serial connection on port 5002
terminal_3: Listening for serial connection on port 5003
```

▲图 A.9　使用 FVP 平台来运行 Linux 内核

FVP 平台会新建两个窗口。一个是 Fast Models-CLCD Foundation Platform 窗口，如图 A.10 所示，另一个是 FVP terminal_0 窗口，如图 A.11 所示。

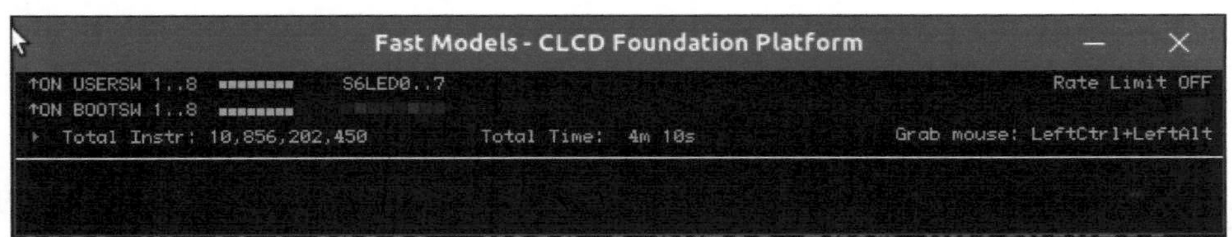

▲图 A.10　Fast Models-CLCD Foundation Platform 窗口

```
FVP terminal_0
[    0.000000] mip6: Mobile IPv6
[    0.000000] sit: IPv6, IPv4 and MPLS over IPv4 tunneling driver
[    0.000000] ip6_gre: GRE over IPv6 tunneling driver
[    0.000000] NET: Registered protocol family 17
[    0.000000] NET: Registered protocol family 15
[    0.000000] 9pnet: Installing 9P2000 support
[    0.000000] Loading compiled-in X.509 certificates
[    0.000000] zswap: loaded using pool lzo/zbud
[    0.000000] rtc-pl031 1c170000.rtc: setting system clock to 2019-08-21T10:45:
25 UTC (1566384325)
[    0.000000] Freeing unused kernel memory: 6464K
[    0.000000] Run /linuxrc as init process
/etc/init.d/rcS: line 9: can't create /proc/sys/kernel/hotplug: nonexistent dire
ctory
[    0.000000] 9pnet_virtio: no channels available for device kmod_mount
mount: mounting kmod_mount on /mnt failed: No such file or directory
Memory for crashkernel is not reserved
Please reserve memory by passing"crashkernel=X@Y" parameter to kernel
Then try to loading kdump kernel

Please press Enter to activate this console.
/ #
/ #
/ #
```

▲图 A.11　FVP terminal_0 窗口

在 FVP terminal_0 窗口中，可以看到 Linux 内核已经运行了。

关闭 Fast Models-CLCD Foundation Platform 窗口可以关闭 FVP 平台。我们先暂时关闭 FVP 平台。

A.4 单步调试内核

A.4.1 调试配置

DS-5 是基于 Eclipse 进行二次开发的，因此整个界面和 Eclipse 保持一致。选择 DS-5 菜单栏中的 Run→Debug Configurations，在菜单左边可以看到有一个 DS-5 Debugger 选项，如图 A.12 所示。

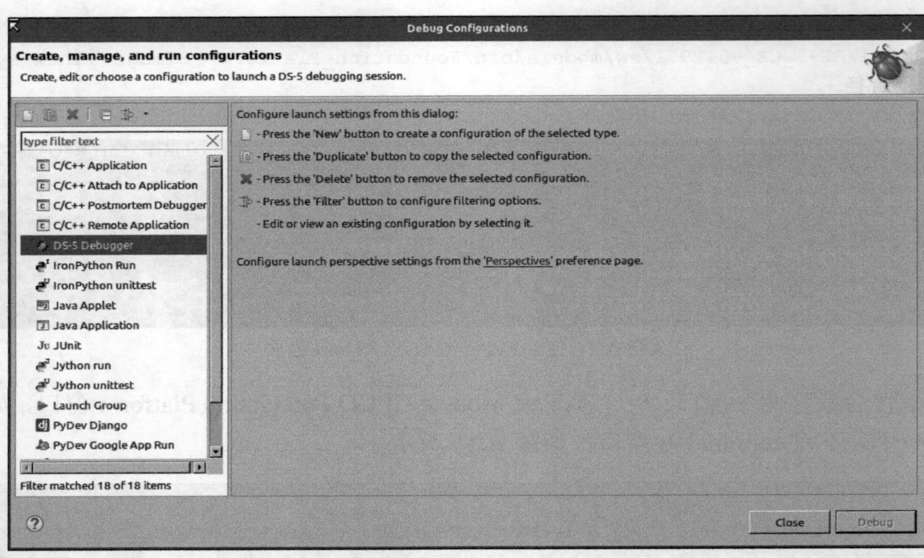

▲图 A.12　DS-5 Debugger 选项

双击 DS-5 Debugger，创建一个新的连接。我们可以在 Name 文本框中输入新的连接名称——Linux_ds5。

单击 Connection 选项卡。在 Select target 选项区域中选择 ARM Model 最下面的 Debug ARM v8-A，如图 A.13 所示。

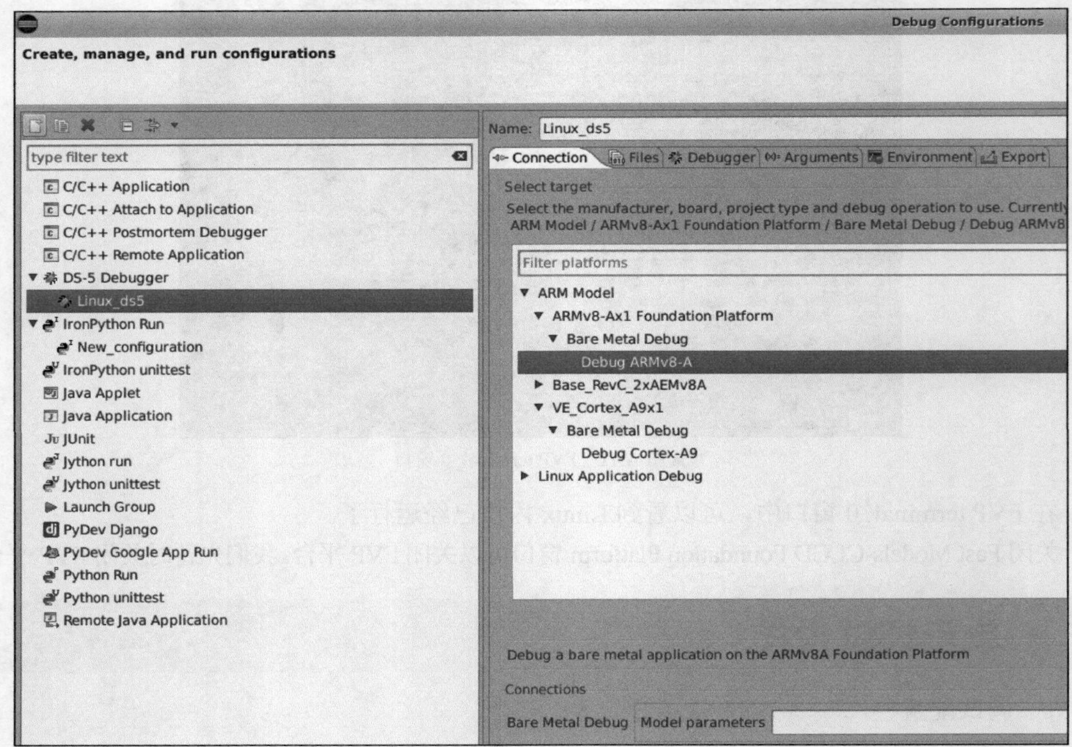

▲图 A.13　选择 ARM Model 最下面的 Debug ARM v8-A

单击 Files 选项卡，在 Target Configuration 选项区域里选择刚才编译好的 linux-system.axf 文件，如图 A.14 所示。

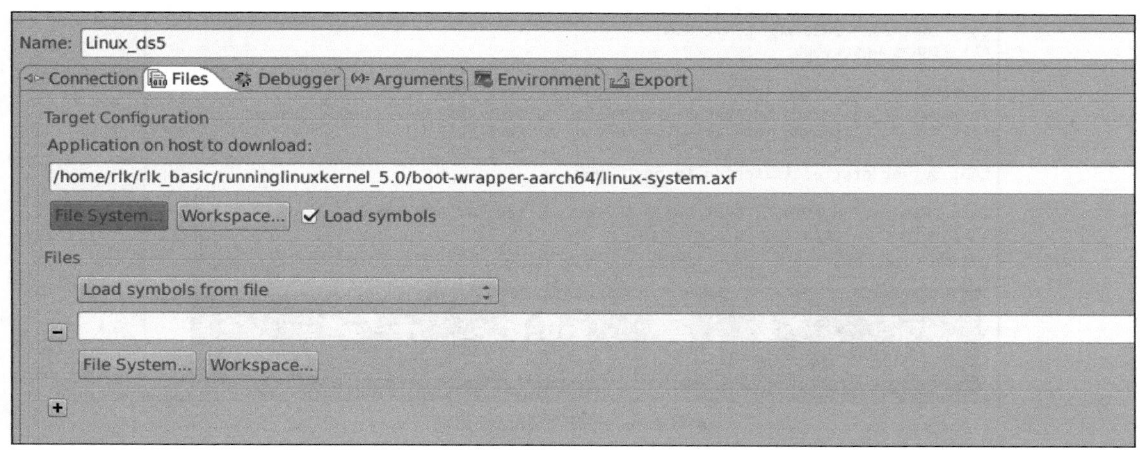

▲图 A.14　选择 linux-system.axf 文件

单击 Debugger 选项卡，在 Run Control 选项区域中单击 Debug from entry point 单选按钮，如图 A.15 所示。在 Paths 选项区域中选择 runninglinuxkernel_5.0 项目的绝对路径。

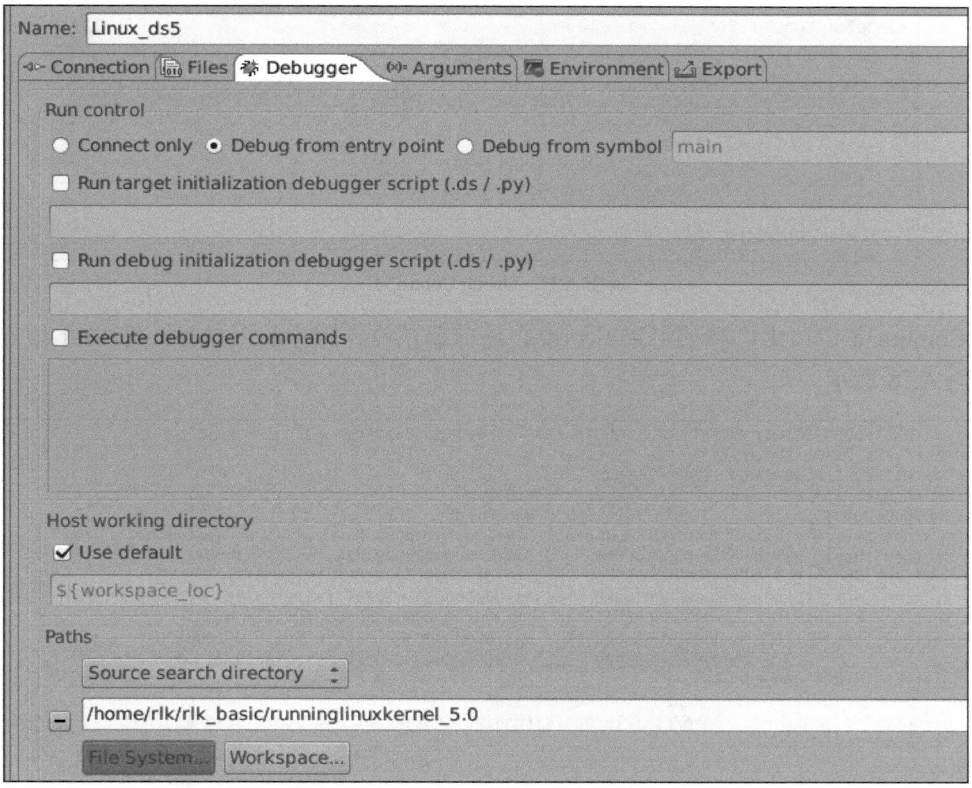

▲图 A.15　在 Run Control 选项组中单击 Debug from entry point 单选按钮

选择完成之后，单击 Apply 按钮，并单击 Debug 按钮进入调试模式。

在 Target Console 窗口里可以看到 FVP 平台启动的信息。另外，会弹出一个 Fast Models-CLCD Foundation Platform 窗口，说明 FVP 平台已经启动，如图 A.16 所示。

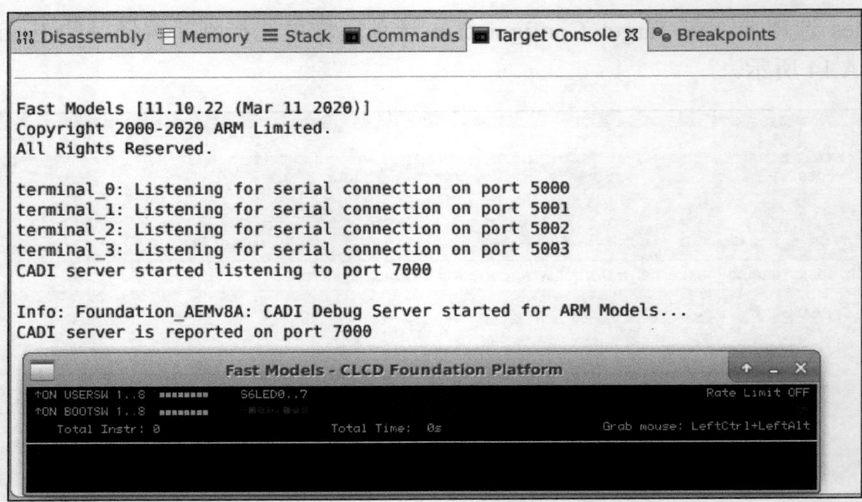

▲图 A.16　FVP 平台已经启动

在 Debug Control 窗口（见图 A.17）里可以看到我们刚才创建的连接——Linux_ds5，现在连接的状态是 connected。处理器的型号为 ARMv8-A。现在处理器运行的状态是 stopped（EL3h）。这说明现在处理器停在断点上，并且处理器运行在 EL3。

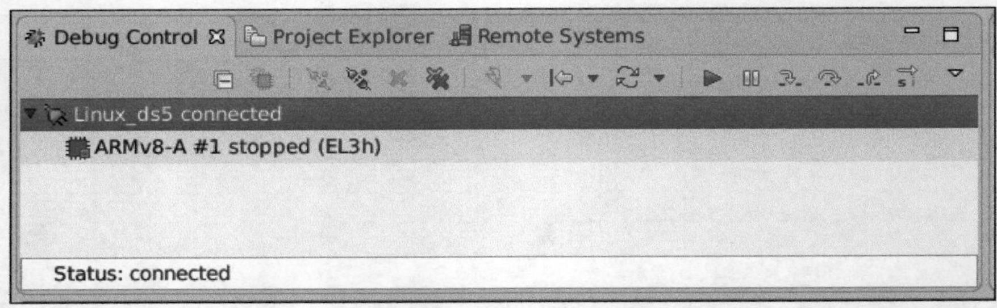

▲图 A.17　Debug Control 窗口

在 Command 窗口中，我们可以看到现在处理器正停在程序的入口处，即 EL3 的 0x0 地址处，如图 A.18 所示。

```
Connected to stopped target ARM Model - ARMv8-Ax1 Foundation Platform
cd "/home/rlk/DS-5-Workspace"
Working directory "/home/rlk/DS-5-Workspace"
Execution stopped in EL3h mode at EL3:0x0000000000000000
EL3:0x0000000000000000   DCI      0xe7ff0010 ; ? Undefined
loadfile "/home/rlk/rlk_basic/runninglinuxkernel_5.0/boot-wrapper-aarch64/linux-system.axf"
Loaded section .boot: EL3:0x0000000080000000 ~ EL3:0x0000000080001F8F (size 0x1F90)
Loaded section .mbox: EL3:0x000000008000FFF8 ~ EL3:0x000000008000FFFF (size 0x8)
Loaded section .got: EL3:0x0000000080010000 ~ EL3:0x000000008001001F (size 0x20)
Loaded section .got.plt: EL3:0x0000000080010020 ~ EL3:0x0000000080010037 (size 0x18)
Loaded section .kernel: EL3:0x0000000080080000 ~ EL3:0x00000000820C59FF (size 0x2045A00)
Loaded section .dtb: EL3:0x0000000088000000 ~ EL3:0x0000000088002576 (size 0x2577)
Entry point EL3:0x0000000080000000
directory "/home/rlk/rlk_basic/runninglinuxkernel_5.0"
Source directories searched: /home/rlk/rlk_basic/runninglinuxkernel_5.0:$cdir:$cwd:$idir
set debug-from *$ENTRYPOINT
start
Starting target with image /home/rlk/rlk_basic/runninglinuxkernel_5.0/boot-wrapper-aarch64/linux-system.axf
Running from entry point
wait
Execution stopped in EL3h mode at EL3:0x0000000080000000
In boot.S
EL3:0x0000000080000000   18,0   cpuid   x0, x1
```

▲图 A.18　处理器正停在程序的入口处

另外，在代码窗口里可以看到光标停留在_start 函数中（见图 A.19）。注意，这个文件是 boot-wrapper-aarch64 中的 boot.S 汇编文件，文件目录为 boot-wrapper-aarch64/arch/aarch64/boot.S。

```
boot.S
/*
 * arch/aarch64/boot.S - simple register setup code for stand-alone Linux booting
 *
 * Copyright (C) 2012 ARM Limited. All rights reserved.
 *
 * Use of this source code is governed by a BSD-style license that can be
 * found in the LICENSE.txt file.
 */

#include "common.S"

	.section .init

	.globl	_start
	.globl jump_kernel

_start:
	cpuid	x0, x1
	bl	find_logical_id
	cmp x0, #MPIDR_INVALID
	beq err_invalid_id
	bl	setup_stack
```

▲图 A.19　停留在_start 函数中

A.4.2　调试 EL2 的汇编代码

处理器复位上电时运行在 EL3，运行的代码为 boot-wrapper-aarch64 的引导程序。在跳转到 Linux 内核汇编代码时，处理器的异常等级会从 EL3 切换到 EL2。接下来在 Linux 内核汇编入口代码处设置一个断点。FVP 平台上物理内存的起始地址是 0x8000 0000，再加上 0x80000（TEXT_OFFSET 偏移量）就是 Linux 内核入口地址，即 0x8008 0000。

进入 Commands 窗口，在 Command 文本框中输入“b el2:0x80080000”来设置一个断点（见图 A.20），这个断点是 EL2 下的 0x8008 0000。

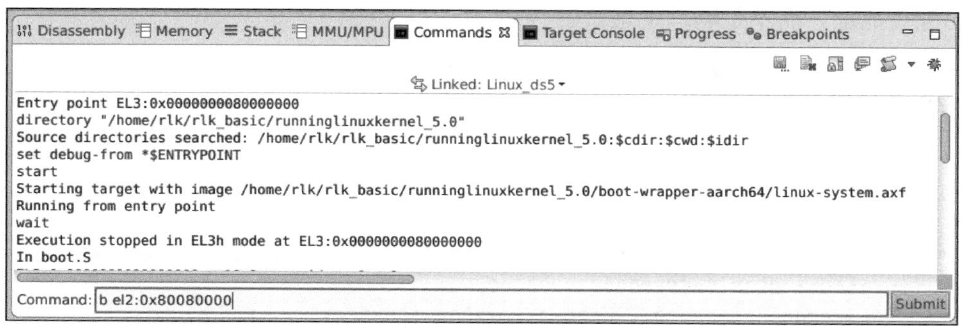

▲图 A.20　设置一个断点

接下来，在 Debug Control 窗口中单击 Continue 按钮或者按快捷键 F8，让 FVP 平台继续运行，如图 A.21 所示。

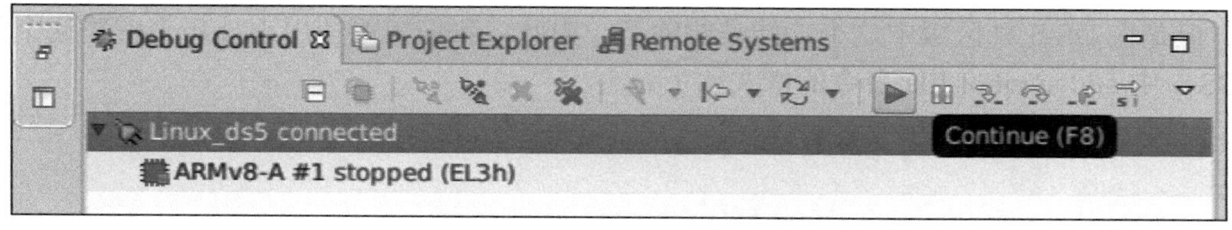

▲图 A.21　让 FVP 平台继续运行

此时可以看到系统停留在"EL2:0x80080000"断点处，如图 A.22 所示。

```
b el2:0x80080000
Breakpoint 2 at EL2N:0x0000000080080000
wait
continue
Execution stopped in EL2h mode at breakpoint 2: EL2N:0x0000000080080000
EL2N:0x0000000080080000    ADD      x13,x18,#0x16
```

▲图 A.22　系统停留在"EL2:0x80080000"断点处

在代码窗口里没有显示对应的代码，因为还没有加载 vmlinux 符号表。由于 vmlinux 是按照链接地址进行编译链接的，即它的地址都是虚拟地址，读者可以通过 aarch64-linux-gnu-readelf -S vmlinux 命令来查看。

从图 A.23 可知，".head.text"段的链接地址为 0xffff000010080000。而此时，处理器的 MMU 还没有打开，处理器是运行在物理地址上的，对应的物理地址为 0x80080000。

```
rlk@master:runninglinuxkernel_5.0$ aarch64-linux-gnu-readelf -S vmlinux
There are 40 section headers, starting at offset 0x9b2f850:

Section Headers:
  [Nr] Name              Type             Address           Offset
       Size              EntSize          Flags  Link  Info  Align
  [ 0]                   NULL             0000000000000000  00000000
       0000000000000000  0000000000000000           0     0     0
  [ 1] .head.text        PROGBITS         ffff000010080000  00010000
       0000000000001000  0000000000000000  AX       0     0     4096
  [ 2] .text             PROGBITS         ffff000010081000  00011000
       00000000015c5138  0000000000000008  AX       0     0     2048
  [ 3] .rodata           PROGBITS         ffff000011650000  015e0000
       00000000002d3281  0000000000000000  WA       0     0     4096
```

▲图 A.23　查看 vmlinux 的链接地址

在 DS-5 中使用一个与 GDB 类似的 add-symbol-file 命令来加载符号表，但是这个命令会加载文件的链接地址，而不是物理地址。

```
# add-symbol-file 命令默认加载了 vmlinux 的链接地址
add-symbol-file  /home/rlk/rlk_basic/runninglinuxkernel_5.0/vmlinux
info files

Symbols from "/home/rlk/rlk_basic/runninglinuxkernel_5.0/vmlinux".
Local exec file:
    "/home/rlk/rlk_basic/runninglinuxkernel_5.0/vmlinux", file type ELF64.
    Entry point: EL2N:0xFFFF000010080000.
    EL2N:0xFFFF000010080000 - EL2N:0xFFFF000010080FFF is .head.text
    EL2N:0xFFFF000010081000 - EL2N:0xFFFF000011646137 is .text
    EL2N:0xFFFF000011650000 - EL2N:0xFFFF000011923280 is .rodata
    ...
```

在 DS-5 终极版（Ultimate）中可以使用 set os physical-address 0x80080000 命令来设置物理地址，但是在 DS-5 社区版中这个功能被删除了。为此，我们需要使用小技巧来解决这个问题。

DS-5 中 add-symbol-file 命令的格式如下。

```
<DS-5>

add-symbol-file filename [offset] [-s section address]...
```

其中 offset 用来指定基于文件镜像的链接地址的偏移量[①]，而 GDB 中的 add-symbol-file 命令如下[②]。

```
<GDB>

add-symbol-file filename [ textaddress ] [-s section address ... ]
```

其中 textaddress 指的是文件镜像将要加载的地址。因此，DS-5 和 GDB 中的参数有区别。

我们需要计算一个偏移量让 add-symbol-file 命令把 vmlinux 的各个段的符号表加载到物理地址中。

计算偏移量的方式如下。

$$0x80080000- 0xffff000010080000 = -0xfffeffff90000000$$

使用如下命令来重新加载 vmlinux 符号表。在 Commands 窗口中，在 Command 文本框中输入如下命令。

```
add-symbol-file /home/rlk/rlk_basic/runninglinuxkernel_5.0/vmlinux -0xfffeffff90000000
```

然后使用 info files 命令来查看 vmlinux 文件的符号表信息。从输出信息可以看到，.head.text 等段的符号表信息已经加载到物理地址上了。

```
info files

Symbols from "/home/rlk/rlk_basic/runninglinuxkernel_5.0/vmlinux".
Local exec file:
    "/home/rlk/rlk_basic/runninglinuxkernel_5.0/vmlinux", file type ELF64.
    Entry point: EL2N:0x0000000080080000.
    EL2N:0x0000000080080000 - EL2N:0x0000000080080FFF is .head.text
    EL2N:0x0000000080081000 - EL2N:0x0000000081646137 is .text
    EL2N:0x0000000081650000 - EL2N:0x0000000081923280 is .rodata
    EL2N:0x0000000081923290 - EL2N:0x000000008192522F is .pci_fixup
```

此时，在代码窗口显示了 Linux 内核汇编代码，如图 A.24 所示。

```
head.S
_head:
	/*
	 * DO NOT MODIFY. Image header expected by Linux boot-loaders.
	 */
#ifdef CONFIG_EFI
	/*
	 * This add instruction has no meaningful effect except that
	 * its opcode forms the magic "MZ" signature required by UEFI.
	 */
	add x13, x18, #0x16
	b	stext
#else
	b	stext				// branch to kernel start, magic
	.long	0				// reserved
#endif
	le64sym	_kernel_offset_le		// Image load offset from start of RAM, little-endia
	le64sym	_kernel_size_le			// Effective size of kernel image, little-endian
```

▲图 A.24　代码窗口

① 参考《ARM DS-5 Debugger Command Reference，Version 5.29》1.3.1 节。

② 参考《Debugging with GDB, Tenth Edition, for GDB Version 8.3.50》18.1 节。

A.4.3 切换到 EL1

Linux 内核通过 el2_setup 汇编函数把处理器模式从 EL2 切换到 EL1，因此我们可以在 el2_setup 汇编函数返回之前设置一个断点。可以在代码窗口中打开 arch/arm64/kernel/head.S 文件，在第 646 行的左侧双击，设置断点，如图 A.25 所示。

```
head.S
636
637     /* Hypervisor stub */
638 7:  adr_l   x0, __hyp_stub_vectors
639     msr vbar_el2, x0
640
641     /* spsr */
642     mov x0, #(PSR_F_BIT | PSR_I_BIT | PSR_A_BIT | PSR_D_BIT |\
643               PSR_MODE_EL1h)
644     msr spsr_el2, x0
645     msr elr_el2, lr
646     mov w0, #BOOT_CPU_MODE_EL2       // This CPU booted in EL2
647     eret
648 ENDPROC(el2_setup)
649
```

▲图 A.25 设置断点

在 Commands 窗口中可以看到设置断点的信息。

```
break -p
"/home/rlk/rlk_basic/runninglinuxkernel_5.0/arch/arm64/kernel/head.S":646
Breakpoint 3.1 at EL2N:0x0000000081641178
on file head.S, line 646
```

单击 Debug Control 窗口中的 Continue 按钮，可以看到 DS-5 的光标停在 head.S 文件第 646 行的断点处，如图 A.26 所示，此时处理器还运行在 EL2。

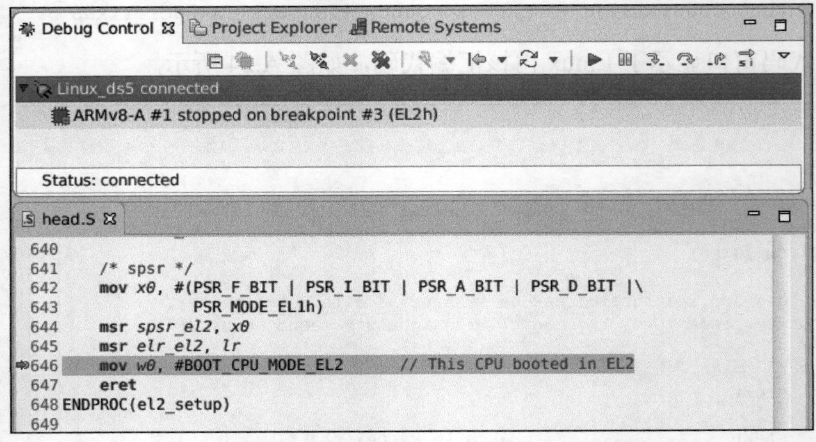
Debug Control
Project Explorer
Remote Systems
Linux_ds5 connected
ARMv8-A #1 stopped on breakpoint #3 (EL2h)
Status: connected
head.S
640
641   /* spsr */
642   mov x0, #(PSR_F_BIT | PSR_I_BIT | PSR_A_BIT | PSR_D_BIT |\
643   PSR_MODE_EL1h)
644   msr spsr_el2, x0
645   msr elr_el2, lr
646   mov w0, #BOOT_CPU_MODE_EL2   // This CPU booted in EL2
647   eret
648 ENDPROC(el2_setup)
649

▲图 A.26 DS-5 的光标停在 head.S 文件第 646 行的断点处

使用 Debug Control 窗口中的 Step Source Line 按钮来单步运行代码。当执行完 eret 指令之后，处理器的异常等级变成了 EL1。由于刚才加载的符号表基于 EL2，因此代码窗口无法正确显示代码。解决办法是在 EL1 下重新加载 vmlinux 的符号表。在 Commands 窗口中，在 Command 文本框中输入如下命令。

```
add-symbol-file /home/rlk/rlk_basic/runninglinuxkernel_5.0/vmlinux -0xffefffff90000000
```

注意，由于接下来的汇编代码会打开 MMU 并且重定位到内核空间的虚拟地址上，因此我们需要再一次加载 vmlinux 符号表，这次加载的地址为 vmlinux 的链接地址，即内核空间的虚拟地址。在 Command 文本框中输入如下命令。

```
add-symbol-file  /home/rlk/rlk_basic/runninglinuxkernel_5.0/vmlinux
```

读者可以通过 info files 命令来查看符号表加载情况。

A.4.4 打开 MMU 以及重定位

可以在__primary_switch 汇编函数中设置断点，如图 A.27 所示。

```
head.S    boot.S

__primary_switch:
#ifdef CONFIG_RANDOMIZE_BASE
    mov x19, x0                 // preserve new SCTLR_EL1 value
    mrs x20, sctlr_el1            // preserve old SCTLR_EL1 value
#endif

    adrp    x1, init_pg_dir
    bl  __enable_mmu
#ifdef CONFIG_RELOCATABLE
    bl  __relocate_kernel
#ifdef CONFIG_RANDOMIZE_BASE
    ldr x8, =__primary_switched
    adrp    x0, __PHYS_OFFSET
    blr x8
```

▲图 A.27 在__primary_switch 函数里设置断点

在__enable_mmu 汇编函数里会打开 MMU。读者可以单步进入该函数并跟踪 SCTLR_EL1 中 M 字段的变化情况。打开 Registers 窗口，查看 SCTLR_EL1 中 M 字段的值，如图 A.28 所示。

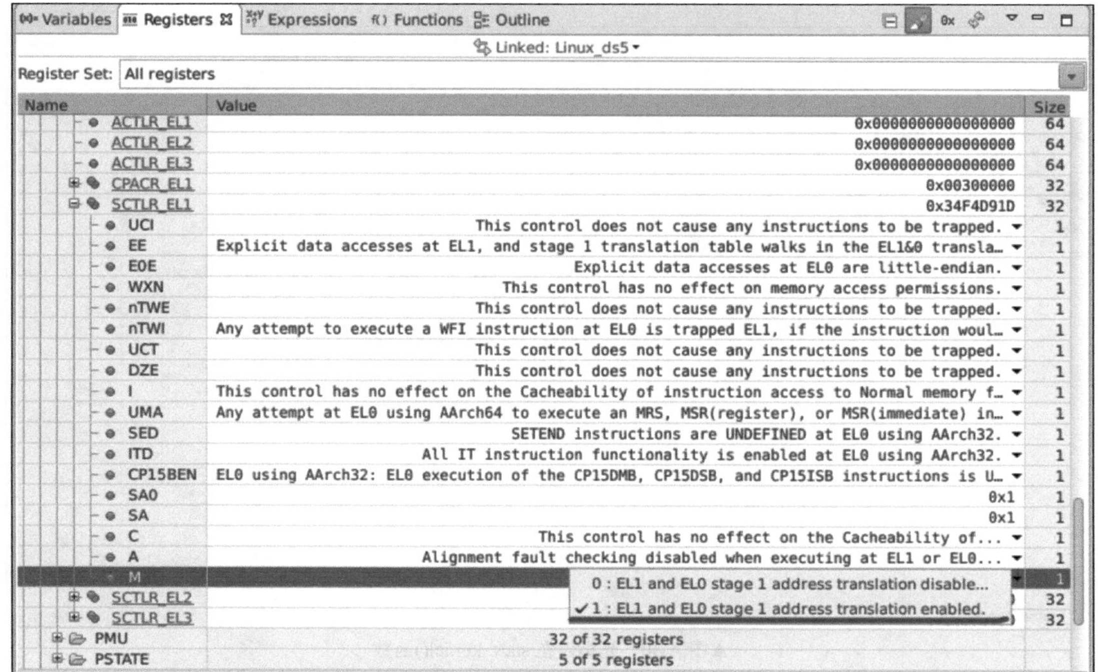

▲图 A.28 查看 SCTLR_EL1 中 M 字段的值

当程序运行到第 871 行的断点时，通过查看 Disassembly 窗口可知当前运行在物理地址上，当执行完第 872 行的 blr 指令之后，程序实现了重定位功能，即程序跳转到链接地址上了。

在 Disassembly 窗口中可以看到__primary_switch 函数已经运行在内核空间的虚拟地址上，如图 A.29 所示。

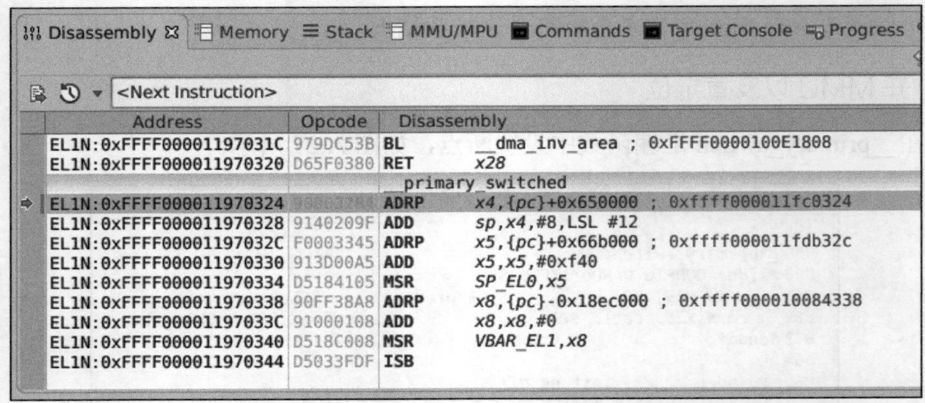

▲图 A.29 __primary_switch 函数已经运行在内核空间的虚拟地址上

A.4.5 调试 C 语言代码

在 Linux 内核的 C 语言入口函数 start_kernel()中设置断点。在 Command 文本框中输入如下命令。

```
b start_kernel
```

继续单击 Debug Control 窗口中的 Continue 按钮，可以看到光标停在 start_kernel()函数里，如图 A.30 所示。

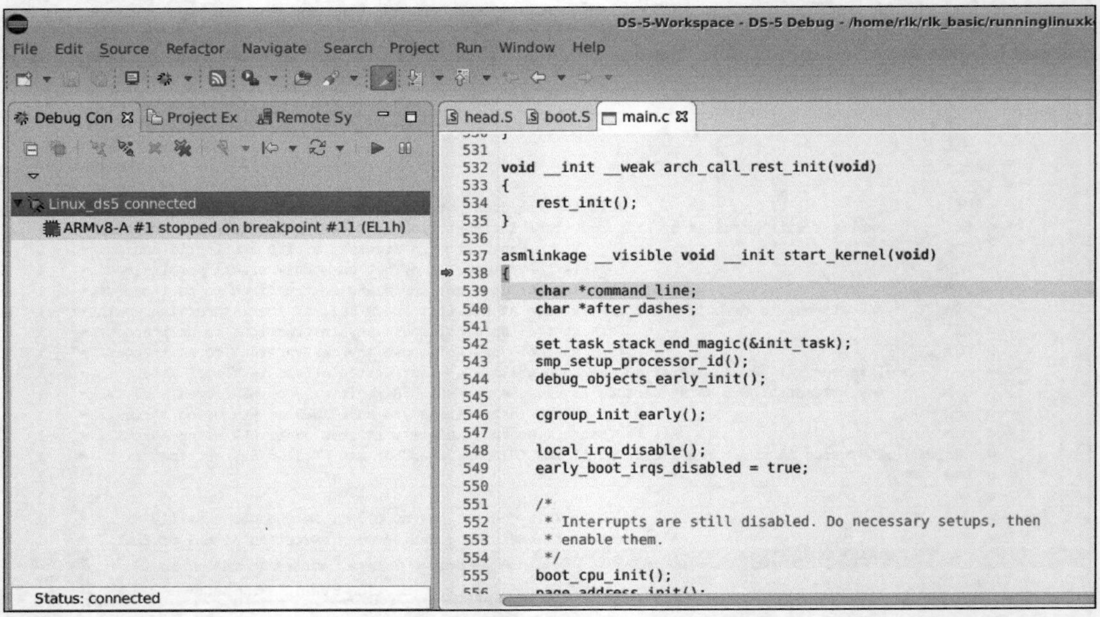

▲图 A.30 光标停在 start_kernel()函数

可以在其他内核函数（如_do_fork()函数等）中设置断点。

附录 B　ARM64 中的独占访问指令

在 ARMv8 架构里提供了一对独占（exclusive）内存加载和存储的指令，主要用于原子操作。

- ldxr 指令：内存独占加载指令。从内存中以独占的方式加载内存地址的值到通用寄存器里。
- stxr 指令：内存独占存储指令。以独占的方式把新的数据存储到内存中。

ldxr 是内存加载指令的一种，不过它会通过独占监控器（exclusive monitor）来监控器这个内存的访问，独占监控器会把这个内存地址标记为独占访问模式，保证以独占的方式来访问这个内存地址，不受其他因素的影响。而 stxr 是有条件的存储指令，它会把新数据写入 ldxr 指令标记独占访问的内存地址里。示例如下。

```
<独占访问的示例>

1    my_atomic_set:
2    1:
3         ldxr x2, [x1]
4         orr x2, x2, x0
5         stxr w3, x2, [x1]
6         cbnz w3, 1b
```

在第 3 行代码中，读取 x1 寄存器的值，然后以 x1 寄存器的值为地址，以独占的方式加载该地址的内容到 x2 寄存器。

在第 4 行代码中，通过 orr 指令来设置 x2 寄存器的值。

在第 5 行代码中，以独占的方式把 x2 寄存器的值写入 x1 寄存器的地址里。若 w3 为 0，则成功；若 w3 为 1，表示不成功。

在第 6 行代码中，判断 w3 的值。如果 w3 的值不为 0，说明 ldxr 和 stxr 指令执行失败，需要跳转到第 2 行的标签 1 处，重新使用 ldxr 指令进行独占加载。

注意，ldxr 和 stxr 指令是需要配对使用的，而且它们之间是原子的，即使我们使用仿真器硬件也没有办法单步调试和执行 ldxr 和 stxr 指令，即我们无法使用仿真器来单步调试第 3~5 行的代码，它们是原子的，一个不可分割的整体。

ldxr 指令本质上也是一条 ldr 指令，只不过在 ARM64 处理器内部通过一个独占监控器来监控它的状态。独占监控器一共有两个状态——开放访问状态（open access state）和独占访问状态（exclusive access state）。

当 CPU 通过 ldxr 指令从内存加载数据时，CPU 会把这个内存地址标记为独占访问，然后 CPU 内部的独占监控器的状态变成了独占访问状态。当 CPU 执行 stxr 指令的时候，需要根据独占监控器的状态来做决定，如图 B.1 所示。

- 如果独占监控器的状态为独占访问状态，并且 stxr 指令要存储的地址正好是刚才使用

ldxr 指令标记过的，那么 stxr 指令存储成功，stxr 指令返回 0，独占监控器的状态变成了开放访问状态。

- 如果独占监控器的状态为开发访问状态，那么 stxr 指令存储失败，stxr 指令返回 1，独占监控器的状态不变，依然保持开发访问状态。

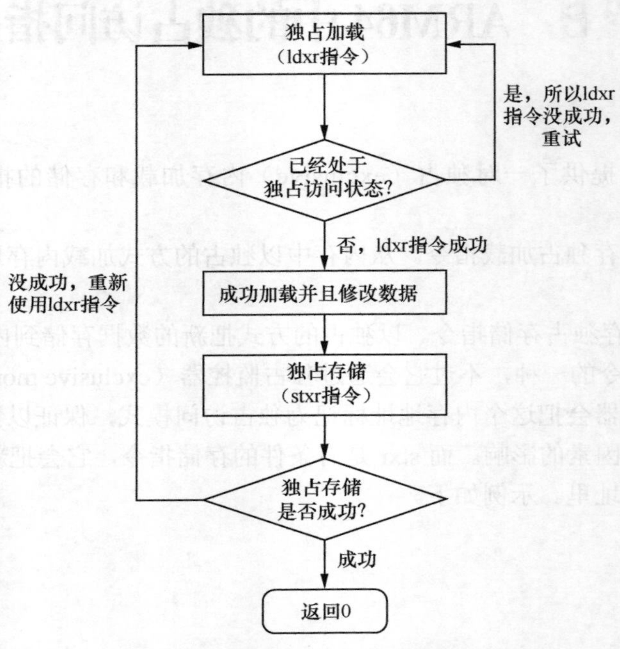

▲图 B.1　ldxr 和 stxr 指令的流程图

对于独占监控器，ARMv8 架构根据缓存一致性的层级关系可以分成多个监控器，以 Cortex-A72 处理器为例，独占监控器可以分成 3 种①，如图 B.2 所示。

- 本地独占监控器（local monitor）：本地的独占监控器处于处理器的 L1 内存子系统（L1 memory system）中。L1 内存子系统支持独占加载、独占存储、独占清除等这些同步原语。对于非共享（Non-shareable）的内存，本地独占监控器可以支持和监控它们。
- 内部缓存一致性的全局独占监控器（internal coherent global monitor）：这类的全局监控器会利用缓存一致性相关信息来协助监控多核之间本地独占监控器。这类全局监控器适合监控普通类型的内存，并且是共享属性以及回写策略的高速缓存（shareable write-back normal memory），这种情况下需要软件打开 MMU 并且使能高速缓存才能生效。这类全局监控器可以驻留在处理器的 L1 内存子系统，也可以驻留在 L2 内存子系统中，通常需要和本地独立监控器协同工作。
- 外部的全局独占监控器（external global monitor）：这种外部全局独占监控器通常位于芯片的内部总线（interconnect bus），例如 AXI 总线支持独占读操作（read-exclusive）和独占写操作（write-exclusive）。当访问设备类型的内存地址或者访问内部共享但是没有使能高速缓存的内存地址时，我们就需要这种外部全局独占监控器了。通常缓存一致性控制器支持这种独占监控器。

以树莓派 4B 开发板为例，内部使用 BCM2711 芯片。这块芯片没有实现外部全局独占监控器。因此，在 MMU 没有使能的情况下，我们访问物理内存变成了访问设备类型的内存。此时，

① 详见《ARM Cortex-A72 MPCore Processor Technical Reference Manual》第 6.4.5 节。

使用 ldxr 和 stxr 指令会产生不可预测的错误。

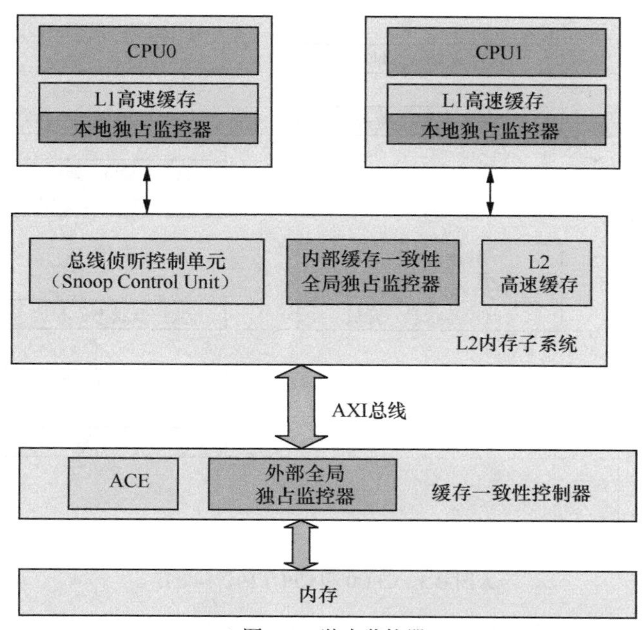

▲图 B.2　独占监控器

ldxr 和 stxr 指令在多核之间利用高速缓存一致性协议以及独占监控器来保证执行的串行化和数据一致性。以 Cortex-A72 为例，L1 数据高速缓存之间的缓存一致性是通过 MESI 协议来实现的。关于 MESI 协议的介绍请参考卷 1 第 1 章的相关内容。

下面举个例子来说明，ldxr 和 stxr 指令在多核之间获取锁的场景。假设 CPU0 和 CPU1 同时访问一个锁（lock），这个锁的地址为 x0 寄存器的值，下面是获取锁的伪代码。

```
<获取锁的伪代码>

/*
   get_lock(lock)
*/
.global get_lock
get_lock:

retry:
    ldxr w1, [x0]       //独占地访问 lock
    cmp  w1, #1
    b.eq try            //如果 lock 为 1，说明锁已经被进程持有，只能不断地尝试

    /*锁已经释放，尝试去获取 lock */
    mov w1, #1
    stxr w2, w1, [x0]   //向 lock 写 1 以获取锁
    cbnz w2, try        //若 w2 不为 0，说明独占地访问失败，只能跳转到 try 处重新来

    ret
```

CPU0 和 CPU1 的访问时序如图 B.3 所示。

在 *T*0 时刻，初始化状态，在 CPU0 和 CPU1 的高速缓存行的状态为 I。CPU0 和 CPU1 的本地独占监控器的状态都是开放访问状态，而且 CPU0 和 CPU1 都没有持有这个锁。

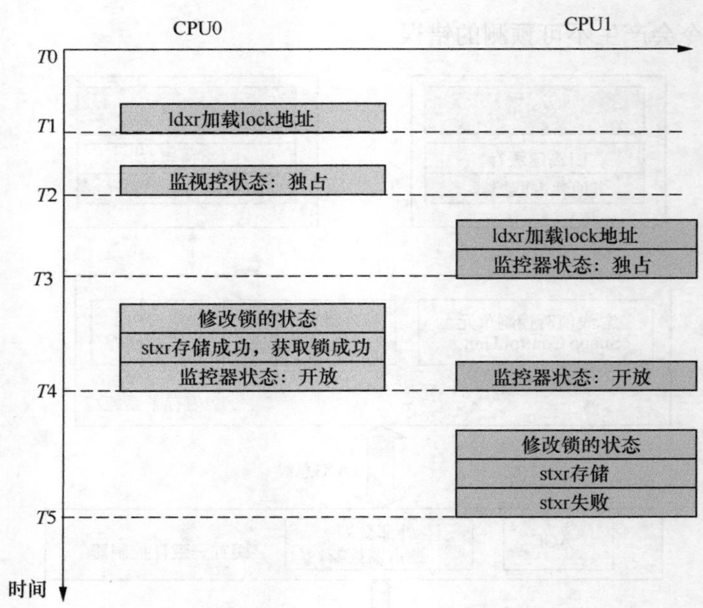

▲图 B.3　CPU0 和 CPU1 的访问时序

在 *T*1 时刻，CPU0 执行第 8 行的 ldxr 指令加载锁的值。

在 *T*2 时刻，ldxr 指令访问完成。根据 MESI 协议，CPU0 上的高速缓存行的状态变成 E（独占），CPU0 上本地独占监控器的状态变成了独占访问状态。

在 T3 时刻，CPU1 也执行到了第 8 行代码，通过 ldxr 指令加载锁的值。根据 MESI 协议，CPU0 上对应的高速缓存行则从 E 变成了 S（共享），并且把高速缓存行的内容发送到总线上。CPU1 从总线上得到锁的内容，相应的高速缓存行从 I（无效）变成了 S。CPU1 上本地独占监控器的状态从开放访问状态变成了独占访问状态。

在 *T*4 时刻，CPU0 执行第 14 行代码，修改锁的状态，然后通过 stxr 指令来写入锁的地址中。在这个场景下，stxr 指令执行成功，CPU0 则成功获取了锁。另外，CPU0 的本地独占监控器会把状态修改为开放访问状态。根据缓存一致性原则，内部缓存一致的全局独占监控器能监控到 CPU0 的状态已经变成了开放访问状态，因此也会把 CPU1 的本地独占监控器的状态同步设置为开放访问状态。另一方面，根据 MESI 协议，CPU0 对应的高速缓存行状态会从 S 变成 M，并且发送 BusUpgr 信号到总线，CPU1 收到该信号之后会把其本地对应的高速缓存行设置为 I。

在 *T*5 时刻，CPU1 也执行到第 14 行代码，修改锁的值。如果 CPU1 的高速缓存行的状态为 I，那么会发出一个 BusRdx 信号到总线上。CPU0 上的高速缓存行状态为 M，CPU0 收到这个 BusRdx 信号之后，会把本地的高速缓存行的内容写回到内存中，然后状态变成 I。CPU1 直接从内存中读取这个锁的值，修改锁的状态，最后通过 stxr 指令写回到锁的地址里。但是此时，由于 CPU1 的本地监控器状态已经在 *T*4 时刻变成了开放访问状态，因此 stxr 指令就写不成功了。CPU1 获取锁失败，只能跳转到第 7 行的 retry 标签处继续尝试。

综上所述，要理解 ldxr 和 stxr 指令的执行过程，需要从独占监控器的状态以及 MESI 状态的变化来综合分析。

附录 C　图解 MESI 状态转换

卷 1 介绍了 MESI 协议，不少读者依然觉得 MESI 协议的状态转难以理解，本附录通过图解的方式来详细介绍 MESI 协议的状态转换。完整的 MESI 协议的状态转换请参考卷 1 的图 1.19。

C.1　初始化状态为 I

我们先来看初始化状态为 I 的高速缓存行的相关操作。

1. 当本地 CPU 的缓存行状态为 I 时，发起本地读操作

我们假设 CPU0 发起了本地读请求，发出读 PrRd 请求。因为本地高速缓存行是无效状态，所以在总线上产生一个 BusRd 信号，然后广播到其他 CPU。其他 CPU 会监听到该请求并且检查它们的本地高速缓存是否拥有了该数据的副本。下面分 4 种情况来考虑。

- 假设 CPU1 发现本地副本，并且这个高速缓存行的状态为 S，在总线上回复一个 FlushOpt 信号，即把当前的高速缓存行的内容发送到总线上，那么刚才发出 PrRd 请求的 CPU0 就能得到这个高速缓存行的数据，然后 CPU0 的高速缓存行的状态变成 S。这时，CPU0 的高速缓存行的状态从 I 变成 S，CPU1 的高速缓存行的状态保存 S 不变，如图 C.1 所示。

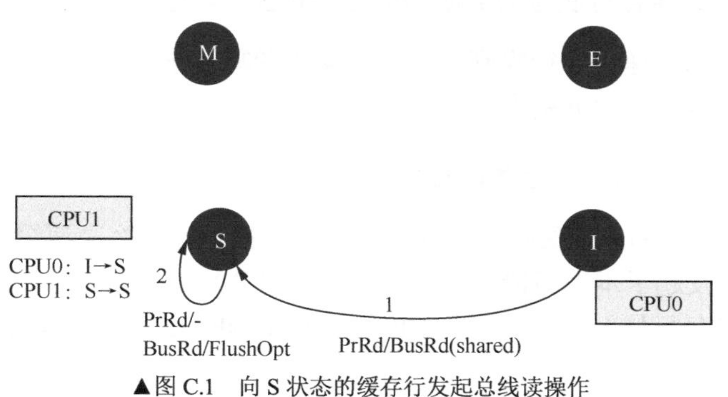

▲图 C.1　向 S 状态的缓存行发起总线读操作

- 假设 CPU2 发现本地副本并且高速缓存行的状态为 E，则在总线上回应 FlushOpt 信号，即把当前高速缓存行的内容发送到总线上，CPU2 的高速缓存行的状态变成 S。此时，CPU0 的高速缓存行状态从 I 变成 S，而 CPU2 的高速缓存行状态从 E 变成 S，如图 C.2 所示。
- 假设 CPU3 发现本地副本并且高速缓存行的状态为 M，CPU3 会更新内存中的数据，这时 CPU0 和 CPU3 的高速缓存行的状态都为 S。最后，CPU0 的高速缓存行的状态从 I 变成了 S，CPU3 的高速缓存行的状态从 M 变成了 S，如图 C.3 所示。

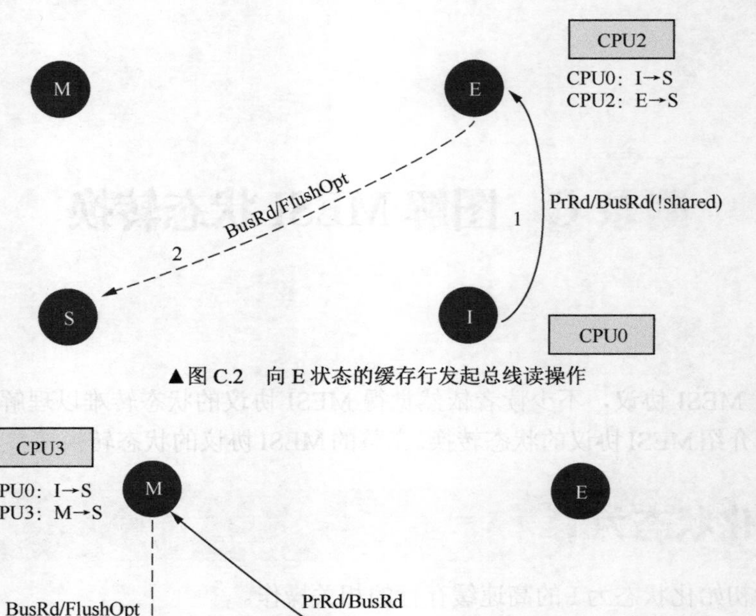

▲图 C.2 向 E 状态的缓存行发起总线读操作

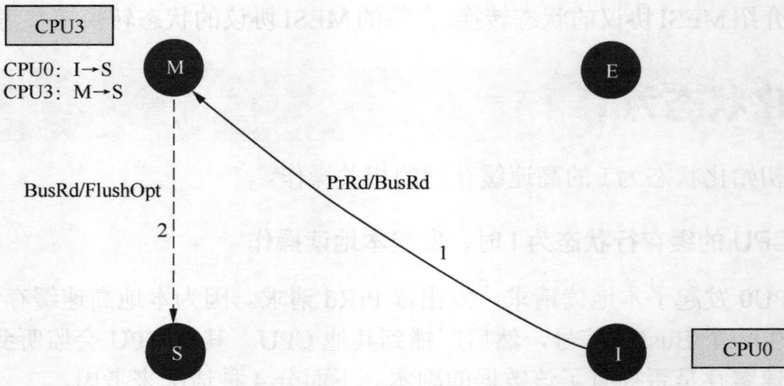

▲图 C.3 向 M 状态的缓存行发起总线读操作

- 假设 CPU1、CPU2、CPU3 都没有缓存数据，状态都为 I，那么 CPU0 会从内存中读取数据到高速缓存，把高速缓存行的状态设置为 E。

2. 当本地 CPU 的缓存行状态为 I 时，收到一个总线读写的信号

如果处于 I 状态的高速缓存行收到一个总线读或者写操作，它的状态不变，给总线回应一个广播信号，说明它这没有数据副本。

3. 当初始化状态为 I 时，发起本地写操作

如果初始化状态为 I 的高速缓存行发起一个本地写操作，那么高速缓存行会有什么变化？我们假设 CPU0 发起了本地写请求，即 CPU0 发出 PrWr 信号。

由于本地高速缓存行是无效的，因此 CPU0 发送 BusRdX 信号到总线上。这种情况下，本地写操作变成了总线写。

其他 CPU 收到 BusRdX 信号，先检查自己的高速缓存中是否有缓存副本，广播应答信号。

假设 CPU1 上有这些数据的副本且状态为 S，CPU1 收到一个 BusRdX 信号之后会回复一个 FlushOpt 信号，并把数据发送到总线上，然后把自己的高速缓存行的状态设置为无效，状态变成 I，最后广播应答信号，如图 C.4 所示。

假设 CPU2 上有这些数据的副本且状态为 E，CPU2 收到这个 BusRdX 信号之后，回复一个 FlushOpt 信号，并且把数据发送到总线上，把高速缓存行的状态设置为无效，最后广播应答信号，如图 C.5 所示。

假设 CPU3 上有这些数据的副本状态为 M，CPU3 收到这个 BusRdX 信号之后，把数据更

新到内存中，高速缓存行的状态变成 I，最后广播应答信号，如图 C.6 所示。

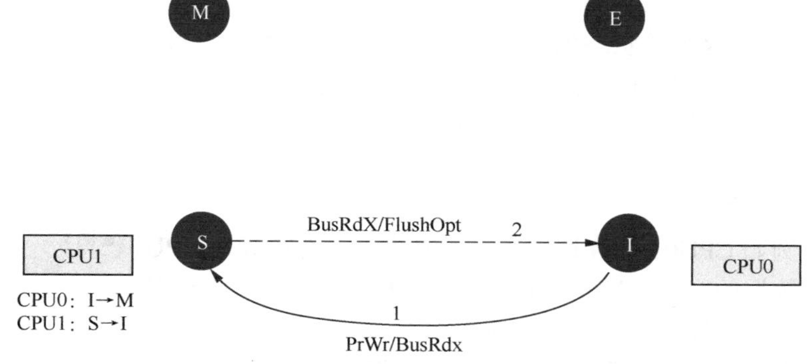

▲图 C.4　状态为 S 的缓存行收到一个总线写信号

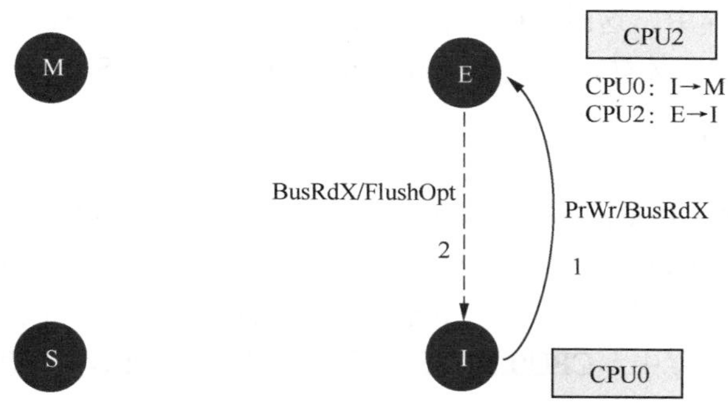

▲图 C.5　状态为 E 的缓存行收到一个总线写信号

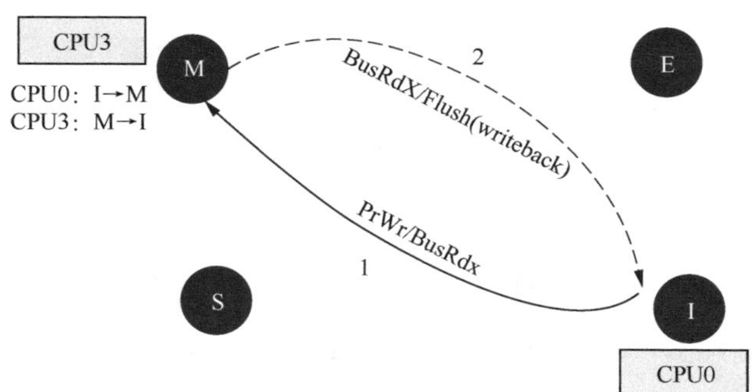

▲图 C.6　状态为 M 的缓存行收到一个总线写信号

若其他 CPU 上没有这些数据的副本，则也要广播一个应答信号。

CPU0 会接收所有 CPU 广播的应答信号，确认其他 CPU 上没有这个数据的缓存副本后，CPU0 会从总线上或者从内存中读取这个数据。

- 如果其他 CPU 的状态是 S 或者 E，会把最新的数据通过 FlushOpt 信号发送到总线上，所以直接从总线上获取最新数据。
- 如果总线上没有数据，那么直接从内存中读取数据。

最后才修改数据，并且本地高速缓存行的状态变成 M。

C.2 初始化状态为 M

当 CPU 的高速缓存行的状态为 M 时，最简单的就是本地读写了。因为系统中只有自己有最新的数据，而且是脏的数据，所以本地读写的状态不变，如图 C.7 所示。

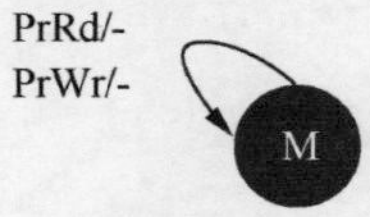

PrRd/-
PrWr/-
M
本地读写操作，状态不变

▲图 C.7　状态为 M 的缓存行执行本地读写操作

1. 收到一个总线读信号

假设 CPU（例如 CPU0）的高速缓存行状态为 M，而在其他 CPU 上没有缓存这些数据的副本。当其他 CPU（如 CPU1）想读这些数据时，会发起一次总线读操作，接下来的流程如下。

若 CPU0 上有这些数据的副本，那么 CPU0 收到信号后会把高速缓存行的内容发送到总线上，之后 CPU1 就获取这个缓存行的内容。另外，CPU0 同时会把高速缓存的内容发送到主内存控制器，并写入主内存中。这时，CPU0 的高速缓存行的状态从 M 变成 S，如图 C.8 所示。

CPU1 从总线上获取了数据，并且更改高速缓存行的状态为 S。

2. 收到一个总线写信号

假设本地 CPU（例如 CPU0）上的高速缓存行状态为 M，而其他 CPU 上没有这些数据的副本。如果另外一个 CPU（例如 CPU1）想更新（写）这些数据，那么 CPU1 需要发起一个总线写操作。

若 CPU0 上有这些数据的副本，CPU0 收到总线写信号后，把高速缓存行的内容发送到内存控制器，并且写入主内存中。CPU0 的高速缓存行的状态变成 I，如图 C.9 所示。

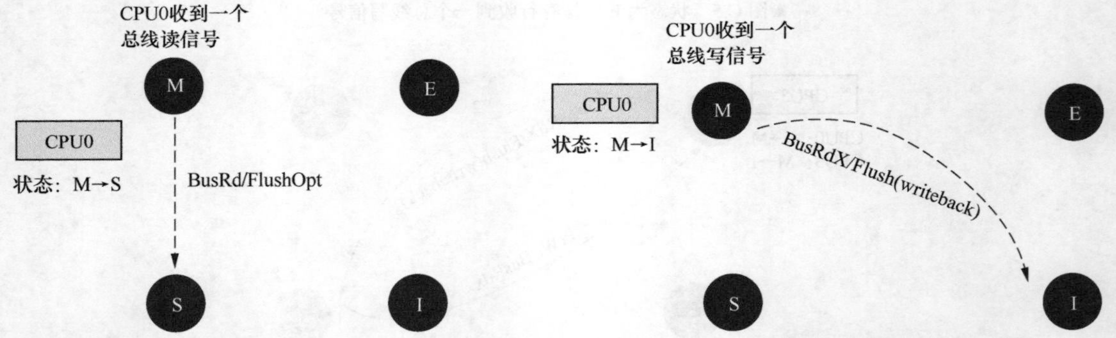

▲图 C.8　状态为 M 的缓存行收到一个总线读信号　　▲图 C.9　状态为 M 的缓存行收到一个总线写信号

CPU1 从总线或者内存中取回数据，更新到高速缓存里，最后修改高速缓存行的内容。CPU1 的高速缓存行的状态变成 M。

C.3 初始化状态为 S

当本地 CPU 的高速缓存行状态为 S 时，我们观察发生本地读写以及收到总线读写信的操作情况。

- 如果 CPU 发出本地读操作，高速缓存行的状态不变。
- 如果 CPU 收到总线读（BusRd）信号，状态不变，并且回应一个 FlushOpt 信号，把高速缓存行的数据内容发到总线上，如图 C.10 所示。

如果 CPU 发出本地写操作（PrWr 信号），执行以下操作。

（1）发送 BusRdX 信号到总线上。

（2）修改本地高速缓存行的内容，其状态变成 M。

（3）发送 BusUpgr 或者 BusRdX 信号到总线上。

（4）其他 CPU 收到 BusUpgr 信号后，检查自己的高速缓存中是否有缓存副本。若有，将其状态改成 I，如图 C.11 所示。

S
PrRd/-
BusRd/FlushOpt

▲图 C.10　状态为 S 的缓存行进行读操作

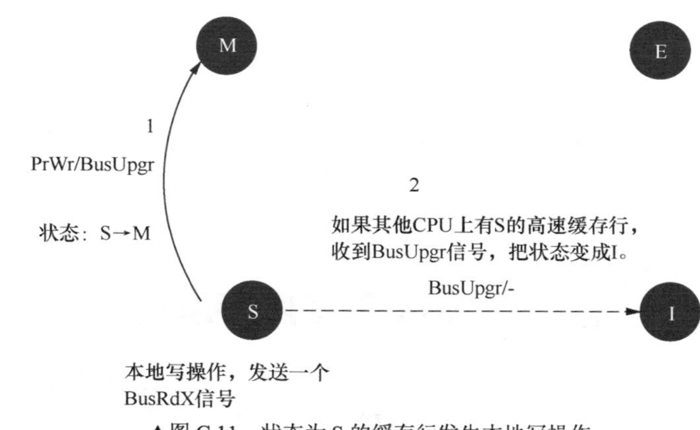

▲图 C.11　状态为 S 的缓存行发生本地写操作

C.4 初始化状态为 E

当本地 CPU 的缓存行状态为 E 时，查看读写情况。

- 本地读，高速缓存行状态不变
- 本地写，CPU 直接修改该高速缓存行的数据，状态变成 M，如图 C.12 所示。

如果收到一个总线读信号，执行以下操作。

（1）高速缓存行状态变成 S。

（2）发送 FlushOpt 信号，把高速缓存行的内容发送到总线上。

（3）发出总线读信号的 CPU，从总线上获取了数据，高速缓存行的状态变成 S。

如果收到一个总线写信号，数据被修改，该高速缓存行不能再使用，状态变成 I。

（1）高速缓存行的状态变成 I。

（2）发送 FlushOpt 信号，把高速缓存行的内容发送到总线上。

（3）发出总线写信号的 CPU，从总线上获取数据，修改数据，高速缓存行的状态变成 M，如图 C.13 所示。

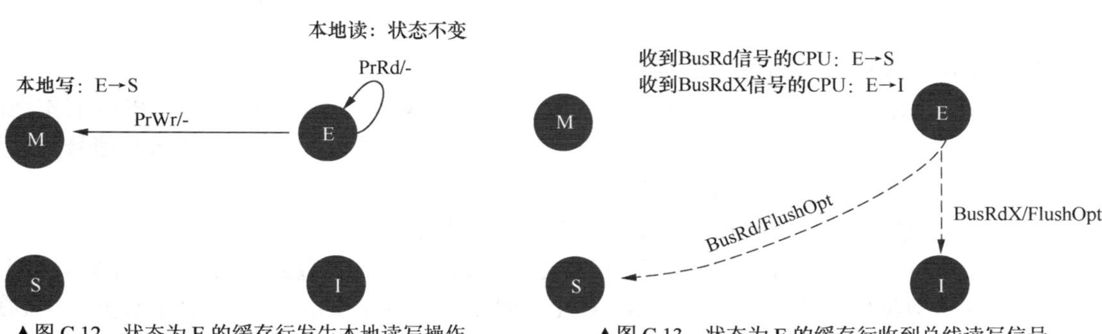

▲图 C.12　状态为 E 的缓存行发生本地读写操作

▲图 C.13　状态为 E 的缓存行收到总线读写信号

附录D　高速缓存与内存屏障

卷 1 的 2.5 节以及本书的 1.2 节都介绍了内存屏障相关的背景知识，不过不少读者依然对读内存屏障和写内存屏障感到迷惑。ARMv8 手册并没有详细介绍这两种内存屏障产生的原因。本附录基于计算机架构，介绍内存屏障与缓存一致性协议（MESI 协议）有密切的关系。

D.1 存储缓冲区与写内存屏障

卷 1 的 1.1.11 节介绍了 MESI 协议。MESI 协议是一种基于总线侦听和传输的协议，其总线传输带宽与 CPU 之间的负载以及 CPU 核数量有关系。另外，高速缓存行状态的变化严重依赖其他高速缓存行的应答信号，即必须收到其他所有 CPU 的高速缓存行的应答信号才能进行下一步的状态的转换。在一个总线繁忙或者总线带宽紧张的场景下，CPU 可能需要比较长的时间来等待其他 CPU 的应答信号，这会大大影响系统性能，这个现象称为 CPU 停滞（CPU stall）。

例如，在一个 4 核 CPU 系统中，数据 A 在 CPU1、CPU2 以及 CPU3 上共享，它们对应的高速缓存行的状态为 S（共享），A 的初始值为 0。而数据 A 在 CPU0 的高速缓存中没有缓存，其状态为 I（无效），如图 D.1 所示。此时，CPU0 往数据 A 中写入新值（例如，写入 1），那么这些高速缓存行的状态会如何发生变化呢？

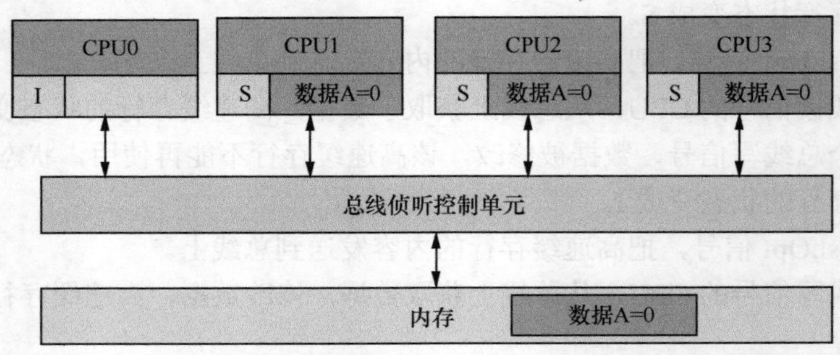

▲图 D.1　初始化状态

CPU0 往数据 A 中写入新值的过程如下。

*T*1 时刻，CPU0 往数据 A 写入新值，这是一次本地写操作，由于数据 A 在 CPU0 的本地高速缓存行里没有命中，因此高速缓存行的状态为 I。CPU0 发送总线写（BusRdX）信号到总线上。这种情况下，本地写操作变成了总线写操作了。

*T*2 时刻，其他 3 个 CPU 收到总线发来的 BusRdX 信号。

*T*3 时刻，以 CPU1 为例，它会检查自己本地高速缓存中是否有缓存数据 A 的副本。CPU1 发现本地有这份数据的副本，且状态为 S。CPU1 回复一个 FlushOpt 信号并且把数据发送到总线上，然后把自己的高速缓存行状态设置为无效，状态变成 I，最后广播应答信号。

*T*4 时刻，CPU2 以及 CPU3 也收到总线发来的 BusRdX 信号，同样需要检查本地是否有数据的副本。如果有，那么需要把本地的高速缓存状态设置为无效，然后广播应答信号。

*T*5 时刻，CPU0 需要接收其他所有 CPU 的应答信号，确认其他 CPU 上没有这个数据的缓存副本或者缓存副本已经失效之后，才能修改数据 A。

最后，CPU0 的高速缓存行的状态变成 M。

在上述过程中，在 *T*5 时刻，CPU0 有一个等待的过程，它需要等待其他所有 CPU 的应答信号，并且确保其他 CPU 的高速缓存行的内容都已经失效之后才能继续做写入的操作。在收到所有应答信号之前，CPU0 不能做任何关于数据 A 的操作，只能持续等待其他 CPU 的应答信号。这个等待过程严重依赖系统总线的负载和带宽，有一个不确定的延时。

为了解决等待导致的系统性能下降问题，在高速缓存中引入了存储缓冲区（store buffer），它位于 CPU 和 L1 高速缓存中间，如图 D.2 所示。在上述场景中，CPU0 在 *T*5 时刻不需要等待其他 CPU 的应答信号，可以先把数据写入存储缓冲区中，继续执行下一条指令。当 CPU0 收到了其他 CPU 回复的应答信号之后，CPU0 才从存储缓冲区中把数据 A 的最新值写入本地高速缓存行，并且修改高速缓存行的状态为 M，这样就解决了 CPU 停滞的问题。

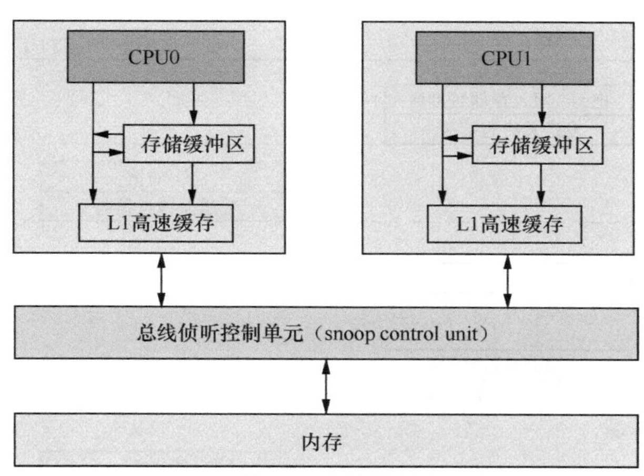

▲图 D.2　存储缓冲区

每个 CPU 核心都会有一个本地存储缓冲区，它能增加 CPU 连续写的性能。当 CPU 进行加载（load）操作时，如果存储缓冲区中有该数据的副本，那么它会从存储缓冲区中读取数据，这个功能称为存储转发（store forwarding）。

存储缓冲区除了带来性能的提升之后，在多核环境下会带来一些副作用。下面举一个案例，假设数据 a 和 b 的初始值为 0，CPU0 执行 func0()函数，CPU1 执行 func1()函数。数据 a 在 CPU1 的高速缓存里有缓存副本，且状态为 E。数据 b 在 CPU0 的高速缓存里有缓存副本，且状态为 E，如图 D.3 所示。下面是关于存储缓冲区的示例代码。

```
<案例 1：关于存储缓冲区的示例代码>

CPU0                              CPU1
-----------------------------------------------------------------
void func0()                      void func1()
{                                 {
      a = 1;                           while (b == 0) continue;
      b = 1;                           assert (a == 1)
}                                  }
```

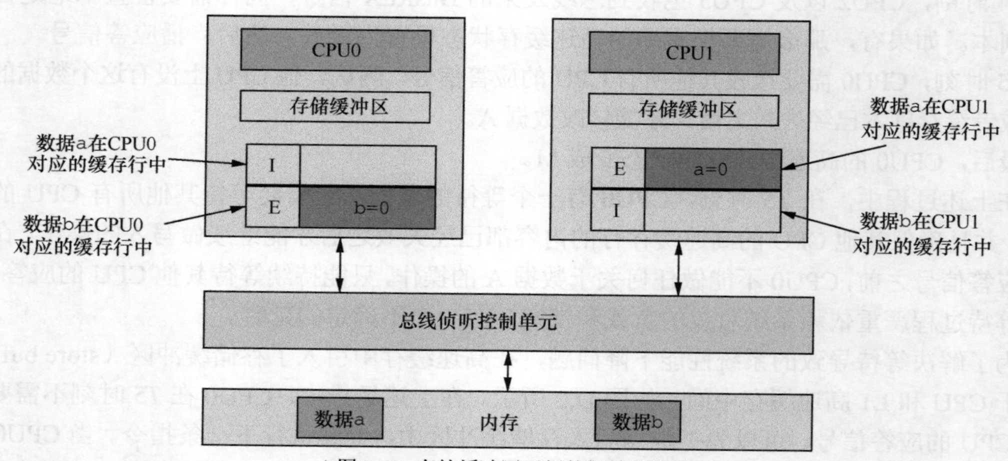

▲图 D.3　存储缓冲区示例的初始化状态

CPU0 和 CPU1 执行上述示例代码的时序如图 D.4 所示。

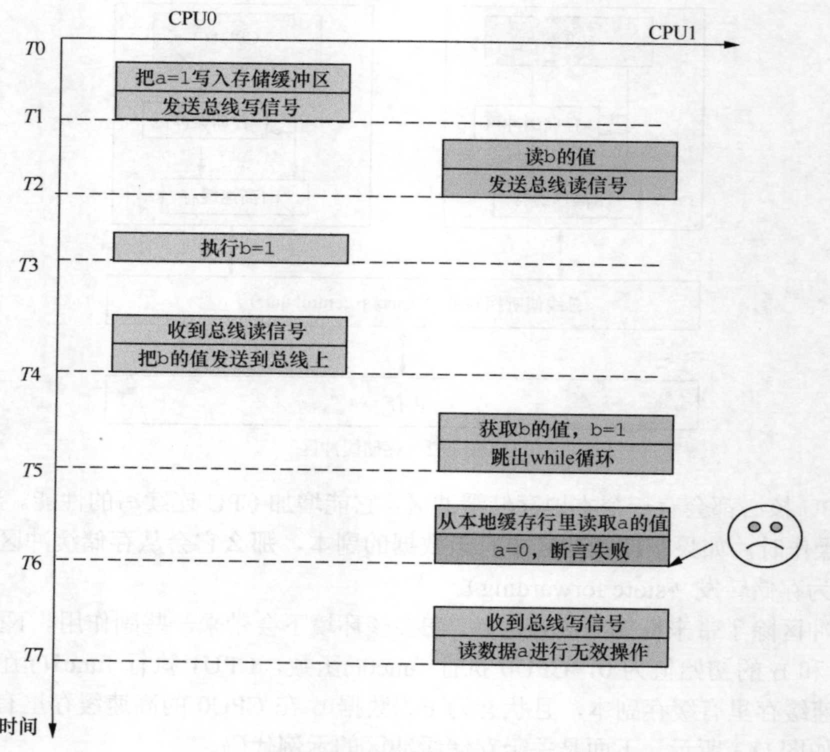

▲图 D.4　断言失败的流程图

在 *T*1 时刻，CPU0 执行 a=1 语句，这是一个本地写的操作。由于数据 a 在 CPU0 的本地缓存行中的状态为 I，而在 CPU1 的本地缓存行里有该数据的副本，状态为 E，因此 CPU0 把数据 a 的最新值写入本地存储缓冲区中，然后发送 BusRdX 信号到总线上，要求其他 CPU 检查并做无效高速缓存行的操作，因此，数据 a 被阻塞在存储缓存区里。

在 *T*2 时刻，CPU1 执行 `while (b == 0)` 语句，这是一个本地读操作。由于数据 b 不在 CPU1 的本地缓存行里，而在 CPU0 的本地缓存行里有该数据的副本，状态为 E，因此 CPU1

发送 BusRd 信号到总线上，向 CPU0 索取数据 b 的内容。

在 *T*3 时刻，CPU0 执行 `b = 1` 语句，CPU0 也会把数据 b 的最新内容写入本地存储缓冲区中。现在数据 a 和数据 b 都在本地存储缓冲区里，而且它们之间没有数据依赖，所以在存储缓冲区中的数据 b 不必等到前面的语句执行完成，而是提前执行语句 b=1。由于数据 b 在 CPU0 的本地高速缓存中有副本，并且状态为 E，因此可以直接修改该缓存行的数据，把数据 b 写入高速缓存中，最后高速缓存行状态变成了 M。

在 *T*4 时刻，CPU0 收到了一个总线读信号，然后把最新的数据 b 发送到总线上，并且数据 b 对应的高速缓存行的状态变成了 S。

在 *T*5 时刻，CPU1 从总线上得到了最新的数据 b，b 的内容为 1。这时，CPU1 跳出了 while 循环。

在 *T*6 时刻，CPU1 继续执行 `assert (a == 1)` 语句。CPU1 直接从本地缓存行中读取数据 a 的旧值，即 `a = 0`，此时断言失败。

在 *T*7 时刻，CPU1 才收到 CPU0 发来的对数据 a 的总线写信号，要求 CPU1 使该数据的本地缓存行失效，但是这时已经晚了，在 *T*6 时刻断言已经失败。

综上所述，上述断言失败的主要原因是 CPU0 在对数据 a 执行写入操作时，直接把最新数据写入了本地存储缓冲区，在等待其他 CPU 的完成失效操作的应答信号之前，继续执行了 b=1 的操作。

存储缓冲区是 CPU 设计人员为了减少在多核处理器之间长时间等待应答信号导致的性能下降而进行的一个优化设计，但是 CPU 无法感知多核之间的数据依赖关系，本例子中数据 a 和数据 b 在 CPU1 里存在依赖关系。为此，CPU 设计人员提供另外一种方法来规避上述问题，这就是内存屏障指令。在上述例子中，我们可以在 func0()函数中插入一个写内存屏障语句（例如 smp_wmb()），它会为当前存储缓冲区中所有的数据都做一个标记，然后冲刷存储缓冲区，保证之前写入存储缓冲区的数据更新到高速缓存行，然后才能执行后面的写操作。

假设有这么一个写操作序列，先执行{A, B, C, D}数据项的写入操作，接着执行一条写内存屏障指令，写入{E, F}数据项，并且这些数据项都还在存储缓冲区里，如图 D.5 所示，那么在执行写内存屏障指令时会为数据项{A, B, C, D}都设置一个标记，确保这些数据都写入 L1 高速缓存之后，才能执行写内存屏障指令后面的数据项{E, F}。

```
写入{A, B, C, D}

写内存屏障指令

写入{E, F}
```

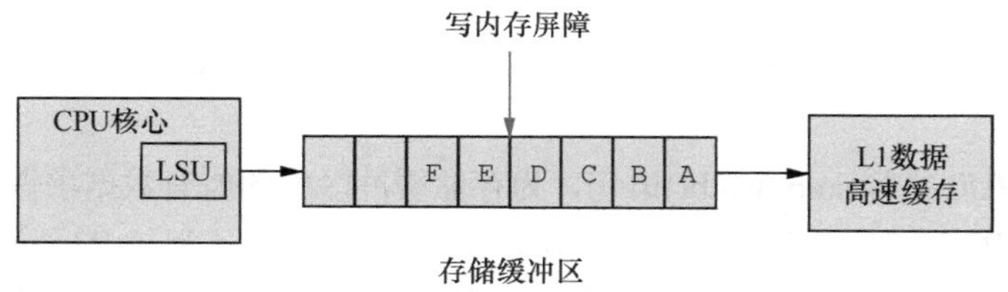

▲图 D.5 写内存屏障指令与存储缓冲区

加入写屏障语句的示例代码如下。

```
CPU0                                    CPU1
-------------------------------------------------------------
```

```
void func0()                          void func1()
{                                     {
    a = 1;                                while(b == 0) continue;
    smp_wmb();
    b = 1;                                assert(a == 1)
}                                     }
```

加入了写屏障语句之后的执行时序如图 D.6 所示。

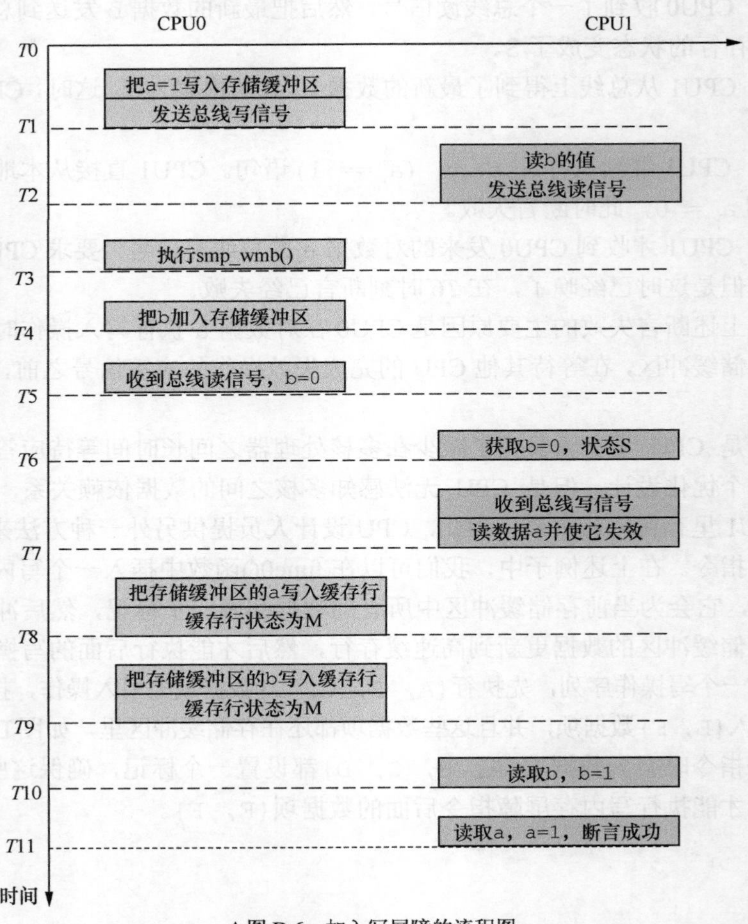

▲图 D.6 加入写屏障的流程图

在 *T*1 时刻，CPU0 执行 a=1 语句，CPU0 把数据 a 的最新数据写入本地存储缓冲区中，然后发送 BusRdX 信号到总线上。

在 *T*2 时刻，CPU1 执行 while(b == 0)语句，这是一个本地读操作。CPU1 发送 BusRd 信号到总线上。

在 *T*3 时刻，CPU0 执行 smp_wmb()语句，为存储缓冲区中的所有数据项做标记。

在 *T*4 时刻，CPU0 继续执行 b = 1 语句，虽然数据 b 在 CPU0 的高速缓存行是命中的，并且状态是 E，但是由于存储缓冲区中还有标记的数据项，这表明这些数据项存在某种依赖关系，因此不能直接把 b 的最新数据更新到缓存行里，只能把 b 的新值加入存储缓冲区里，这个数据项没有设置标记（unmarked）。

在 *T*5 时刻，CPU0 收到总线发来的总线读信号，获取数据 b。CPU0 把 b=0 发送到总线上，并且其状态变成了 S。

在 *T*6 时刻，CPU1 从总线读取 b，本地缓存行的状态也变成 S。CPU1 继续在 while 循环里打转。

在 *T*7 时刻，CPU1 收到 CPU0 在 *T*1 时刻发送的 BusRdX 信号，使数据 a 对应的本地高速缓存行失效，然后回复一个应答信号。

在 *T*8 时刻，CPU0 收到应答信号，并且在存储缓冲区中 a 的最新值写入高速缓存行里，缓存行的状态设置为 M。

在 *T*9 时刻，在 CPU0 的存储缓冲区中等待的数据 b。此时，也可以把数据写入相应的高速缓存行里。从存储缓冲区写入高速缓存行相当于一个本地写操作。由于现在 CPU0 上数据 b 对应的高速缓存行的状态为 S，因此需要发送 BusUgr 信号到总线上。如果 CPU1 收到这个 BusUgr 信号之后，发现自己也缓存了数据 b，那么将会无效本地的缓存行。CPU0 把本地的数据 b 对应的缓存行修改为 M，并且写入新数据，b=1。

在 *T*10 时刻，CPU1 继续执行 while (b == 0)语句，这是一次本地读操作。CPU1 发送 BusRd 信号到总线上。CPU1 可以从总线上获取 b 的最新数据，而且 CPU0 和 CPU1 上数据 b 相应的高速缓存行的状态都变成 S。

在 *T*11 时刻，CPU1 跳出 while 循环，继续执行 assert (a == 1)语句。这是本地读操作，而 CPU1 上数据 a 对应的高速缓存行的状态为 I，而在 CPU0 上有该数据的副本，状态为 M。CPU1 发送总线读信号，向 CPU0 获取数据 a 的值。

在 *T*12 时刻，CPU1 从总线上获取了数据 a 的新值，a=1，断言成功。

综上所述，加入写屏障 smp_wmb()语句之后，CPU0 必须等到该屏障语句前面的写操作完成之后才能执行后面的写操作，即在 *T*8 时刻之前，数据 b 也只能暂时待在存储缓冲区里，并没有真正写入高速缓存行里。只有在前面的数据项（例如数据 a）写入缓存行之后，才能执行数据 b 的写入操作。

D.2 无效队列与读内存屏障

为了解决 CPU 等待其他 CPU 的应答信号引发的 CPU 停滞问题，在 CPU 和 L1 高速缓存之间新建了一个存储缓存区的硬件单元，但是这个缓冲区也不可能无限大，它的表项数量不会太多。当 CPU 频繁写操作时，该缓冲区可能会很快被填满。此时，CPU 又进入了等待和停滞状态，之前的问题还是没有得到彻底解决。CPU 设计人员为了解决这个问题，引入了一个叫作无效队列（invalidate queue）的硬件单元。

当 CPU 收到大量的总线读或者总线写信号时，如果这些信号都需要让本地高速缓存执行失效操作，那么只有当无效操作完成之后才能回复一个应答信号（表明无效操作已经完成）。然而，让本地高速缓存行做无效操作，需要一些时间，特别是在 CPU 执行密集加载和存储操作的场景下，系统总线数据传输量变得非常大，导致该无效操作会比较慢。这样导致其他 CPU 长时间在等待这个应答信号。其实，CPU 不需要完成无效操作就能回复一个应答信号，因为等待这个无效操作的应答信号的 CPU 本身也不需要这个数据。因此，CPU 可以把这些无效操作缓存起来，先给请求者回复一个应答信号，然后再慢慢做无效操作，这样其他 CPU 就不必长时间等待了。这就是无效队列的核心思路。

无效队列的结构如图 D.7 所示。当 CPU 收到总线请求之后，如果需要执行无效本地高速缓存行操作，那么会把这个请求加入无效队列里，然后立马给对方回复一个应答信号，而无须使该高速缓存行无效之后再应答，这是一个优化。如果 CPU 将某个请求加入无效队列，那么在该请求对应的无效操作完成之前，CPU 不能向总线发送任何与该请求对应的高速缓存行相关的总线消息。

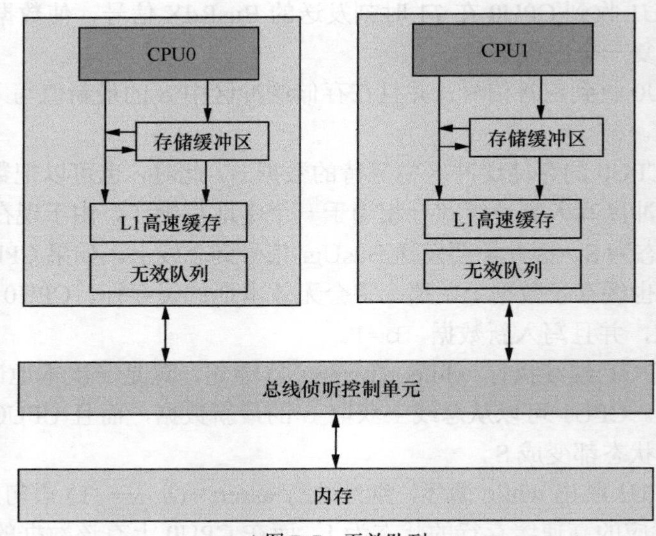

▲图 D.7 无效队列

不过，无效队列在某些情况下依然会有副作用。下面举例说明。假设数据 a 和数据 b 的初始值为 0，数据 a 在 CPU0 和 CPU1 都有副本，状态为 S，数据 b 在 CPU0 上有缓存副本，状态为 E，初始状态如图 D.8 所示。CPU0 执行 func0()函数，CPU1 执行 func1()函数，示例代码如下。

```
<案例 2：无效队列示例代码>

CPU0                                CPU1
------------------------------------------------------------
void func0()                        void func1()
{                                   {
    a = 1;                              while (b == 0) continue;
    smp_wmb();
    b = 1;                              assert (a == 1)
}
```

CPU0 和 CPU1 执行上述示例代码的时序如图 D.9 所示。

在 $T1$ 时刻，CPU0 执行 a=1，这是一个本地写操作，由于数据 a 在 CPU0 和 CPU1 上都有缓存副本，而且状态都为 S，因此 CPU0 把 a=1 加入存储缓冲区，然后发送 BusUprg 信号到总线上。

在 $T2$ 时刻，CPU1 执行 b == 0，这是一个本地读操作。由于 CPU1 没有缓存数据 b，因此发送一个总线读信号。

在 $T3$ 时刻，CPU1 收到 BusUprg 信号，发现自己的高速缓存里有数据 a 的副本，需要执行无效操作。把该无效操作加入无效队列，立马回复一个应答信号。

在 $T4$ 时刻，CPU0 收到 CPU1 回复的应答信号之后，把存储缓冲区的数据 a 写入高速缓存行里，状态变成了 M。此时，a=1。

在 $T5$ 时刻，CPU0 执行 b = 1。此时，存储缓冲区已空，所以直接把数据 b 写入高速缓存行里，状态变成 M，b=1。

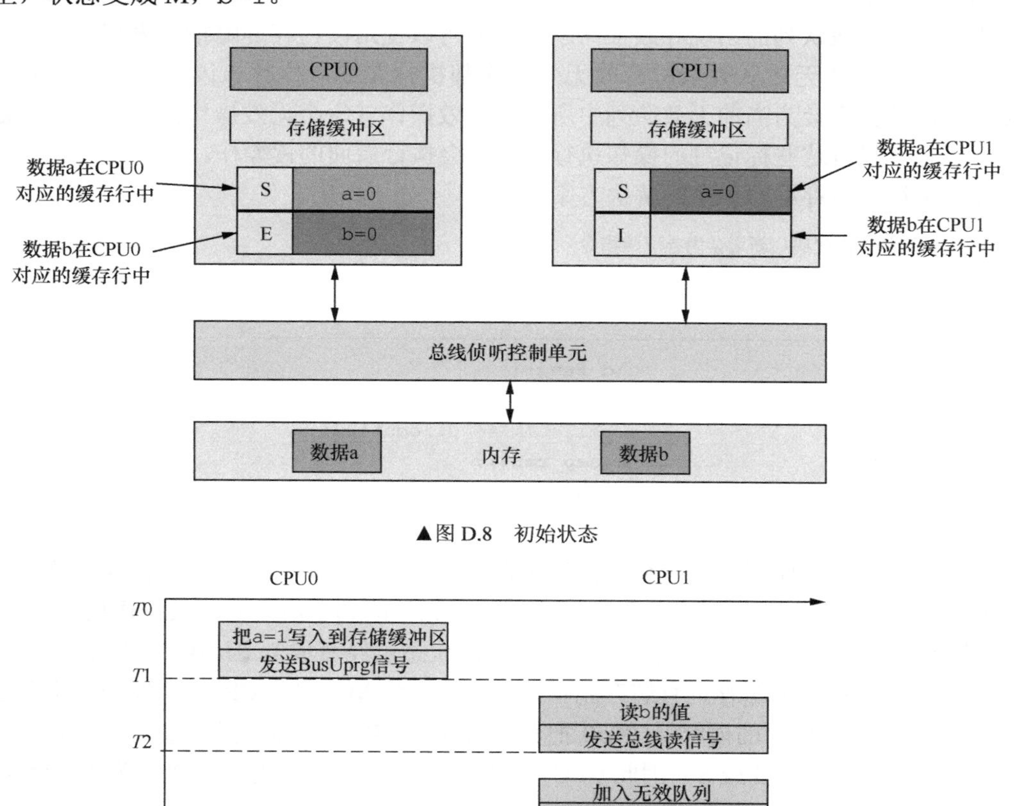

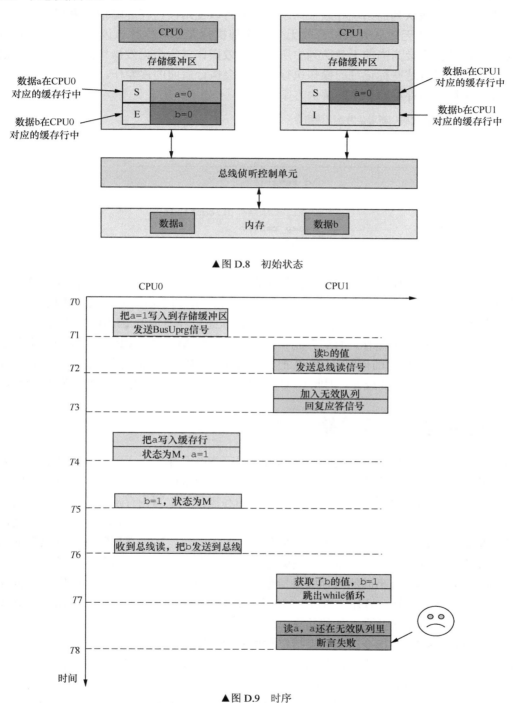

▲图 D.8　初始状态

▲图 D.9　时序

在 *T*6 时刻，CPU0 收到 *T*2 时刻发来的总线读信号，把最新的 b 值发送到总线上，CPU0 上数据 b 的高速缓存行的状态变成 S。

在 *T*7 时刻，CPU1 获取数据 b 的新值，然后跳出 while 循环。

在 *T*8 时刻，CPU1 执行 assert (a == 1)语句。此时，CPU1 还在执行无效队列中的无效请求，CPU1 无法读到正确的数据，断言失败。

综上所述，无效队列的出现导致了问题。我们可以使用读内存屏障指令来解决该问题。读内存屏障指令可以让无效队列里所有的无效操作都执行完成才执行该读屏障指令后面的读操作。读内存屏障指令会为当前无效队列中所有的无效操作（每个无效操作由一个表项来记录）都做一个标记。只有这些标记过的操作执行完，才会执行后面的读操作。

下面是使用读内存屏障指令的解决方案。

```
<关于无效队列的示例代码：新增读内存屏障指令>

CPU0                                CPU1
-------------------------------------------------------------
void func0()                        void func1()
{                                   {
     a = 1;                               while (b == 0) continue;
     smp_wmb();                             smp_rmb();
     b = 1;                               assert (a == 1)
}
```

我们接着上述的时序图来继续分析，假设在 *T*8 时刻，CPU1 执行了读内存屏障语句。在 *T*9 时刻，执行 assert(a == 1)。此时，CPU 已经把无效队列中所有的无效操作执行完。在 *T*9 时刻，读数据 a，数据 a 在 CPU1 的高速缓存行中的状态已经变成 I，因为刚刚执行完无效操作。而数据 a 在 CPU0 的高速缓存里有缓存副本，并且状态为 M，因此 CPU1 会发送一个总线读信号，从 CPU0 获取数据 a 的内容，CPU0 把数据 a 的内容发送到总线上，最后 CPU0 和 CPU1 都缓存了数据 a，状态都变成 S，因此 CPU1 得到了数据 a 最新的内容，即 a 为 1，断言成功。

D.3 内存屏障指令总结

综上所述，从计算机架构角度来看，读内存屏障指令会作用于无效队列，让无效队列中积压的无效操作尽快执行，成才执行后面的读操作。写内存屏障指令合作用于存储缓冲区，让存储缓冲区中数据写入高速缓存之后，才执行后面的写操作。读写内存屏障指令同时作用于无效队列和存储缓冲区。从软件角度来观察，读内存屏障指令保证所有在读内存屏障指令之前的加载操作（load）完成之后，才会处理该指令之后的加载操作。写内存屏障指令可以保证所有写内存屏障指令之前的存储操作（store）完成之后，才处理该指令之后的存储操作。

每种处理器架构都有不同的内存屏障指令设计。例如 ARM64 架构中，提供了 3 内存屏障指令，详见卷 1 的 2.5 节。另外，通过 DMB 和 DSB 指令还能指定作用域。DMB 和 DSB 指令支持 4 种中共享（全系统共享、外部共享、内部共享和不共享）域。

另外，DMB 和 DSB 指令还能约束指定类型的内存操作顺序。

- 加载 – 加载：表示内存屏障指令之前的内存访问类型为加载，内存屏障指令之后的内存访问类型也是加载。
- 存储 – 存储：表示内存屏障指令之前的内存访问类型为存储，内存屏障指令之后的内存访问类型也是存储。
- 加载/存储 – 加载/存储：表示内存屏障指令之前的内存访问类型为加载或者存储，内存屏障指令之后的内存访问类型也是加载或者存储。

对上述共享域的范围和内存操作顺序的支持是通过传递不同的参数给 DMB 和 DSB 指令来

实现的，详见卷 1 的表 2.10。

Linux 内核抽象出一种最小的共同性（集合），在这个集合里，每种处理器架构够能支持。表 D.1 列出了 Linux 内核提供的与处理器架构无关的内存屏障 API 函数。

表 D.1　与处理器架构无关内存屏障 API 函数

API 函数	说明	ARM64 中的实现
rmb()	单处理器系统版本的读内存屏障指令	`#define rmb() asm volatile("dsb ld : : : memory")`
wmb()	单处理器系统版本的写内存屏障指令	`#define wmb() asm volatile("dsb st : : : memory")`
mb()	单处理器系统版本的读写内存屏障指令	`#define mb() asm volatile("dsb sy : : : memory")`
smp_rmb()	用于 SMP 环境下的读内存屏障指令	`#define  smp_rmb()  dmb(ishld)`
smp_wmb()	用于 SMP 环境下的写内存屏障指令	`#define  smp_wmb()  dmb(ishst)`
smp_mb()	用于 SMP 环境下的读写内存屏障指令	`#define smp_mb()  dmb(ish)`

D.4 ARM64 的内存屏障指令的区别

有不少读者依然对 ARM64 提供 3 条内存屏障指令（DMB 指令、DSB 指令以及 ISB 指令）感到遗憾，不能正确理解它们之间的区别。我们可以从处理器架构的角度来看这 3 条内存屏障指令的区别。

如图 D.10 所示，DMB 指令作用于处理器的存储系统，包括 LSU（Load Store Unit，加载存储单元）、存储缓冲区以及无效队列。DMB 指令保证的是 DMB 指令之前的所有内存访问指令和 DMB 指令之后的所有内存访问指令的顺序。在一个多核处理器系统中，每个 CPU 都是一个观察者，这些观察者依照缓存一致性协议（例如 MESI 协议）来观察数据在系统中的状态变化。从本地 CPU 的角度来观察，如果在存储缓冲区里的两个数据没有数据依赖性，但是不能保证从其他观察者的角度来看，它们的执行顺序对程序的运行产生数据依赖。在 D.2 节的案例 1 中，数据 a 和数据 b 在 CPU0 的存储缓冲区中的执行顺序，对 CPU1 读取数据 a 产生了影响，这需要结合 MESI 协议来分析。

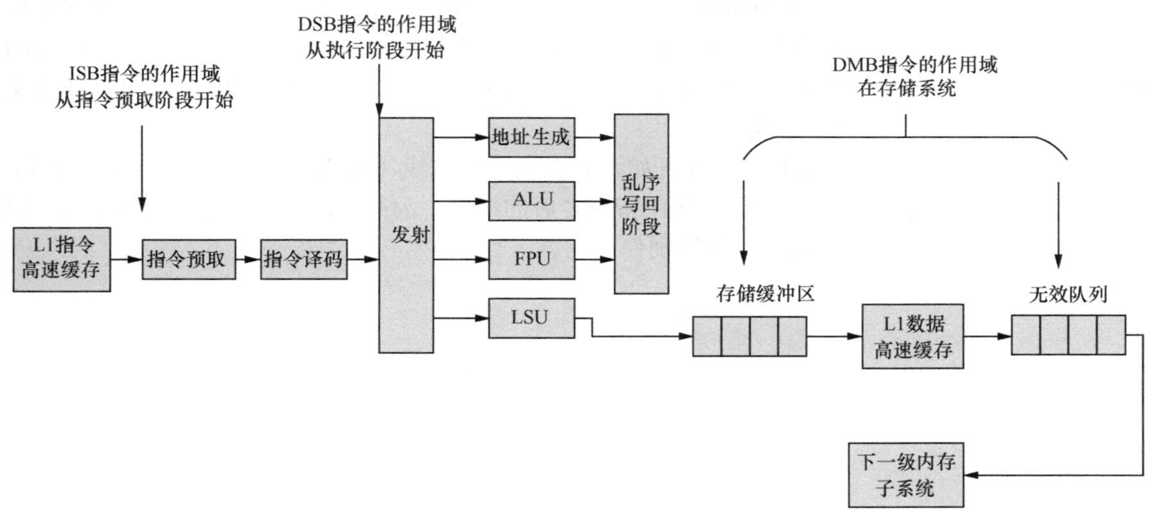

▲图 D.10　3 条内存屏障指令的区别

因此，在多核系统中有一个有趣的现象。

我们假定本地 CPU（例如 CPU0）执行一段没有数据依赖性的访问内存序列，那么系统中其他的观察者（CPU）观察这个 CPU0 的访问内存序列的时候，我们不能假定 CPU0（一定按照这个序列的顺序进行访问内存。因为这些访问序列对本地 CPU 来说是没有数据依赖性的，所以 CPU 的相关硬件单元会乱序执行和乱序访问内存。

D.1 节的案例中，CPU0 中有两个访问内存的序列（见图 D.11），在两个序列中设置数据 a 和数据 b 的值均为 1，站在 CPU0 的角度看，先设置数据 a 为 1 还是先设置数据 b 为 1 并不影响程序的最终结果。但是，系统中的另一个观察者 CPU1 不能假定 CPU0 先设置数据 a 后设置数据 b。因为数据 a 和数据 b 在 CPU0 里是没有数据依赖性，数据 b 可以先于数据 a 写入高速缓存里，所以 CPU1 会遇到 D.1 节描述的问题。

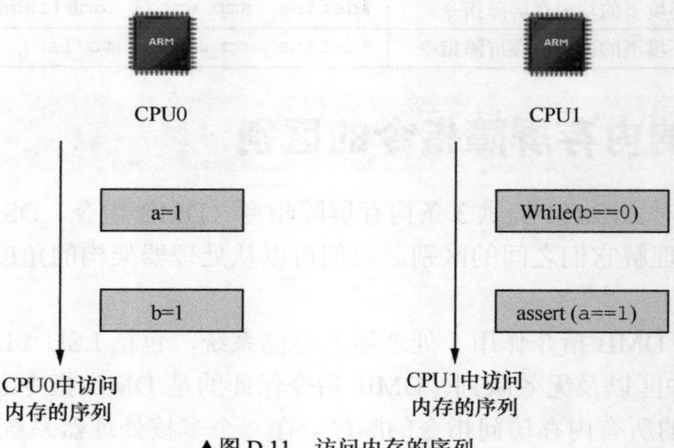

▲图 D.11 访问内存的序列

为此，CPU 设计人员给程序设计人员提供的利器就是内存屏障指令。当程序设计人员认为一个 CPU 上的内存序列访问顺序对系统中其他的观察者（其他的 CPU）产生影响时，需要手动添加内存屏障指令来保证其他观察者能观察到正确的访问序列。

DSB 指令作用于处理器的执行系统，包括指令发射、地址生成、算术逻辑单元（Arithmetic-Logic Unit，ALU）、地址生成单元（Address Generation Unit，AGU）、乘法单元（MUL）以及浮点单元（FPU）等。DSB 指令保证当所有在它前面的访问指令都执行完毕后，才会执行在它后面的指令，即任何指令都要等待 DSB 指令前面的访问指令完成。位于此指令前的所有操作（如分支预测和 TLB 维护操作）需要完成。

ISB 指令从处理器的指令预取单元开始，它会刷新流水线（flush pipeline）和预取缓冲区，然后才会从高速缓存或者内存中预取 ISB 指令之后的指令。因此，ISB 指令的作用域更大，包括指令预取、指令译码以及指令执行等硬件单元。